停车与城市

[美] 唐纳德·舒普 编著

王 婕 王学勇 译

袁 泉 校

U0172536

中国建筑工业出版社

著作权合同登记图字：01-2019-1333号

图书在版编目(CIP)数据

停车与城市/(美)唐纳德·舒普(Donald Shoup)
编著；王婕，王学勇译. —北京：中国建筑工业出版社，
2020.11
书名原文：PARKING AND THE CITY
ISBN 978-7-112-25676-1

Ⅰ.①停… Ⅱ.①唐…②王…③王… Ⅲ.①停车场-
城市规划-研究 Ⅳ.①TU248.3

中国版本图书馆CIP数据核字(2020)第241404号

责任编辑：李玲洁 董苏华
责任校对：张惠雯

停车与城市

[美]唐纳德·舒普 编著
王 婕 王学勇 译
袁 泉 校
*
中国建筑工业出版社出版、发行(北京海淀三里河路9号)
各地新华书店、建筑书店经销
北京雅盈中佳图文设计公司制版
北京同文印刷有限责任公司印刷
*
开本：787毫米×1092毫米 1/16 印张：24¼ 字数：524千字
2020年12月第一版 2020年12月第一次印刷
定价：**128.00**元
ISBN 978-7-112-25676-1
(36474)

目　录

第一部分　取消路外停车配建标准

第二部分　制定正确的路内停车价格

中文版序

2019 年美国平均每人拥有 0.86 辆汽车，每辆汽车平均至少有 4 个停车位，即人均 3 个以上的停车位。由此导致的交通拥堵、空气污染和能源消耗是城市的灾难。

在中国，2019 年平均每人只拥有 0.18 辆汽车，相当于美国 1926 年的车辆拥有水平。为了确保所有车辆都有停车位，中国相关政府部门效仿美国，要求所有新建筑按建筑物性质配建路外停车位；然而，停车位的增加又刺激了人们想要更多地购买汽车。如果中国达到美国 2019 年的汽车拥有率水平，将会拥有 12 亿辆汽车，几乎是现状数量的 5 倍。这 12 亿辆车将会如何加剧交通拥堵、空气污染和能源消耗等问题呢？

美国如今正在进行停车政策改革，以纠正其 100 年来的管理错误，这些改革经验值得中国借鉴。在《停车与城市》一书中，46 位学者和实践专家对以下 3 项主要停车改革政策进行了评估：

（1）对路内停车按市场价格收费；

（2）将停车收入用于提高收费街区的公共服务；

（3）取消路外停车配建标准。

本书的"停车受益区在北京"一章（第 50 章）阐述了美式停车改革策略如何在中国进行应用。这个案例选取了北京一个拥有 227 户家庭的社区，那里的现状存在严重的路内停车问题，妨碍了行人、自行车、配送货车和应急车辆的正常通行。社区里只有 35% 的家庭拥有小汽车，有车家庭的平均收入几乎是无车家庭的 3 倍。研究表明，路内停车采取市场价格能够解决停车设施短缺问题，其停车收入能够用于建设重要的公共服务设施。这一政策适用于符合以下特征的社区：①路内停车过度拥挤；②公共服务欠缺；③大多数居民没有小汽车；④拥有小汽车的少数居民收入相对较高。在中国城市里，有很多社区符合这四项标准。

对路内停车按市场价格收费的政策貌似很激进，但是该政策在中国有着历史渊源。早在百年以前，孙中山先生就已经建议采用土地资金来投资公共服务。对路内停车按市场价格收费同样能够实现这一目标。

我希望本书中文版能够让人们开始讨论政府和市场在将公共土地用于停放私人小汽车的管理过程中，应该如何发挥恰当的作用。正确的停车改革能够改善城市、改善经济、改善环境，乃至改善我们的星球。

唐纳德·舒普

（Donald Shoup）

2020 年 3 月

荐者序

从 21 世纪之初开始，中国迎来了前所未有的机动化时代，随之而来的，便是遍及大小城市的停车问题。中国人为此走上了一条艰难的探索之路。

面对汹涌来袭的机动化大潮及随之而来的停车需求，人们采取接受和纵容的态度。这既有汽车产业促进国民经济发展的需要，也有人们认为停车供给是社会福利的原因。扩大停车供给，尽可能地满足停车需求就成了人们的不二选择。

为了从"源头"解决停车供给不足的问题，人们首先关注如何完善停车配建标准这个问题。面对那个早已过时的《停车场规划设计规则》，各地纷纷借鉴国内外经验，根据本地实际情况发布建筑物停车配建标准，其宗旨不外乎是，在开发建设时必须确保不少于标准规定的停车空间。

与此同时，人们也看到了从需求侧控制机动车快速增长，进而抑制停车需求增速过快的必要性。人们尝试将城市机动车保有量和停车供给量挂钩及调整停车收费价格的举措，然而，在前者失败之后，人们在这一方面也没有找到有效的对策。

就在大力推进解决停车问题的措施时，人们惊讶地发现，我们的城市已经成了道路和停车场构成的城市。人们失去了公共空间，失去了绿地，失去了非机动车道，甚至失去了行人的步行空间。而这些失去的空间，几乎都是被停车所占据。

此时，人们才意识到，造成这一切的原因，是我们在试图解决停车问题的同时，缺乏从城市功能、交通政策、市民生活及出行方式的角度去看待停车问题。人们逐渐意识到，停车问题不是一个单纯的技术问题或经济问题，而是一个涉及城市多个方面的综合问题。只有把停车问题当作一个城市问题，才可能找到正确的解决方案。况且，一座城市是否有足够的空间资源用来停车都是个问题，更何况那么多的民生问题都需要空间资源。这就意味着人们需要从城市有机体的角度来看待停车问题。

当唐纳德·舒普编著的《停车与城市》（Parking and The City）一书摆在面前时，带给我们一个惊喜，仅从书名就可以看到该书将停车和城市联系到了一起。该书汇集了众多停车问题专家的智慧和经验，通过大量的案例介绍了美国停车政策改革的经验，通过案例对"路内停车按市场价格收费""将停车收入用于提高收费街区的公共服务""取消路外停车配建标准"

这三项停车政策进行评估。该书介绍了不同条件、不同领域的停车问题解决方案。值得欣慰的是，这其中也包括了我国解决停车问题的一个成功案例。该书为人们从城市有机体的角度正确认识停车问题、恰当地制定停车政策及解决方案提供了丰富的参考资料，是一部不可多得的"停车宝典"。

感谢译者将这本极具价值的书带给中国读者。该书译者为国内著名的交通及停车问题专家，有着丰富的从业经验、极高的英语水平和深厚的学术造诣，经他们翻译的《停车与城市》不仅完整地传递了原著的思想、理念及语意，而且语言自然生动、清新流畅，可读性很强。

鉴于此，我向广大的中文读者推荐《停车与城市》一书，希望该书为国内外相关人士解决停车问题助一臂之力，同时也相信该书带给人们的启发有助于解决其他领域的问题。

关宏志

2020 年 5 月

主要贡献者简介

卡罗尔·阿特金斯-帕隆博（Carol Atkinson-Palombo），康涅狄格大学地理系副教授。

保罗·巴特（Paul Barter），新加坡国立大学李光耀公共政策学院兼职副教授。

利亚·M·博约（Leah M. Bojo），得克萨斯州奥斯汀城市规划与土地利用政策专家。

比尔·查宾（Bill Chapin），城市规划师，供职于迈克尔·贝克（Michael Baker）国际公司的加利福尼亚州奥克兰市办公室。

丹尼尔·查特曼（Daniel Chatman），加利福尼亚大学伯克利分校城市与区域规划系副教授。

米哈伊尔·切斯特（Mikhail Chester），亚利桑那州立大学土木和环境与可持续工程系副教授。

阿米莉·戴维斯（Amélie Davis），俄亥俄州牛津市迈阿密大学助理教授，兼职于地理学系和环境与可持续发展研究所。

伊丽莎白·迪金（Elizabeth Deakin），加利福尼亚大学伯克利分校的荣誉教授。

安德鲁·弗雷泽（Andrew Fraser），亚利桑那州立大学土木和环境与可持续工程系研究助理教授。

C·J·加贝（C.J. Gabbe），圣克拉拉大学环境研究与科学系助理教授。

诺曼·加里克（Norman Garrick），康涅狄格大学土木与环境工程系副教授。

罗德里戈·加西亚·雷森迪兹（Rodrigo García Reséndiz），加利福尼亚大学洛杉矶分校城市与区域规划系硕士毕业生，研究交通领域。

皮尔·根特（Peer Ghent），自 2008 年 10 月起担任洛杉矶 "LA Express Park" 项目管理者。

郭湛（Zhan Guo），纽约大学瓦格纳公共服务学院副教授。

塞斯·古德曼（Seth Goodman），建筑设计师，积极参与可持续交通和城市设计领域研究。

罗伯特·汉普希尔（Robert Hampshire），密歇根大学交通研究所研究助理教授。

丹尼尔·鲍德温·赫斯（Daniel B. Hess），纽约州立大学布法罗分校城市与区域规划系主任、教授。

阿帕德·霍瓦斯（Arpad Horvath），加利福尼亚大学伯克利分校土木与环境工程系教授。

玛丽亚·艾尔沙德（Maria Irshad），注册公共停车管理师（CAPP），休斯敦 ParkHouston 停车公司助理总监，其公司负责休斯敦市路内停车业务。

贾文钰（Wenyu Jia），华盛顿都会区公共交通局系统与资金规划部门经理。

艾玛·柯克帕特里克（Emma Kirkpatrick），俄亥俄州迪法恩斯市（Defiance）莫米谷（Maumee Valley）规划团体的一名规划师和 GIS 技术人员，获得迈阿密大学环境与可持续发展研究院硕士学位。

迈克尔·克莱因（Michael Klein），注册公共停车管理师（CAPP），克莱因联合公司（Klein & Associates）的创始人兼首席执行官,曾任奥尔巴尼(Albany)停车管理局的执行董事。

道格拉斯·科勒兹瓦瑞（Douglas Kolozsvari），"2050 解决方案"组织负责人。该组织提供空气质量、气候变化和停车方面咨询服务。

萨莫尔·曼德纳（Samer Madanat），纽约大学阿布扎比分校工程系主任，土木与环境工程系载诺（Xenel）杰出教授。

约西亚·马达尔（Josiah Madar）马萨诸塞州住房金融局律师，纽约大学弗曼房地产与城市政策中心研究员。

迈克尔·曼维尔（Michael Manville），加利福尼亚大学洛杉矶分校城市与区域规划系助理教授。

胡安·马图特（Juan Matute），加利福尼亚大学洛杉矶分校交通研究所副所长。

克里斯·麦克希尔（Chris McCahill），威斯康星大学麦迪逊分校"国家智能交通计划"副研究员。

西蒙·麦克唐奈（Simon McDonnell），纽约州立住宅和社区更新研究与战略分析机构主任，纽约大学弗曼房地产和城市政策中心研究员。

托马斯·梅里克（Thomas Mericle），加利福尼亚州文图拉市（Ventura）城市交通管理专员。

亚当·米勒德－鲍尔（Adam Millard–Ball），加利福尼亚大学圣克鲁兹分校环境研究系助理教授。

瑞姆·彭迪阿拉（Ram Pendyala），亚利桑那州立大学土木和环境与可持续工程系教授。

格雷戈里·皮尔斯（Gregory Pierce），加利福尼亚大学拉斯金（Luskin）公共事务学院拉斯金创新中心城市规划副教授和高级研究员。

布莱恩·皮亚诺斯基（Bryan Pijanowski），普渡大学林业与自然资源系教授，全球音景探索公园中心（Discovery Park Center for Global Soundscapes）主任。

杰伊·普里默斯（Jay Primus），交通咨询顾问，曾领导旧金山市的停车管理工作，其中包括联邦资助的SF*park*项目的规划、实施、运营和评估。

安德烈斯·萨努多·加瓦尔登（Andrés Saudo Gavaldón），2011年至2015年担任墨西哥城交通与发展政策研究所（ITDP）的停车政策协调员。

唐纳德·舒普（Donald Shoup），美国注册规划师协会资深会士（FAICP），加利福尼亚大学洛杉矶分校拉斯金公共事务学院城市规划系杰出研究教授。

帕特里克·希格曼（Patrick Siegman），尼尔森尼加德（Nelson/Nygaard）咨询公司负责人，旧金山停车项目（SF*park*）顾问。

费尔南多·托雷斯－吉尔（Fernando Torres-Gil），加利福尼亚大学洛杉矶分校社会福利与公共政策系教授，老年政策研究中心主任。

马丁·瓦克斯（Martin Wachs），加利福尼亚大学伯克利分校土木与环境工程系、城市与区域规划系荣誉退休教授。

拉赫尔·温伯格（Rachel Weinberger），纽约市交通顾问。

乔纳森·威廉姆斯（Jonathan Williams），西雅图市交通部战略顾问。

汉克·威尔逊（Hank Willson），旧金山市政交通局停车政策管理专员。

理查德·威尔逊（Richard Willson），美国注册规划师协会资深会士（FAICP），加利福尼亚州州立理工大学波莫纳分校城市与区域规划系主任，教授。

袁泉，同济大学交通运输工程学院交通工程系副研究员。

丹·扎克（Dan Zack），美国注册规划师协会会员（AICP），2003年至2014年任加利福尼亚州红木城（Redwood City）市中心的开发经理，现任加利福尼亚州弗雷斯诺市（Fresno）的助理规划总监。

前　言

美国规划协会（American Planning Association，APA）在 2005 年出版了《高代价免费停车》（The High Cost Of Free Parking）一书。这本 750 页的停车专业书籍出乎意料地受欢迎，于是在 2011 年再版，内容增加至 800 多页。从那时起，许多人希望我提供一份精简版本，以吸引那些关心城市未来发展，但又不想购买或阅读 800 页停车专业书籍的读者。

本书的"导言"部分就是《高代价免费停车》的精简更新版本。之后本书用 51 个章节围绕 3 项措施来介绍停车改革的研究和行动成果：①取消路外停车配建标准；②制定正确的路内停车价格；③返还收入用于支付本地公共服务。

想把停车问题写得不那么无聊很有挑战性。《停车与城市》的编写基于我担任《途径》（ACCESS）期刊主编所积累的经验。《途径》是一本旨在联系学术研究者与从业规划人员的期刊。学术研究者通常需要花费多年工作才能最终发布结果，在学术期刊接受发表文章之前，他们必须进行理论研究、数据收集并进行严格的统计测试。可是发表之后呢？只有少量学者和他们的学生可能会阅读这些文章并进行讨论。相反，那些特别需要利用这些研究成果来改善公共政策的城市规划人员和民选官员，可能永远不会看到这篇文章，甚至连听都没听说过。

《途径》期刊为学者们提供了一个受众更广的平台。我希望那些研究交通政策的学者们能用简单生动的语言介绍他们的研究精华。所以我在编写《停车与城市》时也采用了同样的方法。我请那些停车领域的专家学者们将他们成果精简后编入本书，精简标准是清晰、易读，最好幽默一些。这样做的目的是实现科学研究至关重要的最后一步，即让信息更好地传递给读者。通过将专家学者和执业规划人员与民选官员联系起来，我希望《停车与城市》能够将学术研究推向公众讨论层面，将知识转化为行动。我还邀请了一些已经实施停车改革的当地城市官员来撰写原创文章，介绍他们的改革方法和经验。

感谢为编写本书做出过贡献的人。首先要感谢我的妻子帕特（Pat），她是每一个作家都希望拥有的写作编辑和助手。我还要感谢参与本书编辑的加利福尼亚大学洛杉矶分校（UCLA）的研究生们。如果你觉得这本书通俗易懂，那么请和我一起感谢这些学生：Eve Bachrach，Sam Blake，Katherine Bridges，Anne Brown，Kevin Carroll，Jordan Fraade，Cally Hardy，Dylan Jouliot，David Leipziger，Rosemary McCarron，Lance McNiven，Evan Moorman，

Taner Osman，Heidi Schultheis，Ryan Sclar，Andrew Stricklin，Jacqueline Su，Ryan Taylor-Gratzer，Trevor Thomas，Zoe Unruh，Julie Wedig，Warren Wells。越想让人容易读懂的书就越难写，我希望这些学生已经从编辑的过程中学到了更多东西，如同我从他们那里所学到的一样。同样，还要感谢南希·沃里斯（Nancy Voorhees）以及艾伦·沃里斯和娜塔莉·沃里斯（Alan and Nathalie Voorhees）为这些出色的学生们参与长期编辑所提供的资助。感谢劳特里奇（Routledge）出版社的克里斯塔尔·拉杜克（Krystal LaDuc）和爱德华·吉本斯（Edward Gibbons）耐心的、专业的指导，才让本书得以出版。

　　最后，我要特别感谢才华横溢、敬业睿智的詹姆斯·海西莫维奇（James Hecimovich），他是前美国规划协会负责规划咨询服务报告系列的编辑，也是《高代价免费停车》一书的编辑，我非常高兴再次与他合作。

　　《高代价免费停车》和《停车与城市》两本书都严厉批评了现行的规划政策。当然，谴责城市当前的停车规划方式，只是对其策略战术的指责，而不是对其动机的指责。无论我们的理念有多么不同，我都相信所有规划人员都有改善城市生活这一共同目标，而如何实现该目标是我们这个专业恒久的话题。我希望本书能够带来更多讨论、激发更多创新。毕竟，这是我们城市规划人员的使命。

唐纳德·舒普

（Donald Shoup）

导　言

> 他大体讲的是实话。
>
> 虽然有些事情他添油加醋，
>
> 不过大体上，他讲的是实话。
>
> ——马克·吐温，《哈克贝利·费恩历险记》（Huckleberry Finn）

在小汽车时代即将开始时，假如亨利·福特和约翰·洛克菲勒问当时的城市规划人员，如何才能增加人们对小汽车和石油的需求？那么可能会得到三个备选答案：第一，将城市划分为不同的分区（在这里居住、在那里工作、在其他地方购物）；第二，限制密度，让所有活动分散开来并进一步增加出行距离；第三，所有地方都提供充足的路外停车位；这样汽车就会成为默认的出行方式。

美国的城市非常不明智地把上述三项对汽车友好的政策都采用了。分散用地、低密度和充足的免费停车等政策创造了车行城市环境，阻碍了步行社区的形成。尽管城市规划人员本意并不想推动汽车和石油产业的发展，但是他们所做的规划将我们的城市变成了适应小汽车的环境，小汽车本身也重塑了我们的城市。正如约翰·济慈（John Keats，1958，P13）在《傲慢的四轮车》（The Insolent Chariots）中所写的那样："汽车改变了我们的服装、礼仪、社会风俗、度假习惯、城市形态、消费者购物方式甚至欢爱场所。"很多人甚至可能就是在停放的汽车中孕育的。

区划条例中设定停车配建标准是特别不明智的做法，这样是对小汽车直接进行补贴。我们开车去某一个地方做某一件事，然后开车去另一个地方做另一件事，最后开车回家，全程都在免费停车。路外停车配建标准就是小汽车的催生剂。

在2005年美国规划协会出版的《高代价免费停车》一书中，我提出停车配建标准正在补贴小汽车、增加交通拥堵、污染空气、鼓励城市蔓延、提高住房成本、降低城市品质、妨碍步行环境、损害经济发展，并在惩罚那些买不起车的人。据我所知从那以后，规划领域的人员没有一个反对停车配建标准会造成这些不利影响；并且，近来大量研究也表明它们确实会造成这些不利影响。区划条例中的停车配建标准让过多的停车损害了我们的城市。

一般而言，小汽车在 95% 的时间内都在停放，行驶时间只占 5%（《高代价免费停车》附录 B）。因此，城市需要大量的停车用地。在洛杉矶县，所有的配建停车位合起来至少需要 200 平方英里的土地，相当于全县土地面积的 14%，这是道路系统用地（140 平方英里）的 1.4 倍（第 14 章）。

最终，停车配建标准会让车辆行驶变得更加困难，因为由这些配建停车位所产生的车辆会堵塞道路从而造成交通拥堵。洛杉矶每平方英里的停车位数量比世界上任何一个城市都多（《高代价免费停车》，P161–165）；同时，根据《因瑞克斯 2016 年全球交通评分表》（INRIX 2016 Global Traffic Scorecard）所示，洛杉矶的交通拥堵比世界上任何一个城市都严重。

尽管路外停车配建标准造成了各种危害，但它们基本上已经是城市规划中的传统信仰。一个人不应该批评别人的宗教信仰，但是当谈到停车配建标准时，我是一个新教徒，我认为城市规划需要对配建标准进行改革。

三项停车改革措施

改革是困难的，因为停车配建标准的存在不是没有原因的。如果路内停车免费的话，那么取消路外停车配建标准就会造成路内停车拥挤，引起市民抱怨。因此，我将 800 页的《高代价免费停车》提炼为 3 个要点，建议进行 3 项促进城市、经济和环境发展的停车改革措施：

- **取消路外停车配建标准**。由开发商和企业自主决定为客户提供多少停车位。
- **制定路内停车位正确的收费价格**。正确的价格就是保持每个街区有 1~2 个停车空位的最低价格，这将避免出现停车位短缺现象。价格可以平衡路内停车的需求和供给关系。
- **返还停车收入用于收费地区的公共服务改善**。如果每个人都能看到停车费起到作用，那么新的公共服务可以使基于需求的路内停车定价政策在政治上受到欢迎。

这 3 项政策彼此之间是互相支持的。将停车收入用于改善社区公共服务能够为制定路内停车的正确价格创造必要的政治支持。如果一个城市制定了正确的收费价格，让每个街区都保持有 1~2 个路内停车空位，那么没有人会再抱怨路内停车位短缺。如果路内停车位不再短缺，那么城市就可以取消路外停车配建标准。最后，取消路外停车配建标准又会增加路内停车需求，这将增加支付公共服务的收入。

在本书中我将不断使用到下面这五个术语：正确定价（right pricing）[也称为需求定价（demand-based pricing），因为价格制定是基于停车需求变化]、绩效式定价（performance pricing，因为停车位利用率的绩效会更好）、可变或动态定价（variable or dynamic pricing，因为价格发生变化）和市场定价（market-rate pricing，因为通过价格来平衡路内停车的需求和供给）。

《停车与城市》的目标

停车问题是交通系统里的灰姑娘。大学里虽然宣扬平等，但是实际上有着严格的内部地位等级，包括研究课题的等级。全球和国家级事务的研究课题处于最高声望等级，研究州级事务就下降了一个档次，研究地方事务看起来就显得狭窄了。但即使在这些毫不起眼的地方政府事务中，停车研究也处在底层。大多数学者认为停车研究是最没有意思的，所以多年来我一直是个没有竞争对手的底层研究者。但是停车领域有很多问题值得研究，现在很多学者也已经加入这场研究盛宴之中。如今停车问题太重要了，必须进行深入研究。

本书用 51 章内容来总结最新的停车研究成果。一些实践者还介绍了他们在实施路内停车市场定价、返还停车收入用于公共服务以及取消路外停车配建标准等政策过程中所取得的经验。这些成果和经验表明停车是一个重要的政策问题，而非只是一个政府管理细微事务。停车影响着几乎所有的事情，同时也被所有事情所影响。

交通系统中最情绪化的话题

很多人认为停车问题是个人问题，而不是政策问题。当谈到停车时，理性的人往往很快变得情绪激动，坚定的保守派也会变成激进的革命者。对停车问题的思考似乎发生在大脑的爬虫脑（reptilian cortex）部分。这是大脑中最原始的部分，负责对紧急的"战斗或逃跑"问题做出迅速决断，例如避免被吃掉。据说爬虫脑可以控制侵略、领地保护和行为展示（ritual display）等本能行为，而这些都是停车涉及的重要问题。

停车问题会让理性的人头脑发昏。当一个人面对停车问题时分析能力似乎会下降。一些人强烈支持市场价格——但停车除外；一些人强烈反对补贴——但停车除外；一些人讨厌规划监管——但停车除外；一些人坚持严谨的数据收集和统计测试——但停车除外。这种"停车除外现象"让我们在思考停车政策时思维匮乏，而充足的免费停车位被视为规划应该产生的理想结果。可如果让开车人支付用于停车的全部费用，结果会非常贵；所以就让其他人也来支付这笔费用吧。但是，一个人人都愿意为其他人免费停车买单的城市只能是傻瓜的天堂。

丹尼尔·卡尼曼（Daniel Kahneman）于 2002 年凭借在整合心理学和经济学方面的研究获得了诺贝尔经济学奖，他总结了一些关于"思考""快速""慢速"的研究。他研究了两种思考模式：快速思考是本能的、情绪化的、潜意识的；而慢速思考是逻辑性的、计算性的、有意识的。对于情绪化话题人们很难保持理性，所以在考虑停车问题时，我们应该放慢速度。

我希望《停车与城市》一书能说服读者认同停车问题需要认真对待。很少有人对停车本身感兴趣，所以我总是努力向听众展示停车如何影响那些关注度较高的事情，例如可负担住房（affordable housing）、气候变化、经济发展、公共交通、交通拥堵和城市设计品质。例如，停车配建标准减少了住房的供应并升高了房价。停车补贴诱导人们从公共交通、自行车、步行等交通方式转向乘坐小汽车。寻找低价路内停车位的巡泊（cruising）驾驶增加了交通拥堵、空气污染和温室气体排放。难道人们更想要免费停车而不是可负担住房、清新空气、步行社区、良好城市品质以及更可持续的地球吗？要知道，错误的停车政策阻碍了许多值得深切关注的问题的进展，从提供可负担住房到减缓全球变暖，而这些问题恰恰会引发规划改革。停车规划改革将会是实现诸多重要政策目标的最简单、最便宜、最迅速以及最具可实施性的方法。

在"导言"之后，接下来的51章内容将会分为三个部分，分别对应三类停车改革建议措施。第一部分关注取消路外停车配建标准，第二部分聚焦于制定正确的路内停车价格，第三部分重点介绍停车受益区。下面将采用《高代价免费停车》和本书各个章节的材料来说明为什么这些改革是必要的，以及它们是如何发挥作用的。

1. 取消路外停车配建标准

城市规划人员在不知道具体停车需求的情况下，就为画廊、保龄球馆、舞厅、健身房、五金店、电影院、夜总会、宠物商店、小酒馆和动物园设置了停车配建标准。尽管缺乏理论也缺乏数据，但规划人员已经为数以千计的城市设置了数百种用地类型的停车配建标准（详见《高代价免费停车》第3章"成千上万的路外停车规定"）。用查尔斯·达尔文的观点来解释，规划人员最初只为一类或少量用地类型设定停车配建标准，却进化成一系列的标准。停车配建标准开始很简单，但现在已经变得非常复杂并不断进化。

尽管规划人员采用了专业语言来让这种做法显得具有合理性，但是停车规划需要从实际工作中学习，它更像一项政治活动而非专业技能。所有规划人员在设置停车配建标准时可能还不知道这些事情：

- 配建的停车位成本是多少；
- 多少开车人愿意为停车付费；
- 停车配建标准将如何增加所有物品的价格（除了停车）；
- 停车配建标准如何影响建筑和城市设计；
- 停车配建标准如何影响出行方式选择和交通拥堵；
- 停车配建标准如何影响空气污染和水污染；
- 停车配建标准如何影响燃油消耗和 CO_2 排放。

成本是一个特别重要的未知参数。例如，如果不知道配建停车位的建设成本，规划人员就无法知道停车配建标准如何增加住房成本。小型、简式公寓的建设成本远低于大型豪华公寓，但它们的停车位建设成本却是相同的，因为许多城市为公寓设定了同样的停车配建标准，无视其规模或质量差异。因此，配建标准会不成比例地增加低收入住房的建设成本。停车配建下限标准意味着，城市对免费停车的关心要远超对可负担住房的关心。

停车配建标准虽然降低了拥有一辆小汽车的成本，但是却提升了其他商品的成本。例如，洛杉矶购物中心的配建停车位，如果建设为地上停车楼，将会增加 67% 的建设成本；如果建设为地下停车库，将会增加 93% 的建设成本（第 3 章）。增加的成本将转移给所有购物者，无论人们选择何种出行方式，停车配建标准都会提高杂货店的食品价格。买不起车的人会为食品多支付费用，以确保富人们能够开车去购物中心后免费停车。停车配建标准还能帮助解释为什么租金"死贵"。第 11 章估算了停车配建标准让无车家庭为租住公寓多支付 13% 的租金。

开车人必须为他们的车辆、燃油、轮胎、维修保养、保险和登记注册支付市场价格的费用，但没有人认为这些费用会伤害到穷人。没有小汽车的人不需要支付这些费用。然而，城市却要求买不起车和不买车的人为停车买单。

美国是一个自由的国家，许多人似乎因此认为停车也应该是自由的。停车配建标准使每个人都可以免费停车，但没人知道所有人都在为此付费。是的，停车是免费的，但那是因为其他东西的费用都变得更高了。停车配建标准是出于好意设置的，但是好意并不能保证好的结果，也不能弥补意外的伤害。

在天文学中，暗能量是一种渗入太空并使宇宙膨胀的力量。同样，在城市规划中，停车配建标准是一种渗入空间并使城市扩张的力量。停车配建标准越高，使城市蔓延并将其分离的暗能量就越强。停车配建标准是不必要的恶。

停车配建标准的伪科学性

当我受邀到一个城市演讲停车问题时，通常会先从这个城市某个拥有过量停车位的场地航拍图开始，例如圣何塞（San Jose）办公园区的这个图片（图 0-1）。路外停车配建标准规定了这种开发模式。

太多美国郊区的景象如圣何塞一样。我们在日常生活中容易忽视这种沥青荒芜场景，特别是当我们在那里免费停车时。但是，只有我们作为开车人时停车才是免费的，我们在生活的其他方面却为此付出了沉重代价。停车的成本不会因为开车人不付费就会消失。我们努力避免支付自己的停车费，但是最终却支付了其他人的停车费。

演讲中我展示了圣何塞的停车配建标准，如表 0-1 所示，它显示了城市中休闲娱乐用地的停车配建标准。冗繁的停车配建标准也坐实了新城市主义者对传统区划法的指责：它们全是数字和指标，很少考虑所形成的城市形态。

规划人员为如此多的用地类型规定如此精确、如此具体的停车配建标准，大多数人可能认为他们肯定对停车问题进行了认真研究。恰恰相反，规划人员一直在自由发挥。

规划人员不是能够预测停车需求的先知，通常情况下他们只是充当政治利益矛盾的和

图 0-1　圣何塞办公园区

加利福尼亚州圣何塞市停车配建标准　　　　　　　表 0-1

休闲娱乐	
游戏、娱乐	1 个车位 /200 平方英尺建筑面积
棒球练习场	1 个车位 / 场，附加 1 车位 / 员工
保龄球设施	7 个车位 / 道
舞厅	1 个车位 /20 平方英尺对外开放面积
高尔夫练习场	1 个车位 / 道，附加 1 车位 / 员工
高尔夫球场	8 个车位 / 洞，附加 1 车位 / 员工
健身俱乐部、健身房	1 个车位 /80 平方英尺休闲面积
迷你高尔夫球场	1.25 个车位 / 道，附加 1 车位 / 员工
排练场地的表演艺术区	1 个车位 /150 平方英尺建筑面积
台球厅	1 个车位 /200 平方英尺建筑面积
私人会所	1 个车位 /4 个室内固定座位，或 1 个车位 /6 英尺长椅 *，附加 1 个车位 /200 平方英尺会议或集会区，外加 1 个车位 /500 平方英尺室外休闲面积
娱乐、商业（室内）	1 个车位 /80 平方英尺休闲面积
娱乐、商业（室外）	20 个车位 / 英亩场地面积
滑冰场	1 个车位 /50 平方英尺建筑面积
游泳网球俱乐部	1 个车位 /500 平方英尺休闲面积

　　* "1 个车位 /4 个室内固定座位"是按每 4 个座位配 1 个车位；"1 个车位 /6 英尺长椅"是没有分隔座位，按照椅子长度每 6 英尺配 1 个车位。

事佬。我还没有遇到过哪位城市规划人员能够聪明地解释停车配建标准为什么不能再高一些或低一些。人们对停车的需求不仅比规划人员想象的要复杂，而且比规划人员"能够"想象的还要复杂得多（《高代价免费停车》，第2、3章）。在设置停车配建标准时，规划人员通常会遵从民选官员的指示，复制其他城市的配建标准，或者依据在提供充足停车位、没有公共交通服务的郊区场地所调查的不可靠的高峰停车位利用率进行设置。所以停车配建标准更像是算命而不是科学。

因为小汽车必须停放在某个地方，许多人因此认为停车行为就像液体流动一样。如果一个地方的停车供给受到压缩，那么小汽车就会被挤压到其他地方停放。然而，停车行为更像气体，小汽车数量会根据可用空间进行扩张和收缩并总会填满它，更多的停车位会导致停放更多的小汽车。尽管如此，规划人员还是假设小汽车与人之间存在固定比例，以此来设置停车配建标准，并经常设定每类人对停车位的需求：每个美容师、牙医、机械师、修女、学生、教师或网球手需要几个停车位。这种小汽车与人之间的假定比例又是以所有停车都免费为假设条件的。如果停车价格需要覆盖其全部成本，那么小汽车与人之间的比例肯定会降低。

之后的演讲中我将演示圣何塞的一些用地类型根据停车配建标准所需建设的地面停车场规模。在将停车位和通道统一计算的情况下，平均每个停车位大约需要330平方英尺的用地。对于很多用地类型来说，停车场的面积比它所服务的建筑物面积都大（图0-2），所以给车使用的空间比给人使用的还要多。

图中左侧浅灰色条状图代表1000平方英尺的建筑面积，右侧深灰色条状图代表相应的配建停车场面积。例如，圣何塞市要求餐厅用餐区每1000平方英尺配建25个停车位，这

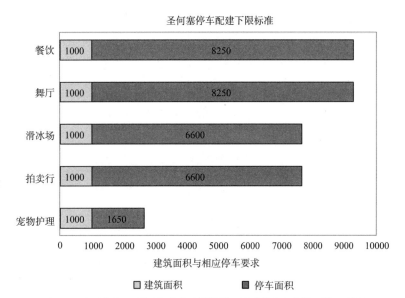

图 0-2　加利福尼亚州圣何塞市建筑规模和配建停车场规模对比示意图

25个停车位需要占用8250平方英尺（25个×330平方英尺）面积，导致餐厅停车场的面积是餐厅本身面积的8倍多。停车配建标准保障任何人可以在任何地方都可以停车，但是它也导致产生了很多没有人想去的地方。此外，在这些昂贵的停车位中，有一部分很少得到使用。未充分使用的停车场甚至激发了一场年度摄影比赛，其中一张照片显示在感恩节的第二天（全年最繁忙的购物季之一），购物中心的停车场一半处于空置状态（Schmitt，2014）。

停车配建标准让城市对小汽车友好但对人不友好——开车方便但走路不方便。正如简·雅各布斯（1962，P19）所写的那样："市中心被停车场和停车库分割得越厉害，就会变得越来越黯淡消沉；没有什么比死气沉沉的市中心更令人反感的了。"除了车辆行驶和免费停车，我们还想让街道提供其他更多内容，例如繁华、安全、健康、步行舒适和心情愉悦等。

如果市民还是坚持需要路外停车配建标准，那么我认为正确的标准应该是在规划人员对低配建标准或无配建标准的案例做出深入分析后制定的在政治上可接受的最低标准。规划人员可以提出许多减少停车配建标准的方法。例如，开发商可以提供自行车停车位、为共享汽车提供场地停车位、为通勤停车提供停车费变现，还可以为公寓楼中的所有住户提供免费公交卡（第19、20和43章，以及《高代价免费停车》，第10章）。即使在政治考量上不允许取消配建标准的地方，这些措施也可以针对性地降低配建标准。

高代价的停车配建标准

停车配建标准类似于工程师所说的"杂牌机"——它们不够好但暂时能解决问题，虽然其中包含了大量笨拙、低效、多余、难以理解而又维护费用高的移动部件。微软的用户会很容易理解这个概念。规划人员应该认识到路外停车配建标准就是为避免路内免费停车短缺而设计的"杂牌机"。停车配建标准表面上看似合理，但实际上是错误的。用安东尼·当斯（Anthony Downs，2004）的话来说，采用停车配建标准而不是停车价格来平衡停车供需关系，就像是为了调整墙上的相框位置，不是移动相框而是把墙拆掉重建一样。

停车配建标准就像是附着在船上的藤壶，它们逐渐累积慢慢减缓船只速度。这些配建标准切断了停车建设成本与开车人所需支付的价格之间的联系。它们增加了对小汽车的需求，而当市民反对由此产生的交通拥堵时，城市通过限制开发量来减少交通量。总之城市要求配建停车位，然后限制人口密度来限制小汽车密度。免费停车已经成为城市形态的审定者；而在区划法规中，小汽车的密度也已经取代了人的密度成为真正被关注的对象。

在关于城市每类用地究竟需要多少停车位的争论中，每个方面都是建立在可疑论据上的貌似严谨的结论。停车配建标准看似科学，但与这种所谓的"科学"相比，"山达基教"（Scientology，科学教）反而看起来更科学，"绿野仙踪里的魔法师"（Wizard of Oz）看起来更像科学家。停车配建标准只是比占星术前进了一步，但比《美国农历》（Farmers' Almanac）还差了很多，它们都拥有"伪科学"的坏名声。

规划人员经常用"动机性推理"来证明那些不想因为停车短缺而被抨击的民选官员非常需要设立停车配建标准。规划人员必须为预先设定的结论寻找论据。大多数停车配建标准的起点是采用假设，但做假设的人同时决定了结果。规划人员并没有关注停车配建标准的合理性，而是让标准被迫合理化，并且必须假装他们很专业（其实不是）。为任何用地类型设定停车配建标准，就像是在黑屋子里寻找根本不存在的黑猫，而却声称找到了它。

规划人员通常假设所有居民都有一辆小汽车并要求具备足够的路外停车位来停放。大多数居民通常拥有一辆小汽车，但这是因为要求配建充足停车位的政策保障人们可以拥有它。停车配建标准因此成为一种自我应验的预言。每个人都需要停车位，因为停车配建标准导致小汽车的过量供应，而这又被用来证明停车配建标准的必要性。

城市规划人员说不清每栋公寓需要多少停车位，正如他们说不清每个家庭需要多少辆小汽车一样。因为可用的停车位数量会影响一个家庭想要拥有的车的数量，家庭拥车数量反过来却不能预测规划人员所要求配建的停车位数量。停车位的供给产生了它自己的需求，规划人员以免费停车所产生的估算需求来要求提供停车供给。这就好像规划人员根据人们存储全部物品的空间规模，来要求所有住宅都设置最大规模的储物空间。要求每栋建筑提供充足的停车位就是鼓励每个人都购买小汽车。

这些配建停车位占用了很大的空间面积。每个路外停车位通常占用330平方英尺（停放面积和通道面积各占一半）。美国每辆车至少对应3个路外停车位（第8章），3个停车位大约占用990平方英尺面积（330平方英尺×3个），因此每辆车至少需要990平方英尺的路外停车面积。相比之下，美国每人平均大约有800平方英尺的住房面积（Moura，Smith，and Belzer 2015，P11）。因此，美国每辆车的停车面积大于每个人的住房面积。对开车的人来说，大部分停车位是免费的，因为它的成本被捆绑在住房和其他一切物品提高的价格中。

停车配建标准源于城市规划人员无法控制的复杂的政治和经济力量，例如居民为反对周围开发而要求提高停车配建标准。然而，规划人员让停车配建标准的伪科学性得以启用并让公众承担成本。规划人员使用停车配建标准无疑是在饮鸩止渴。

停车位替代费（In-Lieu Fees）的作用

采用停车配建标准是"南辕北辙"的做法，因为城市不可能通过补贴小汽车的方法来解决交通拥堵和空气污染问题。我们可以使用城市停车位替代费来代替对小汽车的补贴。一些城市允许开发商支付一笔费用来替代新建筑所需配建的路外停车位，这笔费用被城市用来提供公共停车位（《高代价免费停车》第9章）。存在这种宁愿支付替代费也不想提供停车位的情况，可见开发商想要减少建设停车位的意愿是多么强烈。

一些城市通过计算新建公共停车库的单个停车位的成本来确定停车位替代费（《高代价免费停车》，第6章）。例如，2016年加利福尼亚州的帕洛奥图市（Palo Alto）计算得出新建公共停车库的每个停车位需要花费 67429 美元。所以他们就向每个配建停车位征收 67429 美元的免建费用。

停车位替代费揭示了停车配建标准的真正成本。帕洛奥图市要求商业用地配建 4 个停车位 /1000 平方英尺，用停车位替代费 67429 美元 / 停车位换算，即 269716（4 个 ×67429 美元）美元 /1000 平方英尺商业面积。停车位替代费让新建筑增加了 270（269716÷1000）美元 / 平方英尺的成本。这种增加的成本类似于为停车支付影响费（新开发项目影响费是为新开发项目提供公共服务而征收的成本费用）。停车配建标准通过在开发成本中捆绑停车成本从而将其掩盖掉。停车位替代费揭示了这个高昂的、被掩盖的停车配建成本费用。

帕洛奥图市向新建项目征收影响费用于建设公园、图书馆和公共安全设施：影响费按建筑面积计算，5.04 美元 / 平方英尺用于建设公园，0.27 美元 / 平方英尺用于建设图书馆，0.25 美元 / 平方英尺用于公共安全设施（City of Palo Alto，2016）。帕洛奥图市的停车位替代费是 270 美元 / 平方英尺，这远远大于其他所有公共服务的影响费用之和。如果影响费表明的是一个城市提供公共服务的优先级，那么帕洛奥图市的最高优先级是提供免费停车。

美国基础设施报告单

美国土木工程师学会（American Society of Civil Engineer）每四年发布一次《美国基础设施报告单》，评价 16 类基础设施的状态。图 0-3 显示了 2017 年的报告单，各类设施基本上为 D+ 水平。

如果土木工程师们将停车设施列入报告单之中，它可能会获得 A+ 的好评。"好意建设公司"建设了如此优秀的停车设施，而路外停车配建标准早已将它们的成本隐藏在了其他所有商品提高的价格之中。

虽然公共基础设施是所有经济活动的必要投入，但是美国可能在补贴停车方面超出对其他交通基础设施的补贴总和。据估算，2002 年美国对路外停车位的补贴在 1270 亿 ~3740

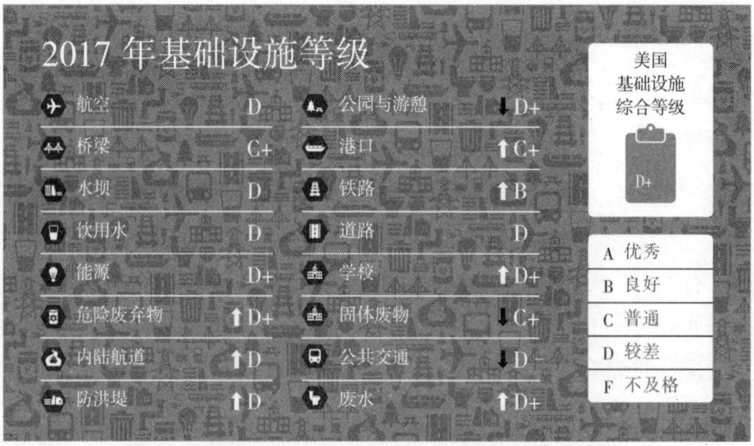

图 0-3 美国土木工程师学会的《美国基础设施报告单》

亿美元之间（《高代价免费停车》，P205-208）。相比之下，2002 年全联邦、各州和地方政府的公共基础设施总支出（投资、运营和维护）为 1900 亿美元（Congressional Budget Office，2015）。因此，美国对路外停车的补贴大约是对公路、公共交通、铁路、航空、水运补贴之和的 67%~197%。用户通过支付燃油税和其他费用支付公路、公共交通、铁路、航空、水运等公共开支的大部分费用，但是开车人支付的停车费用却不足停车成本的 4%（《高代价免费停车》，P208-210）。

停车配建标准的不平等负担

城市要求每栋建筑都配建停车位，却并没有考虑这些配建停车位给穷人带来了沉重的负担。一个停车位的成本可能会超过许多美国家庭的净资产。如表 3-1 所示，为 2012 年 12 个美国城市立体停车设施的平均建设成本估值，地上停车位约为 24000 美元 / 车位，地下停车位约为 34000 美元 / 车位。

相比之下，美国 2011 年拉美裔家庭的净资产（资产减去负债）中值是 7700 美元，黑人家庭是 6300 美元（图 4-1）。可见立体停车设施中一个停车位的成本，至少是美国一半以上的拉美裔和黑人家庭净资产的 3 倍以上。因为城市要求在家庭、工作地点、商店、餐馆、教堂、学校和其他地方都配建停车位，所以每个家庭都会对应几个配建停车位，而这些成本转移到所有消费者身上。

路外停车配建标准形成了一种人们认为他们需要开车才能去工作、上学和购物的氛围。城市为所有人提供免费停车位的错误行为，迫使穷人为他们负担不起且经常不用的停车位付费。免费停车披着平等的外衣，但是它实际上增加了不平等性，它是一种浪费和不公平。

城市用于帮助贫困居民的资金是有限的，将其花费在补贴停车方面不是最好的方式。免费停车在帮助穷人方面有两个严重的缺陷：首先，免费停车不能帮助连车都没有的最穷的人；其次，免费停车主要帮助了占据拥车主体的富人。然而，城市似乎愿意支付任何价格、承担任何负担、应对任何困难来确保免费停车的存在和成功。城市让人们面对昂贵的住房，但却为每辆小汽车提供了至少 3 个停车位（第 6、13、14 章）。

停车配建标准看起来很公平，但它导致了不公平的结果。为了评估家庭财务储备可用性，2015 年联邦储备委员会（Federal Reserve Board）进行了一项调查（2016，P22），询问人们如何支付 400 美元的紧急开支。46% 的受访者表示他们需要卖东西、借贷或者根本就无法支付。尽管几乎有一半的家庭在勉强糊口度日，但停车配建标准仍迫使每个家庭都要支付几个路外停车位的费用，即使他们没有车。

城市规划人员在面对美国财富不平等问题时能做的事情有限，但他们可以对给穷人带来不公平与沉重负担的城市路外停车配建标准进行改革（第 4 章）。规划专业应该宣布废止停车配建标准。

犯了我们允许的罪可以得到宽恕

取消路外停车配建标准还有另外一个好处：减少腐败机会。当城市要求配建路外停车位时，他们可以通过审批规划调整（planning variances）来对停车配建标准进行豁免；如此，城市可能在特殊情况下允许企业建设少于配建标准的停车位，有时这就是一笔用来影响官员或政客的捐款。当城市建立了停车配建标准后，政府官员就有了可出售的东西——停车配建标准的折减。

如同中世纪天主教会兜售能减轻罪恶的赎罪券一样，城市可以出售规划调整。在陀思妥耶夫斯基的《卡拉马佐夫兄弟》（The Brothers Karamazov）一书中，塞维利亚的大审判官解释了教会即使在恐吓人们犯一点罪都会受到地狱惩罚的情况下，为什么还会受到欢迎："犯了我们允许的罪都可以得到宽恕。"同样，如果城市要求配建路外停车位，官员们就可以宽恕某些项目建设比配建标准少的停车位。

从政府获得停车方面的规划调整就像从中世纪教堂购买赎罪券一样。递上钞票，获得宽恕。取消停车配建标准将消除减少停车位的规划调整对民选官员牟利的诱惑。

除了省钱之外，取消停车配建标准还能降低开发风险。要求开发商申请停车方面的规划调整会增加项目的风险，因为任何人都有合法权利反对调整申请和额外的让步，即使反对者真正关注的不是停车问题。反对停车方面的规划调整看起来像是每个人想要（需要）更多的停车位，但实际上停车位只是借口，反对者真正想做的是阻止项目开发。如果城市审批开发项目时不包括停车位，那么这些反对在停车方面进行规划调整的意见将会消失，开发商可以提出财务上可行的项目。

停车配建上限

我们只有在实施过后才能认识到明智的规划方案和愚蠢的错误决定之间细微的差别。在未来，我想那时的规划人员会像我们现在评价20世纪60年代的城市更新项目一样评价我们掠夺式的停车配建标准——当时看似乎是个好主意，但是却导致了一场灾难。

一些有先见之明的评论家预见到了停车配建标准的严重后果。1927年，美国交通工程师学会（Institute of Transportation Engineers）的创始人之一霍利·辛普森（Hawley Simpson）主席已经预料到要求配建路外停车位会造成许多问题（《高代价免费停车》，P279–280）。他写道："它不仅不能帮助解决道路交通问题，反而很可能导致大量不必要的车辆使用，从而产生相反的效果。免费停放是一种经济谬论。"刘易斯·芒福德（1963，P23）警告说："在每个人都拥有私家车的时代，如果私人汽车拥有进入城市每一栋建筑的权利，那么实际上这是一种摧毁城市的权利。"不幸的是，城市规划人员忽视了这些警告。停车配建标准不仅使城市朝着"命令与控制式"规划的错误方向跌落，而且使许多城市已经跌落在了深渊谷底。

在城市更新项目和停车配建下限标准实施之后，一些美国城市的市中心开始变得像是建设在古老优秀文明废墟上的中世纪罗马兵营。幸运的是，很多城市已经转变路线。旧金山市在市中心实施了停车配建上限标准而没有下限标准；而洛杉矶还在实施下限标准而没有上限标准。这两者之间必有一方是错误的。

如果交通如此拥堵、空气污染如此严重、一个社区无法安全地容纳更多的小汽车，那么实行停车配建上限标准是合理的。但是停车配建上限标准的问题是如何确定指标。对美国区划法规最简单的改革方法就是将现有的所有路外停车配建指标从下限直接改为上限，不用改变任何数值。如果下限标准确定了一个城市所足够使用的停车位数量，那么禁止超过这个足够的停车位数量又有什么害处呢？

一些城市在中心商务区（如波士顿、芝加哥、纽约和旧金山）设置停车配建上限标准的成功经验清楚地表明，在实施停车配建上限的地区银行家愿意放贷并且开发商也愿意开发项目。这些城市的中心商务区比底特律和菲尼克斯等仍实施停车配建下限标准的中心商务区有更好的发展。一位银行家告诉我，如果一个开发项目位于所有建筑都有停车位限制的地区，那么他愿意贷款给它。停车配建上限标准就像是在银行家和开发商在用免费停车来吸引租户的军备竞赛中，颁布全城范围内强制实施的裁军条约。

取消停车配建下限标准要比降低它们或者实施上限标准容易得多，因为规划人员不必再设定更低的配建下限标准值或新的上限配建标准值并在证明它们的合理性后再实施它们。在许多城市，取消停车配建下限标准也可能比实行上限配建标准更重要，争议也更少。郭湛研究了 2004 年伦敦将停车配建下限标准改为上限标准后的情况（第 16 章）。在调整前，大部分开发项目提供的停车位不会超出下限标准；而在调整后，大部分开发项目提供的停车位会低于上限标准很多。政策调整后，新建筑的停车供应量仅为新的上限标准的 68%，并仅为以前下限标准的 52%。新的上限标准只降低了 2% 的停车供应；将下限标准改为上限标准所起到的效果主要来自取消了下限标准。

以停车配建标准为借口

一些规划人员表示停车配建下限标准是必要的，因为可以通过减少停车配建标准来换取社区福利设施，如提供可负担住房。以加利福尼亚州为例，该州允许所属城市对包含一定比例可负担住房的住宅开发项目降低停车配建标准（第 17 章）。但是，将降低停车配建标准作为提供可负担住房的鼓励选项，恰恰表明起初的停车配建标准是多么不必要。城市永远不会减少关于电线安全或火灾逃生等方面的法规标准来换取开发项目增加可负担住房数量，但停车位很容易被讨价还价，因为它显然没有那么必要。

然而降低含有可负担住房的开发项目的停车配建标准，却遭到了加利福尼亚州可负担住房倡导者们的反对。他们反对任何普遍性减少停车配建标准的政策，即使那会增加住房供应从而使所有住房更便宜。因为可负担住房倡导者认为那样会让他们失去现在要求新开发项目提供一定数量可负担住房的谈判筹码。在这个案例中，停车配建标准被用来作为一个"借口"，他们宣称的目的是增加停车供给，但真正的目的是给开发商增加沉重负担，从而让城市通过减少配建标准来换取任何真正想要的东西（Manville and Osman，2017）。这种借口基本上是徒劳的，因为开发商通常提供满足配建标准的停车位，而城市最终只会得到昂贵的住房和过量的停车位。

城市如何在取消停车配建下限标准的同时仍然享有停车配建标准提供的讨价还价能力呢？他们可以建立停车配建上限标准，只要开发商为超出上限标准的停车位支付费用，就允许他们建设更多的停车位（《高代价免费停车》，第9章）。墨西哥城在2017年从停车配建下限标准改为上限标准时，采用类似的收费政策（第15章）。墨西哥城要求开发商为超过配建上限标准数量半数以上的停车位缴纳费用。我不建议把停车配建上限标准作为与开发商讨价还价的工具。然而，如果城市非要将停车作为讨价还价的工具，那么较低的上限标准比相对较高的下限标准更合适。

停车配建下限标准的唯一好处

如果城市像严密管理路外停车一样严密管理我们生活中的其他部分，那么每个人都会加入"茶党"（Tea Party）。因此，取消停车配建标准能带来诸多好处。图0-1展示了硅谷里面过量停车造成的沥青荒漠景象，停车场外围的停车位一直空置。如果圣何塞市取消路外停车配建标准，并根据需求制定路内停车价格，把由此产生的收入用来改善社区公共服务，那将会发生什么？业主们会认为把土地用于住房比用于停车更有价值。如果一个城市想要更多的住房和更少的车流，取消路外停车配建标准将会非常有帮助。

硅谷的每个人都在抱怨房价昂贵、通勤距离远、交通拥堵、空气污染以及难以吸引员工。图0-4显示了如果圣何塞市取消路外停车配建标准，则图0-1场景可能发生的情况，停车场的四周可能会建设住房。一个大型停车场很容易被重新开发，因为它只有一个业主，没有拆迁成本，不需要新的基础设施，并且靠近工作和购物地点。如果停车场改建后的公寓靠近人行道，那么任何走路、骑自行车或开车路过的人都会看到一个真正的城市环境。最精明的出行方式就是靠近目的地，这种职住毗邻的模式可以让人获得离开小汽车、步行上班的通勤体验。

新的住房可以不用建设新的停车位，因为办公楼和公寓可以共享现有停车位。为避免停车位不足，停车费用必须与公寓和办公楼的租金分开，这样只有开车人需要支付停车费（《高代价免费停车》，第20章）。在附近办公楼上班的居民会发现他们只需要一辆车或者不需要车就能生活。他们可以选择租一间公寓而不用必须为两个配建停车位付费，而这是当前的停车配建标准所禁止的。新的住房不会导致绅士化或拆迁，因为没有人在现状停车场上居住。数英亩的地面停车场提供了更好的开发可能，但是停车配建标准让图0-4中的景象难以实现。如果城市取消了办公园区、购物中心和大型商场的停车配建标准，那么它们停车场的沿街四周将会成为填充式开发的新场地。

将停车位转换为住宅可以减少交通拥堵，因为更多的人可以步行、骑自行车或乘坐公交到达目的地。一些依旧保持小汽车出行的人还可以使用共享汽车或使用来福车（Lyft）和优步（Uber）。美国太多的沥青环境一点都不适合步行，并且也不美观和不可持续，但它们可以被改革和改造。取消停车配建标准可以带来一系列好处：通勤时间更短、交通量更少、经济更健康、环境更清洁、住房更经济。而且好处并不止于此，如果我们改变错误的停车规划，那么我们过度依赖私人小汽车、建设广阔停车场的生活方式就可以优化为真正的社区生活。人们常说经济目标与环境目标相冲突，但停车改革可以很容易同时实现这两个目标。停车改革既在经济方面有意义，也在环境方面有意义。

现在，花在汽车和汽油上的钱可以用在其他东西上。汽车和汽油需要进口，但我们不能进口公寓楼。在汽车、汽油和停车上面花费更少而在住房支出上投入更多，这样才能增加许多行业对劳动力的需求，如建筑师、木匠、电工、工程师、园丁、玻璃工、律师、锁匠、画家、水管工、房地产经纪人、屋顶工人、测绘员，乃至城市规划人员。停车场需要雇用的人很少，但在停车场上进行建设将会促进整个经济的发展。

停车配建标准让美国城市与许多美国人所羡慕的欧洲城市大不相同。大多数美国城市以建设满足高峰时期免费停车需求的停车位作为开发的"地板"，因此不得不对开发密度设置"天花板"以限制交通量。许多欧洲城市恰恰相反，他们为避免交通拥堵，对停车位数量设置"天花板"，反而对许可开发的密度设置"地板"，以鼓励步行、自行车和公共交通。总之，许多欧洲城市限制停车而要求高密度，而大多数美国城市限制高密度而要求停车。美国建筑现在与停车场的关联程度比与周围城市环境的关联程度更紧密。遗憾的是，城市规划人员忽视了希波克拉底（Hippocratic）的誓言："首先，不要伤害"，未将其作为停车规划的指导原则。

图 0-4　办公停车场沿街建设公寓的方案

许多成功的商业区是在城市开始要求每个企业都有自己的路外停车场之前就已经建成了。在需要配建路外停车场的城市中，如果城市使用停车位替代费来为建设公共停车场提供资金，那么这些商业区也会成功，这样企业就不必提供自己的场内停车场（on-site parking）（《高代价的免费停车》，第10章）。开发商为他们未提供的配建停车位支付费用。贝弗利山庄、帕萨迪纳老城和圣莫尼卡的第三大街步行街（Third Street Promenade）就是很好的例子（都在加利福尼亚州）。试想有哪个成功的商业街是每个商店都有自己的停车场的？

没有停车位替代费选项的路外停车配建标准，除了建设大型购物中心，没有办法建设一个成功的商店群。在城市开始要求每栋建筑提供自己的停车场之后，没有人可以再建造一条常规商业街。只有在好一点的大型购物中心内才能找到高密度的、对行人友好的商店，但这种商店模式因为路外停车配建标准已经不能在其他地方再出现。路外停车配建标准促进了大型商业中心的发展，但却让城市失去活力。停车配建标准只对小汽车有利，取消它们将会带来公平竞争。

一些批评者认为取消路外停车配建标准相当于一场"社会工程"和"对汽车的战争"。恰恰相反，停车配建标准才是社会工程和对步行的战争。这些配建停车场将建筑物分离，因此人们只能靠小汽车出行。例如，取消餐厅1000平方英尺必须配建10个停车位的标准不是对小汽车的战争，就像取消一个人每月必须吃10个汉堡包的标准不是对汉堡包的战争一样。取消停车配建标准"不会"干扰市场，也根本不是对汽车的战争。

对于是否提供路外停车位，我支持"不生下来"（pro-choice）的意见。城市不应该要求开发商把不想要的停车位"生下来"。停车配建标准是一个坏主意，执行起来不力，灾难性的后果显而易见——到处都是沥青场地、缺乏街道生活。虽然很难列举项目被停车配建标准阻止实施的有效案例，但图0-4描绘出城市在没有停车配建标准情况下的景象。它所造成后果的唯一好处是让我们有一个意外的土地储备，可用于建设职住毗邻的住房。如果城市取消了他们错误的停车配建标准，那么我们可以得到一个面积如荷兰那么大的可重新开发的用地。

停车配建标准是城市规划人员和民选官员们自上而下的决定，它代替了居民、开发商、贷款方、购买者和出行者的众多自主决策。区划法规现在迫使城市在停车方面"暴饮暴食"。停止城市停车政策的强制供给与为城市提供停车"瘦身食谱"并不是一回事。

奥巴马总统也反对路外停车配建标准，因为它们"给住房添加了不必要的负担……这些配建标准给低收入家庭住房带来了不合比例的影响，因为这些家庭往往拥有较少的车辆，但是却额外承担包含在开发成本中的停车成本费用"（The White House，2016，P16）。正如2001年诺贝尔经济学奖得主约瑟夫·斯蒂格利茨（Joseph Stiglitz）所说，土地和住房方面的改革是实现经济更加公平的关键。由于停车配建标准会给汽车带来如此多的土地并导致人们面对如此高的住房成本，停车配建标准改革可能是减少不平等最可行的政治方法（《高代价免费停车》，第19章）。

城市有三个非常好的理由来取消停车配建下限标准：我们承受不起，我们不需要它们，它们会造成巨大的破坏。然而，只是期望停车配建标准消失并不能作为取消它们的策略。停车配建标准反映了实际问题，但它们是错误的解决方案。城市如果不能更好地管理路内停车的话，是不能取消停车配建标准的。城市要求配建路外停车位，这样就不需要管理路内停车位。本书第二部分的各个章节聚焦在通过对路内停车收取正确的价格而无须要求配建路外停车来避免路内拥堵。

2. 制定正确的路内停车价格

许多人认为停车就像欢爱——如果你必须为此付费，那是不对的。人们也很容易认为停车位如氧气，它是必不可少的，是一项人权，对每个人都应该是免费的。免费停车在美国几乎就是一项人权，因为开车人在 99% 的出行终端都是免费停车（《高代价免费停车》，附录 B）。但是，即使停车是必需品，它也不是必须免费的。食物和住房也是必需品，但我们从不认为它们应该是免费的。

路内停车定价太高或太低都会造成不良后果。如果价格过高导致许多路内车位空置，那么临近的商业将会失去客户，雇员将会失去工作，城市也将失去税收；如果价格太低导致没有空位可用，那么寻找停车位的开车人将会堵塞交通、浪费燃油并污染空气。因此，路内停车的正确价格就是能够始终保持目的地有少量停车空位以便到达的"最低"价格。这就是停车价格的"金发姑娘原则（Goldilocks）"——不要太高，不要太低，要恰到好处。

传统停车咪表的价格全天保持不变，但停车位利用率是发生变化的；而采用动态定价停车咪表，价格会发生变化，但停车位利用率可以保持不变——始终保持1~2个停车空位。"金发姑娘"价格将为所有开车人提供良好的停车机会，并确保所有商业前门的可达性。

将靠近路缘石的车道用来做其他用途可能比用作停车更有意义。例如，在高密度社区中，同样长度的路缘空间用作自行车停车场可以服务的人数比用作小汽车停车位所服务的人数更多。梅特卡夫（Metcalf，2017）研究对比了曼哈顿的一条街道两侧同样长度的自行车停车场和 3 个路内小汽车停车位。报告指出，在一小时内自行车停车场有近 200 人到达或离开，而另一侧的 3 个小汽车停车位只有 11 人到达或离开。

无论在何处设置路内停车位，设定合理的停车价格以确保其合理使用都是非常重要的。路内停车位的市场价格将帮助城市比较路缘空间是用于停车位的价值高，还是用于拓宽人行道、自行车停车场或货物装卸区的价值更高，并更好地判断城市地产如何获得最高、最好的使用价值。

高代价的免费路内停车位

低价的路内停车位会刺激车辆在已经拥堵的交通流中巡泊（cruise）。巡泊形成了一种为等待路内停车空位而继续行驶的车辆排队现象，但是没有人能够看出有多少巡泊车辆在行驶车队中，因为它们与真正要去往某地的车辆混在一起。然而，一些研究人员已经尝试估算交通量中巡泊车辆的比例，以及它们寻找路内停车位所需的时间。他们采用了分析交通流视频、采访路内停车或等待信号灯的开车人、亲自进行停车巡泊实验等研究方法。

表 25-1 显示了 22 项停车巡泊研究结果。其中 8%～74% 的交通量处于巡泊状态，开车人找到一个路内停车位的平均时间为 3.5～14 分钟。当然这些研究成果是有选择性的，因为研究人员只在他们期望能调查到巡泊时间的地方进行调查：市中心所有路内车位都停满的拥堵街道。相反，在随时都可以获得路内停车位的街道上，没有人需要为停车位进行巡泊。在世界上大多数大城市最繁忙的地段，路内停车价格过低，交通过度拥挤，这导致巡泊成为一种全球性的"日不落"现象。

报纸里经常报道巡泊问题。例如《洛杉矶时报》报道（2014 年 10 月 13 日）："在洛杉矶，路内停车与开车一样困难。开车人日复一日地在城市的拥挤社区内重复同样的事情：他们在街道上来回穿梭，仔细地寻找一个空车位或者观察那些站在停放车辆旁边的人（判断他是要开走还是要停车）。然后他们绕着街区再转一圈，可能再转一圈。每转一圈都让他们变得更加恼怒沮丧。"开车人认为找到停车位的唯一方法可能就是买一辆停好的车。

路内停车可能是世界上除了加沙地带（Gaza Strip）以外最具争议的公共用地了，而对停车位的竞争会非常激烈。在一项研究中，德国汽车俱乐部（German Automobile Club）在弗赖堡（Freiburg）市中心的每个交叉口都设置了摄像头，用它们随机跟踪两个交叉口之间的车辆。研究人员估算，摄像头跟踪的 800 辆汽车中有 74% 是在巡泊，它们一旦找到一个空置车位就会立即停车。这些摄像头揭示了另一个值得注意的现象：研究人员报告说，巡泊让开车人在寻找停车位的挪动中产生心理变化：

> 对停车位的执着让许多开车人变成肆无忌惮的疯子。当所有努力都失败时，他们将会把车停在禁停区、人行道，甚至交叉口内等任何可用的空间（《高代价免费停车》，第 11 章）。

让我们看一下本地农贸市场的停车。开车人激烈地争抢附近的路内停车位；但是在农贸市场里面，每个人却能够体谅别人，尽量不妨碍对方，被阻挡时也会耐心等待。如果两个人同时到柜台付账，还会礼貌地说声"你先"。人的性格不会从汽车到市场这短短几分钟内改变；相反，变化的是环境，从一个过度拥挤的、争抢停车位的公共场所，过渡到了每个人都会付费购物、相互配合的市场之中。

在路内获取一个可用的停车空位就像是在加油站获取一个可用的空置油泵。当政府在 1979 年设定汽油价格上限时，加油站立即排起了长队。开车人不得不排队等待加油。排满大街的怠速车辆指出了控制汽油价格低于市场价格的错误，因此政府在 1981 年取消了价格上限。当城市收取低于市场价格的路内停车费时，开车人必然巡泊停车位，但我们看不到等待停车位的车辆在行驶中排队。我们知道有些汽车在巡泊，因为我们自己曾经这样做过。

假设我们有两种加油站，私营和公共加油站。私营加油站以市场价格出售汽油，而公共加油站以高额补贴出售汽油。那么，市场价格的私营加油站将没有任何排队现象，但是价格低廉的公共加油站将会出现车辆在油泵前排起长队、发动机怠速、开车人发怒、时间被浪费等问题。低价路内停车同样如此。

当一辆车在拥挤的街道上每多停放1小时，其他开车人就更难找到1个空停车位，并将花更多时间巡泊停车位。据尹慈、奥姆瑞恩和卡巴斯（Inci, Ommeren and Kobus, 2017）估计，如果车辆在拥挤的路内停放时间每增加1小时，其他开车人为巡泊停车位所浪费的额外时间费用相当于一般工人1小时收入的15%，这种外部成本还只是计算巡泊者所花费的额外时间。但巡泊问题远远不只是浪费时间，它还会堵塞交通、污染空气、危及行人和骑自行车的人并增加二氧化碳排放。所有这些额外费用表明低价的停车比正确价格的停车代价更高。

美国正在花费与医疗保险一样多的钱来补贴停车产业，这种停车补贴又鼓励了额外的开车出行（《高代价免费停车位》，第7章）。为了给这些额外的开车出行提供汽油，美国需要进口石油并借债支付。正如我们现在回顾1979~1981年的汽油价格管制时，将其视为一场有意为之的灾难一样，当我们在未来回顾价格过低的路内停车时，会发现这是一场持续时间更长的人为灾难。

一些批评者可能会说，使用市场出清价格来分配路内停车位相当于定量配给。我们现在已经定量配给停车位了，但做的并不合理。巡泊免费路内停车位的开车人现在花的是时间而不是钱，他们的巡泊会堵塞交通、污染空气、浪费能源。如果开车人用钱支付路内停车费，那么这笔钱就可以用来清理人行道和修善街道。城市采用低价路内停车是在让开车人污染环境并使公共服务匮乏。

巡泊的累积成本

占用路内最后一个停车空位的开车人为后续其他人制造了一系列成本，因为巡泊的成本是一个非线性函数。如果一个街区有一个停车位是空的，那么找到路内停车位不成问题。但是当最后一个车位被占用时，就再没有地方可以停放了，新来的人必须围着街区绕圈，尽管他可以坐在有空调制冷或加热的车里、坐在像焦糖慕斯一样柔软的车位上。巡泊车辆在寻找空的停车位时增加了交通流量。因此，街区最后一个路内停车位被占用后,很快就会产生问题。

交通拥堵问题也是非线性函数。如果交通流量小于车辆间距所允许的临界点，那么所有的小汽车和公交车就会突然陷入走走停停的交通状态。汽车在运行中的燃油消耗也是非线性的，当交通变得走走停停时，车辆每英里的燃油消耗、污染物排放和温室气体排放都会迅速增长。开车人在分心寻找停车位时会增加与行人、骑车人和其他开车人的交通事故风险。因此，占用街区最后一个空的路内停车位会产生破坏性的多米诺骨牌效应。令人恼火的路内停车位短缺也导致了制定路外停车配建标准的政治需求，这对整个住宅和运输市场产生了进一步的影响。巡泊免费路内停车位是一种个人理性但集体疯狂的行为。

占用街区最后一个路内停车空位带来的后果就像《失去了一个马蹄钉》的谚语一样：

> 失去了一颗蹄钉，就丢掉了一只蹄铁；
>
> 丢掉了一只蹄铁，就折损了一匹战马；
>
> 折损了一匹战马，就缺少了一位骑兵；
>
> 缺少了一位骑兵，就贻误了一份战机；
>
> 贻误了一份战机，就输掉了一场战争；
>
> 输掉了一场战争，就覆灭了一个王国；
>
> 所有这些损失，只是因为一个蹄钉！

缺少一个停车空位可能看起来像缺少一颗马蹄钉一样微不足道，但是它引发的一系列后果却同样是灾难性的。如果没有为路内停车设定正确的价格，可能会导致相关市场的功能失调并产生严重的后果，但很少有人会发现这是因为缺乏一个路内停车空位的缘故。同理，收取正确的价格也会获得一系列的好处，但也很少有人会发现这是因为有一个停车空位的缘故。一个停车空位可以帮助每个人，而不仅仅是开车人。它还有另一个好处，美国人抱怨每年因为停车浪费了 31.4159 亿小时，而设置正确的停车价格将节省这些时间。

现在，一个伟大城市的标志是它永远没有足够的地方来停车。如果路内停车基于需求定价，那么大城市将有足够的地方来停车，并有更多的钱来支付公共服务。在拥挤的街道保持一些停车空位，看起来像是没有充分利用甚至是浪费资源，但这些停车位空位是有价值的，就是因为它们是空置的。

说服怀疑者

尽管巡泊行为造成了诸多损害，但是说服城市对路内停车采取市场价格仍然很困难。我了解这种困难，因为我已经为帮助太多城市采取路内停车市场定价努力了多年。想要免费停车的开车人往往会大声反对，他们在公开辩论中经常占主导地位。

2009 年，我受邀到加利福尼亚州北部号称"葡萄酒之乡"的圣罗莎市（Santa Rosa）做演讲。圣罗莎拥有热闹的市中心，那里有许多一流的餐厅，同样也有着停车问题。我很高兴看到市政厅的大礼堂挤满了来听一位教授讲停车问题的人群。我讲了一个小时，并解释了为什么我认为圣罗莎应该为其稀缺的路内停车位设定市场价格，并将停车收入用于改善征收停车费的区域。

我指出，该市的停车咪表收费时间是从上午 8 点到下午 6 点，但几乎所有的路内车位在上午 10 点之前都是空置的，而下午 6 点之后都是停满的。我建议他们将咪表改为从上午 10 点开始收费，这样更多的顾客可能会到营业较早的咖啡店吃东西；而在晚上应该延长收费时间，以避免食客面临路内车位不足的问题。如果咪表能够在晚上多创造一些空车位，人们会更容易开车到餐馆用餐。任何不想支付路内停车费的人都可以在圣罗莎的市政公共停车库免费停车。如果咪表价格合适，小汽车将会停满大部分路内停车位，每个街区只留下一个或两个空停车位。如果路内停车位总是接近但没有被完全停满，那么停车咪表就不会再赶走顾客。

听众们似乎都很认同，但第一个问题就来自一位坐在最前排异常愤怒的男士。他虽然没有唾沫横飞，但附近的人似乎都在躲避他的口水。他怒喊道，如果这个城市在晚上收取停车费，他就再也不会去市中心的任何一家餐馆。他似乎认为这样就解决了停车问题。

民选官员和城市规划人员不能在公开会议上与愤怒的民众讨论停车问题，因为他的愤怒可能只是民众反对的冰山一角。但我还是回答说，如果这个家伙不开车到市中心，那么会有愿意支付停车费的人取代他的位置。然后我问，你认为谁会在餐馆留下更多的小费？是开车寻找免费停车位用了 20 分钟后才有希望看到有人挪车的人，还是愿意支付停车费以便在餐馆附近轻松找到路内停车位的人？我还建议，如果他不想在市中心支付停车费用，也可以去提供充足免费停车位的郊区商场的美食广场寻求更好的服务。听众们开始欢呼和鼓掌，不再保持沉默。

我在演讲之前的两个晚上在圣罗莎的餐馆吃过饭，我问服务员他们在哪里停车（我每次去餐馆时都会这样做）。如果餐馆位于有咪表的区域，而这些咪表收费截止到下午 6 点，那么这些服务员多数说他们会在 6 点之前赶到，这时还有一些收费停车位是空的，他们只需要付 6 点之前这一很短时间的费用，就可以在晚上其余时间免费停车。这似乎对服务员来说很好，但他们占用了顾客可以使用的停车位。这意味着餐馆的客户减少，而服务员的小费也随之减少。

停在路内停车位的服务员可能是独自驾驶，但是来餐馆的用餐者可能是 2 个、3 个或 4 个人乘一辆车到达。如果一个收费路内停车位在晚上周转了 2 次，每个车位就可以服务 2 组到餐馆的用餐者而不是一个服务员。有了更多的顾客，餐厅可以扩大并雇用更多的服务员。所以停车咪表在晚上继续运营会更有利于服务员，这似乎违反直觉，但确实会让服务员和其他所有人都从中受益。一些服务员可以把车移到停车库或更远的路内停车位，餐馆顾客将使用他们空出的位置。路内停车位将得到很好的使用，但是其上的停车人将会有所不同——他们将是顾客，而不是服务员。虽然停车位利用率没什么太多不同，但商业会因此得到促进和改善。

反对停车咪表晚上收费的另一个观点是，传统的 1 小时或 2 小时的时长限制对想要在餐馆或剧院花费更多时间的顾客来说不方便。如果是这个原因，那么城市应该在晚上取消咪表的时长限制，单靠价格来提高周转率。

反对停车咪表晚上收费的一个强有力的观点是，下班较晚、工资极低的服务员和其他服务人员将无力支付停车费用。因为这个原因，一些城市为在傍晚和夜间工作的人在市政停车库提供免费或打折的停车通行证，而不是免费提供路内停车位。因为夜晚通常是市中心的车库需求低的时间，有大量路外停车位可用。新墨西哥州的圣达菲市（Santa Fe）将咪表收费时间延长到了晚上，同时为在市中心商业工作、时薪低于15美元的员工，在市政停车库提供"社会公平"停车证，停车价格只是平常价格的一半。俄勒冈州波特兰市和加利福尼亚州萨克拉门托市也有类似的项目。将员工转移到路外停车场可以为客户提供最方便的路内停车位。

最后，为了缩短关于路内停车价格采用多少才合适的争论，我有时会问那些批评需求定价的人，他们会用什么原则来设定每个街区全天不同时段的停车价格。批评需求定价不公平当然要比提出合理的替代方案容易得多。

圣罗莎市用了比我预期更长的时间来采用我提出的停车改革措施。2017年，圣罗莎市决定将停车咪表运营时间改为从上午10点到晚上8点，并将高需求区域的咪表价格提高到1.5美元/小时，正如该市的《民主新闻报》（The Press Democrat）所述：

> 自2009年以来，市政府一直在考虑推行渐进式的停车政策，当时停车领域颇具影响力的学者唐纳德·舒普（Donald Shupe）访问了圣罗莎，并表达了他的观点。他是《没有免费停车这种事》（There Ain't No Such Thing as Free Parking）一书的作者。舒普认为，一个社区应该为停车位设定85%的停车位利用率，并通过调整价格来尽可能地达到这个水平（McCallum，2017）。

这个报道的作者拼错了我的名字（将Shoup写成了Shupe）并写错了那本书的标题，但他描述的政策提案是正确的："一个社区应该为停车位设定85%的停车位利用率，并通过调整价格尽可能地达到这个水平。"

易腐货物

用"易腐烂"来形容停车似乎很奇怪，但经济学家称停车位是一种易腐货物。一种易腐货物具有固定成本且无法储存。航线座位和酒店房间也是易腐货物——飞机上的空座位或酒店的空房间不能存储起来之后再出售。因此，与航空公司和酒店需要有效管理一样，停车位需要有效的管理才能确保得到有效利用。

私营运营商调整易腐货物的价格以使收入最大化，但城市停车的目标应该是不同的。路内停车位完全停满会产生不必要的巡泊，而低利用率意味着路内停车位没有起到服务相邻商业顾客的作用。城市必须平衡高可用性（每个街区有一个或两个空停车位）与高利用率（大多数车位被顾客使用）之间的竞争。如果停车需求随时间变化很大，那么为了平衡供需关系而设定的路内停车价格，将会导致即时可用性与高利用率这两个目标之间的冲突。而制定价格的关键应该是关注到达的开车人找到一个停车空位的能力。

当西雅图开始基于需求设置停车价格时，市议会指示西雅图交通局（Seattle Department of Transportation，SDOT）"设定的价格可以让一天内每个街区实现大约一到两个停车空位。其政策目标是确保到达商业区的访客可以在目的地附近找到停车位。西雅图交通局可以在不同地区适当'提高'和'降低'价格以实现利用率目标"（City of Seattle，2011）。在2011年，该市的 22 个停车咪表区首次进行利用率统计之后，西雅图交通局提高了 4 个区的停车价格、维持了 7 个地区价格不变，并降低了 11 个地区的停车价格。

商业团体支持市议会的决策，因为城市从以收入为目标转变为以结果为目标来设定咪表价格。城市继续获得停车收入，但收入不再是提高停车价格的理由。以保障每个街区 1~2 个停车空位为目标，能够很轻松地解释这样做的目的是保障停车位可用性和减少巡泊。但是有些街区很短、停车位很少，而有些街区很长、停车位很多，所以每个街区保持 1~2 个停车空位的目标不能被机械地使用。

由于存在车辆到达和离开车位的随机性，城市需要接受在一段时间内街道有两个或以上的停车空位，这样可以让出现停满情况的时间更短。一个城市的目标是保证每个街区每个小时至少有一个停车空位的时间比例，而不是关注平均停车位利用率。在设定路内停车位的利用率目标时，一个城市将有 3 个目标：

（1）**即时可用性**。可用性可以定义为一个街区 1 小时内至少保证 1 个停车空位的时间比例（例如，50 分钟）。即时可用性意味着开车人通常能够找到一个方便的停车空位。

（2）**高利用率**。利用率可以定义为 1 小时内停车位被使用的平均时间比例。高利用率意味着路内车位得到了很好的使用，能够服务更多顾客。

（3）**收入**。收入取决于停车咪表价格和停车位利用率。收入不应该是主要目标，但如果项目管理良好也会获得好的收入。

城市需要在即时可用性和高利用率之间进行权衡。这两个目标之间存在冲突，因为提高咪表价格确保至少有 1 个停车空位同时会降低平均利用率。例如，假设一个城市的停车价格是保障每个街区每个小时内至少有 50 分钟有 1 个停车空位可用。如果该街区每小时内只有 30 分钟有 1 个停车空位可用，则无法满足可用性目标，因此价格会上涨。然而，这种价格上涨意味着 1 小时内的平均利用率将下降。

旧金山和洛杉矶是最先按时间和位置来设置停车价格的两个城市，它们每隔 2~3 个月根据观测的停车位利用率来调整停车价格。它们采用的规则不同，对于每个街区的每段价格期间内的停车价格，旧金山是为了实现平均利用率目标，而洛杉矶是为了实现至少有 1 个停车空位的时间比例目标。

旧金山

2011 年，旧金山实施了 SF*park* 停车收费项目，旨在解决因停车价格太高或太低而产生的问题。旧金山市设置 7 个试点总计 7000 个路内停车位，在车位上安装传感器以报告每个街区的路内停车位利用率，并根据位置和全天不同时段来执行变动的停车价格。这些咪表也是旧金山第一批接受信用卡付款的咪表，这种便利性为 SF*park* 提供了良好的宣传效果。

SF*park* 每 8 周调整一次停车价格来回应这 8 周的平均停车位利用率。如果一个街区的利用率在某一收费期间内（例如，从中午到下午 3 点）高于 80%，则每小时停车价格增加 25 美分；如果利用率低于 60%，则每小时停车价格减少 25 美分。可以看一下渔人码头（Fisherman's Wharf，一个受欢迎的旅游和零售目的地）经过近两年价格调整后的工作日路内停车价格结果（图 37-1）。

在 2011 年 8 月 SF*park* 项目开始之前，停车位的价格为全天每小时 3 美元。实施 SF*park* 后，每个街区全天分为三个收费期间（中午前，中午到下午 3 点以及下午 3 点之后），都有不同的停车价格。到 2012 年 5 月，大多数地区早上的停车价格都有所下降；一些地区在中午和下午 3 点之间的停车价格有所增加（这是一天中最繁忙的时间）；大多数地区在下午 3 点后的价格下降。停车价格每 8 周变化一次，每次调整幅度不超过 25 美分／小时。

SF*park* 完全基于观察到的停车位利用率来调整停车价格。城市规划人员无法可靠地预测每个街区全天每个时段的合理停车价格，但他们可以使用一个简单的试错法来根据过去的停车位利用率调整价格。判断价格是否合理的唯一方法是看其结果。路内停车的合理价格就是产生合理利用率的价格，它就像最高法院对色情制品的定义："当我看到它后我就知道它是。"当我看到正确的路内停车位利用率时，我才知道路内停车的正确价格。

这些微小的停车价格变化是否需要大量开车人改变行为？不，只有少数开车人需要改变他们的行为以产生正确的停车位利用率，因为大多数人将不再选择停车，许多想要停车的人也将会停到路外停车场。即使在那些想要停在路内的少数人中，也只有很少的人需要改变他们的行为以实现在每个街区都保持 1 个停车空位。因此，SF*park* 不会为了提高停车位可用性和减少交通拥堵去改变大量开车人的行为。只需要少数开车人改变他们的停车行为，找到 1 个路内停车位就将不再像赢得彩票那样困难。

如果停车咪表的价格正确，开车人就不需要获取每个街区的停车位可用性信息，因为几乎每个街区随时都会有 1 个可用的停车空位。开车人只需要获得停车价格信息来选择最合理的停车位置。

基于需求的停车价格是有效的，但它们是否公平呢？旧金山 30% 的家庭没有汽车，因此他们不会为路内停车支付任何费用。旧金山将所有停车咪表收入用来补贴公共交通，这可以帮助每个买不起汽车的人。SF*park* 通过减少巡泊交通和路内停车拥堵，进一步有利于公交车、自行车和行人出行。所以很难说 SF*park* 是不公平的。

如果所有地点的停车价格都是相同的，那么就没有人可以通过停在远处便宜的停车位来省钱。假设你想在渔人码头区域的一条街上停车，那里的价格已经从全天 3 美元／小时变为不同街区在不同时段采取不同价格，从大部分街区普遍采用的 25 美分／小时到最高一个街区采用 3.75 美元／小时（图 37-1），你是愿意选择以前每个街区都是 3 美元／小时的价格，还是现在 SF*park* 经过两年进行 10 次调整后的价格？只要你多走几个街区，你就只需支付 25 美分／小时。对于低收入开车人来说，这应该是一个很大的进步。人们现在可以通过多走路来省停车费。

假设你不缺钱，但想停在你要访问的目的地前面。那你是愿意在巡泊几个街区之后找一个需要支付3美元/小时的停车位，还是更喜欢确保每个街区都有停车空位的SF*park*价格？SF*park*可以帮助到每个人，无论贫穷还是富有。

SF*park*还有助于停车去政治化，因为透明的数据库定价规则可以绕过通常的停车政治。由需求决定价格，而政客们不能再简单地通过提高价格来获取收入。SF*park*的目标是优化停车位利用率，而不是停车收入最大化，为此价格也是可以下降的。由于过去早晨的大多数停车价格过高，在SF*park*实施调整后的前两年，早晨的路内停车平均价格下降了4%。

在SF*park*项目开始之前，怀疑者担心可变停车价格会产生不确定性从而使用户感到困惑。SF*park*项目第一年在7000个咪表上改变了5000多次价格，却没有人抱怨不确定性。如果每8周上调或下调价格确实让开车人感到困惑，那么可以想象会有人抱怨，但是没有。可见停车位的可用性比固定的价格更重要。

由于停车位的即时可用性更高，旧金山在SF*park*区域开出的非法停车罚单变少了。可变的价格、可用性更高和更少的罚单，比固定价格、停车短缺和更多的罚单更能体现对顾客的友好性。SF*park*还可以鼓励商家在他们的商店里张贴停车价格图，以帮助开车人了解价格，并告诉他们如何利用价格差异来节省停车费。

在筹备SF*park*项目时，旧金山对停车位进行了普查，发现了275450个路内停车位（San Francisco Municipal Transportation Agency，2014）。如果这些车位首尾相连，旧金山的路内停车位全长将近1000英里，这比加利福尼亚州840英里的海岸线还要长。旧金山市内每3个人就有一个路内停车位，但只有10%是收费的。从SF*park*项目推广到更多路内停车位短缺的区域可以更好地管理这些宝贵的公共空间，并为公共服务创造收入。2018年1月，旧金山市将SF*park*项目扩展到该市所有28000个收费停车位和所有的市政公共停车库和停车场。

SF*park*将始终是一项进行中的工作，因为路内停车的正确价格始终是一个动态目标，而停车技术也正在迅速改善。第36~40章分析了SF*park*项目的实施结果。

洛杉矶

2012年，洛杉矶市实施了LA Express Park项目（第41章），这是一个类似于旧金山SF*park*的项目，但两者有一个关键的区别。在洛杉矶，价格调整不是基于某一期间的平均停车位利用率，而是基于停车位可用性。这一指标根据一个街区在一个小时内"过度使用"（超过90%的停车位利用率）、"未充分使用"（低于70%的停车位利用率）、"良好使用"（70%~90%的停车位利用率）三种状态之间的时间比例来衡量。

洛杉矶委托法国格勒诺布尔（Grenoble）的施乐研究中心（Xerox）分析停车位利用率数据并提供停车价格调整建议。如果一个街区"过度使用"的时间比例很大，而"未充分使用"的时间比例很小，那么价格就要上涨；如果"未充分使用"的时间比例很大，而"过度使用"

的时间比例很小，那么价格会下降。如果停车位利用率在大多数时间内既没有"过度使用"也没有"未充分使用"，那么价格不变。

但是，出现大部分时间内需求较低而某些时间内需求激增的情况时，就会难以抉择。施乐公司设计了一套算法，根据比较"过度使用""未充分使用"和"良好使用"的时间比例来给出价格调整建议（Zoeter et al., 2014）。处理这种在同一时间段内同时出现"过度使用"和"未充分使用"状态的方法之一，是将全天划分为更多的时间段，这样就可以根据需求变化做出更多的价格调整。

LA Express Park 项目几乎没有引起任何政治上的反对。大多数开车人甚至没有注意到价格在不断变化。LA Express Park 项目最初是从市中心6300个停车咪表开始的，现在城市将其扩展到洛杉矶的好莱坞、西木村（Westwood Village）和威尼斯（Venice）。

洛杉矶和旧金山使用的基于需求定价的技术正在变得更加便宜和好用。因此，其他城市会发现复制类似项目会变得越来越容易。巴尔的摩、伯克利和奥克兰已经开始采用很简单的技术制定基于需求的停车价格（第35章）。波士顿和华盛顿特区也开始采用更先进的技术制定基于需求的停车价格。

洛杉矶和旧金山的项目结果还表明，即使没有根据需求来频繁地调整价格，城市也可以取得巨大的进步。只需要在需求量较大的地方，将现有停车咪表运行时间在晚上进行延长，而不是在晚上6点就结束。这也是一种基于需求的策略，它不需要进行任何新的投资，这些停车咪表已经存在。它们将减少停车紧张和交通拥堵，并带来新的收入，而无须任何新的支出。

许多城市都有为生活奔波到午夜的人，但停车咪表却在下午6点就下班了。为什么不在晚上停车需求高的时候继续运营咪表，并用一部分收入来帮助无家可归者呢？同样，城市可以在周日的高需求时段运营咪表。如果城市能够将基于需求定价的理论纳入逻辑思考之中，那么他们就可以根据需求管理的需要来延长咪表的运营时间，从而让已经安装咪表的地方获得更大的收益。如果城市让他们的咪表在下午6点之后和周日休息，那证明他们对路内停车基于需求定价的理论一无所知。

经过几年的经验积累，城市可能会在调整价格时从被动反应变为主动预测，例如进行季节性调整。就像冰球运动员能够预先滑到冰球将要到达的地方一样，城市可以基于预期的未来需求制定停车价格，而不只是使用过去的停车位利用率。停车价格永远不会是一个简单的被规划人员用来操控获得精确结果的控制杆，因为几乎永远不可能得到绝对正确的停车价格。尽管如此，城市还是可以在平衡停车供需方面做得比现在更好。当出现停车过度拥挤时，表明停车价格过低，而不是供给过低。

公　平

路内停车基于需求定价的最后一个问题是它是否会惩罚穷人。尽管绝大部分停车补贴都给到了不穷的人的手中，但不愿意为停车付费的开车人常常把穷人推到前面来做挡箭牌，声称路内停车采用市场价格会伤害穷人。这种反对意见要么是被误导的利他主义，要么就是伪装的利己主义。

弹性停车价格对穷人真的不公平吗？让我们扩大一下视野范围，新鲜水果和蔬菜的价格会为了平衡不同季节的供需关系而发生变化；酒店客房的价格会为了平衡不同地点和全年不同时间的供需关系而发生变化；剧院座位的价格会为了平衡不同位置和不同工作日供需关系而发生变化；汽油会在一个地方一个价格、每一天都会发生变动。所有这些以及其他价格的变化是否对穷人不公平呢？如果没有，为什么停车价格为了平衡供需关系而发生变化就是对穷人不公平呢？我们在这里真正谈的是多少钱吗？我们谈的只是路内停车。如果开车人无论走到哪里都非要随身携带 2 吨重的金属，那么他们应该为停车付费。

不可否认，一些开车人确实宁愿花时间围着街区绕圈、堵塞交通、浪费能源、污染空气、延误公共交通、危及行人和骑车者、引发交通事故、加剧气候变化，也不愿为停车付费。但更快更便宜的公共交通、更清洁的空气、更安全的步行和骑行环境将帮助每位买不起汽车的人。把停车收入用于公共服务也将帮助穷人。总的来说，正确的路内停车价格可以帮助穷人和所有人。

残疾人停车卡的滥用

加利福尼亚州可能是测试路内停车基于需求定价的错误地方，因为州政府要求所有城市允许持有残疾人停车卡（disabled placards）的汽车在咪表处免费停放，而且没有时长限制。因此，残疾人停车卡可以让车辆在任何咪表处均不受时长限制免费停放。由于对残疾人停车卡的获取与使用控制不严，加利福尼亚州 9% 的注册驾驶员现在都有残疾人停车卡，并且到处都有滥用残疾人停车卡的例子。由于被广泛滥用，残疾人停车卡已经不能保护真正的身体残疾者。相反，它们通常代表了对免费停车的欲望和欺骗管理系统的念头。残疾人停车卡的滥用者学会了没有底线的生活，但却没有学会没有汽车的生活。

由于许多残疾人因为太穷而买不起汽车，所以"所有残疾人停车卡持有者免费停车"的政策给残疾人停车卡滥用者和富裕的残疾人带来了不必要的利益。更糟糕的是，这项政策还产生了一种腐败文化。对残疾人停车卡的补贴可能更多地给予那些道德残疾的滥用者，而不是身体残疾的低收入者。受残疾人停车卡持有者免费停车政策鼓动的猖獗的停车卡滥用行为，让每个行动不便的人的生活更加艰难。

如果残疾人停车卡滥用行为在一个停满车辆的街区很常见，那么提高价格将不会影响这些残疾人停车卡滥用者，反而会减少路内停车付费者的数量，这又为残疾人停车卡滥用者提供了更多的车位。其结果是，停车收入将下降，但停车位可用性不会增加。残疾人停车卡滥用者在蚕食破坏 LA Express Park 和 SF*park* 项目，这也有助于解释为什么两个项目在降低拥挤街区的停车位利用率方面，不如增加未充分使用街区的停车位利用率的效果明显。提高路内停车的价格会驱逐付费停车人，却让残疾人停车卡滥用者取代他们的位置。所以，残疾人停车卡滥用是停车基于需求定价的"阿喀琉斯之踵"。

密歇根州和伊利诺伊州采用了一个两级分类系统以区分不同程度的残疾。行动严重受限的残疾人可以在咪表处免费停车，而残疾较轻的开车人必须付费。执法也很简单：如果没有严重行动障碍的开车人使用严重残疾专用停车卡在咪表处免费停车，一旦他们下了汽车并大步走开就明显证明违法了。有些州则要求所有残疾人停车卡持有者付费。路内停车基于需求定价，将会给那些不喜欢残疾人停车卡被滥用（在任何咪表处都不受时长限制）的州带来更大的好处。第 30~32 章分析了由于残疾人停车卡豁免停车费所引发的问题，并提出了解决问题的建议方法。

累进式停车价格和罚款

基于需求的停车价格可以产生路内停车空位，但城市也可能希望确保稳定的停车位周转率。为了提高周转率，城市可以对连续多个小时停放的车辆收取递增的累进式停车价格。表 28-1 显示了纽约州奥尔巴尼（Albany）市的累进式价格。前 2 小时的停车价格为 1.25 美元 / 小时，随后每小时的价格增加 25 美分，没有时长限制。

一些城市在体育场附近的比赛日（产生周期性的高峰停车需求）实施累进式价格。马萨诸塞州布鲁克莱恩（Brookline）市对灯塔街（Beacon Street）上靠近芬威公园（Fenway Park）的停车咪表设定特殊价格：前 2 小时 1 美元 / 小时、第 3 和第 4 小时 10 美元 / 小时、全天收费上限 22 美元。华盛顿特区在国家棒球场周围实施类似的累进式停车价格。华盛顿还将比赛日的额外停车收入用于支付该地区新增的公共服务，例如清洁和修复人行道。如果城市在比赛日实施累进式停车价格并将因此获得的额外收入用于公共服务，那么体育场馆就可以对周围社区环境有益而不是有害。

累进式停车价格在城市希望提高停车位周转率的地方实施是适用的，但在停车需求下降的时间内实施是不适用的。例如，如果停车需求在晚上下降，那么对停放时间越长的时段收取更高的小时价格将适得其反。这时候价格可能需要随着时间增加而下降，以保持在需求较低时的停车位被有效使用。

一些城市也采取了累进式停车罚款来对付重复违章者，他们的违章次数通常占所有违章数量的大多数（第 29 章）。例如，在 2009 年洛杉矶全年开出的罚单中，29% 的罚单来自 8% 的车牌号。大多数开车人很少或从未收到过停车罚单，对于这些开车人来说，轻度的罚款就有足够的威慑力。但是，大多数罚单集中于少数重复违章者的现象表明，轻度的罚款不能阻止某一类开车人违章停车，他们把违章停车视为一种可接受的赌博方式，或者将其作为另一种商务成本。如果城市把停车罚款提高到阻止少数长期违章者的额度，反而会对那些偶尔且不是故意违章的大多数开车人造成不公平的处罚。

累进式停车罚款可以阻止重复违章者且不会对其他人造成不公平的处罚。累进式停车罚款对每年只收到 1~2 两张罚单的大多数开车人而言是宽容的，但对收到大量罚单的少数开车人而言是惩罚性的。例如，在加利福尼亚州的克莱尔蒙特市（Claremont），一个公历年中超时停车的第一张罚单是 35 美元，第二张是 70 美元，第三张是 105 美元。对于非法使用残疾人停车位，第一张罚单是 325 美元，第二张是 650 美元，第三张是 975 美元。

　　累进式停车价格可以鼓励停车位周转而不会对短时停车人征收过多的费用；累进式停车罚款可以鼓励开车人遵守法规而不会对偶尔的违章者进行严惩。停车技术的最新进展使任何城市现在都可以实施这些累进式停车价格和罚款。

先进的停车技术

　　停车大概是多年来技术发展最停滞不前的行业。但是现在，停车领域中的任何一项技术都不再是垫底的了。停车行业正在运用硅谷提供的一切先进技术，原来简陋的停车咪表近年来也被快速改进。咪表现在使用信用卡和手机付款。它们可以根据需求按全天不同时段和一周中不同日期来收取不同的价格。停车管理人员可以远程重新设定任何社区的停车价格表，并将新价格无线传输到附近的所有咪表上。咪表可以提供多种语言，并指引用户进行交易，显示诸如"请将你的卡片换个方向插入"等消息。

　　停车位利用率传感器也已经迅速发展。旧金山和洛杉矶使用的第一代传感器是嵌入车道中的，当需要更换电池时必须挖出来或者只能废弃。但新式的利用率传感器已经开发出来。一些单停车位咪表在表头中嵌入利用率传感器，这样能够降低对电源的要求并简化电池更换的操作。停车执法车辆配备记录车牌号码的摄像头，也可以计算停放车辆的数量。固定式摄像头也可以分析停车位利用率。

　　更好更便宜的收费技术和停车位利用率传感技术发展得如此快速，从而使 SFpark 和 LA Express Park 这样的项目变得更容易被其他城市采用。我们很快就会觉得投币式停车咪表就像莱特兄弟在基蒂·霍克（Kitty Hawk）的第一架飞机那样原始。

　　停车位利用率传感器和可变价格停车咪表，这两项技术可能会像 19 世纪收银机的发明改变了零售商业那样，会改变停车和交通运输行业。它们可以解锁现在用于免费停车的土地的巨大价值，并将交通运输业带入市场经济。"你无法管理你不能衡量的东西"这句格言非常适合停车行业。为路内停车设定正确的价格比要求开发商提供充足的路外停车要便宜得多。只有路内停车管理才能解决路内停车问题。

　　绩效式定价（Performance Pricing）所需的信息少得令人惊讶。规划人员将实际停车位利用率与期望利用率进行比较，相应地提高或降低价格。因为免费停车是迎合选民型政治的理想手段，所以政客不是设定停车价格的正确人选。寻求最佳利用率的非人为规则成为制定价格的新的非政治方式。城市可以通过将新技术与老的供需法则相结合，使停车去政治化。

　　路内停车的绩效式定价并不是一个简单的即插即用的操作，但大多数城市很快就会拥有设定停车价格以确保每个街区大部分时间都有 1~2 个路内停车空位的技术能力。新的停车技术使智能停车政策成为可能，新的智能政策又增加了对新技术的需要。智能交通技术是智能停车管理的关键。

技术将继续改变我们的停车方式。寻找停车位和支付停车费用的技术正在转向由互联网和联网汽车的仪表板实现。正如开车人现在希望他们的导航系统能够选择最佳的出行路线一样，他们可能很快就会期望这些系统为他们提供最靠近目的地和最便宜的停车位的详细引导，并用电子货币自动支付停车费用而不是硬币。在汽车学会自动驾驶之前，它们应该先能找到停车位并支付停车费用。当汽车学会寻找停车位并支付停车费时，停车需求将更准确地响应停车价格，开车人可以从目的地几个街区以外停车然后步行前往，从而能够节省停车费（《高代价免费停车》，第 18 章）。

随着城市转向通过手机或联网汽车进行虚拟支付，车牌识别系统可能成为停车管理的未来，取消路内咪表可能会完全改变政府的停车管理模式（第 34 章）。停车费无线支付技术在面对自然灾害（如洪水）时也更有韧性，因为不需要维修路内咪表硬件设施。

更好的技术还可以减少停车费的支付麻烦，这通常与停车价格一样重要。一位朋友曾告诉我她尽量避免去市中心，因为那里停车很困难，需要考虑如何找到一个停车位，估算停在那多长时间，预先确保准备好硬币，并在一个被随意设定的时长限制内被迫离开；而在其他地方她就不需要考虑这些停车琐事。这不是停车成本高的问题（因为价格不贵），而是如果她在商店或餐馆逗留太久，会存在收到高额罚单的麻烦和威胁。在停车管理中，获得正确的价格和简单付款都很重要。停车应该是友好的但不该是免费的。

如果路内停车不能被合理定价，它将无法被合理使用。通过绩效式停车价格，开车人会像找到购买汽油的便利地方一样找到停车的便利地方。在他们购买汽车之前，人们将不得不考虑他们将需要支付多少停车费，就像他们现在考虑汽车本身的成本、汽油、保险登记和维修费用一样。任何想开车的人都必须考虑在目的地停车的费用。停车将成为市场经济的自然组成部分。

交通网络公司（Uber 和 Lyft）和无人驾驶汽车是两项可以减少停车需求的新技术。减少汽车拥有量将减少对路外停车配建标准的政治支持，而减少停车供应能够增加所有停车的价格。因此，转向市场价格的停车将加速向共享汽车和无人驾驶汽车的转变。

从私人拥有汽车到共享汽车和无人驾驶汽车的任何转变，都会将拥车的固定成本（包括停车）转化为开车或乘车的边际成本。然而，如果无人驾驶和共享汽车增加了车辆行驶，它们将增加交通拥堵，从而使得对使用道路收取正确的价格（防止交通拥堵的最低价格）变得更加重要。交通拥堵收费的技术已经存在，伦敦、新加坡和斯德哥尔摩等城市已经在使用它。与停车收费一样，向道路收费不是技术问题而是政治问题。为解决政治问题，城市可能会考虑采用类似停车受益区（Parking Benefit Districts）的交通受益区（Traffic Benefit Districts）政策，只不过其收入来自拥堵费而非路内停车费（《高代价免费停车》，附录 G；

King，Manville，and Shoup，2007）。

价格疗法

如果路内停车的绩效式价格不能很好地起作用，城市可以很容易地恢复回固定价格。但是路外停车配建标准产生重大、几乎不可逆转的不良影响。用医学做一个类比，绩效式价格类似于理疗，而停车配建标准类似于外科手术。理疗要便宜得多，并且如果它最后被证明是错误的选择，所造成的伤害也比较小。许多医生首先建议理疗，以观察是否可以在采用药物或手术之前就能够解决问题。规划人员应该在要求用沥青和混凝土解决停车问题之前，先尝试一下价格疗法。

城市规划人员已经诊断出缺少免费停车位是因为市场无法提供足够的停车位。他们建议的治疗方法是要求配建更多的路外停车位，但这种疗法花费巨大、扭曲土地利用方式、破坏城市形态。由于对免费停车位的需求远高于对市场定价停车位的需求，所以如果不对稀缺的路内停车位合理定价，那么城市会要求配建比实际市场本该提供的更多的路外停车位。充足的路外配建停车位导致更多的汽车购买和使用，这又加重了交通拥堵并产生拓宽道路的需求。最初误诊为路外停车位太少而不是路内停车定价不合理，造成了城市活力被削弱、环境受到损害的不良后果。由此造成的交通拥堵导致许多人指责小汽车是问题的根源。但是如果城市对小汽车行驶和停车进行合理定价，小汽车是能够产生更多的个人收益、更少的社会成本和更多的公共收入的。

将免费私人停车场转变为付费公共停车场

如果城市取消了路外停车配建标准，没有免费停车位的新商业会被附近提供免费停车位的商业抢走客源。大多数拥有免费停车位的商业又不想监管他们的停车场，驱逐那些不是他们顾客的开车人，所以可以理解他们希望城市要求新的商业也提供充足的路外停车位。

防止未经授权的开车人在一个免费停车场停车是很困难的，但一些城市的商业已经找到了无须依靠路外停车配建标准就能解决问题的新方法。他们与商业化停车场运营商签订合同，将他们的停车场作为付费公共停车场进行管理，并分享由此产生的收入（《高代价免费停车》，P700–701）。顾客和员工继续免费停车，但非顾客必须支付费用，故而以前对所有人都免费的停车场开始获得收入。当一个商业结束营业后，它所有的停车位都可以被用作公共使用。这种安排既可以获得收入，又为想要到访附近商业的开车人增加了可用的公共停车供给（图0-5）。

在私人停车场收取停车费的一个主要困难是难以强制开车人在私人咪表上履行付费责任。如果私人运营商无法对违章者开出违章罚单，那么确保停车人遵守规定的唯一合法方式就是锁住或拖走违章车辆，这对于开车人和商家来说都是昂贵的、不方便的和不受欢迎的方法。加拿大的多伦多市通过允许私人停车场运营商对违章停车开具市政停车罚单来解决这个

图0-5　私人停车场变为公共停车场
（图中内容：周一至周五，7：00~17：00，仅限许可车辆停放，其他时间允许付费停放，违章者将被开罚单、锁车或拖走）

问题（Toronto By-Law No. 7252004）。私人停车场运营商必须派他们的员工完成所需的私人停车场执法课程，然后城市授权这些员工代理开具市政停车罚单。城市规定所需配备的标识、设置违章罚款金额并收缴所有罚款收入。因此，私人停车场运营商可以开具罚单以确保开车人遵守规定，但不能从罚款收入中获利。开车人可以对私人停车场开具的市政停车罚单提起申诉，就像他们申诉路内咪表处的罚单一样。另一种解决方案是，城市停车执法人员可以像他们给路内停车咪表处的违章者开具罚单那样在路外停车位同样执法，并且由城市掌握收入。将市政执法扩大到以前的免费私人停车场，可以利用现有的公共协议进行执法，并创建一个有利于双方的新的公私合作伙伴关系。

　　将免费私人停车场转变为付费公共停车场的一大好处是，当停车位收费后开车人需要的停车位会减少。如果城市取消了路外停车配建标准，大型免费停车场可能会变成小型付费停车场，这样就为填充式开发释放了宝贵的土地。市场将慢慢收回用于免费停车的土地，人将取代小汽车来使用它们。

　　每个人都想不用付出就有所收获，但我们不应该将免费停车作为城市规划、交通运输或公共财政的一条原则。使用价格来管理停车可以为城市、交通和环境带来大把好处。正确的价格可以用最低的成本为大多数人提供最好的停车服务。我们可以期待信息免费，但要坚持停车必须付费。

　　我们现在有正确的技术来设置正确的停车价格。本书的第三部分聚焦于采用停车收益区政策来获得正确的政治支持。

3. 停车受益区

　　民选官员可能知道路内停车采用市场价格是正确的做法，但他们不知道这样做后还能否再次当选。推行市场价格停车政策看起来是一种昂贵的政治自杀方式。因为人们已经习惯了免费停车，告诉人们这样做可能错了的想法听起来很疯狂。如果路内停车采用市场价格有效的话，为什么没有多少城市去尝试呢？一旦说到停车，大多数人都不喜欢现在的状况，但他们更不喜欢改变。如何才能激发对变革的渴望呢？

　　投进停车咪表里的钱似乎消失得无影无踪，没有人相信这些停车收入会使他们个人受益，只有付出没有收获。在政治上，这些停车费好像被一把火烧没了。大多数开车人更看重免费停车带来的直接的、可见的好处，而不是通过提高路内停车价格带来更好的公共服务或低税收等长期好处。然而，城市可以通过将社区产生的路内停车收入用于所在社区的公共服务来改变停车政治。如果每个街区都能保留其停车收入用作当地公共服务费用，居民会支持取消对路内停车的补贴，因为他们想要一个更安全、更干净的邻里社区。

为了让在商业区域实施停车付费的政策获得支持，一些城市创建了停车受益区，将停车收入用于投资收费区的公共服务。这些城市在每个受益区实施包含收费停车和更好的公共服务在内的成套措施。在"停车受益区"中生活、工作、到访或者拥有财产的每个人都会看到它们的停车费在起作用，而这些成套措施比单一的停车咪表更受欢迎。

停车受益区是"政治工程"（political engineering）的一种形式。"政治工程"是20世纪70年代诞生的一个术语，用于描述将军事项目（如新型战斗机）的合同分散到尽可能多的国会选区，以便最大限度地增加支持该项目的国会议员数量的做法。停车受益区类似于政治工程，因为它让不同的开车人分摊停车费用，又在收费区域集中创造了一种公共福利（《高代价免费停车》，第17章）。正确的停车政策需要正确的停车政治。

支付停车费需要个人付出，但会让集体受益。向当地利益相关者展示这些集体利益的最佳方式，是将停车收入用于增加收费街区的公共服务。如果每个社区都能保留其产生的停车收入，就会出现一个强烈支持市场停车价格的新选区——能获得收入的社区。从停车收入投资的公共服务中受益的利益相关者们将真正懂得他们的权利，他们会找到支持停车收费的原因。如果城市不对路内停车收费，这些利益相关者将失去某些对他们很有价值的东西。因此，他们会支持停车咪表根据停车需求管理的需要尽可能地长时间运营。

如果社区外的开车人在本地停车需要支付路内停车费，且这部分收入会使本地居民受益，那么收取路内停车费就可能成为一项受欢迎的政策，而不是今天的政治氪石（kryptonite）。相对于采用"吃菠菜对你好"式的强制法案要求开车人必须支付停车费用，停车受益区能够更好地劝说居民接受停车收费。有些人总是反对任何新政策，特别是那些认为自己城市不应该做首个尝试的人们，但是为当地公共服务提供新收入的做法可以改变他们的思想。

为了解释这个提议，本文将总结它如何在两种环境中使用：商业区和居住区。《高代价免费停车》中第16章和第17章全面解释了该提议的内容。

商业区的停车受益区

推荐停车改革的最佳方法就是不要只提停车。只说城市在停车方面存在问题是不够的，因为城市在很多方面都有问题。相反，规划人员可以向某一地区的利益相关者询问他们希望政府提供哪些新服务。例如，他们最优先选择的可能是修复破损的人行道。当利益相关者确定了他们的优先选择后，却发现无力支付其费用时，规划人员可以建议将停车受益区模式作为投资公共服务的一种方式。然后，由利益相关者决定是否安装停车咪表来支付他们想要的公共服务。停车改革对于利益相关者来说应该是工具，而不是目的。

我并不是说将停车收入纳入城市的一般性基金（general fund）不会产生公共利益。这里体现的重要政治问题是对公共利益的"感知"。如果停车收入进入一般财政,居民将不会"看到"明显好处;但如果停车收入留在收费街区内,他们可以很容易地看到好处。例如,如果停车收入可以用于他们希望做的本地人行道维修,那么他们会放弃反对(他们之前认为投资给咪表的钱会打水漂),反而支持设置停车咪表。这种情形在加利福尼亚州的帕萨迪纳市发生过,该市于 1992 年安装了停车收费咪表,并将收入用于支付收费街区的公共服务。

帕萨迪纳市的初始商业区——帕萨迪纳老城(Old Pasadena),当时已经成为一个商业贫民窟。它有着美好的历史建筑,但条件都非常糟糕。该市建议安装咪表来管理路内停车,但商家们均表示反对。尽管他们知道自己的员工占据了许多最方便的路内停车位,但仍担心咪表会赶走他们本就已经很少的顾客。为了化解反对意见,该市提出将所有的收入用于支付帕萨迪纳老城的公共服务。商业和地产业主们很快就同意了这个提议,因为他们看到了直接利益,对公共服务改善的渴望瞬间就超过了人们对咪表的顾虑。

商业和地产业主们开始以新的视角看待停车咪表:它是一种收入来源。他们同意对路内停车征收 1 美元 / 小时价格(在当时相当高),并在晚上和周日继续运行咪表。城市政府也喜欢这个方案,因为他们也想改善帕萨迪纳老城。政府需要用 500 万美元来资助一项雄心勃勃的规划,投资改善帕萨迪纳老城的街道景观,并将其小巷改建成可通往商店和餐馆的人行道,而停车咪表的收入将用于支付该项目。实际上,帕萨迪纳老城成了一个停车受益区。商业和地产业主们相当于入股了停车咪表,因为他们可以通过停车收入收回投资。

市政府与"帕萨迪纳老城商业改善区组织"(Business Improvement District,BID)合作,划定安装停车咪表的范围,并命名为"停车收费区"(Parking Meter Zone,PMZ),只有设置停车咪表的街区才能直接从咪表收入中受益。该市还成立了"帕萨迪纳老城停车收费区咨询委员会(Old Pasadena PMZ Advisory Board)",由支持停车政策的商业和地产业主组成,由他们确定收费区咪表收入的支出项目优先级。将停车收入与新增公共服务直接联系起来和由本地自主控制停车费用是该停车项目成功的两个主要因素。

该市于 1993 年安装停车咪表,贷款 500 万美元投资"帕萨迪纳老城街景和步行道项目",并用停车收入偿还债务。这笔贷款用于建设整个地区新的人行道、街道设施、树木和照明系统。政府将破败的小巷改造成了安全便利的步行道,可通往商店和餐馆。帕萨迪纳老城蓬勃发展,销售税收入迅速增加。帕萨迪纳的另外两个商业区随后请求市政府安装停车咪表,并将停车收入用于改善公共服务(本书第 44 章,《高代价免费停车》第 16 章)。

停车咪表有两类天然反对者:在路边停车的开车人和开车人光顾的商家。这也能表明收入留在本地对支持停车收费为何如此重要。如果居民、商家和地产业主们能够看到公共环境得到改善,他们更有可能支持设置收费。如果咪表收入不能用来支持当地公共支出,他们很难看到设置咪表的收益。很容易找到路内停车位的开车人却不知道这是因为咪表起了作用;遭遇更少交通拥堵的开车人也不知道这是因为巡泊车辆的减少造成的;呼吸了更清洁空气的人也不知道这是因为减少了巡泊从而降低了污染。一个城市想要说服大多数人接受停车咪表，就必须向他们直接展示所能获得的当地收益。借用威廉·巴特勒·叶芝（William Butler Yeats）的话，停车咪表的拥护者缺乏说服力而对手却充满激情。停车受益区可以提高路内停车收费的说服力并打消反对派的激情。

绩效式定价将巡泊成本转变为公共收益。人们可以看到这些收益的一部分，例如干净的人行道和修剪过的街道树木，而其他收益如减少交通拥堵、空气污染和碳排放等仍然是无形的。停车收入支持当地公共服务带来的明显好处将使民众更加支持停车改革，而这些改革也具有更广泛的无形收益。当涉及对付费停车的政治支持时，商人们对本地商业区可持续发展的兴趣远远比地球可持续发展的兴趣更大。

做正确的事情比为了正确而做事情更重要，让人们集体做正确事情的最好方法就是让每个人都做正确的事。停车受益区可以激励个人来做有益于社会的事情。我并不是要提倡或呼吁利己主义，而是要认识它并利用它。城市可以让市场为公共事业服务，布鲁金斯学会（Brookings Institution）的经济学家查尔斯·舒尔茨（Charles Shultze）将其定义为"个人利益公用化"。

停车受益区的实践正在迅速增加。第44~50章介绍了得克萨斯州的奥斯汀市和休斯敦市、加利福尼亚州的帕萨迪纳市、红木城和文图拉市以及墨西哥城通过停车受益区所支持的大范围的公共改善。帕萨迪纳市使用停车收入每晚清扫人行道，并每月进行两次加压水清洗（第44章）。密歇根州的阿伯（Arbor）和科罗拉多州的博尔德（Boulder）使用停车收入为中心商务区的所有工作人员提供免费的公交卡（很难相信这些城市会取消免费路内停车和高价公共交通的做法，反而采取免费公共交通和收费路内停车费策略，来让城市变得更好）。文图拉的停车咪表为所有居民、商业和收费区的访客提供免费 Wi-Fi 服务。设置停车咪表的社区可以提供免费 Wi-Fi，而免费停车的社区则没有（第46章）。如果停车咪表成为世界各地城市免费 Wi-Fi 的代名词，停车受益区可能会迅速蔓延。

停车受益区和商业改善区

路内停车收入需要寻找合适的受惠者，这笔资金需要正确的接收者才能获得对市场价格的政治支持。在商业区，商业改善区组织（Business Improvement Districts，BID）是理所当然的接收者。在商业改善区组织中，地产业主自行征税以支付超出全市统一水平的附加公共服务。从本质上讲，商业改善区组织是合作资本主义的一种形式，他们要么提供城市没有提供的公共服务（例如，清洁人行道），要么提供原本城市不能令人满意的公共服务（例如，安全性）。商业改善区组织拥有良好的记录，其合法性已经被确立，它们的经营原则也被政府人员和商业业主们所熟悉。因此，商业改善区组织是现成的路内停车收入接收者。

指定路内停车收入专款资助商业改善区组织，并让商业改善区组织在制定所在地区停车价格方面具有发言权，这将鼓励对停车供给进行商业化管理。每个地区都可以考察其他地区如何处理路内停车，他们可以权衡替代政策的好处和成本。商业改善区组织可以推荐停车咪表价格，因为其成员每天都在观察各街区的收费停车位利用情况，他们会看到停车位利用率对业务的影响。商业改善区组织有充分的动力让价格变得更合理，因为成员们将是第一批从良好决策中受益的人，也将是第一批从不良决策中受损的人。

城市甚至可以让商业改善区组织全权负责管理停车咪表、设定停车价格和管理收入。印度的班加罗尔市（Bangalore）在班加罗尔路商业区采用了这一战略（Center for Science and the Environment，2016，P31）。"团队商店设施协会"（Brigade Shops Establishments Association）支付安装 85 个停车咪表的费用。停车收入一半归政府，另一半留给该地区以支付管理系统的费用。企业主们有强烈的动机来收取适当的停车价格。如果价格太高导致太多停车空位，这些空位将不能分配给想光临商店的顾客；如果价格太低而没有停车空位，顾客会抱怨停车位不足，这时可以提高停车价格以获得更多的收入。允许商业改善区组织管理路内停车，可能更适合那些效率低下或由于腐败阻碍有效管理路内停车的城市。

公平问题

停车需求高的商业区采用更高的停车价格从而为公共服务获取更多资金，这会产生不同区域间的公平问题。避免不公平的一种方法是使用公共财政的"权力均等化"方法。城市可以将停车咪表收入平等地返还给每个停车受益区。

假设全市咪表的平均收入为每年 2000 美元 / 停车位。那么城市可以将其中 1000 美元返还给停车受益区提供新增公共服务，而另外 1000 美元用于提升全市范围的公共服务。这样，所有实施停车受益区政策的社区将获得平等的单位咪表收入，用以新增公共服务；而那些没有实施停车受益区政策的社区也将获得公共服务提升。联邦和州政府使用类似的方式为下一级别的政府分配燃油税收入。例如，联邦政府将大部分联邦燃油税收入分配给征税州（返回给征收地），而将剩余部分用以资助全美范围的专项项目。

收入较高的停车受益区可以补贴那些收入较低的停车受益区，它们还将补贴城市其余地区。这种共享安排既维持了当地安装停车咪表的动力，又可以平等地分配停车收入。这看起来比在有停车问题的地方安装停车咪表却将收入用于其他地方的常规政策更为公平。

这里也有全球性的公平问题。当我最近在佛罗里达做讲座时，当地居民告诉我，他们担心全球变暖引起的海平面上升将淹没他们的城市（该州的最高点海拔只有 345 英尺）。我说免费停车是对燃烧化石燃料的补贴，然后我问他们如果世界各地的城市都采取路内停车市场价格并取消路外停车配建标准，全球变暖问题是否会变弱？还是所有城市都应该采用佛罗里达州的免费停车和较高路外停车配建标准的政策？如果佛罗里达人不改革他们自己的停车政策来帮助预防全球变暖，那么其他地方的人为什么要担心佛罗里达州的洪水呢？

佛罗里达正在加强其沿海防护设施以应对海平面上升问题。实施停车收费可以获得所需的资金并减少碳排放。对路内停车收费要比对碳排放收费容易得多，因此倡导碳收费的同时应该提倡停车改革。气候变化对地球上每个人都有可能造成伤害，因此不论是当地城市还是全球其他城市，采取较低路内停车价格和实施路外停车配建标准都是不明智的。

停车配建标准反映的是对现在而非对未来的规划（《高代价免费停车》，P171—173）。它们是短期的政治期望，但与城市的长期需要相悖。停车配建标准为汽车创造了很好的环境，但那不是为人而建的伟大城市，也不是地球的美好未来。

宗教问题

将停车收入用于所征收街道的公共服务除了涉及公平问题外，还涉及宗教问题（《高代价免费停车》，P494-495）。旧金山就有一个深刻的教训。2013 年 1 月，该市开始在周日中午至下午 6 点运营停车咪表。在此之前，每个商业区在周日都很难找到一个路内停车空位。有些开车人在星期六下午把车停在咪表停车位上，直到星期一早上才离开。在周日开始运行咪表后，在社区商业附近找到路内停车位就变得容易多了。

然而，教会人员抱怨说他们不得不因此"付费祷告"。于是市政府在 2014 年 4 月恢复了周日免费停车。如果旧金山市将星期日停车咪表的部分收入用于改善收费社区的公共服务，那么社区居民可能会因此对周日停车收费产生政治支持。受益于公共服务的商家和居民可能坚持把礼拜和停车这两件事分开来谈。因为供需法则不会神奇地在周日就停止运转。

一些牧师可能会担心周日停车收费会减少教堂出席率，哪怕只存在这种可能也不行。劳伦斯·赖特（Lawrence Wright）在他的作品《拨开迷雾：山达基与信仰囚笼》（Going Clear）中谈到了山达基教（Scientology）与好莱坞之间的联系。他讲述了罗恩·哈伯德（Ron Hubbard）如何招募电影明星来宣传教会，一个招募策略是在好莱坞建立"名人中心"（Celebrity Center），知名演员和音乐人们进出此处有私人通道。很多名人都加入了，但有一个人却逃脱了：

> 洛克·哈德逊（Rock Hudson）到访了名人中心。当讲师在这位偶像派男演员的停车咪表到时的情况下，还要求他必须完成课程才能离开时，他愤然摔门而出。哈伯德精心猎取的典型目标就这样逃脱了出来（Wright，2013，P140）。

停车受益区的授权法案

如果州立法没有授权设置停车受益区，一些城市可能会对此犹豫不决。2016 年，马萨诸塞州立法机构通过了《停车促进社区振兴法案》（Parking Advancements for the Revitalization of Communities Act，PARC），明确授权城市能够以市场价格进行路内停车收费，并可以建立停车受益区来使用停车收入（《马萨诸塞州一般法》，第 40 章，第 22A 节）。

> 停车费应由城市或城镇决定价格。可以根据管理停车供给的目的设置价格，其收入可用于停车咪表的购置、安装、维护和运营，以及其他停车费支付和执法技术方面的支出，以及制定停车规则、支付停车管理人员的工资、改善公共领域等方面，甚至包括但不限于大运量公共交通的运营和自行车与步行设施等交通系

统改善。

城市或城镇可以建立一个或多个停车受益区，作为一种地理定义区域，在此收取的停车收入可以全部或部分地以专用基金形式指定用于所述区域……停车受益区可以由市政府指定的实体进行管理，包括但不限于商业改善区或主要街道组织。

该法案的语言很简单。城市可以基于需求对路内停车定价，并将收入用于改善收费区的公共服务。其他州也可以采取类似的立法来鼓励城市建立停车受益区。

《停车促进社区振兴法案》于2016年10月生效。2017年1月，波士顿推出了两项绩效式停车定价试验项目。停车收费价格根据停车需求设置，城市将一定比例的停车收入用于增加停车收费区的再投资。

马萨诸塞州的所有城市现在有了很好的机会来创建停车受益区，因为该州以前曾禁止城市使用停车咪表收入来投资一般公共服务。因此，新的停车受益区也不会跟其他公共服务抢停车收入，这样应该能够简化实施的政治阻力。

马萨诸塞州的立法结合了旧金山基于需求的定价政策和帕萨迪纳的收入返还政策。这种结合可以通过两种方式将路内停车去政治化。首先，定价政策代替了市议会对每次价格变动的投票。市议会现在通过设定停车位利用率目标来制定政策，然后让停车管理局负责设定价格以实现这一目标。基于停车需求设定价格将不会再有政治干预。其次，将停车咪表收入用于收费街区的公共服务代替了市议会对是否安装新咪表的投票。如果市议会将咪表收入的全部或一部分用于支付收费街区的服务费用，那么社区就可以自行决定是否需要停车咪表和新增公共服务。停车受益区是自下而上而非自上而下的政策。

居住区的停车受益区

城市已经在商业区设立了停车受益区，但尚未在居住区设立。然而，大多数路内停车位都位于居住区，因此改善公共设施的最大机会可能就在这些社区（第51章）。

在居住区，停车受益区与传统的停车许可区（Parking Permit Districts）类似，除了以下三个特点：第一，停车许可证的数量根据路内停车位限定；第二，开车人要按市场价格购买许可证；第三，许可证收入用于社区公共服务。如果社区内大多数居民将车停在路外停车场或者拥车量较低，那么一个更好的公共服务前景（更清洁、更环保的社区）可能会说服大多数人支持按市场价格对路内停车收费。

路内停车收入可以用来清洁和维修人行道、增加安全措施、架空线路入地以及提供其他公共服务。很少有居民愿意为路内停车付费，但每个人都将从公共服务中受益。由于城市现在不向居住区的路内停车收费，因此设立停车受益区不会从其他公共服务中拿走任何现有收入。这笔钱就像是从地里长出来的一样。

采取更高停车价格的富裕社区将为公共服务获取更多资金。城市需要避免这种不平等性，可以通过前文商业区停车受益区所提及的"权力均等化"方法来保持当地收取停车许可证费用的积极性。所有对路内停车市场定价的街区都将获得相同的公共服务收入（第50章）。

　　例如，如果一个街区有20个停车位，每个停车位每年可以收取2000美元来支付公共服务费用，那么免费停车的实际补贴就是每年40000美元。如果城市现在是按照市场价格对街区内的路内停车位收费，并且每年额外花费4万美元来改善公共服务，那么没人会支持减少这4万美元公共服务费用，转而补贴20辆难以找到停车位的车。有些活动可以合理地获得公共补贴，但停车不在其中。

　　如果把纽约的300万个路内停车位首尾相连，它们几乎环绕地球半圈；其占地约17平方英里，是中央公园的13倍。由于纽约97%的路内停车没有收费，所以它的停车补贴肯定是个天文数字。如果纽约300万个路内停车位中有一半位于停车受益区内且每个停车位每年的平均收入为2000美元（也就是每天5.5美元），那么每年的总收入将达到30亿美元。收入的一半可以用于改善社区，另一半可以用于全市范围内的服务，比如更新地铁系统（第51章）。

　　许多人认为做事情的最好理由是对他们个人最有利。因此，规划人员应该设身处地地通过设计政策让利益相关者获得个人利益。停车受益区可以产生许多社会利益，从减少交通量到减缓全球变暖，但仅凭这些好处并不能说服多数人为停车付费。但是，狭隘的地方利益如自家门前更干净、更安全的人行道之类，反而可以说服利己主义的居民支持对路内停车采取市场价格。这些街道将充满各种可能性。

　　停车受益区是不断演进的，而不是革命性变化的，它们几乎不需要改变城市经营方式。在商业区，它把商业改善区和停车咪表结合起来；在居住区，它把停车许可区和市场价格结合起来。停车受益区以一种新的方式将人们熟悉的机构组合在一起，它们大胆开拓而又易于理解。它们越像城市已有的东西，就越能做出突破性的改变。可以一次在几个街区进行尝试。

　　一些批评人士可能会抱怨路内停车收费将使公共土地私有化，但实际上还是政府拥有土地、利用市场来定价，并将收入用于公共服务。停车受益区是没有资本主义的市场，更像是市场社会主义而非私有化，而且它们规模小、很民主（《高代价免费停车》，P447–450）。市场价格不能解决所有问题，但它们可以解决停车问题。

　　如果一个城市的公共基础设施状况良好、公共交通运行良好、交通不拥堵、空气安全、住房负担起、社区适宜步行，那么就没有必要设立停车受益区。但许多城市确实存在严重的问题，我们几十年来一直试图解决这些问题，现在我们正在进行第六代或第七代的修复。我们已经尝试了每一个"高招"：城市更新、高层公共住房、旋转餐厅、世界博览会、公共停车楼、开发银行和轻轨。停车受益区与之前的修复方案相比规模不大，也很便宜，确实值得一试。

居住区停车受益区与可负担住房

　　现在几乎所有关于在旧社区建设新住房的提议都会与缺乏路内停车问题绑定在一起。现有居民担心新居民会抢占他们免费的路内停车位，并使已经很困难的停车问题变得更糟。

这导致城市要求新住房必须配建足够的路外停车位，以防止加剧路内停车困难。但如果用停车许可证来根据可用的路内停车位限制停车需求的话，那么新住房将不会带来路内停车拥挤问题。这样的话，城市可以取消路外停车配建标准，并允许开发商提供更少的停车位和更多的住房。

大多数居民可能不会为了增加可负担住房而要求设置停车受益区，但他们可能会因为想要改善他们的社区而要求设置停车受益区。这样做的附带结果之一是取消路外停车配建标准将消除制约可负担住房的主要障碍。奶奶房 [granny flats，也称为第二房屋（second units）和后院小屋（backyard cottages）] 是一种特别有前景的住房形式，如果城市取消居住区的路外停车配建标准，这种住房可以蓬勃发展。第二房屋为房主提供了一种简单的、相对便宜且非常不惹眼的方式来新增房屋。

路内停车拥挤可能不是社区反对第二房屋的唯一原因，但它是一个主要原因，而且政治力量很大。如果城市可以避免停车成为第二房屋的反对因素，那么就可以更广泛地讨论其他问题（例如，对噪声的关注或如何吸引低收入居民居住到高收入社区）。停车受益区可以减轻邻里社区的停车问题，从而减少对第二房屋的政治反对（《高代价免费停车》，P462–464；Brown，Mukhija，and Shoup，2018）。

总　结

路内停车基于市场定价具有完美的经济意义，但它的政治意义更为重要。约翰·肯尼思·加尔布雷斯（John Kenneth Galbraith）警告我们要警惕只顾经济不顾政治的危险性：

> 在让经济学成为一种非政治学科时，新古典理论破坏了经济学与现实世界的关系。在现实世界里，权力是起决定作用的。而现实世界的问题在数量上和社会苦难深度上都在增加。因此，新古典主义和新凯恩斯主义经济学将其参与者控制在社会边缘。他们要么不按剧本来，要么用错了剧本。为了改变这种形象，他们假装操纵着根本没有连接机器的操纵杆（Parker，2005，P616）。

停车受益区以新的方式结合经济和政治因素，以获得对停车改革的普遍支持。

整合对停车改革的支持就像打开一个密码锁：表盘的每一次微小转动似乎什么都没有改变，但是当一切到位时，锁就会打开。政治谱系内的不同利益者都会支持以下三项改革措施的组合：①取消路外停车配建标准；②制定路内停车市场价格；③返还停车收入用于社区公共服务。

路内停车是经济缺失的那一部分市场，而社区是政府缺失的那一级别政权。路内停车正确定价可以填补市场的空白，而停车受益区可以填补政府级别的空白（《高代价免费停车》，第 17 章）。保守派往往需要更多的市场，而自由派往往需要更多的政府。停车受益区既有更多的市场，也有更多的政府，但却是这两种方式结合的新形式：路内停车市场价格和停车收入投资公共服务。

保守派有时会低估个人选择所产生的集体后果，而自由派有时会低估经济激励对个人选择的影响程度。停车受益区可以调和这两种观点。以市场价格收取停车费将导致开车人做出有利于社会的出行选择，停车收入投资公共服务将使社区的每个人受益。

取消路外停车配建标准，代之以采用路内停车的市场价格，乍一看似乎是一项艰巨的任务，几乎就像禁酒令或宗教改革一样，引发的动荡可能让社会无法接受。然而"取消－替代"策略会吸引广泛政治范围的选民。保守派将会看到它减少了政府法规并依赖于市场选择；自由派将看到它增加对公共服务的投入；环保主义者将看到它减少能源消耗、空气污染和碳排放；新城市主义者将会发现它可以让人们以更高的密度生活但同时不会被汽车淹没；开发商将看到它降低了建筑成本；所有政治派别的开车人都会看到它确保方便的路内停车；居民会看到它改善了他们的社区；民选官员将看到它将停车去政治化、减少交通拥堵、允许填充式开发，并在不增加税收的情况下提供公共服务。最后，城市规划人员可以花更少的时间应对停车问题，而将更多的时间用于改善城市其他方面。

本书后续的 51 章将具体解释如何取消路外停车配建标准、制定正确的路内停车价格、将停车收入用于改善社区公共服务。它们可能是改善城市、经济和环境的最便宜、最快捷、最简单的方式，通过一个车位一个车位地去改变。

参考文献

[1] Board of Governors of the Federal Reserve System. 2016. Report on the Economic Well-Being of U.S. Households in 2015. Washington, DC: Board of Governors of the Federal Reserve System. http://www.federalreserve.gov/2015-report-economic-well-being-us-households-201605.pdf.

[2] Brown, Anne, Vinit Mukhija, and Donald Shoup. 2018. "Converting Garages into Housing," *Journal of Planning Education and Research*.

[3] Centre for Science and Environment. 2016. *Parking Policy for Clean Air & Liveable Cities：A Guidance Framework*. New Delhi：Centre for Science and Environment. http://www.cseindia.org/userfiles/parking-report-dec27.pdf.

[4] City of Palo Alto, California, Development Impact Fees, August 15, 2016. http://www.cityofpaloalto.org/civicax/filebank/documents/27226.

[5] City of Seattle, Statement of Legislative Intent, Neighborhood Paid Parking Rates, 2011. http://clerk.seattle.gov/~public/budgetdocs/2011/2011-118-3-A-1-145-Desc.pdf.

[6] Congressional Budget Office. 2015. *Public Spending on Transportation and Water Infrastructure，1956 to 2014*. https://www.cbo.gov/publication/49910.

[7] Downs, Anthony. 2004. *Still Stuck in Traffic*. Washington, D.C.：Brookings Institution.

[8] Inci, Eren, Jos van Ommeren, and Martijn Kobus. 2017. "The External Cruising Costs of Parking," *Journal of Economic Geography*. https://doi.org/10.1093/jeg/lbx004.

[9]　Jacobs, Jane. 1962. "Downtown Planning," in Max Allen（ed.）. 1997. *Ideas That Matter*, *the Worlds of Jane Jacobs*, Owen Sound, Ontario: The Ginger Press, pp.17–20.

[10]　Kahneman, Daniel. 2011. *Thinking, Fast and Slow.* New York: Farrar, Straus and Giroux.

[11]　Keats, John. 1958. *The Insolent Chariots.* New York: J. B. Lipincott Company.

[12]　King, David, Michael Manville, and Donald Shoup. 2007. "For Whom the Road Tolls," *ACCESS*, No. 31, Fall, pp. 2–7. http: //www.accessmagazine.org/wp–content/uploads/sites/7/2016/02/Access–31–02–For–Whom–the–Road–Tolls.pdf.

[13]　McCallum, Kevin. 2017. "Santa Rosa Considering 'Progressive' Parking Downtown," *The Press Democrat*, March 15, 2017. http: //www.pressdemocrat.com/news/6784389–181/santa–rosa–considering–progressive–parking?artslide=0.

[14]　Manville, Michael and Taner Osman. 2017. "Motivations for Growth Revolts: Discretion and Pretext as Sources of Development Conflict," *City and Community*, March.

[15]　Moura, Maria Cecilia, Steven Smith, and David Belzer. 2015. "120 Years of U.S. Residential Housing Stock and Floor Space," *PloS One*, Vol. 10, No. 8. http: //journals.plos.org/plosone/article?id=10.1371/journal.pone.0134135.

[16]　Mumford, Lewis. 1963. *The Highway and the City*, New York: Harcourt, Brace & World.

[17]　Parker, Richard. 2005. *John Kenneth Galbraith: His Life, His Politics, His Economics*, New York: Farrar, Straus and Giroux.

[18]　Pierce, Gregory, and Donald Shoup. 2013. "SF*park*: Pricing Parking by Demand," *ACCESS*, No. 43, Fall, pp. 20–28. http: //www.accessmagazine.org/wp–content/uploads/sites/7/2015/10/SFpark.pdf.

[19]　San Francisco Municipal Transportation Agency. 2014. "On–street Parking Census Data and Map." http: //sfpark.org/resources/parking–census–data–context–and–map–april–2014/.

[20]　San Francisco Municipal Transportation Agency. 2014. "Pilot Project Evaluation: The SFMTA's Evaluation of the Benefits of the SF*park* Pilot Project." http: //sfpark.org/wp–content/uploads/2014/06/SFpark_Pilot_Project_Evaluation.pdf.

[21]　Schmitt, Angie. 2014. "The Spectacular Waste of Half–Empty Black Friday Parking Lots," *Streetsblog*, December 1. http: //usa.streetsblog.org/2014/12/01/the–spectacular–waste–of–half–empty–black–friday–parking–lots/.

[22]　Shoup, Donald. 2011. *The High Cost of Free Parking.* Revised edition. Chicago: Planners Press.

[23]　Shoup, Donald. 2014. "The High Cost of Minimum Parking Requirements," in *Parking: Issues and Policies*, edited by Stephen Ison and Corinne Mulley. Bingley, United Kingdom: Emerald Group Publishing, pp. 87–113.

[24]　The White House. 2016. "Housing Development Toolkit," September 2016. https: //www.whitehouse.gov/sites/whitehouse.gov/files/images/Housing_Development_Toolkit%20f.2.pdf.

[25]　Williams, Jonathan. 2010. "Meter Payment Exemption for Disabled Placard Holders as a Barrier to Manage Curb Parking." Master's thesis, University of California, Los Angeles. http: //shoup.bol.ucla.edu/MeterPaymentExemptionForDisabledPlacardHolders.pdf.

[26]　Wright, Lawrence. 2013. *Going Clear.* New York: Knopf.

[27]　Zoeter, Onno, Christopher Dance, Stéphane Clinchant, and Jean–Marc Andreoli. 2014. "New Algorithms for Parking Demand Management and a City–Scale Deployment," *Proceedings of the 20th ACM SIGKDD International Conference on Knowledge Discovery and Data Mining.* Pages 1819–1828. http: //www.xrce.xerox.com/Our–Research/Publications/2014–026.

第一部分

取消路外停车配建标准

保罗已经意识到在洛杉矶汽车几乎是一个"活着"的族群。这座城市充满了它们的旅馆和漂亮的商店,以及它们的餐馆和疗养院。这些建筑巨大而昂贵,在这里汽车可以停放、抛光、保养或治疗创伤,还能"说话"并"养宠物"——狗和猴子模样的毛绒玩具坐在它们的后窗往外看,玩具和幸运符悬挂在它们的仪表盘上方,皮毛尾巴绑在它们的天线上摇晃,它们的喇叭发出不同的声响⋯⋯但是很少能见到人。汽车的数量与人相比是 10∶1。保罗构思了一个故事,这座城市的真正居民被发现原来是汽车,它们是一个秘密的超凡种族,人类只是让它们更舒服地存在,或者只是它们的宠物。

——艾莉森·卢瑞《无处之城》
（Alison Lurie，The Nowhere City）

第 1 章

交通规划的求实性

唐纳德·舒普（Donald Shoup）

> 让我们陷入困境的不是无知，而是看似正确的谬误论断。
>
> ——马克·吐温

从圣迭戈到旧金山有多远？一个估计值是632.125英里，它看似很精密，但也许并不准确；另一个估计值是400~500英里，它不够精密，但相对准确些。因为正确的答案是460英里。但是，如果你不知道从圣迭戈到旧金山有多远，你会相信哪一个估计值？是国家地理学会（National Geographic Institute）出版的手册上所写的632.125英里，还是有人试探地说可能在400~500英里？你很可能会选第一个，因为专业权威和极度精密值意味着确定性。

虽然用极度精密值来报告估计值意味着对准确性有强烈信心，但交通工程师和城市规划人员经常使用极度精密的数字来报告高度不确定的估计值。为了说明这一现象，运用交通工程师学会（Institute of Transportation Engineers，ITE）出版的《停车生成率》（Parking Generation）和《出行生成率》（Trip Generation）两本手册进行解释。城市规划人员依靠停车生成率来制定路外停车配建标准，交通规划人员依靠出行生成率来预测拟开发项目的交通影响。对这些具有不确定性的出行行为进行精密性的估值并对其毫不怀疑的信任，导致了对交通、停车和土地利用的错误政策选择。

出行生成率

《出行生成率》报告了车辆出行次数与土地利用的函数关系。第6版《出行生成率》如此描述用于估算出行生成率的数据库：

> 本文件基于公共机构、开发商、咨询公司和协会提交给学会的3750多份出行生成率研究资料……数据主要是在郊区地区收集的，这些地区没有或仅有少量的公共交通服务、相邻行人设施或交通需求管理（TDM）项目（ITE 1997, vol. 3, pp. ix and 1）。

　　ITE 对停车价格只字未提，但《1990 年全国个人交通调查》（Nationwide Personal Transportation Survey）报告发现，美国 99% 的汽车出行免费停车，所以调查地点很可能都是免费停车。第 6 版中有 1515 种出行生产率，其中有一半的研究案例不超过 5 项，23% 的生成率只基于 1 项研究案例。因此，出行生成率通常观测的是少数几个免费停车的郊区项目在没有公共交通、没有相邻行人设施、没有交通需求管理情况下的车辆出行次数。因此，依赖这些出行生成数据作为指导的城市规划人员，在设计交通系统时会倾向于交通出行采用小汽车。

　　图 1-1 是第 4 版《出行生成率》（1987）中的一个扫描件。它显示了工作日进出快餐店的车辆出行次数。图中的每个点代表一个餐馆，显示了它的建筑面积和车辆出行次数。将车辆出行次数除以建筑面积，就得到了该餐厅的出行生成率。每 1000 平方英尺建筑面积的出行生成率从由 284.000~1359.500 次不等，平均出行生成率为 632.125 次 /1000 平方英尺。

　　如图 1-1 所示，这些样本的车辆出行次数看起来似乎与建筑面积无关，而图中底部的方程证实了这个猜测。R^2 为 0.069 意味着建筑面积变化只能解释不到 7% 的车辆出行次数变化。出行次数与建筑面积之间几乎没有相关性，但 ITE 报告的样本平均出行生成率（城市规

平均出行发生吸引量：每 1000 平方英尺建筑面积

工作日

出行生成率

工作日每 1000 平方英尺建筑面积平均车辆出行次数				
平均出行率	出行率范围	标准差	样本数量	平均 1000 平方英尺建筑面积偏差
632.125	284.000~1359.500	*	8	3.0

数据图与方程

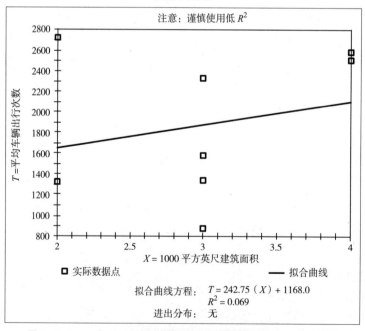

注意：谨慎使用低 R^2

实际数据点　　　　　拟合曲线

拟合曲线方程：　$T = 242.75\,(X) + 1168.0$
　　　　　　　　$R^2 = 0.069$
进出分布：　无

图 1-1　1987 年 ITE 手册中有车辆取餐窗口的快餐店的出行生成率
资料来源：ITE，1987，P1199

划人员通常将其解释为建筑面积与车辆出行次数之间的确切关系）为每天 632.125 次 /1000 平方英尺。这个出行生成率看起来很准确，因为它非常精密，但是这种精密性具有误导性。如果 ITE 报告出行生成率为 632 次 /1000 平方英尺而不是 632.125 次，丝毫不会影响规划决策。所以小数点后三位的精度除了用来错误地表明估计值很准确以外，没有任何作用。

图 1-1 表明，大型的餐馆一般产生更多的车辆出行次数，但是有一个面积最小的餐馆却产生了最多的出行次数，而一个中型餐馆产生了最少的出行次数。该页面确实包含了一个警告："注意：谨慎使用低 R^2"。这是一个很好的建议，因为数据显示车辆出行次数与建筑面积之间没有关系。然而，页面的顶部给出了平均出行生成率，就好像是非常准确一样。尽管这个数字看上去很精密，但它的不确定性过高，无法用于交通规划。

停车生成率

停车生成率也存在类似的不确定性。《停车生成率》报告了平均高峰停车利用率与用地的函数关系。第 2 版《停车生成率》（ITE 1987，P VII and XV）解释了调查过程：

> 绝大多数的数据……来自没有或只有极少公交客流的郊区开发项目。获得可靠停车生成率数据的理想场地应该……拥有供场地产生的交通量专用的、充足的、方便的停车设施……调查目标是统计停车需求高峰时期的停泊车辆数量。

在第二版的 101 种停车生成率中，有一半不超过 4 个调查数据，22% 是基于 1 个调查数据。因此，停车生成率观测的是少量拥有充足停车位但没有公共交通的郊区场地的高峰停车需求。城市规划人员利用这些生成率设定路外停车配建标准，如此他们就规划出了一个无论去哪里都可以开车、到了哪里都可以免费停车的城市。

图 1-2 所示为 1987 年第 2 版《停车生成率》中快餐店的那一页。底部的方程再次证实了该样本中停车位利用率与建筑面积无关。R^2 为 0.038，意味着建筑面积的变化能解释的停车位利用率变化不到 4%。面积最大的餐厅调查的利用率最低，而中型面积的餐厅调查得到了最高的利用率。ITE 报告的快餐店平均停车生成率精确至 9.95 停车位 /1000 平方英尺建筑面积，但这个数值在统计上并不显著。

我并不是说车辆出行次数和停车需求与餐厅的规模无关。常识表明它们之间存在一些相关性。然而，图 1-1 和图 1-2 并没有显示出建筑面积与车辆出行次数或停车需求之间的统计显著性。基于这些数据发布精密的平均出行次数和停车生成率是具有误导性的和不负责任的。

ITE 的权威认证让规划人员从自己思考停车需求的任务中解脱出来——答案都在书中。ITE 提供了关于停车需求的精密数据，尽管它也警告说："这份报告的用户在使用该数据时应该格外谨慎，因为它们是基于少量研究获得的。"尽管如此，许多规划人员还是建议将报告中的停车生成率作为停车配建下限标准，因为这是唯一可用的数据。例如，美国城市的快

高峰停车生成率：每 1000 平方英尺出租面积
工作日

停车生成率

平均生成率	生成率范围	标准差	样本数量	平均 1000 平方英尺出租面积偏差
9.95	3.55~15.92	3.41	18	3

数据图与方程

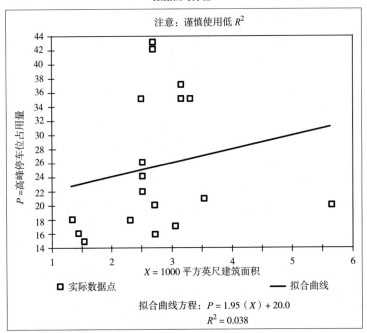

注意：谨慎使用低 R^2

拟合曲线方程：$P = 1.95 (X) + 20.0$
$R^2 = 0.038$

图 1-2　有车辆取餐窗口的快餐店在 1987 年 ITE 手册中的停车生成率
资料来源：ITE，1987，P146

餐店配建停车位中位数是 10 停车位 /1000 平方英尺——几乎与 ITE 报告的停车位生成率相同。毕竟，规划人员期望停车配建下限标准能够满足免费停车的高峰需求，而停车生成率似乎准确地预测了这一需求！当 ITE 这样说时，城市规划人员会言听计从。

统计显著性

在快餐店的停车生成率和出行生成率中，极度精密性和统计不显著性令人惊讶地结合在一起，从而引发了一个重要的问题：还有多少其他用地类型的生成率是统计不显著的？ITE 在第 5 版《出行生成率》（1991）中首次提出了一项关于统计显著性的政策：

本报告只在满足以下三种条件时才显示最佳拟合曲线：

● R^2 大于或等于 0.25；

● 样本数量大于或等于 4；

● 出行次数随着自变量增加而增加。

第三条评判条件极其不科学，甚至是反科学的。例如，假设 R^2 大于 0.25（这意味着建筑面积的变化解释了超过 25% 的车辆出行次数变化）、样本量大于 4、但是车辆出行次数随着建筑面积的增加而减少，那么这组样本满足前两个条件，但不满足第三个条件。在这种情况下，ITE 只报告平均出行生成率（宣称车辆出行次数随着建筑面积的增加而增加），但不报告方程式（那将显示出车辆出行次数随着建筑面积的增加而减少）。ITE 的既定政策是隐藏与预期关系相悖的证据。

图 1-3 来自第 5 版《出行生成率》，表明了这种既定政策如何影响快餐店的报告结果。它显示了与第 4 版相同的 8 个数据点，但省略了回归方程和 R^2，以及"注意：谨慎使用低 R^2"这一警告。但是第 5 版报告却对无关紧要的精密度非常小心：它将每 1000 平方英尺的平均出行生成率从 632.125 次缩小到了 632.12 次。

ITE 在第 6 版的《出行生成率》（1997）中修改了它的报告策略：只有 R^2 大于或等于 0.5 时，

平均出行发生吸引量：每 1000 平方英尺建筑面积
工作日
样本数量：8　平均建筑面积：3000 平方英尺
进出分布：50% 驶入、50% 驶出

出行生成率

工作日每 1000 平方英尺建筑面积平均车辆出行次数		
平均出行率	出行率范围	标准差
632.12	284.00~1359.50	266.29

数据图与方程

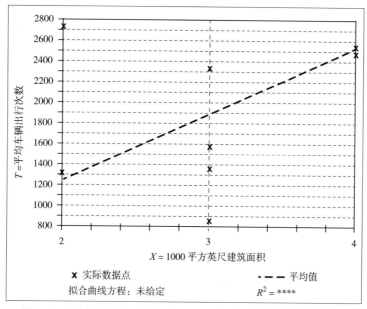

图 1-3　有车辆取餐窗口的快餐店在 1991 年 ITE 手册中的出行生成率

资料来源：ITE, 1991, P1308

平均出行发生吸引量：每 1000 平方英尺建筑面积
工作日
样本数量：21　平均建筑面积：3000 平方英尺
进出分布：50% 驶入、50% 驶出

出行生成率

工作日每 1000 平方英尺建筑面积平均车辆出行次数		
平均出行率	出行率范围	标准差
496.12	195.98~1132.92	242.52

数据图与方程

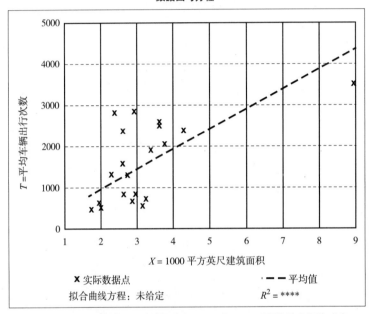

图 1-4　有车辆取餐窗口的快餐店在 1997 年 ITE 手册中的出行生成率
资料来源：ITE，1997，P1401

回归方程才成立，但其他两个条件不变。图 1-4 所示为第 6 版快餐店的出行生成率报告。样本数量增加到 21 项，平均生成率为 496.12 次 /1000 平方英尺。由于上一版本的平均出行生成率为 632.12 次 /1000 平方英尺，所以任何人通过比较这两个版本都可以得出：1991~1997 年乘坐汽车去快餐店的次数减少了 22%。这可能是由于快餐业的衰退造成的。但是第 5 版（632.12）和第 6 版（496.12）的数据都没有显示出建筑面积和车辆出行次数之间的统计显著性关系，所以这 22% 的下降是虚假的。第 9 版的《出行生成率》（2012）显示了与第 6 版（1997）相同的 21 种出行生成率研究，相同的值（496.12）表明 15 年内这个值没有跟随时间发生变化。

第 6 版（1997）显示的 1515 种出行生成率中，只有 34% 有回归方程。尽管剩余 66% 的生成率样本未能达到上述三项重要标准的任意一项，但 ITE 还是公布了每一类用地的出行生成率的精密数据，不管样本数量有多少，也不管车辆出行次数与建筑面积有多无关。例如，在 2003 年的第 7 版报告中出现了一个新的用地类型：无室内座位、有免下车窗口的快餐店的出行生成率（图 1-5）。研究只调查了两个场地，较大的场地产生的车辆出行率反而更少。

平均出行发生吸引量：每 1000 平方英尺建筑面积
工作日，下午 4~6 点，相邻道路高峰小时
样本数量：2　平均建筑面积：350 平方英尺
进出分布：54% 驶入、46% 驶出

出行生成率

工作日每 1000 平方英尺建筑面积平均车辆出行次数		
平均出行率	出行率范围	标准差
153.85	124.37~191.56	*

数据图与方程

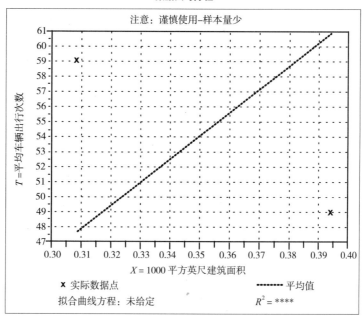

图 1-5　有车辆取餐窗口、无室内座位的快餐店在 2003 年 ITE 手册中的出行生成率
资料来源：ITE，2003，P1773

尽管如此，ITE 报告了这两个场地的平均出行生成率，并绘制了一条线，预示较大的场地生成更多的车辆出行次数。这种精密程度超出了常识，但这里就是如此：在工作日交通高峰时段，该用地类型平均每 1000 平方英尺生成 153.85 次汽车出行。可见有两项观察数据就足以增添这一新的用地类型，尽管其精密的出行生成率和数据图均如此之荒谬。

第 9 版《出行生成率》（2012）继续采取不科学的政策掩盖与预期关系相悖的那些证据。报告中的 1725 种生成率中只有 38% 显示了拟合曲线方程和 R^2，这意味着其余 62% 的生成率至少没有达到在 ITE 对于显示 R^2 所必须满足的三个标准中的任意一条。

大部分没有 R^2 的出行生成率结果，都通过该类用地的多项专门研究报告进行了解释。例如，第 9 版报告在第 1910~1931 页显示了"有免下车窗口的快餐店"20 种不同的出行生成率报告。出行生成率有 9 个不同时段值：

（1）工作日；

（2）工作日相邻道路早高峰；

（3）工作日相邻道路晚高峰；

（4）工作日出行生成早高峰；

（5）工作日出行生成晚高峰；

（6）周六；

（7）周六出行生成高峰；

（8）周日；

（9）周日出行生成高峰。

还有其他 11 个出行生成率值用来显示餐厅在不同时段每个座位对应的出行次数，或者单位用出行次数除以相邻道路早高峰和晚高峰的交通量表示。

作者试图找到"有免下车窗口快餐店"的出行次数和某些因素的关系，但是第 9 版报告只显示了其 20 种出行生成率中的一种的 R^2：周末高峰时段每 1000 平方英尺建筑面积的高峰小时出行次数，R^2 值为 0.63，而样本规模仅为 5 个观测值。

ITE 在 2010 年出版的第 4 版《停车生成率》中报告了其关于统计显著性的政策："对于至少有 4 个研究样本的数据集，如果确定系数（R^2）大于或等于 0.60，则给出线性回归方程和线性图"（ITE，2010，P14）。这项新政策是如何影响快餐店的停车生成率报告的？ 2010 年第 4 版中它的停车生成率为 9.98 泊位 /1000 平方英尺建筑面积，与 1987 年第 2 版的 9.95 泊位几乎相同（图 1-2）。然而，2010 年版省略了 1987 年版在数据图底部所显示的拟合曲线方程和 R^2。与 1987 年一样，面积最大的餐厅的停车位利用率处于最低行列，而中型餐厅的停车位利用率最高。2010 年版忽略了 R^2 和回归线意味着 R^2 小于 0.60，这并不奇怪，因为 1987 年类似数据图的 R^2 仅为 0.038。

不显示回归方程是 ITE 表明信息有缺陷以及不相关的巧妙方式。然而，继续给出误导性的、精密的停车生成率和出行生成率报告会造成严重的问题。许多人依靠 ITE 手册来预测城市开发如何影响停车和交通系统。例如，在评估交通影响时，开发商和城市经常会围绕精密的出行生成率或停车生成率是否正确而展开激烈的争论；考虑到其中涉及的不确定性，这些争论是可笑的，但似乎很少有人关注到这种严谨型伪科学的统计学相关性。

许多城市基于 ITE 的停车生成率来制定停车配建标准，而一些城市也基于 ITE 的出行生成率来确定区划用地类型。参考加利福尼亚州贝弗利山庄市的区划条例：

按照交通工程师学会最新版《出行生成率》，所有用途每 1000 平方英尺使用强度不得超过每小时 16 次车辆出行或每天 200 次车辆出行。

因此，精密但高度不确定的 ITE 数据决定了一个城市将允许使用哪些用地。一旦停车生成率和出行生成率被纳入市政法规，它们就很难接受挑战。规划是一项充满不确定性的活动，但是很难将不确定性纳入法律规范。而承认区划决策基础薄弱也会让城市面临无数的诉讼。人们更容易忽略不确定性，而依赖于精密但无统计相关性的 ITE 数值。

为免费停车做规划

ITE 的研究样本不仅大多规模太小以至于无法得出有统计显著性的结论，而且其收集数据的方法也会将观测结果偏向于停车生成率和出行生成率较高的场地。扩大样本量或许可以解决统计不显著问题，但仍然存在一个基本问题：ITE 观测的是拥有充足免费停车位的郊区场地高峰的停车需求和车辆出行次数。

来看一下免费停车的规划过程（图 1-6）：

（1）交通工程师调查了拥有大量免费停车位的郊区场地的高峰停车需求，然后 ITE 在《停车生成率》发布了这些具有误导性的精密结果。

（2）城市规划人员参考《停车生成率》设定停车配建下限标准。观测所得的停车需求最大值被设为停车配建下限标准。

（3）开发商提供全部配建停车位。充足的停车供给使大多数停车位的价格降至 0，从而增加了车辆出行。

（4）交通工程师调查郊区场地进出的车辆出行次数，这些场地有充足的免费停车位，没有或只有极少的公交客流。ITE 在《出行生成率》中发布了这些误导性的精密结果。

（5）交通规划人员参考《出行生成率》来设计让车辆到达免费停车场的交通系统。

（6）城市规划人员限制开发密度，从而让配建免费停车位的新开发项目不会产生超过附近道路承载能力的车辆出行次数。这种较低的密度使各类活动更加分散，进一步增加了车辆出行和停车需求。

最后又循环到交通工程师再次调查提供免费停车的郊区场地的高峰停车需求，他们惊讶地发现需要更多的停车位。错误地使用精密的数字来报告不确定性的数据，给精心设计的伪装披上了一层严谨的外衣，而这一逻辑循环也解释了交通规划和土地利用规划为什么会不断累积出这些细微的错误。

认为停车配建下限标准是建立在理性城市规划之上的观点，就像认为地球是平的，是站在一只巨龟背上保持平衡的观点一样。当一个科学家与一个"地平说"信徒辩论时，科学家问："那乌龟站在什么上面？"地平说信徒回答说："乌龟站在一只更大的乌龟背上。""那第二只乌龟站在什么上面？"对方回答是："你非常聪明，年轻人，非常聪明。但一路站下去的都是乌龟"（Hawking，1988，P1）。

停车配建下限标准也是一路站下去都是乌龟。城市要求在不考虑停车价格、停车位成

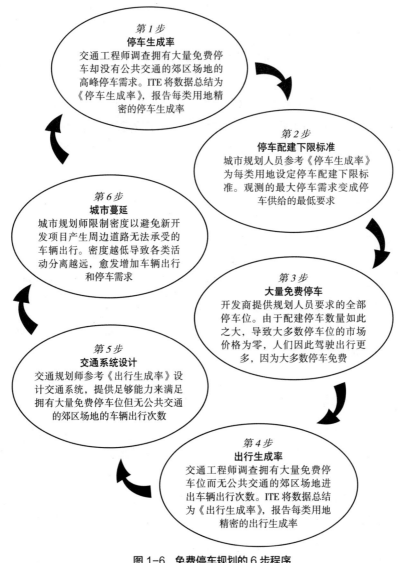

图1-6　免费停车规划的6步程序

本以及对交通运输、土地利用、经济和环境的更广泛影响的情况下配建路外停车位。将免费停车的高峰需求误读为停车需求，然后要求到处都配建如此多的停车位，导致了一场规模空前的规划灾难。

ITE手册当然不会导致这种循环和累积过程，ITE对任何滥用其停车生成率和出行生成率的行为表示遗憾。在早期版本的《停车生成率》和《出行生成率》中，ITE警告用户在R^2较低时要谨慎使用（图1-1，图1-2），但是在最近版本的数据图上则删除了这个建议（图1-3~图1-5）。

任何使用手册数据的用户都应该问问自己，这些数据是否适用于预期目的。只有用户才会滥用数据，但ITE的报告会引发这种滥用。ITE虚假精密的数据帮助用户制定了停车配建标准，使出行生成率成为规划行业的教条。

停车配建标准假定每个人都会在家里停车、每个人都会在上班的地方停车、每个人都会在学校停车、每个人都会在感恩节后的第二天购物等，对每一类用地都如此假设，并假设同时发生。如果停车配建标准不能满足所有地方都能免费停车的高峰需求，就可能会在某个地方、某个时间出现停车短缺，这是它所无法容忍的。

区划条例中的停车配建标准源于城市规划人员的幻想，幻想在不考虑开车人支付停车费用，不考虑配建停车位的成本，不考虑对交通运输、土地利用、环境更广泛的影响的前提下估算每个场地所需的停车位正确数量。

停车配建标准更接近占星术，而不是天文学，规划人员可能也会基于"黄道十二宫"建立停车配建标准。多年来，笔者一直试图让理论的热压从《停车生成率》和《出行生成率》的轮胎中释放出来，但轮胎似乎设计得很好，即使是在瘪了的时候也能跑得很好。

少一些精密性　多一些求实性

停车生成率和出行生成率的估计值都是对真实需求信息的响应。市民们想知道开发项目将如何影响他们的社区；开发商想知道该为他们的客户提供多少停车位；规划人员想要管理发展；政客们想要避免选民对太少停车位和太多交通量的抱怨。这些都是必要的关注点，但是错误的精密性并不能解决这些问题。对没有经验的用户来说，精密的停车生成率和出行生成率看起来就像水的沸点或光速一样的常数，而 ITE 的报告数据看起来很像科学观测的结果。但是停车生成率和出行生成率是人们不太了解的对象，它们都取决于停车价格。需求都是关于价格的函数，不能仅仅因为交通工程师和城市规划师忽视了它就不再是事实。城市被基于停车应该是免费的这一个未明说的假设来规划，无论提供它们需要多少费用。

ITE 的停车生成率和出行生成率显示了交通规划中常见的统计问题。对于精密但高度不确定的数据，不加怀疑地信任其准确性会导致糟糕的政策选择。粗略的正确总比精密的错误好。在交通规划中需要少一些精密性，多一些实事求是。

参考文献

[1]　Hawking, Stephen. 1988. *A Brief History of Time*. New York：Bantam Books.

[2]　Institute of Transportation Engineers. *Parking Generation*. Second Edition. Washington，D.C.：1987.

[3]　Institute of Transportation Engineers. *Parking Generation*. Fourth Edition. Washington，D.C.：Institute of Transportation Engineers. 2010.

[4]　Institute of Transportation Engineers. *Trip Generation*. Fourth Edition. Washington，D.C.：Institute of Transportation Engineers. 1987.

[5]　Institute of Transportation Engineers. *Trip Generation*. Fifth Edition. Washington，D.C.：Institute of

Transportation Engineers. 1991.

[6]　Institute of Transportation Engineers. *Trip Generation*. Sixth Edition. Washington，D.C.：Institute of
Transportation Engineers. 1997.

[7]　Institute of Transportation Engineers. *Trip Generation*. Ninth Edition. Washington，D.C.：Institute of
Transportation Engineers. 2012.

[8]　Planning Advisory Service. *Off-Street Parking Requirements*：*A National Review of Standards*. Planning
Advisory Service Report Number 432. Chicago：American Planning Association. 1991.

[9]　Shoup，Donald. 2003. "Truth in Transportation Planning." *Journal of Transportation and Statistics*，6，
no. 1：1-16.

本章选自《途径》（ACCESS）2002 年春季刊，原文节选自"Truth in Transportation
Planning"一文，发表于 *Journal of Transportation and Statistics* 6，no. 1（2003）：1-16.

第 2 章

人民、停车与城市

迈克尔·曼维尔（Michael Manville）　唐纳德·舒普（Donald Shoup）

人们更愿意认为他们相信的才是真理。

——弗朗西斯·培根

洛杉矶的流行文化形象是充满购物中心、汽车和出入口匝道的一片汪洋，期间点缀着单调的房屋，居住着孤独的人。他们唯一的慰藉就是漫无目的地在无尽的高速公路上行驶。从琼·迪迪翁（Joan Didion）到塞拉俱乐部（Sierra Club），都一直把洛杉矶视为城市蔓延的典型。这是一种迷人与浪漫的叙事方法，但是它在很大程度上是错误的。

虽然每个人对蔓延都有不同程度的定义，但通常都是围绕密度不足而言。然而，洛杉矶自 20 世纪 80 年代以来一直是美国密度最高的城市化地区，这又可能让它成为美国蔓延"最少"的城市。与美国的其他城市相比，洛杉矶的汽车拥有率也不是非常高。

这些事实让一些人觉得难以置信，或者以为弄错了，而且也并没有对"洛杉矶就等于蔓延"的形象产生多大影响。关于洛杉矶式蔓延的固有印象很难消除，部分原因是因为蔓延的概念容易被随意定义（城市学家威廉·富尔顿现在简单地称洛杉矶为"高密度蔓延"），同时人们对洛杉矶反城市的刻板印象也确实反映了它存在的核心问题。毕竟，如果把密度作为衡量城市健康的仪器，既然洛杉矶的密度比纽约或旧金山这样的城市还高，那么为什么曼哈顿和旧金山的市中心会如此的生机勃勃，而洛杉矶市中心相对来说就没有活力呢？

显然，这些问题没有唯一答案。但我们认为，洛杉矶与纽约和旧金山之间的差异，部分源于它们对市中心发展的不同监管方式，尤其是对停车的监管方式。洛杉矶证明了密度是一把双刃剑而非一个解决方案。经常呼吁把提高密度作为城市生活的一剂良药的城市规划人员和城市评论家们，应该认识到如果停车配建标准没有相应改变的话，那么密度的增加将会加剧城市蔓延带来的问题，而不是解决它们。

区域内和区域之间的密度

在开始讨论之前，我们应该对区域（Region）做一个重要的区分。我们指的是美国人口普查局（U.S. Census Bureau）对"城市化地区"（urbanized areas）的定义，而不是指城市的政治边界。当我们说洛杉矶的密度比纽约高时，我们实际上是在说洛杉矶的城市化地区，也就是洛杉矶及其郊区，比纽约的城市化地区密度大。

毫无疑问，纽约"市"和旧金山"市"的密度比洛杉矶"市"大。但城市蔓延是一个区域特征，所以洛杉矶郊区的密度比纽约或旧金山大得多。确实，洛杉矶区域的显著特征可能是其密度的均匀性，因为郊区的密度是其中心城市密度的82%。相比之下，纽约的郊区密度仅为其中心城市密度的12%，而旧金山的郊区密度仅为市区的35%。纽约和旧金山看起来像是菲尼克斯（密度极低）包围着中国香港（密度极高），而洛杉矶看起来像洛杉矶包围着洛杉矶（洛杉矶按同一密度蔓延）。

换句话说，洛杉矶是一个没有高密度核心、总体密度较高的地区；而纽约和旧金山总体上密度较低，但却享受着高密度核心带来的好处。所以有必要问一问为什么会这样。有可能是因为没有高密度的核心导致整个城市化区域的密度均匀；也有可能是由于城市密度太过均匀阻碍了活力市中心的形成。对于这些问题，我们没有明确的答案，但我们可以强调一下停车规定对洛杉矶中心商务区的巨大抑制作用。

停车与中心商务区

一个成功的中心商务区（CBD）会在一小块土地上凝聚大量的劳动力和资本。中心商务区在高密度环境下蓬勃发展，因为它们相对于大都市其他地区的主要优势是"邻近性"（proximity）——各种活动的即时可用性。聚集在一起的博物馆、剧院、餐馆和办公楼是市中心才能提供的商品，而其他地区望尘莫及。然而，市中心区长期以来一直受可达性问题困扰，因为它们要么会繁荣发展，要么会被交通拥堵摧毁。为了繁荣发展，中心商务区必须每天接待大量的人但同时又不能拥堵到瘫痪。一种应对方法就是要求配建路外停车位。路外停车可以减少因为寻找停车位而在街上巡泊所加剧的拥堵情况，但是中心区设置路外停车配建标准的成本很高。

传统停车场对中心商务区的破坏很容易被看到。市中心地面停车场通常具有非常高、非常明显的机会成本，与建设一栋充满活力的建筑相反，停车场是一片宽阔的沥青地面，只有一名在收费亭工作的管理员。这里本该是有建筑设施的地方，然而却什么都没有。即使路外停车场被装饰或隐藏起来（建设在地下或者建设为地面层作为零售业态的停车楼），它们也不利于增加密度。因为中心商务区的地价最贵，所以路外停车也是最贵的，建设它们就消耗了本来可以更具投资回报的资本。更重要的是，如果像许多城市那样"要求配建"路外停车位，那么企业就会理性地选择在地价较低的地方选址，换句话说在中心商务区以外的地方选址才是理性选择。在整个城市采用统一的停车配建标准政策，隐含地排斥了中心商务区的开发，因为在中心商务区遵守配建标准所承受的负担比其他地方都要大。

两类城市配建标准的故事

当我们比较这三个城市的停车配建标准时，它的影响变得更加明显。纽约和旧金山对中心商务区内的停车位有严格的限制；然而，洛杉矶追求的是一条完全相反的道路——其他两个城市限制路外停车位，洛杉矶却要求配建。这一要求不仅阻碍了洛杉矶市中心相对于该区域其他地区的发展，而且还扭曲了市中心的功能。

以洛杉矶和旧金山对音乐厅的区别对待为例。对于市中心的音乐厅，洛杉矶配建的停车位（作为下限）比旧金山配建的停车位（作为上限）多"50 倍"。因此，旧金山交响乐团建造的路易斯·戴维斯音乐厅（Louise Davies Hall）没有停车库，而洛杉矶爱乐乐团的新家迪士尼音乐厅（Disney Hall）直到车库建成 7 年后才投入使用。

迪士尼音乐厅的地下车库共 6 层，合计 2188 个停车位，造价 1.1 亿美元（每个停车位约 5 万美元）。本已陷入财政困难的洛杉矶县为了建造这个车库不得不发行债券，希望通过停车收入来偿还债务。这个车库在 1996 年建成，而迪士尼音乐厅（其愿景远超预算费用）因为延期而变得一团糟，直到 2003 年底才开放。在这等待的 7 年里，停车收入远远不足以偿还债务（如果上面没有东西，没有人会把车停在地下车库里）；而那个时候县政府几乎破产，却在解雇人员的同时不得不补贴该停车库。

洛杉矶县拥有迪士尼音乐厅下方的土地，其场地租约规定迪士尼音乐厅每年冬季必须安排至少 128 场音乐会。为什么是 128 场？因为这是能够获得必要的停车收入来支付车库债务的最低次数。而在第一年，迪士尼音乐厅恰恰安排了 128 场音乐会。停车场表面上看是为爱乐乐团服务的，然而现在实际上却是爱乐乐团在为它服务；停车配建下限标准限定了音乐会场次的下限次数。

把钱花在停车上也在其他方面改变了这个音乐厅，把它的设计从面向行人转向开车人。一个 6 层的地下车库，意味着大多数音乐会的常客都是从音乐厅的地下而不是建筑外面进来。音乐厅的设计师们清楚地认识到了这一点，因此，虽然大厅有一个令人印象深刻的街面入口，但它更正式的入口是一个垂直的入口：一个"自动扶梯瀑布"，从停车楼一直流到门厅。这一设计对街道生活有着深远的影响。音乐会的观众现在可以开车去迪士尼音乐厅，在它下面停车，坐电梯上去、看演出，然后再采用相反的路径离开，但再也不会踏上洛杉矶市中心的人行道了。人们对洛杉矶标志性建筑的完整体验始于停车场、止于停车场，而不再是城市本身。

相反，到旧金山市中心的游客不会有这样一种私有的、封闭的体验。在旧金山，当一场音乐会或剧院的演出结束后，人们涌上街头，漫步经过开着灯的餐馆、酒吧、书店和花店。对于那些开车的人来说，回到车内要走很长一段路，因为他们的车可能停放在跟任何特定餐厅或商店都不相关的公共停车设施里。热闹的商店和满街的人群鼓励着其他人也出来走走。人们想和其他人一起走在大街上，而他们会避开空无一人的街道，因为那里是可怕而危险的。虽然不能保证没有停车配建标准就会产生一个充满活力的地区，但配建标准的存在肯定会抑制它的出现。简·雅各布斯在 1962 年说："市中心被四处可见的停车场与停车库弄得越分散,它就会变得越无聊、越死气沉沉……没有什么比一个死气沉沉的市中心更令人讨厌的了"(Jacobs,1997,P19)。

停车位的密度

洛杉矶市中心与城市其他地区的区别不在于它的蔓延和人口密度。相反,它是高人口密度和高"停车"密度的结合。如果把洛杉矶中心商务区的所有停车位平摊在地面上,它们将覆盖中心商务区 81% 的土地面积。我们把停车总面积占总用地面积的比率称为"停车覆盖率"(parking coverage rate),洛杉矶市中心的停车覆盖率比地球上的其他城市市中心都要高,例如旧金山停车位覆盖率为 31%,而纽约仅为 18%。

停车位密度既取决于岗位密度又取决于每个岗位的停车位数量。以菲尼克斯、旧金山和洛杉矶的中心商务区为例(图 2-1),它们的占地面积大致相同。菲尼克斯被大多数人认为是这三个城市中最以汽车为导向的城市,但是为什么它的停车覆盖率是最低的,只有25% 呢?因为虽然菲尼克斯单个工作岗位的停车位数量最多,但同时它的工作岗位也是最少的。它拥有很多停车场,但却没有多少人,所以很多通勤者独自开车去中心商务区上班。相比之下,旧金山人口众多,停车位却很少——这是该市通过条例限制停车的一个结果。这有助于解释为什么许多通勤者采用步行、拼车或乘坐公共交通等方式前往旧金山市中心,并以此促成一个充满活力的中心商务区。尽管旧金山的就业机会是菲尼克斯的 8 倍多,但其停

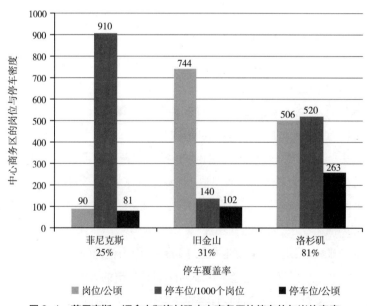

图 2-1　菲尼克斯、旧金山和洛杉矶中心商务区的停车位与岗位密度
资料来源:ACCESS, Fall 2004

车覆盖率却没有高出很多，仅为31%。

那洛杉矶怎么样呢？洛杉矶市中心的停车位是菲尼克斯的3倍多，同时就业机会是菲尼克斯的5倍。与旧金山相比，洛杉矶的就业机会少一些，但停车位却是旧金山的2倍多。因此，它的停车覆盖率高达81%，甚至高于其他两个城市的总和。洛杉矶既以汽车为导向又拥有高密度的人口，它的人口密度接近旧金山，但却被郊区式的停车供给方式稀释了。洛杉矶的高人口密度可能带来的任何好处都会被它对汽车的纵容所抵消。

这种以汽车为导向的高密度创造了一些不同于普通旧式蔓延的结果。洛杉矶是高密度的并且越来越密，但只要它的区划法规假定每个新居民都会有一辆车并规定为那辆车配建停车位，那么它就永远不会发展出我们通常所理解的老城中心那样的活力核心。人类对住房的需求可能会推动形成一个密度日益增加的中心地区，但为汽车解决住房问题的区划法规却会起反作用，把开发推向城市外围。如果采用路外停车配建标准，那么更高的密度只会带来更多的汽车和更多的拥堵，以及对城市结构的更多破坏，而资金也会从建筑流向停车场。

结 论

刘易斯·芒福德在1961年写道："在这个人人都拥有私家车的时代，给予乘坐私人汽车进入这座城市每一栋建筑的权利，实际上是摧毁这座城市的权利。"芒福德的意思当然不是物质上的摧毁，而是一种凝聚力的丧失，而这种凝聚力是让中心商务区超过其各部分组成之和的东西。停车配建标准在很大程度上使洛杉矶市中心变成了一群建筑物，每个建筑物都是单独停放车辆的目的地而不是作为大型整体的一部分。这种缺乏都市感的感觉（尽管可能是主观上的）可能解释了为什么人们常常会不相信洛杉矶比纽约或旧金山的蔓延程度更小。

那么我们应该怎么做呢？我们可以从承认停车太多开始。只要我们继续把停车配建下限标准作为城市开发的一个条件，我们就把城市几乎所有其他功能都置于免费停车的需求之下。但是免费停车（确实停车普遍免费）并不是让城市变得伟大的因素。它没有造就曼哈顿，也没有造就旧金山市中心。欣赏这些城市的城市规划专家应该呼吁其他地区不仅要模仿它们的高密度，还要模仿它们限制而不是要求配建停车的意愿。也许对美国区划法规最简单和最有成效的改革是宣布所有现有的路外停车配建标准直接从下限改为上限。从那一刻起，我们可以让市场来解决停车问题，让城市规划人员去解决许多需要他们关注的更重要的问题吧。

参考文献

Jacobs, Jane. 1997. "Downtown Planning," in *Ideas That Matter*, *the Worlds of Jane Jacobs*, edited by Max Allen. Owen Sound, Ontario: The Ginger Press, PP. 17–20.

本章首次发表在 Journal of Urban Planning and Development 131, no. 4 (December 2005).

第 **3** 章

停车配建标准的高成本

唐纳德·舒普（Donald Shoup）

本章探讨停车配建标准如何大幅度提高新建筑物的建造成本。如果规划人员不知道配建停车位的成本，他们就不知道配建停车位会增加多少开发成本。

停车配建标准的高成本

路外停车配建标准给停车位的成本披上了一层隐形外衣。如果大多数停车位都免费，那么停车位的成本怎么会这么高呢？由于建筑成本因地点而异，所以没有一个单一的标准来衡量一个停车位的成本，但是我们可以使用当地建筑成本概算发行资料，来估算不同地点的停车位价格。莱德·莱维特·巴克诺尔（Rider Levett Bucknall，RLB）是一家国际咨询公司，专门估算房地产建设成本。该公司发布了全球多个城市（包括美国的 12 个城市）不同房地产类别的季度成本概算。如表 3-1 所示，为 RLB 公司 2012 年对美国 12 个城市的停车位平均成本概算。即使是在同一个城市，成本也会根据土壤条件、地下水位的高度、场地的形状以及其他因素而变化。因此，RLB 公司同时报告了建设成本的低值和高值，为方便理解，本章使用了每个城市建设成本低值和高值的平均值。

停车位建设成本　　　　　　　　　　　　　　　　　表3-1

城市	每平方英尺建设成本		每车位建设成本	
	地下	地上	地下	地上
	美元 / 平方英尺	美元 / 平方英尺	美元 / 车位	美元 / 车位
	（1）	（2）	（3）=（1）×330	（4）=（2）×330
波士顿	95	75	31000	25000
芝加哥	110	88	36000	29000
丹佛	78	55	26000	18000
檀香山	145	75	48000	25000
拉斯维加斯	105	68	35000	22000

续表

城市	每平方英尺建设成本		每车位建设成本	
	地下	地上	地下	地上
洛杉矶	108	83	35000	27000
纽约	105	85	35000	28000
菲尼克斯	80	53	26000	17000
波特兰	105	78	35000	26000
旧金山	115	88	38000	29000
西雅图	105	75	35000	25000
华盛顿特区	88	68	29000	22000
平均值	101	71	34000*	24000

第 1 列和第 2 列显示了建设地下和地上停车设施单位面积的平均成本。一个停车位包括通道在内平均约为 330 平方英尺（31 平方米）。根据这个尺寸，第 3 列显示了每个地下停车位的成本。例如，在波士顿建造一个地下停车位的平均成本是 95 美元 / 平方英尺，而其平均占地面积是 330 平方英尺，所以一个停车位的平均成本是 3.1 万美元（95 美元 × 330 平方英尺）。在这 12 个城市中，停车位的平均成本从菲尼克斯的 2.6 万美元到檀香山的 4.8 万美元不等，总平均成本为 3.4 万美元。对于一个地上停车位来说，平均成本从菲尼克斯的 1.7 万美元到芝加哥和旧金山的 2.9 万美元不等，总平均成本为 2.4 万美元。

这些概算只是"建设"一个停车位的费用。对于地上停车楼，其下方的土地是另一项成本。地下停车库也占用了可用于如仓储、设备等其他用途的空间，该空间的机会成本被称为地下土地价值。由于表 3–1 中的数字不包括土地成本，因此它实际上低估了停车位的总成本（《高代价免费停车》，第 6 章）。

为了看清楚停车位的成本，我们将该成本与停放在其上的车辆价值进行比较。2009 年，美国商务部估计全美 2.46 亿辆机动车的总价值为 1.3 万亿美元（《2012 年美国统计摘要》，表 723 和表 1096）。因此，一辆汽车的平均价值只有 5200 美元（这个平均值很低，因为 2009 年车辆的平均车龄是 10.3 年）。然而，一个地下停车位的平均成本是 34000 美元，所以平均每辆车的价值只是地下停车位成本的 15%（5200÷34000）；一个地上停车位的平均成本是 24000 美元，所以一辆汽车的平均价值仅为地上停车位成本的 22%（5200÷24000）。

停车位的数量超过了汽车的数量，而且每个停车位的成本都可能比停在上面的车辆高很多，但规划人员仍在不考虑到成本的情况下制定停车配建标准。如果我拥有一辆平均价值为 5200 美元的美国汽车，城市会要求其他人支付比这辆车高出许多倍的费用，以确保

---

* 　原书为 33000，经核算应为 34000。——译者注

无论何时何地都有一个停车位在等着我开车到达。停车配建标准相当于《可负担停车法》（Affordable Parking Act）。这种法律会通过提高其他一切东西的成本使停车变得更便宜。那么，谁来为这些配建的停车位买单呢？

办公楼的配建停车位成本

大多数城市要求停车位与建筑规模成比例配建，例如，4 个停车位 /1000 平方英尺建筑面积。我们可以使用 RLB 公司的停车位成本数据来表明停车配建标准如何增加建设成本。如表 3–1 所示，12 个城市中有 8 个城市的停车配建标准与办公楼的规模成正比。我们可以将停车配建标准与建设一个停车位的成本相结合，计算出这 8 个城市每 1000 平方英尺建筑面积所需的停车成本。

如表 3–2 所示，为满足停车配建标准会如何增加建造办公楼的总成本。第 1 列显示了每个城市的停车配建下限标准，当然城市的某些区域可能根据其特定的区域规划有更高或更低的配建标准。以拉斯维加斯为例，每 1000 平方英尺需要配建 3.3 个停车位。因为一个停车位的平均面积是 330 平方英尺，也就是说，每 1000 平方英尺的办公楼（第 3 列）就需要 1100 平方英尺的停车位。因此，拉斯维加斯需要配建的停车场面积，比其服务的建筑面积还大。

办公楼配建停车位的成本：地下停车库　　　　　　　　　　　表3–2

城市	停车配建标准	建筑面积	停车面积*	建设成本单价		建设成本		成本增加比例*
				建筑成本单价	停车位建设单价	建筑成本*	停车成本*	
	停车位 /1000 平方英尺	平方英尺	平方英尺	美元 /平方英尺	美元 /平方英尺	美元	美元	%
	（1）	（2）	（3）=（1）×（2）×0.33	（4）	（5）	（6）=（2）×（4）	（7）=（3）×（5）	（8）=（7）/（6）
拉斯维加斯	3.3	1000	1100	148	105	148000	116000	78%
菲尼克斯	3.3	1000	1100	128	80	128000	88000	69%
檀香山	2.5	1000	825	233	145	233000	120000	52%
波特兰	2.0	1000	660	138	105	138000	69000	50%
洛杉矶	2.0	1000	660	158	108	158000	71000	45%
丹佛	2.0	1000	660	125	78	125000	51000	41%
西雅图	1.0	1000	330	138	105	138000	35000	25%
纽约	1.0	1000	330	225	105	225000	35000	16%
平均值	2.1	1000	708	161	104	161625	73125	47%

＊　表 3–2~ 表 3–5 部分数据与实际计算结果有误差，原书即此。——译者注

第 4 列和第 5 列显示了 A 级写字楼和地下车库每平方英尺面积的成本价格。第 6 列显示了建设 1000 平方英尺办公楼的成本，第 7 列显示了建设配建停车位的成本。最后，第 8 列显示，配建停车位使拉斯维加斯的办公楼成本增加了 78%。当然即使城市不要求配建停车位，大多数开发商也会提供一些停车位，所以停车成本并不都是由配建标准造成的。但是，第 7 列和第 8 列也仅显示了有地下车库的建筑物下限配建停车位的成本。

停车设施的高成本强烈促使开发商在低密度地区进行建设，因为那里的土地可以更便宜地建设地面停车位，从而刺激了城市的蔓延。地面停车场节省了开发商的成本，但是让城市浪费了更多的土地，而这些土地本来可以有更好的用途。

如表 3-2 所示，根据配建停车位对办公楼的成本增加比例对城市进行了排名（第 8 列）。拉斯维加斯和菲尼克斯的停车配建标准最高（3.3 个停车位 /1000 平方英尺），成本增加比例也最高（分别为 78% 和 69%）；西雅图和纽约的停车配建标准最低（1 个停车位 /1000 平方英尺），成本增加比例也最低（分别为 25% 和 16%）。最后一行的平均数据显示，配建停车位使办公楼的成本平均增加了 47%。

如表 3-2 所示，是地下停车库的计算结果。如表 3-3 所示，采用相同方法得到地上停车楼的计算结果。平均来说，通过地上停车楼提供配建停车位会增加 30% 的办公楼成本。图 3-1 比较了表 3-2 和表 3-3 的结果，发现停车配建标准越高、办公楼的建设成本就越高。

办公楼配建停车位成本： 地上停车楼 表3-3

城市	停车配建标准	建筑面积	停车面积	建设成本单价		建设成本		成本增加比例
				建筑成本单价	停车建设单价	建筑成本	停车成本	
	停车位 /1000 平方英尺	平方英尺	平方英尺	美元 / 平方英尺	美元 / 平方英尺	美元	美元	%
	（1）	（2）	（3）=（1）×（2）× 0.33	（4）	（5）	（6）=（2）×（4）	（7）=（3）×（5）	（8）=（7）/（6）
拉斯维加斯	3.3	1000	1100	148	68	148000	74000	50%
菲尼克斯	3.3	1000	1100	128	53	128000	58000	45%
波特兰	2.0	1000	660	138	75	138000	50000	36%
洛杉矶	2.0	1000	660	158	78	158000	51000	32%
檀香山	2.5	1000	825	233	83	233000	68000	29%
丹佛	2.0	1000	660	125	55	125000	36000	29%
西雅图	1.0	1000	330	138	75	138000	25000	18%
纽约	1.0	1000	330	225	85	225000	28000	12%
平均值	2.1	1000	708	161	71	161625	48750	30%

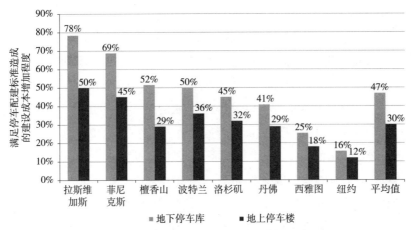

图 3-1　停车配建标准对办公楼建设成本的增加程度

这 8 个城市办公楼的平均停车配建标准仅为 2.1 个停车位 /1000 平方英尺，低于大多数美国城市。例如，一项针对 117 个城市开展的调查发现，办公楼的停车配建标准中值为 4 个停车位 /1000 平方英尺，几乎是表 3-2 和表 3-3 平均配建标准的 2 倍。一些规划人员称办公楼配建标准采用 4 个停车位 /1000 平方英尺是 "黄金法则" 或 "神奇数字"（《高代价免费停车》，P612-613）。

购物中心的配建停车位成本

RLB 公司还提供了关于建设购物中心的成本数据，因此我们可以使用上节描述的方法来估算停车配建标准对购物中心建设成本的增加程度。如表 3-4、表 3-5 以及图 3-2 所示，为这些地下停车库和地上停车楼的概算成本。

购物中心配建停车位成本：地下停车库　　　　　　　　　　　　　　表3-4

城市	停车配建标准	建筑面积	停车面积	建设成本单价		建设成本		成本增加比例
				建筑成本单价	停车建设单价	建筑成本	停车成本	
	停车位/1000平方英尺	平方英尺	平方英尺	美元/平方英尺	美元/平方英尺	美元	美元	%
	（1）	（2）	（3）=（1）×（2）×0.33	（4）	（5）	（6）=（2）×（4）	（7）=（3）×（5）	（8）=（7）/（6）
洛杉矶	4.0	1000	1320	153	108	153000	142000	93%
菲尼克斯	3.3	1000	1100	135	80	135000	88000	65%
檀香山	3.3	1000	1100	255	145	255000	160000	63%
丹佛	2.5	1000	825	105	78	105000	64000	61%

续表

城市	停车配建标准	建筑面积	停车面积	建设成本单价		建设成本		成本增加比例
				建筑成本单价	停车建设单价	建筑成本	停车成本	
拉斯维加斯	4.0	1000	1320	298	105	298000	139000	47%
波特兰	2.0	1000	660	153	105	153000	69000	45%
西雅图	2.0	1000	660	158	105	158000	69000	44%
纽约	1.0	1000	330	195	105	195000	35000	18%
平均值	2.8	1000	914	181	104	181500	95750	53%

城市通常要求购物中心比办公楼配建更多的停车位。例如，洛杉矶要求每1000平方英尺配建4个停车位，这就导致停车场面积比它们所服务的购物中心面积还要高出32%。对于地下停车库，这一配建标准将建设一个购物中心的成本增加了93%；而对于一个地上停车楼，成本增加了67%。相比之下，纽约市要求每1000平方英尺配建1个停车位，只增加了18%的地下停车库和14%的地上停车楼成本。总体来说，路外地下配建停车位会增加53%的建设成本，路外地上配建停车位则会增加37%的建设成本。

购物中心配建停车位成本——地上停车楼　　　　　表3-5

城市	停车配建标准	建筑面积	停车面积	建设成本单价		建设成本		成本增加比例
				建筑成本单价	停车建设单价	建筑成本	停车成本	
	停车位/1000平方英尺	平方英尺	平方英尺	美元/平方英尺	美元/平方英尺	美元	美元	%
	（1）	（2）	（3）=（1）×（2）×0.33	（4）	（5）	（6）=（2）×（4）	（7）=（3）×（5）	（8）=（7）/（6）
洛杉矶	4.0	1000	1320	153	78	153000	102000	67%
菲尼克斯	3.3	1000	1100	135	53	135000	58000	43%
丹佛	2.5	1000	825	105	55	105000	45000	43%
檀香山	3.3	1000	1100	255	83	255000	91000	36%
波特兰	2.0	1000	660	153	75	153000	50000	33%
西雅图	2.0	1000	660	158	75	158000	50000	32%
拉斯维加斯	4.0	1000	1320	298	68	298000	89000	30%
纽约	1.0	1000	330	195	85	195000	28000	14%
平均值	2.8	1000	914	181	71	181500	64125	37%

资料来源：赖德·莱维特·巴克诺尔（RLB咨询公司），《建筑成本季度报告》，2012年第四季度。

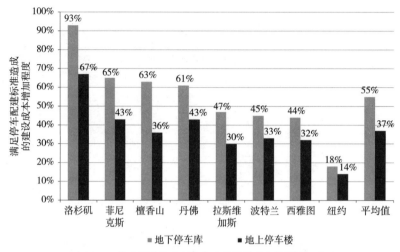

图 3-2　停车配建标准对购物中心建设成本的增加程度

　　这 8 个城市购物中心的平均停车配建标准仅为 2.8 个停车位 /1000 平方英尺，低于大多数美国城市。城市土地学会（Urban Land Institute）建议，小型购物中心至少配建 4 个停车位 /1000 平方英尺，大型购物中心至少配建 5 个停车位 /1000 平方英尺（《高代价免费停车》，P84-87）。如果采用 5 个停车位 /1000 平方英尺，那么一个大型购物中心配建地下停车库将增加 95% 的建设成本，配建地上停车楼将增加 66% 的建设成本。

公寓楼的配建停车位成本

　　城市规划人员无法预测一个公寓需要多少个停车位，正如他们无法预测一个家庭需要多少辆汽车一样。但公寓的停车配建标准有助于预测一个家庭将会拥有多少辆车。即使规划人员试图通过观察现有建筑的停车位数量来衡量停车的"需求"，他们往往也会要求太多的配建数量。例如，西雅图的"合理停车规模项目"在 2012 年调查了该地区 200 多栋公寓楼的停车位利用率。西雅图郊区的停车配建标准平均高出调查的停车位利用率 0.4 个停车位 /户（King County Metro，2013，P11）。如表 3-1 所示，西雅图的地下停车位为 3.5 万美元 /停车位，地上停车位为 2.5 万美元 /停车位。这些数据表明，西雅图郊区的停车配建标准要求开发商在每套公寓中为"无用"的停车位多投入 1 万美元（0.4×2.5 万美元）至 1.4 万美元（0.4×3.5 万美元）。

　　公寓典型的配建标准是 2 个停车位 /户，它迫使开发商在每户住宅至少花费 7 万美元来配建地下停车位，或者花费 5 万美元来配建地上停车位。这些估值是指建造一个停车位的"平均"成本。然而，停车位的"边际"成本可能要高得多，因为建设停车设施的成本中存在自然盈亏平衡点。例如，在建设地下二层停车场时产生了一个戏剧性的平衡点，因为它需要取消地下一层的几个车位来为下一层提供一个坡道。因此，地下二层第一个停车位的边际成本远远高于地下一层的停车位平均成本。开挖地下二层停车场的高额边际成本严重限制了开发商在一个场地上的开发建设。

为了演示车库成本中的盈亏平衡点如何影响开发决策，图 3-3 显示了洛杉矶的一栋 4 层公寓楼，其典型停车场宽 50 英尺（15 米）、长 130 英尺（40 米）。该市区划法中的 R3 类用地允许在该场地上建设 8 套公寓，而该市的停车配建标准是 2.25 个停车位 / 户。因此，8 套公寓将需要配建 18 个停车位（8×2.25），但地下一层停车库只能挤下 16 个停车位（图 3-4 显示了停车位的拥挤程度）。作为应对，开发商只在该地块上建设了 7 套公寓，而没有为了满足第 8 套公寓的 2 个额外停车位而开挖建设地下二层停车场（Shoup，2008）。

在本案例中，停车配建标准而非密度限制标准限制了公寓的数量。如果城市要求开发商为每套公寓配建 2 个停车位，那就只需要 16 个停车位，如此开发商就可以建成 8 套公寓；然而，在地下二层增加 2 个停车位的边际成本令人望而却步，这使得可建的户数从 8 个减少到了 7 个，即减少了 13%。

在土地价格昂贵、需要建设地下停车位的地方，每套公寓配建停车位的高成本产生了一种经济动机，促使开发商建设比没有停车配建标准要求的情况下更大、更昂贵的公寓。在上面的案例中，"增加"一套公寓需要额外增加 2.25 个停车位，但是"增大"一套公寓却不需要增加停车位。

由于城市中心的土地价值更高，停车配建标准创造了在城市中心建设大型公寓的经济动机。停车配建标准不仅增加了单位面积的建设成本，而且增加了每套公寓的面积，从而增加了市中心公寓的面积和成本（《高代价免费停车》，P143-145）。而在一个无需停车配建标准的住房市场，更高的土地价值会使市中心建设更小而不是更大的公寓。

取消或降低一个城市的停车配建标准并不意味着开发商不会提供停车位。即使没有停车配建标准，上面案例中的开发商也可能建造了一个包含 16 个车位的地下车库，只要该场地建设 16 个停车位的方案可行。然而，按照停车配建标准，这 16 个停车位向开发

图 3-3 7 套公寓楼建于 50 英尺 ×130 英尺的停车场之上
（47 套 / 公顷）

照片来源：唐纳德·舒普

图 3-4 地下停车库中的压缩型子母车位

照片来源：唐纳德·舒普

表明只有建设 7 套公寓才可行。这表明，为车提供更多的停车位会意味着为人提供更少的住房。

通过增加开发成本，停车配建标准可以通过两种方式减少住房供给并提高房地产价格。首先，停车配建标准可以降低建筑密度，就像上面案例中减少 13% 的公寓户数一样。停车配建标准增加了汽车的密度，但降低了人的密度（Manville，Beata，and Shoup，2012）。由于停车配建标准减少了公寓的供应，它们实际上提高了房价。有些时候，规划人员会考虑住房的可负担性，但大多数时候，他们考虑的是停车配建标准，而忘记了住房的可负担性。

其次，停车配建标准不仅降低了开发场地的密度，还减少了开发场地的数量。如果配建停车位对建筑增加的建设成本超过它们所增加的市场价值，它们会减少土地的剩余价值（最有利的市场价值开发应该基于最低的场地建设成本之上）。例如，如果一个地块的最佳开发选择是建设成本 75 万美元，市场价值 100 万美元，那么这块土地的剩余价值就是 25 万美元。如果 25 万美元不足以支付购买和拆除现有建筑的费用，就不会导致场地重建。在开发商购买该建筑物、清除场地及重新开发项目牟利之前，重建场地的剩余土地价值必须大于该场地的土地及现有建筑物的价值。因此，如果停车配建标准降低了剩余土地价值，就不太可能实现场地再开发以增加住房供应。

如果把出租公寓（apartment）改为共管式独立产权公寓（condominium）需要额外的停车位，那么城市将不再鼓励历史保护。在洛杉矶，每套出租公寓至少需要配建 1.5 个停车位，才能改为业主自住的共管公寓（《高代价免费停车》，P157）。因为大多数老建筑无法提供 1.5 个停车位 / 户的停车位，解决方法通常是减少公寓户数来匹配可用的停车位数量，或者合并小型公寓来建设更少但更大、更贵的公寓，又或者通过拆除一些公寓将用地改为停车场。常见的情况是，开发商拆除了出租公寓，建设了一套满足配建标准的共管公寓。许多历史建筑内的居民希望拥有这套公寓而不是租住于此，但停车配建标准排除了这种机会。在实践中，法律歧视那些想拥有自己的住房但只有一辆或没有汽车的租户。

停车配建标准的恶性循环

路外停车配建标准是城市在缺乏可靠证据情况下采取的强有力的规划干预措施。规划人员不知道每个家庭需要多少辆车，也不知道每个住宅需要多少停车位。由于可用停车位的数量会影响一个家庭拥有汽车的数量，所以不能用一个家庭当前拥有汽车的数量预测所需配建的停车位数量。停车配建标准增加了对汽车的需求，然后增加的汽车数量又增加了停车配建标准。这就像是按规划人员认为的人们将想要储存物品的数量来规定壁橱的空间，然后再用储藏在规定空间的物品数量，来设定壁橱的配建下限标准。

因为城市规划人员和民选官员不知道停车位的建设成本，所以在决定配建多少停车位时，他们不会考虑该成本。相反，他们经常利用现有建筑的停车位使用情况估算新建筑对停车位的"需求"，似乎停车位的成本无关紧要。由于大多数开车人在现有建筑处免费停车，因此，无论配建停车位的成本是多少，在免费停车的场地根据现有停车位利用情况设定的停车配建标准，反映的都是"免费"停车的需求。用一个简单的比喻，如果披萨饼是免费的，那么披萨饼还会足够吗？向开车人收取足够高的停车费支付停车设施的建设和运营成本，将会降低规划人员用来估算停车配建标准的停车位利用率。

每一个新的开发项目都必须配建相应的停车位，从而强迫为未来增加停车供给。然而，停车需求可能正在下降。交通网络公司（Uber 和 Lyft）和无人驾驶汽车是两种能够降低停车需求的技术。市场定价的停车收费反而可以增加对共享汽车和无人驾驶汽车的需求，因为目的地高昂的停车价格会增强人们拼车的意愿。停车配建标准降低了停车的市场价格，忽视了未来技术的进步，从而削弱了采用新技术来减少停车需求的经济激励。

停车配建下限标准

停车配建下限标准往往迫使开发商提供比市场需求更多的停车位，或建设比区划法规要求更小的建筑。停车配建标准导致了一个不可持续的城市。如果城市要求到处都有充足的路外停车位，即使圣诞老人提供了一个很棒的公共交通系统，大多数人还是会继续开车去往所有地方。城市会因此得到他们规划的交通量和他们补贴的小汽车出行行为。

城市规划人员应该开始考虑停车位最少（minimal）数量的配建标准，而不是停车位至少（minimum）数量的配建标准。"最少"的意思是勉强足够或者可能的最小数字，这取决于背景环境。因此，停车位最少数量的配建标准将要求规划人员在考虑所有成本后再估算一个足够的停车位数目。例如，相邻的道路能够容纳配建停车位所产生的额外交通量吗？城市空气能安全消纳所有额外的汽车尾气吗？地球大气层能安全吸收所有额外的碳排放吗？配建停车位将如何增加住房和所有其他房地产的成本？谁来为所有的配建停车位买单？

如果规划人员很难为所有地点的所有建筑配建停车位计算出成本和收益，那么他们应该借鉴荷兰每位开车人都为停车付费的停车理念，而规划人员应该丢弃设置停车配建标准的想法。如果你为你的停车付费，我为我的停车付费，那么没有车的人不会付任何停车费。支付停车费应该是开车人的责任，而不是政府的责任。

如果城市不想完全放弃停车配建标准，它们可以从减少配建标准的下限指标开始，直到达到一个看起来合理的最少停车位数量。最终，他们可能会将此指标重新规定为允许配建的停车位上限，而不是配建标准的下限数量。只要稍微改变一下术语，城市就可以要求开发商提供的停车位不能超过一个足够的数量。

正如郭湛（第16章）在伦敦发现的那样，即使不设定停车上限限制，取消停车配建下限标准也将大大减少新停车位的供给。取消停车配建下限标准可能比设定停车上限限制重要得多，而且在政治上更容易实施。如果城市实施停车上限限制，当开发商想要提供超出上限的停车位时，城市可以让他们选择为超出部分付费；正如现在开发商想要提供低于停车配建下限标准的停车位时，城市允许他们为少建部分支付停车位替代费一样。

结　论

停车配建标准产生的政治因素是可以理解的，但其高昂的成本是站不住脚的。吸烟有害健康的高成本证据已经无可辩驳，最终使许多人戒掉了烟瘾。我希望，有关配建停车位的高成本证据，最终能让城市摆脱对停车配建标准的依赖。

参考文献

[1]　King County, Washington, Metro. 2013. "King County Parking Requirements and Utilization Gap Analysis," July 12. metro.kingcounty.gov/up/projects/right-size-parking/pdf/rsp-pricingpilotrfi-080613. pdf.

[2]　Manville, Michael, Alex Beata, and Donald Shoup. 2013. "Turning Housing into Driving: Parking Requirements and Density in Los Angeles and New York." *Housing Policy Debate* 23, no. 2: P350-375.

[3]　Shoup, Donald. 2011. *The High Cost of Free Parking*. Revised edition. Chicago: Planners Press.

[4]　Shoup, Donald. 2008. "Graduated Density Zoning." *Journal of Planning Education and Research* 28, no. 2: P161-179.

本章选自斯蒂芬·伊森（Stephen Ison）和科琳·莫雷（Corinne Mulley）编著的《停车问题与政策》（Parking Issues and Policies）一书，根据其中《停车配建下限标准的高成本》（The High Cost of Minimum Parking Requirements）章节内容进行精简。原著出版信息：Bingley, United Kingdom: Emerald Group Publishing Company, 2014.

第 **4** 章

停车配建标准的不平等负担

唐纳德·舒普（Donald Shoup）

城市要求每栋建筑都要配建路外停车位，却没有考虑停车配建标准给穷人带来了沉重的负担。一个停车位的造价远远超过许多美国家庭的净资产。第 3 章的表 3-1 显示了 2012 年美国 12 个城市的立体停车设施平均的建设成本（不包括土地成本），地上停车楼为 24000 美元／停车位、地下车库为 34000 美元／停车位。

相比之下，2011 年美国拉美裔家庭的净资产（资产减去债务）中值仅为 7683 美元、非洲裔家庭净资产中值仅为 6314 美元（表 4-1）。因此，一个停车位的成本至少是美国一半以上的拉美裔和非洲裔家庭净资产的 3 倍。因为城市要求在家里、工作场所、商店、餐馆、教堂、学校和其他任何地方都配建停车位，所以每个家庭都对应着多个昂贵的配建停车位。

2011年美国家庭净资产中值　　　　　　　　　　　　　表4-1

类别	净资产中值（美元）
全部家庭	68828
白人	89537
拉美裔	7683
非洲裔	6314

资料来源：U.S. Census Bureau，Net Worth and Asset Ownership of Households，2011，Table 4.

家庭净财产的很大部分来自于自有住房的产权价值，但其流动性较差。不含住房产权的话，美国家庭的净资产中值要低很多：全部家庭的中值为 16900 美元，拉美裔家庭为 4000 美元，非洲裔家庭为 2100 美元。

许多家庭的净资产是负的，因为他们的债务超过了他们的资产：2011 年 18% 的全部家庭、29% 的拉美裔家庭、34% 的非洲裔家庭净资产为零或负（表 4-2）。这些负债累累的人要想在这个停车蔓延的城市活动，唯一的办法就是买一辆车，因此他们往往以很高的次贷利率购买汽车。城市试图为每个人提供足够的停车位，但却误入歧途，这无意中造成了严重的经济不平等，迫使穷人为他们负担不起的停车位买单。

2011年美国零净资产或负净资产家庭比例 表4-2

类别	负净资产家庭比例（%）
全部家庭	18%
白人	16%
拉美裔	29%
非洲裔	34%

资料来源：U.S. Census Bureau，Net Worth and Asset Ownership of Households，2011，Table 4.

这种净资产很低或为负表明许多家庭仅仅依靠每月工资生活。为了评估家庭的财务储备，2015年联邦储备委员会（2016，P22）进行了一项调查，询问受访者如何支付400美元的紧急开支，其中46%的人表示，他们将不得不通过卖东西或借钱来支付这笔费用，或者根本拿不出来。尽管一个停车位的成本超过了许多开车人的收入，而且几乎一半的家庭都在勉强糊口，但城市仍然强迫每个家庭承担多个路外停车位的费用，即使他们穷得买不起车。

如表4-3所示，从另一个角度展示了美国负担所有配建停车位的能力。表中第一栏是对24个国家2014年的成年人财富"中值"进行排名，美国排在第23位。第二栏是按成年人财富"平均值"排名，美国跃升到了第5位，因为美国前一半人口包含了非常多的富人。只有瑞士、澳大利亚、冰岛和挪威成年人的财富平均值高于美国。最后，第三栏是用财富平均值除以财富中值，粗略衡量每个国家的不平等程度。因为美国的前半部分人口比后半数富裕得多，所以美国的平均值是中值的6.5倍，比榜单上的任何国家都高。在最繁荣的国家中，美国的不平等程度最高，因为它的前半数异常富有而后半数异常贫穷。

当我们关注第一栏的排名时，美国的财富中值与其他国家相比是相当低的。然而美国的人均汽车拥有量比大多数国家都要高，很大程度上是因为美国的城市要求配建了太多的停车位（《高代价免费停车》，第1章）。例如，英国成年人财富中值（139590美元）比美国成年人财富中值（53352美元）高出145%*；然而，美国的人均汽车拥有量（806辆/1000人）比英国（519辆/1000人）高出54%*。我们的财富排名无法解释我们为什么拥有这么多小汽车；相反，我们对停车位的高配建标准有助于解释我们为什么拥有这么多的小汽车。为了提供免费停车位，我们对城市进行了像露天开采一样的开发。美国可能是第一个开车去领救济的国家，但当人们到达那里时却可以获得免费的停车位。

成年人财富平均值与中值的国际数据对比 表4-3

成年人财富中值 (1) 美元		成年人财富平均值 (2) 美元		财富平均值/财富中值 (3)	
1	澳大利亚 225337	1	瑞士 580666	1	美国 6.5

---

* 原书即此。——译者注

续表

成年人财富中值			成年人财富平均值			财富平均值/财富中值		
（1）美元			（2）美元			（3）		
2	比利时	173947	2	澳大利亚	430777	2	瑞士	5.4
3	冰岛	164193	3	冰岛	362982	3	瑞典	5.2
4	卢森堡	156267	4	挪威	358655	4	挪威	4.1
5	意大利	142296	5	美国	347845	5	德国	3.9
6	法国	140638	6	卢森堡	340836	6	以色列	3.3
7	英国	130590	7	瑞典	332616	7	加拿大	2.8
8	日本	112998	8	法国	317292	8	卡塔尔	2.7
9	新加坡	109250	9	比利时	300850	9	新加坡	2.7
10	瑞士	106887	10	英国	292621	10	新西兰	2.5
11	加拿大	98756	11	新加坡	289902	11	荷兰	2.3
12	荷兰	93116	12	加拿大	274543	12	法国	2.3
13	芬兰	88130	13	意大利	255880	13	英国	2.2
14	挪威	86953	14	日本	222150	14	芬兰	2.2
15	新西兰	82610	15	德国	211049	15	冰岛	2.2
16	西班牙	66752	16	荷兰	210233	16	卢森堡	2.2
17	瑞典	63376	17	新西兰	204401	17	希腊	2.1
18	马耳他	63271	18	芬兰	196621	18	西班牙	2.0
19	卡塔尔	56969	19	以色列	169064	19	日本	2.0
20	德国	54090	20	卡塔尔	169064	20	澳大利亚	1.9
21	希腊	53365	21	西班牙	134824	21	意大利	1.9
22	美国	53352	22	马耳他	113724	22	马耳他	1.8
23	以色列	51346	23	希腊	111405	23	比利时	1.7

数据来源：Credit Suisse Global Wealth Databook，2014.

尽管城市规划人员在消除贫富不均方面作用有限，但他们可以帮助改革那些给少数族裔和穷人带来沉重负担的、不公平的路外停车配建标准。

参考文献

[1] Credit Suisse Global Wealth Databook. 2014. http：//economics.uwo.ca/people/davies_docs/credit-suisse-global-wealth-report-2014.pdf.

[2] Shoup，Donald. 2011. *The High Cost of Free Parking*. Revised edition. Chicago：Planners Press.

[3] U.S. Federal Reserve Board of Governors. 2016. *Report on the Economic Well-Being of U.S. Households in 2015*. Washington，DC：Board of Governors of the Federal Reserve System. https：//www.federalreserve.gov/2015-report-economic-well-being-us-households-201605.pdf.

第 5 章

停车管理不善：交通拥堵的诱因

拉赫尔·温伯格（Rachel Weinberger）

城市拥堵的主要原因曾被认为是缺少可用的停车位。早在 20 世纪 20 年代，波士顿人就开始争论是更多的道路空间还是更严的停车规则才能够更好地解决拥堵问题。到了 20 世纪 60 年代，这个问题似乎已经解决，美国大多数城市都认定更多的停车位是缓解拥堵的最佳方式，他们坚定不移地在区划法规和建筑法规中规定新开发项目的停车配建下限标准。

但是，就像是"先有鸡还是先有蛋"一样，停车位引发开车出行，而开车出行又需要停车位。在 20 世纪 80 年代，俄勒冈州波特兰市、马萨诸塞州波士顿市和纽约州纽约市由于不符合《清洁空气法案》（Clean Air Act），决定通过限制停车位来减少开车出行和交通拥堵。他们把新建筑的停车配建上限标准作为核心内容。尽管许多城市的路内停车位仍然十分紧张，但大量证据表明路外停车位的供给过剩远比供给不足更加常见。在旧金山市，人们感觉停车短缺似乎非常严重，所以联邦公路管理局（Federal Highway Administration）在 2008 年协助该市进行了一项试验，对停车价格进行浮动调整，期望将停车需求从需求紧张调整为供给过剩。在试验过程中政府官员发现，他们更多地是在不停地降低收费价格以吸引更多的停车人停放到使用不足（即过度供给）的路外市政停车场内。

尽管有这些反面证据，但城市大多坚持认为可以通过在商业区建设新的市政公共停车场和停车库，以及要求开发商在新的开发项目中配建路外停车位以缓解拥堵。但他们没有意识到，在没有对停车系统进行良好管理的情况下，增加停车位本身就是产生拥堵问题的潜在原因之一。政策制定者经常会问某建筑物正确的停车位数量是多少，好像是否拥有小汽车、是否使用小汽车与整体交通系统无关一样。但恰恰相反，不能将拥有和使用小汽车独立于宏观交通系统之外。因此，"正确"的停车位数量取决于拥车数量、车辆使用次数以及社区所能接受的拥挤程度。

在本章中，笔者将论述停车是实现"汽车赋能型（automobile-enabling）基础设施"的关键要素。首先，笔者将用微观经济学的基本理论解释，为什么停车位越多开车就越多；然后笔者将用纽约市开展的一项研究来实例证明这个结论。以往的研究认为在出行"讫点"，如中心商务区这样的地方，应该综合限制停车供给与增加公交出行以及减少小汽车使用；相反，在公交服务不便和小汽车使用更多的地区应该增加停车供给。而本研究的关注点在出行"起点"即家庭出行端点的停车位可用性影响。

停车位作为一种汽车赋能型基础设施

尽管有些人认为停车供给应该是一种用地类型，而且事实上城市通常也是这样监管的，但在这里，笔者将其认定为交通系统的一个基本要素。交通系统由路权、运输工具、场站组成，这些要素必须相互协调才能发挥效能。公交站、码头和机场很明显是公共交通、轮渡、飞机的场站。停车位，尽管很少被这样认为，但却是小汽车在汽车—公路系统中的"场站"。停车位是乘客上车或下车的地方，它是出行开始和结束的地方。路权、运输工具和场站这些要素代表了系统的供给，用户对供给的反应形成了系统的需求。作为交通供给的关键要素之一，停车位影响着开车或者拥车的个体决策。停车供给通过改变出行方式选择的成本结构来影响"开车"需求。停车配建下限标准还通过将部分拥车成本从车辆转移到房屋上，从而改变拥车的基本成本结构，以此影响拥车需求。停车政策可以成为交通管理的有力工具，理解好以上对需求产生影响的两个因素对利用好该工具至关重要。正是城市在不考虑交通系统的情况下仅将路外停车位作为一种用地加以监管，造成了交通政策领域灾难性的错配。

停车诱增小汽车出行并扭曲市场（理论上）

尽管（或者是由于）已经采取了持续的、长达数十年的政策，并通过区划法、公共支出和停车配建下限标准来提高通道和场站的能力，但是交通拥堵如今仍然是令人高度关注的问题。简单地说，当对一个设施的需求超过其服务能力时，就会发生拥堵。尽管直觉上感觉提高能力（增加新的基础设施）应该可以减少拥堵，但研究结果一再表明这种直觉是错误的。当斯（Downs，1992，2004）解释了建设更多的交通基础设施为何会导致更严重的拥堵；同样，莫格里奇（Mogridge，1997）总结了道路通行能力政策的发展历史以及它如何呈现出与预期相反的结果。

城市无法通过建设道路来解决拥堵的主要原因可以用"潜在需求"和"诱增需求"的概念来解释。当通过增加通行能力来缓解拥堵时，会产生两个重要的效果：直接效果会刺激潜在需求，次生效果则是通过降低成本（实现更快的出行）吸引更多用户导致诱增需求。在拥堵的条件下增加供给必然会导致更大的需求。

要求住房配建停车位的政策通过增加建筑成本提高了住房价格，从而将部分拥车成本转嫁到住房上。虽然停车配建标准对住房成本上升的影响已经得到充分证明，但很少有人思考配建停车位与住房捆绑销售是如何降低拥车的边际成本的。事实上，任何人购买或租赁带有路外停车位的房屋，"实际上"都支付了拥有小汽车的预付费用。这笔钱不是直接用于购买小汽车，而是用于拥有和维护一辆车，其中就包括存放成本。与那些将停车位与住房解除捆绑销售的市场相比，这种捆绑销售减少了房屋拥有率（因为它使房屋价格更贵），但增加了小汽车拥有率（因为它使小汽车更便宜）。

城市面临着处理两种看似是"正常"商品之间矛盾的难题,这两种商品可能根本不相容。人们对拥有汽车和使用汽车的需求随着收入的增加而增加;但是近年来人们对城市生活的渴望也在增加。富裕家庭正在竞相去城市生活,但是城市需要容纳各种设施(这些设施正是城市环境最具吸引力的地方),在这样的高密度环境下增加汽车拥有量是不可能的。将城市生活(收入增加时可能更喜欢)和公共交通(收入增加时不太喜欢)捆绑在一起提供,这两者之间的冲突可能会让那些有能力选择的人感到不舒服,但同时选择城市生活和拥有汽车可能是不切实际的——物理空间上似乎排除了这种可能性。因此,在曼哈顿这种富人聚集的地方,只有22%的家庭拥有汽车。这一事实表明,许多家庭愿意放弃拥有汽车来换取高密度的城市环境。

停车诱增小汽车出行并扭曲市场(实际上)

在2006年的一项研究中,笔者观察了纽约市两个类似的社区(表5-1):皇后区的杰克逊高地(Jackson Heights)和布鲁克林区的公园坡地(Park Slope)。对使用汽车出行的通常关联因素进行模拟:家庭收入、汽车拥有量、密度、岗位和出行起讫点的公共交通服务水平(在纽约市的案例中,在政府部门就业的岗位数量也很重要,因为许多政府工作人员都有资格获得一张停车卡,允许在纽约市范围内不受限制地停车)。但是模拟结果与预期结果相反:杰克逊高地居民与公园坡地居民相比,他们的平均收入更低、拥有的汽车更少、拥有相似的公交连通性,但是他们开车前往公交便利的目的地的可能性要高出45%。值得注意的是,两个社区的主要区别在于,杰克逊高地社区开发时间更晚,拥有的内部道路停车位或停车库大约是公园坡地社区的6倍(表5-2)。

社区特征数据　　　　　　　　　　　　　　　　表5-1

	杰克逊高地	公园坡地
人口统计		
入住户数	24900	24360
户均人口	2.9	2.2
每平方英里户数	34110	26194
家庭收入中值	39566 美元	60711 美元
房屋所有权比例	27%	34%
车辆拥有量		
车辆/就业居民	0.37	0.38
至少拥有一辆车的家庭比例	39%	42%
通勤行为		
就业居民人数	31190	31619

续表

	杰克逊高地	公园坡地
开车或拼车上班人数	7029	5300
小汽车出行比例	23%	18%
CBD 就业居民人数	12824	16481
开车或拼车去 CBD 人数	1004	885
CBD 小汽车出行比例	7.80%	5.40%

数据来源：Weinberger, R., M. Seaman, and C. Johnson（2009）Residential Off-street Parking Impacts on Car Ownership, Vehicle Miles Traveled, an Related Carbon Emissions: New York City Case Study. Transportation Research Record: Journal of the Transportation Research Board. No. 2118, P24-30.

杰克逊高地与公园坡地的路外停车位　　表5-2

	杰克逊高地	公园坡地
停车类型		
停车场停车位数量	605	883
内部通道或停车库停车位数量	3028	533
合计	3633	1416
停车位／户		
路外停车位数/户	0.14	0.06
路外停车位/拥车家庭	0.31	0.12
"场地内"路外停车位/拥车家庭	0.26	0.05

数据来源：Weinberger, R., M. Seaman, and C. Johnson（2009）Residential Off-street Parking Impacts on Car Ownership, Vehicle Miles Traveled, and Related Carbon Emissions: New York City Case Study. Transportation Research Record: Journal of the Transportation Research Board. No. 2118, P24-30.

在下一阶段，将这一发现应用到布朗克斯区、布鲁克林区和皇后区，系统地检查这三个纽约市行政区的所有社区中，哪些社区能够设置居住路外停车位但存在潜在短缺。把曼哈顿排除在外，因为那里只有22%的家庭有一辆车；也把斯塔滕岛排除在外，因为那里的人口密度按纽约市的标准来看非常低，那里80%的家庭有一辆或多辆车可用，而且居住停车位很多。

由于缺乏个体数据，这项分析基于人口普查区级别的集计特征和出行行为。为了在出行两端更好地控制替代型出行方式，将分析范围限制在曼哈顿96街以南区域 [该区域被称为曼哈顿核心区（Manhattan Core）]，距离地铁站不到1/4英里。将普查区关于收入、通勤出行和其他特征的数据与纽约市税额数据相结合，能够评估停车位可用性。

假设从曼哈顿行政区外某个人口普查区前往曼哈顿内工作地点的工作人员，其小汽车通勤比例是与建成环境特征（如公交可达性）、社会经济特征（收入）和路外停车位可用性有关的方程式。假设小汽车拥有量是一个关于可用停车位的方程，并通过一个两阶段模型进行控制。第一阶段估算汽车拥有量，第二阶段估算汽车使用量。

　　使用谷歌地球、谷歌地图和必应地图等软件的卫星图调查布朗克斯、皇后区和布鲁克林区的单户、两户、三户住宅。利用这些数据，笔者开发了一个二进制 logit 模型，预判用地内部停车库和内部道路停车位的可能性。将这些数据与"纽约主要用地税额产出"（New York's Primary Land Use Tax-lot Output，PLUTO）数据库中的信息进行对比。该数据库能够报告用于四户及以上家庭居住建筑的停车面积。利用这些信息，估计每个人口普查区内平均每户住宅的停车位数量，并对"交通规划普查包"（Census Transportation Planning Package）中报告的小汽车通勤倾向进行了回归分析。

　　在两阶段模型中，首先使用一系列社会经济和建成环境的变量来估算汽车拥有率。此外，还使用了从其他大都市统计区到来的人口比例和从其他中心城市到来的人口比例。这些变量中与普查区小汽车保有率正相关的包括：收入、年龄、家庭规模、住房拥有率、白人人口和每户路外停车位数量（表5-3）。降低汽车拥有率的变量包括：公交可达性、黑人人口以及政府工作人员比例（让人奇怪）。最后这个变量可能凸显了"免费停车"对选择开车出行的影响：尽管政府工作人员的拥车比例可能比其他人低一些，但是他们更有可能"使用"车辆上班，因为他们中有很多人有停车许可证，被允许在整个纽约市无限制地停车。

影响汽车拥有量和开车上班决策的变量　　　　　　　　　　　　　表5-3

变量	汽车拥有量	开车上班
户均人口	+	—
住房入住率	+	+
平均年龄	+	—
平均收入	+	—
白人人口比例	+	+
黑人人口比例	—	—
公交可达性	—	—
公务员比例	—	+
每户路外停车位	+	+

　　在第二阶段中抑制汽车通勤的变量包括：更高的收入、年龄中值、家庭规模、公共交通可达性以及种族报告中更高的黑人比例。更高的汽车和住房拥有水平、更高的政府工作人员比例，以及更多的路外停车位，都有助于增加汽车通勤，即使共同决定式（co-determined）通勤方式与汽车拥有率等问题得到解决之后仍如此。

　　在控制普查区收入中值、年龄中值、家庭规模、房龄、车辆可用性、普查区公共交通可达性、公交服务水平、汽车拥有率、政府工作人员比例以及种族等因素基础上，发现场地内停车水平越高的人口普查区，在去往公交发达的曼哈顿核心区的通勤方式中，选择小汽车的比例就越高。

结　论

　　虽然采用非集计数据的真实行为研究可以提供更有力的证据，但本章介绍的经济学研究为研究家庭停车如何影响汽车拥有和通勤方式的选择提供了重要见解。模型显示，增加家庭附近停车位的可获取性与开车去曼哈顿核心区工作的倾向之间存在清晰的正相关关系。路外停车位与开车上班之间既有间接关系（通过方便汽车拥有），也有直接关系（通过方便汽车使用）。保障家庭停车位有助于员工选择开车上班。

　　在配建停车位相对短缺的高密度社区，竞争路内停车位意味着会产生寻找车位成本，并需要从停车位步行到家或到其他目的地。有了场地内私人停车场，寻找车位成本和额外活动就可以省略；有机会使用家庭停车位的出行者与没有机会使用的人，面对的是不同的设施系统。有保障的停车位使汽车出行成为一个更有吸引力的选择。

　　美国各地的城市规划部门都会对停车供给做出决策，以缓解当地可能出现的停车位短缺。这些政策并没有考虑到本研究中所论述的诱增行为。除了曼哈顿的大部分地区和皇后区的一小部分地区需要严格限制停车（作为当地努力遵守《清洁空气法案》的一部分工作），当地其他所有地块都必须配建路外停车位。停车配建下限标准是由以下逻辑支持的：只有现有居民"相信"新开发项目的停车需求不会造成额外的停车位短缺，他们才会认为新开发项目不那么令人反感。然而，因为增加的开车出行是增加停车供给的结果，所以更多的停车位会导致更多的交通拥堵。

　　模型中没有解决的一个重要问题是位置自选问题。可以想象，喜欢开车的人会自己选择去那些提供高水平汽车服务的地区——配有充足的、有保障的停车场。正是由于这个原因，本研究证明在公共交通发达的地区应该进一步限制停车。从政策的角度看，开车倾向强烈的人不应该住在公共交通发达的地区，因为他们可能会"浪费"公共交通资源。

　　降低停车配建下限标准并实施上限标准能够减少汽车使用量，这一观点已经得到了很好的证实。实施停车配建上限标准背后的理由是减少尾气排放以遵守《清洁空气法案》的要求。停车配建下限标准将导致更多的开车出行已经成为常识，所以城市在制定居住类停车政策时应该考虑这些情况。

参考文献

[1] Downs, Anthony. 1992. *Stuck in Traffic*. Washington, D.C.: Brookings Institution.

[2] Downs, Anthony. 2004. *Still Stuck in Traffic*. Washington, D.C.: Brookings Institution.

[3] Mogridge, Martin. 1997. "The Self-defeating Nature of Urban Road Capacity Policy: A Review of Theories, Disputes and Available Evidence." *Transport Policy* 4: P5–23.

[4] Weinberger, Rachel. 2012. "Death by a Thousand Curb-Cuts: Evidence on the Effect of Minimum Parking Requirements on the Choice to Drive." *Transport Policy* 20: P93–102.

[5] Weinberger, R., M. Seaman, and C. Johnson. 2009. "Residential Off-street Parking Impacts on Car Ownership, Vehicle Miles Traveled, an Related Carbon Emissions: New York City Case Study." *Transportation Research Record: Journal of the Transportation Research Board* 2118: P24–30.

第 **6** 章

美国的停车配建标准

塞斯·古德曼（Seth Goodman）

美国居民通常会为他们吃的食物、穿的衣服、住的房子付费，但在寻找停车位时，他们却希望能找到一个免费的。停车之所以例外是因为它通常不是根据市场消费者的需求提供的，而是按配建标准提供的。停车配建下限标准确保几乎每座新建建筑都有停车位，这导致出现了大面积的沥青场地和大型车库。本章将通过比较美国 50 个最大城市的 5 种常规用地的下限标准，来介绍美国停车配建标准的普遍性、指标大小和不一致性。

疯狂的方法

每部区划法规都使用类似的公式计算配建停车位。规划人员从他们认为最能够预测停车需求的属性开始（比如建筑的面积或包含的座位数量），然后决定该单位的每个属性需要多少个停车位。这些公式类似"每 1000 英尺的专业办公室需要 3 个停车位"或者"每户住宅需要 1 个停车位"。然而，城市往往在哪一类属性能够最好地预测停车需求上存在的分歧。图 6-1、图 6-2 显示了在城市研究中确定高级中学和餐馆的停车配建下限标准时考虑的各种特征。

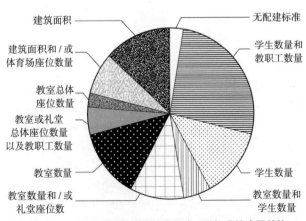

图 6-1　用于计算高级中学停车配建下限标准的度量单位

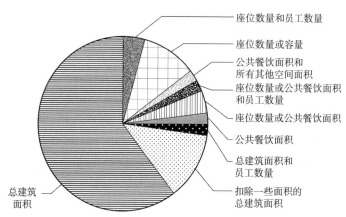

图 6-2　用于计算餐饮类停车配建下限标准的度量单位

如果这些配建标准是基于对某种最能预测停车需求因素的扎实理解，我们应该看到一致的计算方法，即使各城市的配建指标其小汽车出行率会不同。然而城市使用多种方法进行度量，这让人们对停车配建下限标准的可靠性担心。例如，一个占地面积很大但座位相对较少的餐厅，如果是根据建筑面积而不是座位数量来制定停车配建标准，那么它将面临更高的停车负担。任意一刀切的下限标准都会阻止建设者对每一栋建筑的特殊需求进行评估，并根据具体情况提供适量停车位的可能。

城市法规假定建筑物的类型和规模是反映停车需求的最重要指标（有时是唯一指标），而通常没有将建筑物的"位置"作为一个同等重要的因素考虑。一些城市在人口密集的城区或服务频繁的公共交通区域进行折减，但这些补救措施效果不佳，而且仍然没有考虑位置对交通选择的多种影响。以两所学校为例，一所位于社区的中心，而另一所位于社区边缘，并被一条繁忙的高速公路隔开。这两个社区可能都是人口密度较低的郊区，公共交通薄弱，但建在社区核心的学校将比建在危险通道另一边的学校更能让学生安全地骑自行车或步行上学。前者的停车需求将远低于后者。

人行道、行道树和自行车道也可能对停车需求产生强烈的影响，在某些情况下甚至超过了公共交通可用性的影响。社区街角的商店或咖啡馆可能会有大量顾客步行或骑自行车到达，那里高品质的主动交通设施使短途出行轻松愉快。大多数区划法规都没有考虑到这些细节，这不利于那些喜欢邻近性和可步行性超过停车的商业。

城市区划法规也忽视了通过收取停车费来抑制需求的可能性。所以毫不奇怪，在免费停车的地方会经常出现明显的停车不足。按市场价格收费是解决这一问题的一种方法，但停车配建下限标准很少（如果有的话）考虑附近的路内停车是否收费或采用许可管理。一些法规甚至禁止私人拥有的停车场收费。这里有一个默认的假设，即政府有义务确保大多数目的地的停车便宜、充足、方便。为了实现有效的停车改革和获得相关收益，城市必须摒弃这一假设。

全美停车配建标准地图

停车配建下限标准的计算程序是不科学的、狭隘的，其结果是灾难性的和过量的。每个停车位需要 300~400 平方英尺的铺装面积（计算包括了内部通道）。用于停车的土地逐渐分散，隔离了社区、减弱了步行能力、降低了公共空间的质量。下文中的配建标准地图突出显示了每个城市停车配建标准的大小，并显示了区域差异；而平面图根据每类建筑的配建标准中值进行表示，揭示出汽车存储所需的最小空间常常超过了分配给人的空间。最后，柱状图展示了每类用地不同计算值的特性。

为了说明用于计算停车配建标准的不同方法，本章通过假设五种建筑类型的属性模型来对城市进行比较。这些在相应的地图和平面图中都进行了介绍。一些城市由于无法进行合理对比，所以在一些章节中略去。图表显示的是截至 2013 年的停车配建标准。可以在"graphingparking.com/sources"网站找到相关法规章节。少数没有基准配建标准的情况下采用最常用的配建标准。

高级中学

就在两代人以前，走路或骑车上学还是很平常的事。现在，大多数城市都要求高中里的高年级学生开车去学校。停车配建下限标准迫使学校把钱花在额外的土地和沥青场地上，拿走了原本可以为学生提供更高质量的设施与教育的资金。只有选择开车的富裕学生才能享受免费停车或补贴停车的好处。那些选择不开车或买不起汽车的人什么也得不到。在这个预算削减、教室人满为患的时代，人们不禁要问，为青少年补贴停车费用是否是对一个社区有限资源的最佳利用？

如图 6-3 所示，是基于高中停车配建标准的绘制模型，它与"graphingparking.com"网站上引用的全美设施、人员配备和平均入学率相对应。如图 6-3 和图 6-5 所示，用于停车的空间通常超过了教室的空间，有时甚至超过了校园内所有建筑的总面积，包括体育馆和礼堂。如图 6-4 所示，虽然城市使用各种各样的指标来计算高中的停车配建下限标准，但是所使用的指标与最终要求配建的停车位数量之间几乎没有相关性。下限配建标准跨度如此之大，它们无视城市之间在文化、密度和交通选择方面的客观差异。如配建标准所示，孟菲斯市高中生的出行习惯与堪萨斯市的青少年有很大的不同，但这实际上是不太可能的。

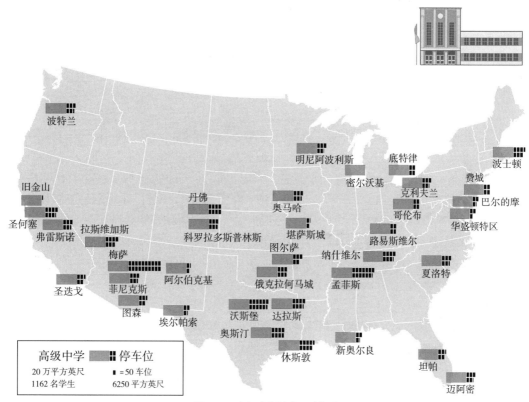

图 6-3 高级中学停车配建标准

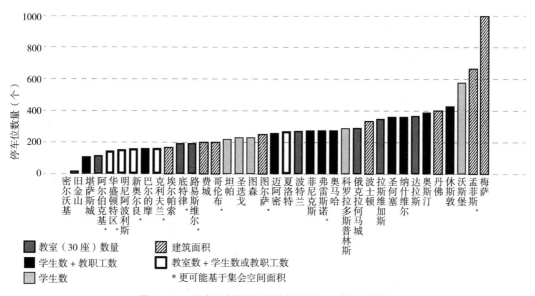

图 6-4 一所高级中学按照计算基准所需配建停车位数量

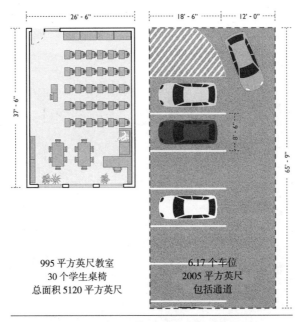

图6-5　美国大城市高级中学停车配建标准中值

宗教场所

本杰明·富兰克林说过，生命中唯一确定的事情就是死亡和税收。但宗教场所是免税的，并通常做出一些不死的承诺。即使如此，它们也不能逃避停车配建下限标准。在牧师们宣扬谦卑和节俭的地方，宗教场所的停车配建下限标准往往是奢侈的，停车位占用了比宗教场所大许多倍的面积。熙熙攘攘的广场和雄伟壮观的大楼梯已经被配建停车所形成的荒漠所取代，游行队伍也已被交通拥堵所取代。

集会场所（包括宗教场所）代表了停车下限配建标准对我们生活的影响。一方面，它们遵循这一逻辑：很多人会聚集到一处狭小空间，需要处理他们的停车问题。但另一方面，他们清晰地看到汽车主导型规划所带来的惊人过剩问题。一些宗教领袖当然不会忽视这种浪费。教皇弗朗西斯（Francis）在《赞美你》（Laudato Si）的通谕中谴责"停车场破坏了城市景观"。这些配建停车位每周最多被利用几个小时。如果宗教组织的工作重要到足以获得免税资格，那么闲置的停车场肯定不是这些免税资金的最佳用途。

宗教场所的停车配建下限标准通常是根据圣所的座位数量而定的，但在没有固定座位的地方，许多城市都有后备标准，通常以主要集会空间的面积来计算。有趣的是，不同城市在一个座位等于多少平方英尺的问题上没有达成一致。在拉斯维加斯，每个座位相当于25平方英尺，在路易斯维尔是16.67平方英尺，在休斯敦是8平方英尺，在华盛顿特区只有7平方英尺。这些差异意味着安装固定座位会让一些城市增加配建停车位负担，而在其他一些城市却会减少这个负担（图6-6）。

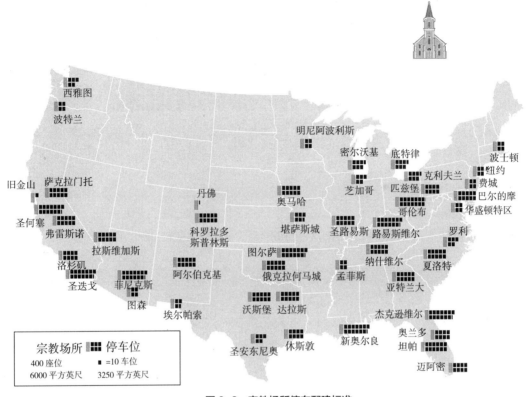

图6-6 宗教场所停车配建标准

　　也许巴尔的摩最能说明停车配建下限标准与实际需求有多大差距，那里"由于宗教信仰的原因，礼拜者必须步行去宗教场所"（《巴尔的摩市区划法规》，表16-406），所以要求每8个人配建1个停车位。任何一个属于这些教会的人，如果不违背该教派的信仰，就都不可能乘坐汽车去参加宗教仪式。然而，巴尔的摩能做的只是将配建标准减半（图6-7，图6-8）。

办　公

　　在美国，大多数朝九晚五的白领们全天所处的办公室或工位面积要小于汽车每天停放的停车位面积。停车配建标准影响企业的盈亏底线，并给整体经济带来负担。它们通过提高每平方英尺的办公空间的成本，从而增加雇佣员工的成本。鼓励员工拼车、乘坐公共交通、步行或骑车上班的交通需求管理策略可能会让企业节省停车费用。相反，对小汽车过度热情的配建标准所产生的过度供给，破坏了推行上述项目的动机。同样，如果继续建设碳密集的汽车停放设施，那么为鼓励人们养成更可持续的通勤习惯而开展的活动效果也会更差。

　　说到办公类停车配建标准，各个城市之间的差别很大——相同规模建筑的指标从0~400个停车位不等。这些差异似乎没有遵循任何逻辑模式，注意埃尔帕索（El Paso）和阿尔伯克

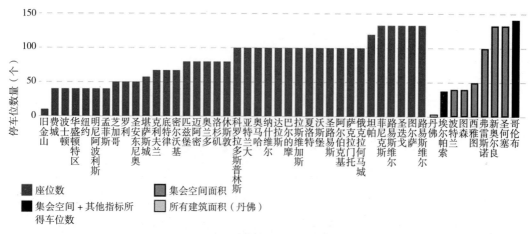

图 6-7　一座宗教场所按照计算基准所需配建停车位数量

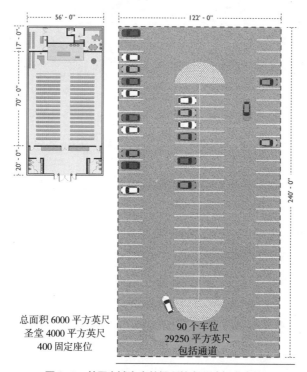

图 6-8　美国大城市宗教场所停车配建标准中值

基（Albuquerque）之间的差异或者堪萨斯城（Kansas City）和奥马哈（Omaha）之间的差异。这些城市之间的差异肯定没有大到支持他们配建标准的差异是合理的（图 6-9）。

　　如图 6-10 所示，大多数大城市不要求市中心办公设施配建停车位。然而，当城市的其他地方仍然处于导致城市蔓延的停车配建下限标准的束缚之下时，这些局部的减少措施大多只具有象征意义。减少停车需求（在出行两端）是公共交通和主动交通的核心优势之一。城市应该努力发展公共交通，哪怕只让一小块区域充分利用它（图 6-11）。

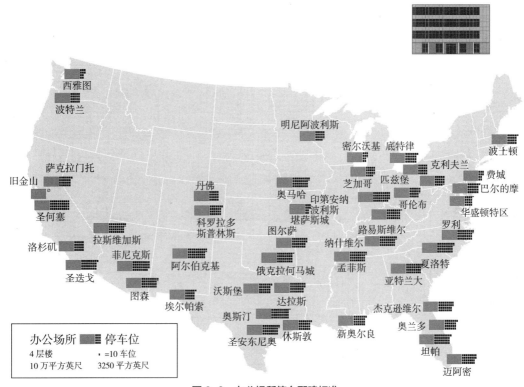

图6-9 办公场所停车配建标准

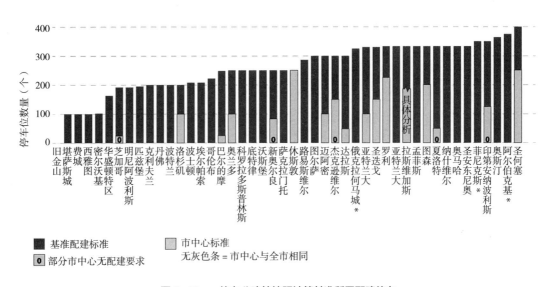

图6-10 一栋办公建筑按照计算基准所需配建停车
位数量（含市中心折减）

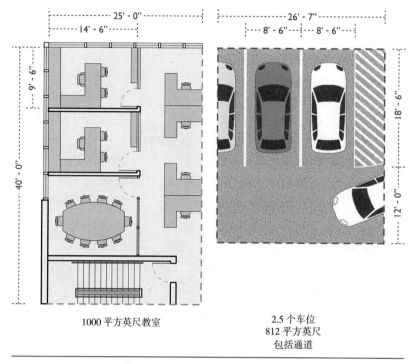

1000 平方英尺教室

2.5 个车位
812 平方英尺
包括通道

图 6-11　美国大城市办公类停车配建标准中值

餐　饮

　　在餐馆里，你可以选择是否要在晚餐时点一杯饮料，也可以决定是否要加甜点，但停车配建下限标准总是确保你要去的餐厅有大量的停车位。图 6-12 说明了来餐馆的人和汽车之间不协调、不匹配的空间关系，揭示出这些配建条例对那些希望创建人性化、适宜步行的城镇和城市所造成的障碍。

　　停车配建下限标准剥夺了企业主分配资源、更好地为客户服务和创造收入的自由。管理停车咪表利用率可以减轻人们对路内共享停车位拥挤的担忧。按照市场价格对用于存放私人汽车的公共路内空间收费，肯定比全面强制配建超大规模的基础设施更公平。超大规模的基础设施排除了城市土地的生产性用途。如果没有停车配建标准，餐馆老板可能会认为，利用率不高的停车位不值建设和维护所花的费用。这些费用连同停车位所占用的地产的费用，都会通过餐费转嫁给所有餐厅顾客，不管他们是独自开车、拼车还是根本不开车。

　　与之前的土地用途一样，城市之间餐饮类停车配建标准也存在令人困惑的差异。为什么纳什维尔（Nashville）需要孟菲斯 2.5 倍的停车位？田纳西州中西部的停车需求真的有如此巨大的差异吗？为什么对一个中等规模的餐馆，克利夫兰和哥伦布需要 25 个以上的停车位，而匹兹堡只需要 1 个停车位（图 6-13，图 6-14）？

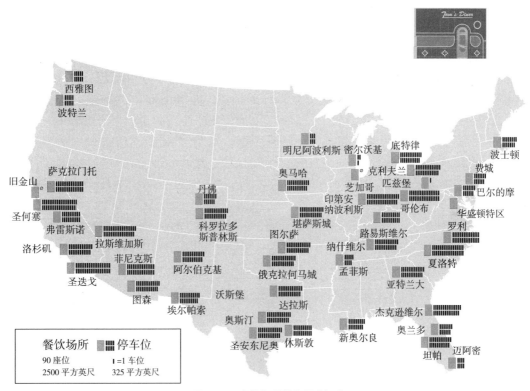

图 6-12　餐饮场所停车配建标准

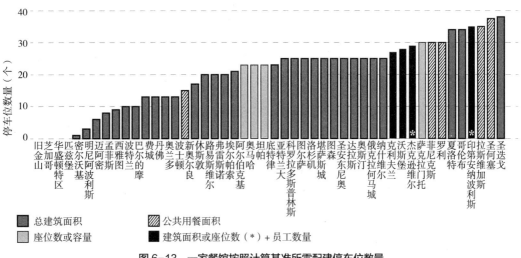

图 6-13　一家餐馆按照计算基准所需配建停车位数量

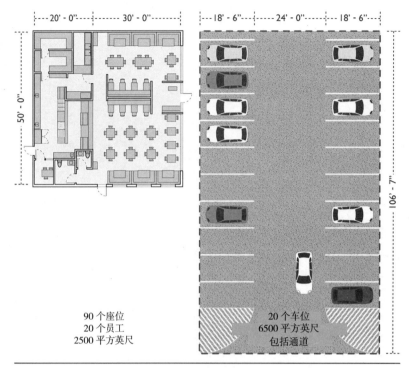

图 6-14　美国大城市餐饮类停车配建标准中值

公 寓

创建可步行性、可负担性社区的最大障碍之一，就是住房和停车之间不可分割的联系。配建停车面积往往是公寓面积的一半以上。建设停车场的巨大成本通常对购买者和租户都是保密的，因为它被捆绑到每户住宅单元的价格中。当停车的费用自动计入租金内时，无车生活的经济效益就会大大降低。即使是买不起车的人也要承担免费停车的费用。像达拉斯和奥斯汀这样的城市，每增加 1 间卧室，就会增加配建停车位数量。这些城市给有孩子的家庭带来了特别高的负担，这些家庭可能需要更多的卧室，而非更多的汽车。

仔细看图 6-15 会发现前面同样的问题，为什么奥马哈（Omaha）的一套两居室公寓比堪萨斯城（Kansas City）的同样公寓需要多一倍的停车位（图 6-16）？与此同时，如图 6-17所示的平面图展示了这些停车场到底有多大，并暗示建造这些停车场的机会成本。如果不建设停车位，这套公寓会不会更大、质量会不会更好？一个能俯瞰树木的阳台和一个花园本可以取代荒凉的沥青场地。

改革和修复

本章突出不同城市之间对相同建筑类型的停车配建标准是不一致的，但同时在区划法规中，同一城市不同建筑类型的停车配建标准也存在着荒谬的差异。城市经常要求一些用途的停车位数量高于全美平均水平，而另一些用途的停车位数量低于全美平均水平。丹佛市显

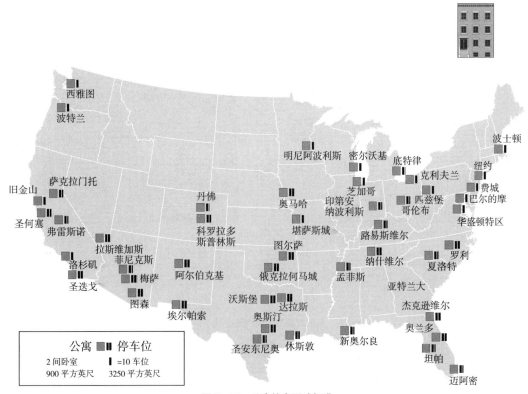

图6-15　公寓停车配建标准

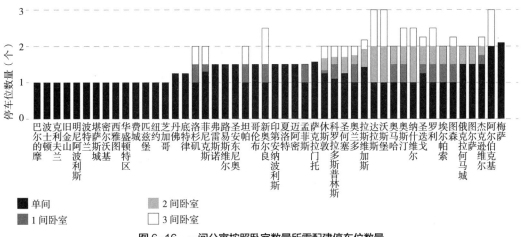

图6-16　一间公寓按照卧室数量所需配建停车位数量

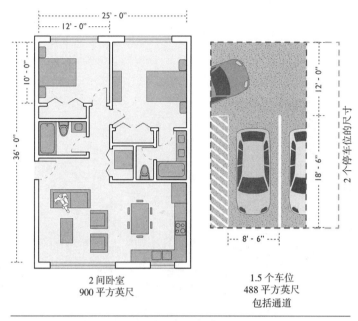

图 6-17　美国大城市公寓类停车配建标准中值

然认为市民在高级中学需要高于全美平均水平的停车位，而在教堂需要远低于全美平均水平的停车位；而哥伦布和阿尔伯克基的情况正好相反。在其他地方，孟菲斯和迈阿密的办公建筑有很高的停车下限标准，但餐饮的配建标准远低于全美平均水平；而堪萨斯城和哥伦布则相反。难道这些不一致的配建标准反映了城市之间的实际生活方式差异？这是值得怀疑的。如果它们只是简单地考虑对汽车出行的地区偏好，我们应该发现每个城市都应出现一致性的偏差，而不会根据建筑类型发生变化。

因为停车对美国城市造成了巨大的物理空间、经济和生态影响，所以证明停车配建下限标准缺乏证据基础很重要。停车位建设成本高达成千上万美元，但美国各地规定了过高的配建下限数量。其结果是灾难性的，它阻碍了以人为本与公交引导式开发，并将停放汽车的财政负担从开车人身上转移给整个社会。停车配建标准使步行、骑行和公共交通变得低效和危险，从而否定了替代汽车出行方式的可行性。以缺乏大运量公共交通为借口来维持停车配建标准的规划人员和民选官员应该考虑到，充足的免费停车本身就阻碍了对更好的公共交通和行人基础设施的需求。

停车配建下限标准并不是将停车成本与其他一切费用分开的唯一障碍。有效管理路内停车的政策是废除路外停车配建标准的必要配套措施。过去几十年，城市规划人员和政客们一直致力于创造取之不尽的停车位供给。直到最近，他们也没有采取什么有效措施来管理需求。现在，私人企业已经极其习惯地为汽车提供便利，必须说服他们打破多年来被强制提供超量停车位所形成的习惯。虽然没有什么灵丹妙药，但取消停车配建标准是迈向可持续、可负担和公平城市的基础步骤。

第 7 章

停车配建标准的财政与出行后果

克里斯·麦克希尔 (Chris McCahill)　诺曼·加里克 (Norman Garrick)

卡罗尔·阿特金斯-帕隆博 (Carol Atkinson-Palombo)

在整个 20 世纪,快速发展的郊区提供着宽阔的街道和方便的免费停车场,如此情形之下,城市中心很难保持吸引力和竞争力。但在城市中心提供宽阔的街道和免费停车场被证明是非常困难的。许多城市领导人和城市设计师试图通过大规模拆迁来为高速公路、超级街区上的现代高层建筑以及大片的停车场腾出空间,以此期望能够与郊区竞争。这些变革为城市中的小汽车通行提供了临时解药,但却让城市变得破碎化、空心化,结果仍然难以与郊区进行竞争。与此同时,交通拥堵继续加剧,而更加糟糕的是,许多城市还在继续增加停车位,尽管之前增加的停车位已经被证明不够用。

在 20 世纪 60 年代,康涅狄格州哈特福德市 (Hartford) 的议会推动在市中心增加更多的停车位,来与郊区购物广场的免费停车位展开竞争。哈特福德用于停车的土地在 1960~2000 年间增长了 150%。

哈特福德的故事并不是个案。在本研究中,笔者分析了哈特福德和另外五个城市的历史航拍图:马萨诸塞州洛厄尔市 (Lowell)、加利福尼亚州伯克利市 (Berkeley)、弗吉尼亚州阿灵顿市 (Arlington)、康涅狄格州纽黑文市 (New Haven)、马萨诸塞州剑桥市 (Cambridge)。这些城市的路外停车位数量从 1960 年到 1980 年间增加了 50%~100%,在之后的 20 年里又增加了 10%~40%。尽管看起来这些城市用于停车的土地数量都有所增加,但它们的经验却有很大不同。

例如,人均停车位增长最快的城市其小汽车通勤的增长也最快——这增加了当地的交通拥堵、污染排放,并增加了交通事故的概率。而这类城市的居民和就业机会的增长却最少,而且由于用路外停车场取代了建筑物,他们潜在的税基损失也更大。从 20 世纪 80 年代开始,其他一些城市停止了增加停车供给的发展趋势,为加强停车管理、提供替代交通方式以及开发高密度、多样化和以人为本的城市环境提供了宝贵经验。

美国城市 40 年来的停车变化

在研究中笔者跟踪了上述 6 个小城市的土地利用、停车供给、建筑、出行行为和税收的变化。主要数据来源包括:

　　航拍图，可追溯至 20 世纪 50 年代，从这些照片中，估算了用于建筑物、地面停车场和停车库的土地面积，以及建筑物的大致高度。并用停车位总面积除以 350 平方英尺（每个车位所需的平均面积）来估算停车位的数量。

　　人口普查数据，包括人口普查交通规划包，它提供了关于城市居民、岗位和私家车数量以及通勤方式的信息。

　　城市地块数据，包括税额查定数据。

　　如图 7-1 所示，为研究期内（1960~2000 年）每个城市的停车位和人口的百分比变化。基本上停车位增长最多的城市，其居民和岗位数量都有所下降；而停车位增长最少的城市，其人口却增加了——特别是岗位数量。

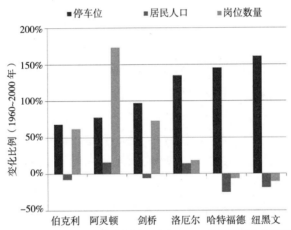

图 7-1　1960~2000 年停车位、居民人口和岗位数量变化情况

注：洛厄尔的岗位数据只采用了 1980~2000 年的。

城市用地的形态、功能和价值

　　城市物质空间形态的转变和珍贵的活力城市用地丧失，可能是城市停车位增长最明显的后果。这种转变早在几十年前就被规划好了，勒·柯布西耶（Le Corbusier）、诺曼·贝尔·格迪斯（Norman Bel Geddes）、弗兰克·劳埃德·赖特（Frank Lloyd Wright）等人以未来主义的形态对此进行了推广。在这些设计师的愿景共识中，高层塔楼被公园和广场包围，由巨大的高速公路连接。然而这些早期设想极度缺失了运送人们到这些日益分散的地方所需的大量小汽车，以及它们静止时所需的停放空间。直到现在我们才能看到和衡量它们的发展后果。

　　为了量化这些变化，笔者估算了 6 个城市中心商务区的实际停车位供给率（parking ratios，每 1000 平方英尺建筑面积的停车位数量）。并发现从 1960~2000 年，哈特福德、洛厄尔和纽黑文中心商务区的停车位供给率大幅上升 63%~122%。这既是由于路外停车位的大量增长，也是因为可用建筑面积的缓慢增长。与此同时，为了方便交通运行，路内停车位也被部分转移到路外地面停车场和停车库中。

其他 3 个城市（阿灵顿、伯克利和剑桥）的中心商业区的停车位供给率下降了。其中每个城市的路外停车位增长都不到 40%（伯克利反而有所下降），而路内停车位仍然占可用停车位的 60%~80%。这些城市中心的可用建筑空间增长了 16%~174%。

如图 7-2 所示，为 2009 年剑桥、纽黑文和哈特福德市中心的停车供给情况。剑桥的停车位供给率最低，每 1000 平方英尺建筑面积只有 0.1 个停车位；纽黑文和哈特福德的停车位供给率最高，分别为 0.6 和 0.9。

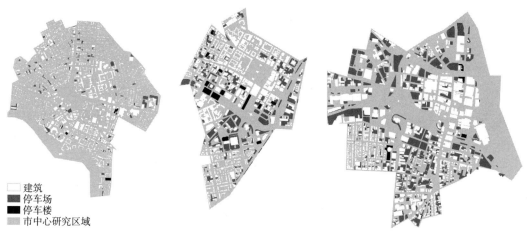

图 7-2　剑桥、纽黑文和哈特福德市中心建筑与停车分布图

城市土地形态和用途的变化影响着房地产价值和财产税收入。为了更好地理解这些变化，笔者在研究中估算了每个城市中心的停车场、停车库和其他物业所产生的税收收入。在考虑了免税和小型停车设施的价值与建筑绑定等因素后，估算出路外停车用地产生的税收收入只相当于用于建筑开发所产生的平均税收收入的 40%。根据城市的不同，这个比例在 17%~88% 变动。结果表明，停车位增长最快的城市，其财产税基础逐渐减弱。我们研究的 6 个城市从 1960 年以来增加的每个停车位每年会减少 500~1000 美元的潜在财产税收入。根据停车位增加数量的不同，2012 年各城市中心商务区因停车位而损失的税收收入占中心商务区税收收入的 20%~30%。

有观点认为城市土地价值可能已经在自然下降，而停车位现在是对土地的最佳利用。然而，考虑到市政政策在提高公共和私人停车供给方面所发挥的作用，很难确认这一观点。无论是哪种情况，笔者的研究都表明，从财政上来说停车位对土地的使用效率都远远低于活跃建筑空间对土地的使用效率，因此理应鼓励土地用作其他用途而非停车。

改变出行行为

20世纪中期实施的许多城市政策，包括与停车、道路和建筑设计有关的政策，都是为了应对汽车使用量的增加和对使用量持续增长的预期。政策制定者通过为汽车腾出更多空间来希望避免交通拥堵。具有讽刺意味的是，正如本书研究表明的那样，这些努力很可能增加了那些曾经繁荣地区的车流量。

为了理解城市的物质空间变化在多大程度上影响了出行行为，本书将每个城市停车数量的增长与美国人口普查的通勤记录进行了比较。停车增长只代表了发生物质空间变化的一个方面，但由于它发生的规模如此之大，所以它是代表一个城市发生整体变化最有用的指标。同样，虽然通勤只是反映一个城市整体出行特征的一个要素，但它是长期以来最可靠的出行特征衡量指标，也是居民最重要的出行数据。人口普查显示了从1960年起每个城市的小汽车通勤数据。本书选择把重点放在本地通勤出行上（出行起点和终点都在同一城市），因为它们通常是最短的，而且更有可能在没有汽车的情况下完成。

在1960~2000年，每个城市的可用停车位数量与居民和员工开车通勤的比例之间存在着很强的联系。控制这种关系的机制并不清楚，因为停车既是开车的原因，也是开车的结果。然而通勤行为的变化表明，增加停车位越多的城市，开车的人就越多。

随着城市停车位数量的增加，本地通勤出行的汽车使用量也在增加。充足的停车位可以提高开车人的可达性，但大型停车场也会破坏建筑环境，阻碍步行、自行车和公共交通的使用。在1960~1980年，停车供给增加对通勤行为的影响最为显著，当时的供给增长也最为迅速。在纽黑文和哈特福德，人均停车位增加了一倍以上，小汽车通勤比例分别增加了16%和30%。1980年以后，当大部分公路建设和道路通行能力的提升已经完成时，停车位的增长和当地小汽车使用比例的增长都有所放缓，但这种关系仍然存在。在整个研究时间内（1960~2000年），当地小汽车出行的通勤比例变化几乎与该城市增加的停车位数量直接相关，如图7-3所示。

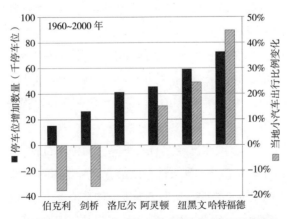

图7-3　1960~2000年停车位和当地小汽车出行比例变化

展望未来

虽然美国大多数城市的停车位数量和汽车使用量都有所增加，但我们的工作还是提供了重要的反例。尽管这些城市在今天有着明显的差异，但首先要深刻认识到本研究中这些城市曾经在建筑形态和出行行为方面非常相似。一个世纪以前，它们在没有汽车的情况下都能很好地运转，后来才进化变得能够容纳汽车，特别是在增加了停车功能之后。大多数城市向着汽车主导的方向进行了翻天覆地的变化，不过也有少数城市的停车增长缓慢甚至相反。

例如，20世纪60年代和70年代剑桥市的领导者们曾推动增加停车供给，但在1980年左右改变了路线。1981年，政策制定者对该市区划法规要求的新增停车位数量进行了限制。1998年出台的一项条例进一步限制了停车位数量的增长，并要求开发商减少停车位，不鼓励过度采用小汽车出行。该市还在改善自行车和步行方面投入巨资。这些举措使剑桥在1980~2000年吸引了5000多名居民人口和3万多个工作岗位，而同时只增加了不到5000个路外停车位。

同样，阿灵顿市和伯克利市也已在其政策和规划中强调非小汽车出行。自1980年以来，两个城市的居民和岗位总数已经达到或超过了停车位的增长。阿灵顿市增加了3.7万名居民和5.1万个岗位，但只增加了1.1万个停车位。

与大量增加停车位的城市形成鲜明对比的是，自1980年以来，阿灵顿市开车出行的本地通勤者比例从61%下降到59%，伯克利市从38%下降到35%，剑桥市从30%下降到24%。这种变化不仅使更多的车辆不再上路，还使许多出行转向了步行和骑车等有活力的交通方式。阿灵顿市的步行和自行车出行占当地通勤出行方式的18%，伯克利市达到47%，剑桥市达到57%。

或许最重要的是，在流失居民和企业的城市中，那些停车数量增加最少的城市恢复得最好，且现在正在蓬勃发展。虽然城市的成功和失败有很多因素，但本研究表明，提供方便和廉价的停车场并不能增强城市生活或经济活力。事实上，它似乎起到了相反的作用。几十年来，全美各地的政府人员和城市设计师都认为停车是确保可达性的必要条件。然而，由于停车所需要的空间、直接成本和其他负面影响，停车位过多的城市可能无法充分发挥其潜力。相反，这些地方应该考虑制定政策，通过减少对开车和小汽车基础设施的依赖，来满足人们的可达性需求，从而吸引更多的居民、岗位和访客。

参考文献

[1] Blanc，Bryan，Michael Gangi，Carol Atkinson-Palombo，Christopher McCahill，and Norman Garrick. 2014. "Effects of Urban Fabric Changes on Real Estate Property Tax Revenue." *Transportation Research Record* 2453：P145-152.

[2]   McCahill, Christopher, and Norman Garrick. 2014. "Parking Supply and Urban Impacts." in *Parking: Issues and Policies*, edited by Stephen Ison and Corinne Mulley. Bingley, UK: Emerald Group Publishing Limited, P33–55.

[3]   McCahill, Christopher, Jessica Haerter-Ratchford, Norman Garrick, and Carol Atkinson-Palombo. 2014. "Parking in Urban Centers: Policies, Supplies and Implications in Six Cities." *Transportation Research Record* 2469: P49–56.

[4]   McCahill, Christopher, and Norman Garrick. 2012. "Automobile Use and Land Consumption: Empirical Evidence from 12 Cities." *Urban Design International* 17, no. 3: P221–227.

[5]   McCahill, Christopher, and Norman Garrick. 2010. "Influence of Parking Policy on Built Environment and Travel Behavior in Two New England Cities, 1960 to 2007." *Transportation Research Record* 2187, 2010: P123–130.

第 **8** 章

地面停车场的环境影响

艾玛·柯克帕特里克（Emma Kirkpatrick）　阿米莉·戴维斯（Amélie Davis）

布莱恩·皮亚诺斯基（Brian Pijanowski）

城市化通常是渐进的，所以人们很容易忽视用于停车场的土地数量及其对环境的累积影响。本章介绍两项研究成果：①估算"上五大湖区域"（Upper Great Lakes）被地面停车场占用的地表面积；②评估这些地面停车场的普遍环境影响后果：从自然土地转变为不透水地面所造成的水质退化和生态系统服务的丧失。

估算全县和区域范围的地面停车场面积

笔者在印第安纳州蒂珀卡努县（Tippecanoe）进行的试点研究，是美国第一个估算地面停车场地表覆盖面积的项目。通过使用 GIS 和高分辨率正射影像图（航拍图已经关联地球信息以便可以准确地对其进行测量），我们将县内所有含 3 个及以上停车位的铺装地表的清晰影像进行数字化处理（图 8-1）。我们按邮政编码分区统计所有停车场的估算面积。

利用从第一个研究中收集的信息，对上五大湖地区重复这一分析过程，将研究区域扩展到印第安纳州以外的伊利诺伊州、密歇根州和威斯康星州。研究区域由几个大城市组成，包括芝加哥、底特律、密尔沃基和印第安纳波利斯。在这 4 个州有超过 3800 个邮政分区。将这些邮政分区根据各自的发展水平进一步分为以下三类：农村、郊区和高度城市化地区。

采用分层抽样的方法估算上五大湖地区被地面停车场覆盖的面积。一半的邮政分区被划分为"农村"，但"高度城市化地区"中用于停车场的土地比例最大，停车场面积中值也最大。此外，在"郊区"的邮政分区中，用作地面停车场的土地数量变化很大，甚至某一郊区邮政分区将 9% 的土地面积用作地面停车场！相比之下，某一被划分为"农村"类的邮政分区却没有地面停车场，同时某一"高度城市化地区"的邮政分区（位于芝加哥市中心）只有 0.1% 的面积用于地面停车场。

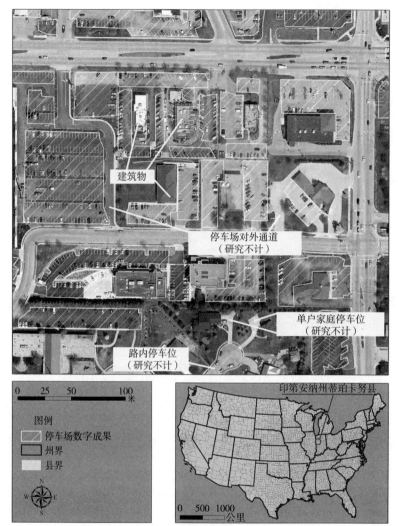

图 8-1　从高分辨率照片提取地面停车场数字化成果的样例

资料来源：Davis et al.，2010.

估算全县和区域范围的停车位数量

在确定了地表地面停车场的土地面积之后，接下来随机选择 100 个停车场，计算它们在正射影像图上可见的停车位数量，并对这些数据进行线性回归，从而估算这些停车场的停车位数量。利用这种方法保守估计，上五大湖区总共有 4300 万个停车位。

在上五大湖地区，停车场几乎占了 5% 的城市用地。在蒂珀卡努县这一比例甚至更高，6.5% 的城市用地被用作停车场。当然，我们知道这种情况还是被低估了，因为前文提到，在研究中只有那些被明确确定是停车位的铺装面积（停车标线明显可见）和停放 3 辆车以上的停车场，才会被数字化标记为停车场从而纳入统计；而路内停车位、废车停放场、卡车停车场、未铺装的停车场以及从街道进入停车场的空间（尽管其中包括在停车场内行驶所需的空间）并不包含在数字化处理成果内。停车库（多层结构）仅在顶层暴露在外时才被计算。最后，居住区的停车位，例如连接车库的宽阔内部车道（即使内部通道上停放多辆车）也被省去了。私人住宅的私人车库也被排除在外。居住公寓的停车场有 3 个以上清晰可见的停车位才会被统计在内，我们无法确定这些忽略统计对本章中的统计指标影响有多大，这需要在未来进行深入研究。

环境影响：径流和水质

停车场会产生雨水径流，从而增加洪水风险并降低水质。停车场的表面通常是不透水的，除非用透水路面、草地或砂砾建造，但这些都是不常见的。在降雨期间和降雨之后，雨水无法通过不可渗透的混凝土或沥青层，就不可避免地会进入雨水管，最终进入水体。这对周围环境造成了许多不良后果。

雨水径流会携带聚集在停车场的污染物（例如，汽车漏的油），并将它们带到附近的水源。增加的径流没有被透水表面吸收，而是进入雨水管，这增加了下游洪水泛滥的风险，并最终导致更大的泥沙和污染物负荷。此外，用于保护停车场表面不受恶劣天气影响的密封剂可能会渗漏到周围环境并污染附近的水道。

在对蒂珀卡努县的研究中，笔者使用了一种称为"长期水文影响分析"（Long-Term Hydrologic Impact Analysis，L-THIA）的水文模型与停车场指标进行整合，以专门评估地表用作地面停车场所导致的补给、径流和面源污染变化（Pandey et al., 2000）。该模型显示，将开发前与完全开发为停车场之后的水文系统进行比较，发现地表径流增幅高达 900%（只考虑了停车场覆盖地表对蒂珀卡努县水文的影响，而没有考虑其他不透水表面的影响）。此外，当开发项目包括停车场时，氮和磷等污染物的年平均径流量也显著增加（大约增加 200%，图 8-2）。

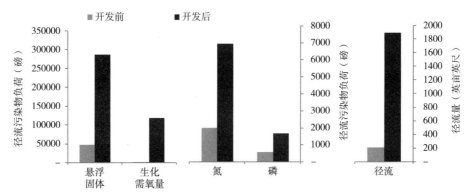

图 8-2　蒂珀卡努县的地面停车场不透水区域开发前与开发后的污染物负荷和径流估算

资料来源：Davis et al., 2009.

此外，广阔的停车场基本用深色沥青铺成，其反照率低（反射率低），因此热容高，而这是造成城市热岛效应（城市温度相对高于周围农村地区）的主要因素。在北半球的夏季，雨水径流的温度也会受到影响，因为雨水会接触到这些热表面，其结果导致附近溪流或水体的温度升高，这已经对生物群落产生了影响。

停车场的铺装用地不仅减少了城市和郊区环境中可能存在（或已经存在）的绿色基础设施（如树木和生物湿地）；它们甚至没有为物种（甚至人类）提供栖息地，没有提供生物多样性（它们被认为是生物惰性的），没有提供生态系统服务（人们从自然中免费获得的好处）。生态学家已经指出，被大型平面停车场所加剧的城市蔓延，经常导致栖息地破碎化。随着开发项目逐渐侵占自然区域，野生动物的健康也受到损害，不仅体现在动物在自然界的活动方面，还体现在了它们栖息和繁殖所用的自然资源利用方面。

用于减轻这些影响的地方政策往往是无效的，甚至可能使情况恶化。许多城市要求在新建筑和其配套停车场附近建立蓄水池塘，以便储存雨水径流，并在暴风雨之后缓慢释放出来。虽然这些蓄水区域对于用不透水材料建设的停车场是必要的，但这些蓄水池塘所需的额外面积又极大地增加了现有停车场的表面积。从而加重了对自然区域的影响。

损失生态系统服务的经济影响

城市将土地改变为停车场所造成的生态代价很少会被计算。在一个被称为"生态系统服务评估"的程序中，科斯坦萨（Costanza）和他的同事（1997）估算了如果自然区域被转化为人类所使用，例如变为城市或农田，那么各种生态系统服务所受到的损失程度。他们使用了几种生态经济学方法来估算自然区域（如湿地）的价值，这些方法也被许多其他生态学家用来估算其他生态系统服务损失的代价（例如，反硝化作用和水净化）。利用蒂珀卡努县关于停车场的研究数据，我们能够将这些评估方法应用到被停车场占用的土地面积上。笔者假设停车场覆盖的用地类型和比例与城市和农田以外的原始自然（湿地、草地、森林）覆盖用地相同。由此能够证明，印第安纳州蒂珀卡努县停车场的生态服务价值为2250万美元（1997年价值）。此外还能确定，如果所有的停车场都变成湿地，那么该县所有土地的生态服务价值将增加38%以上。

多少停车位算是过多

研究发现，在上五大湖地区大约有5%的城市土地面积被铺装为停车场。这是对总停车场铺装面积的保守估算，因为估算不包括路内停车位和路外居住停车位。即使如此，笔者测量的伊利诺伊州、印第安纳州、密歇根州和威斯康星州的停车场面积几乎相当于罗得岛州面积的一半。笔者估算出这四个州0.24%的土地被用于铺设地面停车场。如果把这个比例扩大到整个美国，铺设面积（仅用作停车）将覆盖 7092 平方英里，几乎覆盖整个新泽西州。

客观地说，通过对停车场面积的保守估计可以得出这样的结论：在上述 4 个州，停车位的数量至少是符合驾驶年龄的成年人数量的 2 倍。同样在这 4 个州，每个家庭至少有 5 个可用停车位（图 8-3）。如果再算上所有的路内停车位和所有的家庭停车位，那么这些停车位会遍布在日常出行目的地，例如学校、工作场所、购物中心和娱乐场所。虽然家庭中的每个成年人可能在每个目的地都有一个停车位，但这些停车位并不是同时被使用的。车辆不能同时出现在所有这些地方，未使用的停车位将保持空置。值得注意的是，即使根据停车场面积的保守估计，这 4 个州加起来仍然至少有 4300 万个停车位。根据这些州现有的汽车数量，如果所有的汽车同时停放在家以外的地方，那将会有 2750 万个未使用的停车位（图 8-4）。人们想知道这些空间可以用来做什么，以代替空荡荡的沥青场地。

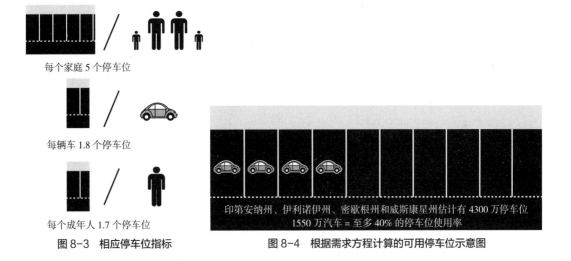

每个家庭 5 个停车位

每辆车 1.8 个停车位

每个成年人 1.7 个停车位

图 8-3 相应停车位指标

印第安纳州、伊利诺伊州、密歇根州和威斯康星州估计有 4300 万停车位
1550 万汽车 = 至多 40% 的停车位使用率

图 8-4 根据需求方程计算的可用停车位示意图

结 论

在区域尺度上测量停车场占地面积是有意义的，因为它可以在更大的尺度上确定不透水地表对当地生态系统的影响程度。即使采用保守的估计也表明我们研究区域内的停车位供给过剩，而这个问题源于我们的城市是如何发展的。区划法规通常将土地用途划分为工业、商业和居住区，并为每个分区分配不同的停车配建标准。规划的重点应该从对地方或建筑的具体监管转移到更广泛的层面，这样可以减少新增不必要的停车设施。本章没有估算路内停车位、停车库和私人居住停车位这些额外的占地面积。如果算上这些额外的停车位，将更能揭示出未充分利用的停车位总数，从而突出以更全面的方式规划停车的必要性。

城市能不能把停车场变成令人难忘的地方，或者变成提供生态系统服务的空间，或者两者兼而有之？笔者认为可以，但这需要规划人员、开发商、当地企业和社区领导人的共同努力。这样做的结果将显著改善我们城市的环境、社会水平和经济结构。

参考文献

[1]   Costanza, R., M. A. Wilson, A. Troy, A. Voinov, S. Liu, and J. D'Agostino. 1997. "The Value of the World's Ecosystem Services and Natural Capital." *Nature* 387：P253-260.

[2]   Davis A., B. Pijanowski, K. Robinson, and P. Kidwell. 2010. "Estimating Parking Lot Footprint in the Upper Great Lakes Region of the USA." *Landscape and Urban Planning* 27（2）：P255-261.

[3]   Davis, A., B. Pijanowski, K. Robinson, and B. Engel. 2009. "The Environmental and Economic Cost of Sprawling Parking Lots in the United States." *Land Use Policy* 96（2）：P68-77.

[4]   Pandey, S., R. Gunn, K. Lim, B. Engel, and J. Harbor. 2000. "Developing a Web-enabled Tool to Assess Long-term Hydrologic Impact of Land Use Change：Information Technologies Issues and a Case Study." *Urban and Regional Information Systems Journal* 12（4）：P5-17.

第 9 章

旧金山的停车与可负担住房

比尔·查宾（Bill Chapin）　贾文钰（Wenyu Jia）　马丁·瓦克斯（Martin Wachs）

住房可负担性和停车位可用性一直是困扰全美各大城市的两大难题。在旧金山很多工薪阶层都觉得独栋住宅、共管公寓（Condo）和出租公寓（Apartment）超出了他们可负担的价格；而找到一个停车位同样困难。居民们说停车问题是城市生活的烦恼之源。很多住房都位于非常狭窄的场地上，无数的地块出入口减少了设置路内停车位的可能。汽车缓慢行驶以寻找稀少的停车空位。在其他的城市（包括纽约、芝加哥、波士顿和西雅图）中心，住房成本与停车位可用性是一对结合起来非常庞大的孪生公共政策问题。

尽管如此，美国人很少把住房可负担性与停车位可用性联系起来，这两个问题实际上紧密相连，给规划人员带来困扰。为了努力缓解停车位短缺问题，城市要求新建住房配建路外停车位。但是停车位极大增加了建造成本，从而抬高了销售价格或租金价格。所以，增加停车供给的同时不可避免地增加了住房成本。如果政府允许新的住房不用配建停车位，房屋价格就会下降，但是街道上可能会充满停放的车辆。

通过在新建住房中提供停车位，开发商们邀请了更多的小汽车出现在城市里。规划人员经常倡导"公共交通引导开发"（TOD）理念来增加公共交通系统的使用、降低居民对小汽车的依赖。在具有良好公共交通可达性的社区减少停车位数量看起来更符合逻辑，正如旧金山所做的那样。拥有高效公共交通服务与较少停车位的社区可以吸引那些避免或有限使用小汽车出行的家庭。但是，即使拥车者很少的社区仍然会遭受停车位短缺的问题。曼哈顿高密度居住社区的街道上经常出现双排或者三排停车，而那里的停车位拥有率相对比较低。

城市应该要求建筑商提供更多的停车位以缓解停车短缺吗？还是应该限制停车，来促进更便宜的住房和更多的公共交通使用？选择前者可能会导致更高的住房价格、更多的小汽车和更少的公共交通使用；选择后者可能导致便宜的住房但是街道被停车堵满。本章报告了旧金山在住房价格和居住停车方面进行的两项相隔 20 年的研究。它们共同为这个纠结的难题提供了一些启示。

第一份研究开展于 1996 年，旧金山当时要求新建住房每户配建 1 个停车位。如果新建住房是专门针对老年群体的，那么停车位可以少建一些，因为老年人的拥车量被假设为少于年轻人。而大多数其他城市对每户住房的配建标准要求很高（经常是 1 个卧室配建 1 个车位）。但是，旧金山的配建标准仍然会影响住房的可负担性。因为大量住宅单元建造于停车配建标准实施之前，笔者通过对比是否包含停车位的单元价格来研究停车和住房之间的关系（Jia and Wachs，1999），并控制了其他变量对销售价格的影响，包括房屋的房龄、规模和配套设施。

早期研究的设计

笔者观察了6个具有典型人口统计学特征（包括收入、住房规模、种族结构）的社区：北滩（North Beach）、海特—阿什伯里（Height-Ashbury）、杜宝斯三角区（Duboce Triangle）、俄罗斯山（Russian hill）、诺埃村（Noe Village）和卡斯特罗区（Castro District）。笔者分析了1996年的房屋出售数据：地址、初始询价、成交价、房屋销售天数、出售日期、面积（平方英尺）、卧室数和洗手间数、房屋年龄、建筑样式、路外停车位可用性，以及邻里描述。该研究将这些房地产数据与1990年的人口普查数据在地理上联系起来，以便同时考虑房地产和社区人口统计信息。笔者总共统计了在1996年出售的232栋房屋信息，它们分布在选取社区内的28个人口普查区之中。采用特征价格模型来分析路外停车位对房屋销售价格的影响，同时保持其他变量的影响不变。笔者发现停车显著影响住房可负担性。

1996年路外停车位对住房成本的影响

每栋拥有路外停车位的独栋住宅平均售价为394779美元，没有路外停车位的独栋住宅平均价格为348388美元，12%的价格差异具有统计学意义。同样的，带有车库的共管公寓比没有车库的平均销售价格多38804美元，价格差异约为13%。停车位可用性在众多影响房价的因素中排在第三位，只低于单元规模和卫生间数量。

这种价格差异直接影响了住房可负担性。大多数想要在旧金山买房的人申请了抵押贷款。假设在1996年流行的30年期抵押贷款利率为7.5%，首付比例为10%，那么只有家庭年收入到达7.6万美元的家庭才有资格在旧金山社区内申请抵押贷款购买带有路外停车位的独栋住宅，这将低收入和中等收入家庭从这些社区中排除在外。而如果想要获得购买没有停车位住宅的抵押贷款，那么平均家庭年收入需要达到6.7万美元。

这些社区中共管公寓的售价中值也显示了类似结果。想要获得带有路外停车位、价格等于售价中值的共管公寓的贷款，家庭年收入需要达到5.9万美元；没有停车位的共管公寓贷款要求家庭年收入达到5.1万美元。这再次表明，停车配建标准显著影响了旧金山的住房可获得性。

笔者估算旧金山有6.87万户家庭可以满足申请购买带停车位的典型独栋住宅抵押贷款

的资格；另外，1.66 万户家庭可以满足购买没有车位的同等价值住房的资格。因此，如果住房没有停车位，会多出 24% 的家庭可以购买独栋住宅。同样的，如果停车配建标准不存在，会增加 2.68 万户家庭能够负担得起共管公寓。具备贷款资格购买没有停车位的共管公寓的家庭，会比有资格购买带有停车位的共管公寓的家庭多 20%。另外，带有停车位的共管公寓在销售时间上要比没有停车位的多 41 天。

旧金山 20 年后的住房和停车

自从上述研究的原始成果出版以来，城市规划人员对停车的态度有了戏剧性的转变。在过去 10 年，超过 100 个不同规模大小的城市在其市中心取消了停车配建下限标准，旧金山也在其中。从 2005~2014 年，旧金山逐渐取消了市中心大部分地区以及周围部分社区的下限配建标准（Chapin，2016）。

与此同时，旧金山的住房危机并没有减弱。城市里五分之一的租户将超过半数的收入用于住房。区域范围的房价中值现在高达 84 万美元，只有 23% 的人能够负担得起。

由于旧金山的停车改革与社区规划的发展联系在一起，所以进展缓慢。有些规划甚至用了 10 年以上的时间去制定。这种渐进式方式导致一些地块多年来与他们的邻居采取不同的停车标准，尽管他们距离非常近。

可以采用以下案例对近年的住房发展进行对比，来探索城市改革工作是否实现了目的，特别是在住房可负担性方面。对紧邻市中心东侧、横跨市场街（Market Street）和范尼斯大道（Van Ness Avenue）的 2.6 平方英里区域于 2008~2014 年的发展进行分析。如果证据表明取消停车配建下限标准能够真正减少住房的成本或者鼓励低于市场价格住房的发展，那么旧金山的策略才能被证明是对其他城市有价值的先例。

第二次研究的设计

第二次研究的范围选定在市场街和范尼斯大道两侧 2000 英尺内的地块，处于以下两个官方城市规划区之间："市场街与奥克塔维亚规划区"（Market and Octavia AreaPlan）和"范尼斯特殊用途区"（Van Ness Special Use District）。本次分析研究了每一个地块的市场开发情况，并明确了旧金山规划委员会批准每个项目时的停车配建标准。2000 英尺的研究边界让所有地块都处于公交站点的步行距离内。本次研究包含了早期研究分析的部分社区，包括杜宝斯三角区的全部和俄罗斯山与卡斯特罗区的部分地区。

本次分析使用了旧金山市和旧金山县的多种官方文件和数据库来确定研究区域和研究时间内所有包括至少 10 个单元的住宅开发项目，以及获得批准时每个项目的关键属性。这些关键属性包括用于计算下列经验数据的测量值：

（1）每户停车位数量；

（2）住房获得补贴的比例，可负担比例；

（3）每户平均建造成本，根据建筑许可申请上所列的数据以及用于非商业用途的建筑面积比例进行估算。

这个过程最终确定了 30 个所在区划分区没有停车配建标准的开发项目，和 14 个所在区划分区要求每户配建一个停车位的项目。通过 t 检验方法评估两组数据之间每个变量是否存在统计显著差异。

停车改革对住房开发的影响效果

研究分析发现没有停车配建下限标准的开发项目平均每 100 户建设了 36 个停车位，而实施下限配建标准的项目平均每 100 户建设了 90 个停车位。位于没有下限配建标准区划分区内的项目，其中 23% 的住房达到了城市规定的可负担性资格；相比之下，有下限配建标准分区内的项目只有 6% 满足可负担性资格。最终，估算没有配建标准的住房成本为 230208 美元，而有配建标准的住房成本为 330666 美元。这些结果全部都在 95% 的置信水平以上。

旧金山的停车改革让住房开发项目减少了 60% 的停车位。这些减少的停车位意味着开发商能够让建设的住房便宜 30%——足以让住房的市场价格更符合旧金山典型家庭的收入。在没有停车配建下限标准的地区，寻求 10% 投资回报率的开发商需要每月征收 1918 美元的租金才能覆盖建设费用；而在有停车下限配建标准的地区租金将是 2756 美元。一个年收入为全市中值 86150 美元的两人家庭，如果在没有停车配建标准的地区租房将会花费 27% 的收入，而在有停车配建标准的地区将花费 38% 的收入。

从减少停车位中节省的成本不会转移到包容性住房的增加之中。不管停车配建标准如何要求，绝大多数市场价格开发项目都包含了城市规定的可负担住房的下限户数。然而，本研究也包括了 5 个全部由低于市场价格住房组成的项目，而且它们全部处于没有停车配建标准的区划分区内。其结果是这个分区的可负担住房是其他区域的 3 倍以上，经常用来服务被忽视的人口群体，例如长期流浪汉和老年人。

在与该区域 6 位活跃的开发商沟通交流时，他们表示停车是他们主要关心的事情。不受配建下限标准限制的开发商往往不确定，如果他们被要求为每户配建一个停车位，结果会如何。他们说在某些情况下根本不会进行开发，从而会加剧城市住房短缺。在另外一些情况下，开发商不得不尝试增加地下停车库的层数，由此产生的费用又可能以高房价或高房租的形式由居民承担。

旧金山的停车改革方法也包括了设置新的停车上限控制。本研究没有分析上限标准如何影响研究区域的开发。一位受访开发商声称，对于市场价格住房，他希望尽可能多地建设区划法和建筑占地面积所允许的停车位。因此,城市只是简单地解除路外停车监管是不够的,他们需要积极实施严格的限制政策。

政策影响

为什么停车配建标准与住房捆绑在一起?在东京,想买车的家庭必须拥有路外停车位才被允许车辆登记;但是,不想买车的家庭也无需在房屋价格中附加停车位费用。为什么要无视家庭车辆拥有量而规定每户住宅必须配备一定数量的停车位呢?如果停车与住房解除捆绑销售关系,建设彼此独立的市场,那么公共利益会不会得到更好的服务?车辆完全可以停放在独立于住房以外的路外停车库中。

设想一下美国城市的住房开发商们分开提供住宅单元和停车位。如果他们分别提供住房和停车市场,一位购买者在买房时就可以根据需要选择是不是要停车位,还是购买1个或2个停车位。在社区中长期居住拥有车辆但没有停车库的居民,就可以与新建住房业主协商购买或租赁他们的停车位;而当社区中新的居民不需要买车时,也就可以不用再支付房价中的停车位费用。

如果停车位和住房市场分开,会不会有更多的人选择不再支付停车费用而在当地路内免费停车?不见得,特别是如果城市能像本书第51章内容描述的那样合理管理路内停车位。相比于不停寻找一个路内停车位或者为了避免超出停车时限而不断挪车,有足够收入的停车人可以选择购买和租赁停车位,而想省钱的人应该放弃他们很少用的车辆,放弃停车库以便节省房屋支出。

这些研究结果有力地支持了将取消停车配建下限标准作为促进住房可负担性的方法。停车改革本身并不能解决旧金山的(当然也不能解决其他城市的)住房问题。解决这一复杂问题需要采用多种方法。然而,这些研究证据表明,取消路外停车配建下限标准能够让房价更具可负担性。

参考文献

[1] Chapin, Bill. 2016. "Parking Spaces to Living Spaces: A Comparative Study of the Effects of Parking Reform in Central San Francisco." Thesis submitted for the Master's Degree in Urban Planning, San Jose State University.

[2] Jia, W., and M. Wachs. 1999. "Parking Requirements and Housing Affordability: A Case Study of San Francisco." *Transportation Research Record* 1685 (1999): P156–160.

第 **10** 章

纽约停车配建下限标准的意外后果

西蒙·麦克唐奈（Simon McDonnell） 约西亚·马达尔（Josiah Madar）

尽管停车配建下限标准可能对住房成本和交通拥堵产生不利影响，但是它们仍是地方土地利用控制的主要内容。无论新城还是老城、大城市还是小城镇，其区划法规都规定开发商必须为每户新住房、每平方英尺的零售或办公空间提供一个停车位下限数量。即使如休斯敦这样以土地利用监管自由放任而出名的城市，也对新建筑实施停车配建标准。

在一个路内停车免费或价格过低的世界中，停车配建标准的目的就是确保新建筑在即将到来的争夺"足够"停车位的战斗中，各自"做好分内的事儿"。按照这个理论，开发商既然提高了当地的停车需求，就应该同时配套提供路外停车位来满足这一新需求，以避免这些新的居民、购物者和访客们带来的停车外溢问题。爱普斯坦（Epstein，2002）认为停车外溢的潜在威胁是地方治理中最棘手和最火爆的问题。

本书的大多数读者无疑都对反对停车配建标准的理论非常熟悉。当区划法规确定开发商为开发项目中的每间公寓、办公室或店面必须提供的停车位数量时，它会迫使开发商承担可能不必要的费用。如果配建标准所要求的停车位数量超过了开发商想要提供的数量，那么停车配建标准就增加了实际建造成本，特别是建设地下车位时成本会急剧上升。

超出开发商意愿部分的额外停车位，其成本要么转嫁给消费者，要么会降低项目盈利能力甚至降低项目开发的可行性。除了提高开发成本（以及最终的房价），停车配建标准还会给交通和环境带来不良影响。它们会导致停车位的过量供给，降低了停车位的市场价格，并影响了居民、访客和工作人员几十年来的出行决策。最后，将免费或打折的停车位与住房捆绑在一起，将增加居民拥有和使用汽车的比例。

纽约市的居住类停车配建标准

纽约市大部分开发矛盾的核心问题都是新住房开发与现有居民路内停车之间的冲突。停车配建下限标准一直以来都是这些政治的活跃部分。尽管这座城市拥有非常高的公交出行量，但是小汽车出行也很普遍，特别是在曼哈顿以外的地方。根据《2014 年美国社区调查》（2014 American Community Survey），在纽约市曼哈顿区以外的地区大约有 52% 的家庭至少拥有一辆汽车。纽约市很多社区的房屋年龄和密度意味着许多人都把车停在路内。他们经常大声反对公交车道、自行车道、共享自行车站点和私人出入口，因为这些设施会减少路内停车位的供给。居民们的担心可以理解，因为新开发项目如果没有配建足够的路外停车位，必然会增加居民对不断减少的免费路内停车位的竞争。

纽约市的政策制定者们于1938年首次开始解决"停车短缺"问题，在区划法规中添加新的规定以监管路外停车场和停车库的建设。到了20世纪50年代，纽约市开始利用自己的资源，通过建设市政停车库并对公共停车位收费来增加公共停车位的服务能力。到1954年，与许多其他城市一样，纽约的区划法规开始要求特定类型的项目必须提供路外停车位。这种不需要直接花费城市基金的方法成为停车政策的基石，并在1961年新的区划决议通过时得到了执行和加强。除了拥挤的曼哈顿下城地区，其他所有地区的居住、商业和工业区域都要执行停车配建标准。在20世纪80年代早期，由于空气质量问题，曼哈顿大部分地区和皇后区部分地区的新建筑得以纳入豁免的扩大范围。即使到现在，停车配建标准也基本保持不变，甚至在某些情况下增加了。

在大多数纽约人居住的曼哈顿以外的地区，区划法规通常要求每10户新住宅配建4~10个停车位，具体取决于所在分区（密度越高的区域通常要求越少的每户配建数量）。政府官员还解释说某些具体类型的可负担住房的配建标准更低。对于市场价格住房开发，很多区划分区对特定开发规模以下的场地或只需配建少量停车位的项目允许完全或部分免除停车配建标准。为了避免执行停车标准，开发商经常花费更高的成本在一块场地上建设多个小型建筑，而不是建设一个大型建筑物。

纽约自从采用停车配建下限标准以来，土地变得越来越昂贵。立体停车设施里的每个停车位都需要数万美元来建设，即使是地面停车，其成本也很高。停车配建标准虽然减少了邻里对开发项目的反对意见，但它们抑制了住房极其短缺的城市的可负担住房开发，在公交发达的社区尤为如此。

近期研究

在最近的研究中，笔者采用了两种方法来解决现有居民免受路内停车竞争的影响，并避免停车配建标准对住房成本和交通模式的影响。首先，分析城市的区划法规，了解停车配建标准在实际中如何影响允许开发的体量。其次，研究最近的开发模式，观察开发商实际提供了多少停车位。

在研究中，笔者分析了纽约的区划法规和相应的区划图，估算如果将所有潜在的区划控制体量都开发为新住房，那么城市区划制度将会在每个地理区域配建多少个停车位。通过分析每个区划分区内现有地块的大小（暂不考虑某些情况下地块范围可以重新划定这一事实），还能估算"小型开发项目"豁免对这些配建标准的影响。

当笔者将这套分析方法运用到 2007 年的城市区划图上时，估算得出全城范围内每 100 户住宅需要配建 43 个停车位。但是，纽约市 5 个行政区的数值差异很大，从曼哈顿区的 5 个停车位到斯塔滕岛区（该市密度最低的行政区）的 122 个停车位。尽管缺乏任何将停车配建标准与公交可达性联系在一起的正式机制，但是 5 个行政区中有 3 个由于其采用的区划分区类型，在地铁站或通勤铁路车站周围半英里步行范围内，配建标准要低很多（表 10-1）。

这些调查结果表明，即使在考虑豁免的情况下，纽约也需要为曼哈顿以外的新市场价格住房提供大量的停车位。当然，这同时意味着减少停车配建标准可以降低开发成本，并促进减少未来出行习惯对小汽车的依赖。然而，对配建标准的分析并没有对最有可能开发的地块进行加权集中计算，所以将这些配建标准应用到实际新停车位配建可能与笔者粗略估算会略有不同。

住宅单元停车配建标准估算值（停车位/100 户）　　　　　　表 10-1

行政区	所有地块平均值	轨道车站半英里内地块平均值	轨道车站半英里外地块平均值
布朗克斯	39	34	51
布鲁克林	40	34	61
曼哈顿	5	5	3
皇后	66	54	78
斯塔滕岛	122	131	120
全纽约市	43	29	72

笔者分析的第二部分内容旨在更好地了解纽约的实际开发与停车配建标准之间的关系。在这一部分，笔者找出了 2000~2008 年间曼哈顿以外区域五户以上的所有商品房住宅项目，统计了它们配建的路外停车位数量。然后，将这个数字与前面估算的分区配建数量进行比较。

从这一分析中得出结论，在大多数开发商没有获得豁免的情况下，停车配建标准很有约束力。但是，在评估区划法规关于停车的所有方法时，豁免适用性是一个非常重要的因素。

● 在我们找出的大约 1000 个项目中，几乎三分之二的项目规模小到有资格获得豁免，其中，只有不到 20% 的项目提供停车服务。

● 在规模过大超出豁免资格的 317 个项目中，65% 的项目"严格按照配建下限标准要求的数量"建设，甚至少于标准要求。

● 在规模过大超出豁免资格的项目中，另外有 12% 的项目提供了比配建标准要求数量稍微多一些的停车位（通常多出 1~2 个）。

● 只有大约四分之一不符合豁免条件的项目提供了至少比区划标准多出 25% 的停车位。这一组项目的数量只占我们分析的项目总数的 7%。

整体情况是复杂的，但笔者的结论是，停车配建标准正如批评人士所言，减少了住房开发并增加了停车供给。对小型建筑的豁免规定确实取消了许多项目名义上的停车配建标准。但另一方面，如果大型建筑需要履行配建标准导致这些潜在项目不可行的话，那么这些流行的豁免项目可能反映了一种"幸存者偏差"（survivor bias，一种逻辑错误，只关注某些过程中"幸存的"人或事物，而无意中忽略那些没有幸存的，因为它们缺乏可见性）。在不符合停车豁免资格的大型项目中，绝大多数只提供配建标准要求的下限停车位数量。

改革的前景

从笔者在 2009 年开始研究纽约停车配建标准以来，住房开发的监管障碍严重性只增不减。城市的住房成本继续以高于收入的速度上涨，这表明对更多住宅单元的需求比以前更高。现任市长白思豪（比尔·德·布拉西奥，Bill de Blasio）在 2014 年上任之前，曾在竞选活动中强调住房建设，尤其是可负担住房。在他执政的第一年，他的政府就发布了一项雄心勃勃的住房计划，要建设 8 万套新的可负担住房，并增加未建的邻近公交社区的密度。笔者怀疑，白思豪任命维姬·贝恩（Vicki Been）为住房、保护和开发局主席，也增加了重新审查本市停车配建标准的可能性。维姬·贝恩是笔者停车相关作品的合著者之一，她对停车配建标准所造成的影响有着深刻的理解。

自从本轮大衰退以来，不可能获得停车配建豁免的大型建筑（50 户及以上住宅单元），已经在开发计划中占据了更大的份额，这使得名义停车配建标准现在产生的影响比笔者研究项目所处的年代更重要。

甚至在白思豪上任之前，纽约市就已经表现出了一种新的意愿，即在面临特定机遇时调整停车配建标准。2012 年 12 月，纽约减少了布鲁克林繁华市中心的停车配建标准，从每 100 户 40 个泊位下调至 20 个。这个社区是纽约市交通服务最好的社区之一，靠近曼哈顿的中心商务区。2004 年这个社区被重新区划以便允许开发更高的密度。但即使在住宅单元都被出租后，还会至少有一栋新楼里的停车库中有空着的停车位。

然而，白思豪政府表现出了开展更加全面改革的意愿。2015 年，作为更宽泛的"为高质量和可负担进行区划"（Zoning for Quality and Affordability）倡议的一部分，纽约提议取消位于新定义的"公共交通分区"（Transit Zone）内的新建可负担开发项目的所有停车配建标准。该分区覆盖了地铁站半英里内的许多区域。此外，通过一个特殊程序，公共交通分区内"现有的"可负担老年住宅和其他一些可负担住房可以取消为满足当前停车配建标准而建的停车场，从而腾出土地用于新的可负担开发。

在公共交通分区以外，该提议将新的可负担住房的配建标准减少至每 100 户只配 10 个停车位，甚至这一标准还受到新的自动豁免条款的约束（目前不适用于现有的可负担老年住房）。通过一个特定许可程序，公共交通分区以外的现有可负担老年住房开发项目将能申请减少现有配建标准。这些地区其他现有可负担开发项目的配建标准保持不变。将公交邻近度正式确定为决定停车配建标准的一个因素，对于该市更广泛的停车方式来说是一个很有前景的突破。这种方法可以作为其他城市的模板，尽管这种方法目前仅限于可负担住房。

非常遗憾但又在意料之中，该区划方案特别是对停车配建标准的调整，在市政府进行漫长的土地利用审批程序时遭到了强烈反对。很多社区审查小组建议不采纳该区划方案，其中一部分原因就是担心停车问题。市议会最终在 2016 年 3 月通过了该区划方案，但是在减少了公共交通分区的规模以及增加现有停车场重新开发的难度之后。

尽管在这种情况下停车改革基本没有成功，但社区对放宽停车配建标准的强烈反对让人们注意到，想要缓解住房短缺的纽约和其他高成本城市的官员必须做出艰难的政治选择。在许多这样的城市里，官员们正在寻求增加现有社区及其附近地区的分区密度，尤其是在公交系统附近。这种人口密度的增加在政治上是否可行，将取决于诸多社区特定因素，但是停车肯定是其中之一。那么，在缓解住房短缺的努力中会存在一种危险，即社区要求把提高停车配建标准作为"缓解"现有停车位竞争的工具，而城市政府屈服于社区的压力。从短期看，这一让步可能有助于为更多的住房建设铺平道路；但从长期看，配建更多的路外停车位将增加住房成本、交通拥堵、空气污染和碳排放等问题。

参考文献

Epstein，R.A. 2002. "The Allocation of the Commons：Parking on Public Roads." *Journal of Legal Studies* 31，no. 2：P515–544.

第 **11** 章

捆绑式停车政策的隐形成本

C·J·加贝（C. J. Gabbe）　格雷戈里·皮尔斯（Gregory Pierce）

美国城市里的租客们正在面对飞速上涨的房价，尤其是在沿海大都市地区。价格上涨的部分原因是严格的土地利用法规。路外停车配建下限标准是美国土地利用法规的核心部分，应该进行详细的研究，而且它们具备政策改革的潜在可能。在今天的大多数城市，市政法规要求开发商提供配建停车位。租户或购房者将以月租或者购买费用的一部分支付该停车费用；因此，停车价格与住房价格"捆绑"在一起销售。虽然许多家庭可能按自由市场价格为配建停车付费，但这个比例肯定低于强制规定的比例。此外，停车配建下限标准和捆绑式停车的历史影响隐藏了房屋价格中的交通成本负担，使家庭不能自由选择。停车配建下限标准迫使开发商建造昂贵的停车位，从而推高住房价格。最近，城市政策制定者开始关注改革停车规定并基于社会公平和环境可持续性理论来解除捆绑式停车政策。

在本章中，笔者将探讨停车规定对美国城市的住宅租金有何影响。笔者发现捆绑在房租中的停车费用每年约为 1700 美元，而一个捆绑式停车位大约增加了一个住宅单元 17% 的租金。大约有 70.8 万户家庭没有车却拥有停车位。估计这些家庭的停车费用每年给社会造成的"直接无谓损失"（衡量与停车配建下限标准相关的大规模低效率水平）约为 4.4 亿美元。笔者认为，考虑到停车配建下限标准的间接成本，这个数字只是冰山一角。最后，建议通过两类方法对当地土地利用监管进行调整以减少停车的高成本负担：①城市应降低或取消停车配建下限标准；②城市应允许或鼓励开发商和房东提供非捆绑式停车选项。

停车规定和住房价格

停车规定通过降低密度和强制要求开发商遵守昂贵的标准，限制了住房供给并助涨了房价。当原本用于建筑的土地用于停放汽车时，停车下限标准使得密度降低。这让一些填充式开发项目在物理上或经济上不可行。停车配建下限标准也使房地产开发的成本非常昂贵。除了将空间用于停车而不是其他用途的机会成本之外，建造新停车场的直接成本也很高。在全美范围内，在 2012 年建造一个地下停车位的平均成本为 3.4 万美元、建造一个地上停车位的成本为 2.4 万美元（Shoup，2014）。这些成本最终会转嫁给消费者，无论他们是否有车。

一些城市的特定研究评估了停车设施对住房成本的影响。在 1999 年的一项研究中,贾文钰(Wenyu Jia)和瓦克斯(Wachs)发现在旧金山,有路外停车位的单户住宅价格比没有路外停车位的高 12%,有路外停车位的共管公寓价格比没有路外停车位的高 13%。在 2013 年的一项研究中,曼维尔(Manville)分析了洛杉矶市中心通过《适应性再利用条例》将一些建筑物改造为房屋。他发现捆绑式停车将出租公寓的租金提高了约 200 美元 / 月,并将共管公寓的价格提高了约 4.3 万美元 / 户。这些文章提供了关于捆绑式停车政策影响房价的初步证据,但这些证据仅限于在加利福尼亚州的一些城市中所选的社区。在这些研究的基础上,笔者对停车如何影响全美住房单元的住房价格进行评估。

采用《美国住房调查》研究停车成本

笔者使用来自《2011 年美国住房调查》(American Housing Survey,AHS)的数据,该调查由美国人口普查局每两年进行一次。笔者专注于研究城市地区的租客,因为这些家庭正在遭受最严重且不断恶化的住房成本负担。笔者特别关注停车库,因为它是建设成本最贵的停车设施类型,也是公交导向型城市中心最普遍的停车设施类型。笔者的建模方法(称为特征回归)是考虑房屋或公寓的价格与其属性之间存在的函数关系,包括建筑、邻里和位置特征。配建停车库的可用性是家庭购房或租赁房屋的决定因素之一,也是研究的重点。

捆绑式停车与无车租户

美国大都市区的绝大多数出租房屋(83%)都在场地内配建某种形式的停车位。大约 38% 的出租房屋有车库停车位,而 45% 的出租房屋有地面或其他非车库停车位。大约 17% 的出租房屋没有停车位,但这个比例在大城市中变化很大。纽约市没有停车的住宅比例最高(73%),与加利福尼亚州奥兰治县的另一个极端(1%)形成鲜明对比。在大城市中,约有 350 万个出租房屋没有停车位。这些房屋与捆绑停车位的房屋相比,往往更小、更老并且屋内便利设施更少。

大多数美国家庭至少有一辆汽车。人口普查数据显示,全美只有约 7% 的租房家庭没有汽车。与捆绑停车分布比例一样,不同的城市中没有车辆的家庭比例存在很大的差异,从纽约大都市区的 26% 到犹他州圣乔治市的 1.5%。在整个《2011 年美国住房调查》样本中(包括租房者和自有住房者),超过 71% 的无车家庭居住在捆绑停车位的住房中,而有车家庭的对应比例则超过 96%。在租住单元样本中,这些比例分别为 73% 和 93%(图 11-1)。量化车辆拥有率和停车之间的关系很重要,因为无车家庭正在为他们最不需要或不想要的东西付钱。

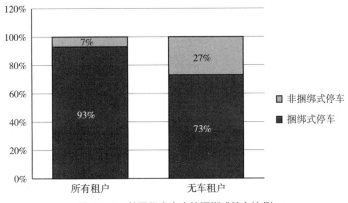

图 11-1 美国租房家庭的捆绑式停车比例

分离停车位的价格

如图 11-2 所示，使用特征回归建模方法发现，一个捆绑式车库停车位每年大约花费 1700 美元，即每月 142 美元。换个角度看，一个车库停车位增加了一个住房单元17%的租金。虽然这些数字是所有租房住户的平均值，但可以猜测无车租户为停车位可用性支付的费用较少。数据支持这一假设，无车租户平均每年为捆绑式车库停车支付 621 美元，需要额外支付 13% 的租金。笔者计算了由于房东们向 70.8 万个没有汽车的住户家庭提供车库停车位所造成的社会无谓损失。在全美范围内，每年用于支付居民未使用的车库停车位的无谓损失达 4.4 亿美元。这一数额仅代表停车配建标准对低收入租户的直接成本，并未考虑停车供给的许多间接成本（Shoup，2011）。

图 11-2 车库停车是家庭每月平均租金的一部分（913 美元）

讨　论

在其他条件不变的情况下，配有车库停车位的公寓将比配有地面停车或无停车位的公寓更贵，我们的研究结果支持了这种经济逻辑。在需求侧，车库停车位是许多城市租户的重要配套设施。车库停车位在高密度城市社区尤为重要，因为那里的路内停车位进行收费或难以找到。无车家庭和不将车库用于停车的家庭仍然可以通过使用它来存放物品甚至增加居住空间，从而让车库有更多实际用处。这种情况更可能发生在私家车库能够停放一辆或两辆车的家庭中，而不可能发生在使用共享停车楼或地下停车库中指定停车位的家庭。

在供给侧，停车供给的直接和间接成本很高且会转嫁给租户。车库停车位的建设成本很高，而且它的建设通常对房地产开发商来说是一个沉重的机会成本，特别是当土地面积用于停车而不是可出租的住宅或商业空间时。本章的研究表明，这些直接和间接成本以更高的租金形式转移给了消费者。

没有对应需求的停车供给规定只能被认为是浪费行为。停车配建下限标准给无车家庭带来了一个重大的不公平问题，租户支付车库停车位费用但实际并没有用来停放车辆，所造成的巨大的无谓损失（每年 4.4 亿美元）证明了这一点。鉴于美国的无车人口一般由低收入家庭组成，因此非自愿为车库付费的家庭大多是最没有负担能力的家庭。实际上，我们发现拥有车库但没有车的家庭的平均收入（2.4 万美元）仅比其他家庭平均收入（4.4 万美元）的一半略高。如果不用对根本不使用的停车位付费，这笔租金可用于租住更大面积或位置更好的单元，还可以用于其他消费支出或者存钱买房子。

建议城市应降低或取消市区内的停车配建下限标准。即使一些城市最近开始降低停车配建标准，住房供给也需要花数年时间去调整。消费者可能需要十年或二十年的时间，才能获得无捆绑式停车的多种住房选择。降低或取消停车配建下限标准，对居住在车库停车位比较普遍的高密度城市中心社区的租户来说，将带来极大的好处。

笔者还建议城市允许或鼓励房地产开发商解除新建住房的捆绑式停车位。该建议取决于对停车配建下限标准的改革。如果不能降低或取消停车配建下限标准，开发商几乎没有动力去解除捆绑式停车。停车供给过剩会导致车位租不出去，而开发商实际上会为此付费。这些政策的组合将使开发商能够建设含有更少停车位的住房，然后通过价格机制来决定数量合适的停车位。

结 论

本章研究了捆绑式停车规定对大城市住房租金的影响。研究结果提供了第一个具有全美代表性的证据，即城市停车位规定对租房者来说是非常昂贵的。我们提供了进一步的证据，表明停车配建下限标准给租房者带来负担，并导致社会浪费。无车家庭中许多人是低收入者，他们在捆绑式停车成为常态的社区和城市中受到的影响尤为严重。取消这些地点的停车配建下限标准，将使市场逐步满足对无捆绑停车住房的潜在需求。此外，它将减少市区无车租户所直接遭受的每年 4.4 亿美元的无谓损失。简而言之，取消停车下限配建标准将有助于纠正对开车出行的错误激励，并阻止这一标准在过去 75 年中所鼓励的蔓延的城市形态。

参考文献

[1] W. Jia，W.，and M. Wachs. 1999. "Parking Requirements and Housing Affordability：A Case Study of San Francisco." *Transportation Research Record* 1685：P156–160.

[2] Shoup，Donald. 2014. "The High Cost of Minimum Parking Requirements," in *Parking Issues and Policies*，edited by Stephen Ison and Corinne Mulley. Bingley，UK：Emerald Group Publishing，P87–113.

[3] Shoup，Donald. 2011. *The High Cost of Free Parking*. Revised edition. Chicago：Planners Press.

第 **12** 章

亚洲城市的停车政策：常规但有启发性

保罗·巴特（Paul Barter）

停车配建标准造成的是慢性病（长期的、相对无形的）而不是急症（立刻令人痛苦）。它们对大多数人来说并不明显，也很难解释。停车配建标准导致低效率却没有明显证据说明是它们造成的！它们的影响需要进行一些分析和解释才能看到。有多少人知道停车配建标准使得市区建筑很难恢复和重新利用？有多少人知道停车配建标准降低了住房的可负担性？

遗憾的是，停车配建下限标准正在蔓延到世界各地。为了记录停车配建标准如何在整个亚洲传播，以及它们在城市之间如何变化，本章分析了 14 个大都市的停车政策：艾哈迈达巴德（印度）、曼谷（泰国）、北京（中国）、达卡（孟加拉国）、广州（中国）、河内（越南）、香港（中国）、吉隆坡（马来西亚）、雅加达（印度尼西亚）、马尼拉（菲律宾）、新加坡、首尔（韩国）、台北（中国）和东京（日本）。

研究发现两个令人惊讶的结论。第一，这些城市全部都有停车配建下限标准，而且大多数都以相当严格的方式实施。这令人惊讶，因为严格执行停车配建下限标准通常与汽车依赖型城市相关，似乎不适合亚洲高密度、混合用地的城市结构（通常小汽车使用率相对较低）。第二，尽管东京的停车政策包括停车配建下限标准，但仔细观察会发现它有一套独特的日本式市场响应型停车政策。

本章采用了一种新的停车政策分类方法进行比较，并在下一节解释该方法。接下来阐述该分类方式是一种能够适用于西方国家的通用方法。它设置了三个情景维度来分析不同城市的停车政策：①配建停车；②路内停车；③公共停车，从而开展亚洲城市之间的比较。本章最后对分析结果进行总结。

当地停车政策方法的分类方式

如图 12-1 所示，描绘了市政停车政策方法的一种新的分类方法。这一分类方式有助于本章全篇的分析，它基于停车政策思考的三个维度。

● Z 轴（图中前后方向，提供多少停车位？）是对停车位供给数量的态度，如"充分

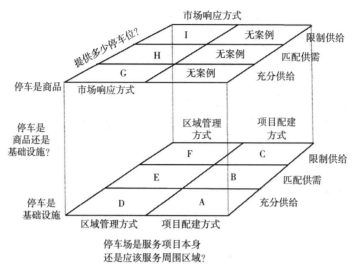

图 12-1　停车政策方法的三重标准分类方式
资料来源：改编自 Barter, 2015.

供给"或"限制供给"。

● 图中横轴对比了两种不同的心态。图右侧坚持每个场地都要以配建为中心（证明停车配建标准下限的合理性）。相反，图左侧支持"停车步行区"（park-once-and-walk districts）方式，停车设施往往向公众开放，并为周边区域服务。

● 图中纵轴被分成上下两层。下层将停车设施理解为一种基础设施并按此规划；上层将停车设施理解为市场商品，从而能够响应市场程序。上层的"市场响应方式"都处于左侧，是因为停车市场化更适用于向公众开放的停车设施。

西方国家的停车政策方法

现在可以将欧洲、美国、加拿大、澳大利亚和新西兰普遍采用的停车政策方法置入该分类方式中，这也有助于进一步解释该分类方式。在后文，将看到亚洲城市的分布。

● 在图 12-1 底层标有 A、B 和 C 的地方代表了配建为中心的停车方法，试图在开发项目场地内部满足停车需求。

　　○ A 代表了用高停车配建下限标准鼓励供给的情景，例如在郊区。

　　○ B 代表的方法包括"合理规模"的停车配建标准，即能够更好地满足需求又避免过量供给。

　　○ C 代表一种限制自身配建的方法。这不大可能成为政府管理方式。然而，大型独立项目例如园区，可能会决定限制自身的停车供给。

● 图 12-1 下层标有 D、E、F 的地方采用"区域管理"停车政策，例如在年代较久的区域要求项目满足自身需求配建停车位根本不可行，会导致各种各样的问题。这类地方大多强调公共停车和更好地管理路内停车，而不是要求配建停车。

　　○ D、E 和 F 对停车供给的态度不同。例如，方法 D 寻求充足的公共停车场，这在北美的小城镇很常见。F 区采用限制停车的方法，这经常在大型城市公共交通发达的中心商务区（CBD）出现。

　　○与图中上层的方法不同，下层这些区域管理方式缺乏强力措施来促进对停车市场的响应速度。

● 图 12-1 上层标记为 G、H 和 I 的地方代表市场响应方式。它们包括鼓励通过市场程序而不是政府监管来调节当地的停车需求、供给和价格相互适应的政策。这些方法近年来才引起关注。

　　○最著名的例子就是舒普提倡的一系列措施，包括取消停车配建下限标准、路内停车定价实现 85% 的利用率并将收入返还给社区（H 区域）。

　　○在实践中，许多 CBD 拥有市场响应式停车系统，具有广泛分布的商业停车位、没有停车配建下限标准并且市场价格不受监管。促进停车运营商之间的竞争和需求响应式路内停车价格有时会增强这种市场响应能力，例如卡尔加里（Calgary）和西雅图采取的方法。

　　○图中左上方的 G 区域所在的市场响应方法，代表了通过市场导向方法（例如，激励措施）而不是政府供给或法规的方法来促进停车供给的可能性。

亚洲的城市如何分布呢？亚洲城市往往与西方大城市的老城区有一些共同的主要特征，例如高密度、相对较低的汽车拥有量和大量公共交通出行。在西方城市中具有这些特点的区域，往往避免采取以配建为中心的停车方法，避免促进停车供给。同时，很少有西方城市尝试市场响应式的停车政策。以此类推，可以想象亚洲城市也会这样做。

亚洲的停车标准、对停车供给和配建停车的态度

本节将重点讨论商业建筑的停车标准（上限或下限配建标准），并对图 12-1 中的两个维度进行深入分析：①对停车供给的态度；②政策是鼓励场配建停车还是鼓励停车步行区。要更深入地理解第二个维度，还需要在下一节中观察公共停车政策。

图 12-2 显示了商业的停车配建标准与汽车拥有率的对比关系。令人惊讶的是，研究中的所有亚洲城市都有停车配建下限标准，甚至在它们的中心商务区也是如此。而且，只有韩国首尔、新加坡和中国香港在中心商务区采用低于外围地区的下限标准。

最高的商业停车配建下限标准出现在东南亚中等收入城市，特别是马来西亚的吉隆坡

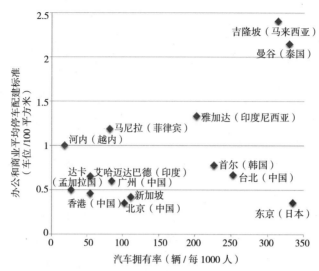

图 12-2 2008 年商业建筑停车配建标准与汽车拥有率关系
资料来源：Barter，2011
注：图中数据根据三栋假设建筑的平均配建标准进行对比，每栋建筑面积采取 2.5 万平
方米，一栋为中心商务区的写字楼，一栋为非中心区办公楼，一栋为非中心区购物中心。

和泰国的曼谷。这表明它们支持郊区风格的以配建为中心的停车方式，并采取促进供给的态度。这对于城市密度相对较高、土地用途广泛混合的城市来说是令人诧异的。

相比之下，研究中最富裕的亚洲城市的配建下限标准很低。日本东京的停车配建标准较低，并逐步豁免小型建筑和分阶段开发项目的配建标准。中国香港在 1981 年用较低的停车下限标准取代了 20 世纪 70 年代较低的停车上限标准。2002 年，新加坡采取了类似的做法降低了下限标准。

中国香港、韩国首尔、新加坡、中国台北和日本东京都是"公交都市"，所以它们实施停车配建下限标准令人惊讶。因为在这些城市中，公共交通、交通政策、城市规划和房地产早已在促进公共交通方面达成合作和配合。当然，较低的停车配建下限标准也表明停车供给并没有得到大力推动。日本东京和中国台北过去通过其他方式（如公共部门投资、鼓励私营部门投资）来增加停车供给的努力已经基本结束。较低的下限标准也可能表明一种思维模式，即停车位应该服务当地区域而不是项目本身。

其余的亚洲城市中，停车配建标准处于中等水平的城市（印度艾哈迈达巴德、中国北京、孟加拉国达卡、中国广州和越南河内），它们的汽车拥有水平在 2000 年左右才开始上升。然而，由于这类城市的汽车拥有率较低，这些停车配建下限标准并不能清晰地表明项目开发商的停车供给态度。以下各节所作的分析可能有助于更好地理解其态度。

令人惊讶的是，韩国首尔是唯一有意实施限制停车供给政策的亚洲城市。首尔在公交导向型中心商务区对建筑物实施较低的停车上限标准。中国香港不再明确限制停车供给，但 20 世纪 70 年代施行较低的停车上限政策留下了高昂的停车价格。

亚洲城市的路内停车管理

如何管理路内停车为了解有关停车政策方法提供了线索。以项目配建为中心的方法和促进供给的态度往往是因为对路内停车管理缺乏信心。在印度艾哈迈达巴德、泰国曼谷、中国北京、孟加拉国达卡（图12-3）、越南河内、印度尼西亚雅加达、马来西亚吉隆坡和菲律宾马尼拉的大部分地区，还没有实施非常有效的路内停车管理。

一般来说，中国广州、香港、台北，以及新加坡、菲律宾马尼拉的马卡蒂中心商务区和韩国首尔的路内停车管理更为有效。在首尔的中心商务区，停车需求是决定路内停车价格的一个因素；中国台北也有类似的政策。严格的路内停车管理可能会鼓励人们远离以配建为中心的停车政策（向图12-1中左边的方法发展）和远离促进充足停车位的停车政策（向图12-1中后面的方法发展）。

日本采取了一种不同寻常但非常有效的方法。从20世纪60年代以来，路内停车几乎完全被禁止，只在特定地点设有少量收费停车位，仅允许车辆白天停放。东京针对非法短期路内停车的长期战争最终在2006年获胜。路内过夜停车是完全被禁止的，并由一个夜间拖车项目保障实施。日本的车库法对这一禁令进行了补充，汽车登记时需要具备能够长期使用家庭附近路外停车位的证明。

图12-3　孟加拉国达卡CBD的路内停车
（2009年）

亚洲城市的公共停车政策

尽管施行停车配建下限标准，一些亚洲城市仍然位于图12-1的左侧，因为它们将停车位视为服务周围区域而不仅仅是项目本身。这种思维方式既符合区域管理方法（图12-1中的左下方）又符合市场响应方法（图12-1中的左上方）的特性。

东京似乎采取了一种市场响应式的停车政策方法。大部分停车位即使处于城市外围地区也都向公众开放，尽管它们可能被私人拥有和运营。较低的场地配建下限标准、取消路内停车位以及停车位证明规定，这些政策刺激了大多数地区的商业停车场供给（无论是为居住停车还是其他用途停车）。小型投币式地面停车设施随处可见（图12-4）。停车价格变动大致与房地产价格变动成正比，在公共交通发达的核心区停车价格很高。

中国的台北、香港、北京、广州和韩国首尔五个城市的主要商务区在收费公共停车场（由企业和政府机构提供）方面也发挥着重要作用。繁华地区的购物中心和写字楼，其停车位往往收费并向公众开放。北京和广州的许多老旧居住区白天对外提供公共停车服务，而且都

图 12-4　东京中心的投币式停车场

制定了包含大量公共停车场的规划方案。因此，这些城市似乎已经从以配建为中心的态度转移到了区域管理方法（图 12-1 中的左下方）。

其他城市可能会以东京为榜样，采用市场响应的方法（图 12-1 中从左下方移动到左上方）。首尔的中心商务区似乎最接近实现这一点。由于最近取消了对私营停车价格的控制，北京和广州的市场响应式停车的前景也得到改善。

然而，首尔中心商务区以外地区和新加坡似乎对采用如图 12-1 所示的左侧的政策方法没有那么果断，而且与上述情况相比，它们保留配建停车的趋势更强。

曼谷和雅加达在公共停车方面的努力非常有限。这不仅与它们对停车配建下限标准的依赖相一致，而且也证实了它们已经决定选择配建为中心的停车政策（选择图 12-1 中的右侧）。

调查显示在艾哈迈达巴德、河内、吉隆坡和马尼拉，尽管强调停车配建下限标准，但路外公共停车场发挥着惊人的重要作用。这表明，至少有可能转向将停车位视为服务区域而不是服务项目本身（即转向图 12-1 中的左侧）。

公共部门的公共停车也能提供关于供给态度的线索。市政府大力建设公共停车场表明了一种促进供给的态度，这确实是在艾哈迈达巴德、北京、达卡、广州和河内所发现的。

结　论

让我们总结一下并提出一些政策建议。如图 12-5 所示，为笔者对每个亚洲城市采用新的停车政策分类方法进行评估的结果。

回想一下，通过与西方城市人口密集而汽车较少的地区进行类比，期望亚洲人口密集且汽车依赖程度相对较低的城市能够避免采用充分供给和满足自身方式的停车政策方法。然而令人惊讶的是，如此多的亚洲城市处于图中满足自身方式的 A 区域，并采用充分供给的停车政策。这些政策会促进对汽车的依赖性，并不适合这些城市的交通特征。

亚洲其他城市的停车政策乍看也是基于停车配建下限标准设置的，不是很合适，但是仔细分析可以发现并非如此。例如，中国的台北和香港位于 E 区域，代表着一个匹配供需的区域管理政策，符合对同类西方高密度城市的发展期望。新加坡同韩国首尔（在其中心商务区之外）比偏重满足自身的停车政策，但并不鼓励过多的停车供给。

在亚洲发现的市场响应式停车政策令人惊讶，因为在西方这是一个相对较新的话题。东京实施了独特的市场响应方法（在上层的 H 区域）。首尔中心商务区可能也开始采取一种

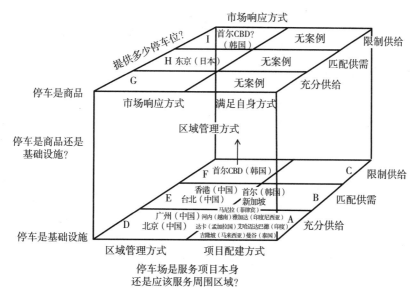

图 12-5　亚洲城市的停车政策方法在新分类方法中的分布

限制供给、市场响应的政策（在上层的 I 区域）。

对亚洲城市应该提一些什么样的政策建议呢？汽车使用率较低的高密度城市（大多数亚洲城市）适合匹配供需或限制供给的区域管理停车政策（图 12-1 中的 E 和 F 区域），应避免采取以配建为中心和充分供给的停车政策（A、B、D 区域）。东京的案例表明城市采用区域管理方式将会有利于向市场响应方式发展（H 和 I 区域）。

目前位于 A、B 或 D 区域的亚洲城市需要加强路内停车管理，实施更有效、最先进的执法和定价措施，从而让它们确信，改变以配建为中心和充分供给的停车政策不会造成严重的路内停车问题。

最后，减少对停车配建下限标准的重视，以更加明确的努力来推广实施公共停车收费的停车步行区政策，同时努力加快停车市场响应能力，这些政策将会使所有亚洲城市在不同程度上受益。

参考文献

[1]　Barter, P.A. 2015. A parking policy typology for clearer thinking on parking reform, *International Journal of Urban Sciences*, 19：2, 136–156, DOI：10.1080/12265934.2014.927740.

[2]　Barter, P.A. 2011. "Off–Street Parking Policy Surprises in Asian Cities." *Cities* 29, no. 1：P23–31. http：//dx.doi.org/10.1016/j.cities.2011.06.007.

[3]　Barter, P.A. 2011. *Parking Policy in Asian Cities*. Asian Development Bank（ADB）, Manila. ISBN：978–92–9092–241–4（print）, 978–92–9092–352–7（web）.

第 **13** 章

停车与环境

米哈伊尔·切斯特（Mikhail Chester）　阿帕德·霍瓦斯（Arpad Horvath）

萨莫尔·曼德纳（Samer Madanat）

我们对停车设施如何影响能源需求、环境和车辆出行的社会成本知之甚少。能源和环境评估的重点往往是乘客和货物的移动，但车辆大部分时间都处于停放状态。由于大量免费停车位鼓励了独自开车出行，从而阻碍了步行、自行车、公共交通的使用，这大大加剧了城市拥堵。车辆停放和驾驶对环境的影响通常是由当地所有人共同承担，而不仅仅是出行者自己。

交通运输的"全生命周期评估"（life-cycle assessment，LCA）框架使我们能够了解出行的全部成本，包括能源使用和环境影响的成本。然而，以往的全生命周期评估重点评估直接用于出行的资源，而没有考虑广泛存在的停车基础设施（包括其建设、运营、维护、原料提取与加工的成本）。考虑到停车位的多样性和可用停车基础设施数据的缺乏，以前这种缩窄的视角是可以理解的。例如，路内停车位与多层停车楼和私人住宅车库在能源使用和污染排放方面存在巨大差异。此外，很难将停车方面的能源使用和环境影响分配给个体出行者。那么我们是应该把停车成本分配给开车人呢？还是分配给开车人所去的购物中心的建造商？亦或是分配给车辆所停放的商店？

为了确定停车的全部社会成本，笔者对美国停车位库存进行了一系列估算，并确定了建造和维护这个停车场的能源使用和环境影响成本。笔者发现对于许多车辆出行来说，停车基础设施的环境成本有时等于或超过车辆本身的环境成本。通过评估包括医疗保健和环境破坏成本在内的全生命周期影响，可以确定，停车基础设施的排放每年给美国造成的损失在40 亿~200 亿美元之间，或每年每个停车位造成的损失在 6~23 美元。

美国停车位库存清单

为了估算美国的停车位数量，笔者设置了多种情景，包括调查数据和对不同类型停车位重新估算，估算了路内、地面和停车设施内的停车位数量。

美国约有 2.4 亿辆客车和 1000 万辆公路货车。所有的客车都需要一个家庭基本车位，通勤的车辆也需要一个工作车位。此外，根据全美范围内的停车库存数据获得 1.05 亿个收费停车位。在此基础上添加不同情景下的不同停车类型的停车位数量，如表 13-1 所示，总结了 4 种情景的估计值及其导致的土地利用特征。

美国停车位数量估算（单位：百万个）   表13-1

	路内停车位	路外停车位		合计	停车面积占美国土地面积百分比
		地面	立体		
情景 A	92	520	110	722	0.64%
情景 B	180	520	110	810	0.66%
情景 C	150	610	84	844	0.68%
情景 D	1100	790	120	2010	0.90%

情景 A 包括了商业用地上的停车位数量，它是根据国家对商业建筑面积的估计值与每类用地的停车配建下限标准计算出来的。将这个数据添加到家庭停车位、工作停车位和收费停车位的库存数据中，并考虑了商业面积估计值与办公面积的重叠问题。方案 A 得出 7.22 亿个停车位，它未考虑高度不确定的路内免费停车位数量，可以将其视为一个保守的库存量。

在情景 B 中，通过道路设计指南和城乡道路总长度来估计全美的路内停车数量。这个估计值统计了城市主次干道和支路的非桥梁段与非隧道段的路肩里程，并假定其中一半路段的单侧或两侧路肩可能用作路内停车。将此估计值添加到场景 A 的估计值中，会获得 8.1 亿个停车位。虽然情景 B 包括了路内停车，但是它只保守估计一小部分城市道路路缘带被用作停车。

情景 C 是基于观察到的停车位比例（城市内平均每辆车 4 个停车位，农村地区平均每辆车 2.2 个停车位）进行估算。情景 C 是根据城市和农村的车辆出行情况对这些比例进行加权，得出全美平均每辆车有 3.4 个停车位，即总数 8.44 亿个停车位。

最后，情景 D 是基于规划文献中经常提到的每辆车有 8 个停车位这一未经验证的数据，它得出 20 亿个停车位的估计值，这是估算范围的最高值。笔者将其作为一个上限评估值，它可以覆盖在前 3 个场景中可能遗漏的停车位。

停车基础设施导致的能源和排放问题

评估和分配停车基础设施的总成本并不容易，因为并非所有的外部成本都可以定价，而且成本是由多人承担，停车位又是广泛分布在建成环境中。尽管如此，全生命周期评估是一种可以评估这些影响程度的框架体系。全生命周期评估的基本宗旨是像停车这样的活动，如果没有其他服务的支持就无法运作。停车场建设和维护活动会产生能源消耗、环境恶化和温室气体排放。停车的物理基础设施需要经过处理的材料、能源、劳动力和其他投入，而这些又依赖于它们各自的供应链。例如，沥青需要沙石骨料，而骨料需要进行开采和运输。这些活动都会消耗能源并产生排放。

　　笔者评估每种停车类型的全生命周期效应，并量化与之相关的材料、能源使用、温室气体排放和常规空气污染物排放。在完成该分析之后，考虑停车位和设施寿命的变化，将结果归到"人—公里"的单位基础上。笔者的方法只测量了空气排放物，其他来自停车基础设施的主要影响还包括热岛效应和水流变化（如更频繁和更高的峰值流量、更低的地下水位，以及更严重的化学污染）。因此，笔者估算的"全生命周期评估"成本是一个下限估算值。

　　不是所有的能源消耗和停车产生的排放物都可以分配给汽车。停车位可用性鼓励了人们开车，但与此同时，大量的汽车使用又反过来鼓励企业、开发商和政府机构提供停车位。在开车人和其他活动者之间准确分配停车对环境的所有影响是不可能的，由于因果关系尚无法断定。但是，说明私人车辆使用的潜在总成本是非常重要的。图13-1为如果将停车产生的所有"全生命周期"排放全部归因于汽车，其直接和间接造成的总排放量。

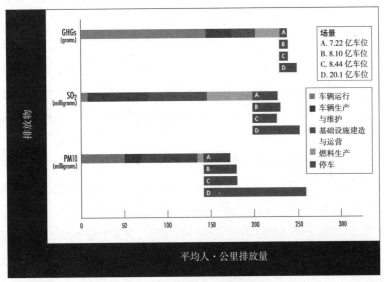

图13-1　平均人·公里排放物

　　在某些情况下，将重点放在停车基础设施（和全生命周期内的其他要素）而不是早已取得明显进步的汽车排气管上，可以更大幅度地减少对环境的影响。停车基础设施对某些污染物的贡献在全生命周期影响中比重非常大（有时甚至是最大的）。例如，停车对SO_2（导致呼吸损伤和酸沉积）的贡献主要来自其供应链中的发电环节。停车系统排放的SO_2超过开车排放的SO_2。大多数与停车有关的PM10排放物（会造成心血管伤害）来自热拌沥青工厂以及沥青的搅拌和存放。停车系统排放的PM10与开车排放的PM10差不多。

评估停车基础设施排放物的影响

评估停车基础设施的健康和环境的货币化成本，是制定总体运输成本评估、进行政策决策的重要一步。笔者使用美国国家研究委员会（National Research Council）的"能源隐性成本"（Hidden costs of Energy）研究来评估这些成本。通过将破坏成本分配给每种污染物，可以评估停车场建设和维护的总影响。然后，可以评估停车对典型的显著影响城市地区和非显著影响的乡村地区的影响程度。通过使用这些评估结果，全生命周期评估使我们能够给停车基础设施的外部成本赋予货币价格。

从情景 A 到情景 C，预计停车基础设施的外部成本每年让美国花费 40 亿~200 亿美元，相当于每个停车位每年 6~23 美元。这个范围的下限代表了在低密度农村地区建造一个停车位的影响，而上限代表了在高密度城市环境中建造一个停车位的影响。每个人都要通过对健康的不利影响、建筑破坏、农业减产以及其他形式来承担这些成本。

价格低廉的停车设施不仅增加了人们对汽车的依赖，而且在建设和维护过程中也对环境造成了破坏。笔者希望，全生命周期评估能够帮助规划人员和政府官员理解停车的全部成本。

参考文献

[1] Chester, Mikhail, Arpad Horvath, and Samer Madanat. 2010. "Parking Infrastructure: Energy, Emissions, and Automobile Life-Cycle Environmental Accounting," *Environmental Research Letters* 5, no. 3.

[2] Chester, Mikhail, Andrew Fraser, Juan Matute, Carolyn Flower, and Ram Pendyala. 2015. "Parking Infrastructure: A Constraint on or Opportunity for Urban Redevelopment? A Study of Los Angeles County Parking Supply and Growth." *Journal of the American Planning Association* 81, no. 4: P268–286.

[3] Chester, Mikhail, and Arpad Horvath. 2009. "Environmental Assessment of Passenger Transportation Should Include Infrastructure and Supply Chains." *Environmental Research Letters* 4, no. 2.

[4] National Research Council's Committee on Health, Environmental, and Other External Costs and Benefits of Energy Production and Consumption. 2010. *Hidden Costs of Energy: Unpriced Consequences of Energy Production and Use.* Atlanta, Ga.: National Academies Press.

第 14 章

洛杉矶的停车位过剩问题

安德鲁·弗雷泽（Andrew Fraser）　米哈伊尔·切斯特（Mikhail Chester）

胡安·马图特（Juan Matute）

停车配建下限标准使得停车位数量供大于求，而这反过来又鼓励了更多的小汽车出行，但同时城市正在寻求减少拥堵和增加公共交通、自行车和步行出行的方法。城市遵从这些停车配建标准进行开发了近一个世纪之后，停车位现在主导了我们的城市。

为了解决过量的停车配建下限标准所带来的问题，学者和业界已经呼吁开展一系列新的停车政策，包括降低停车配建标准和需求响应式的路内停车价格。这些政策旨在更好地管理停车和减少小汽车出行，但是现状过多的停车位以分散出行目的地和人为降低开车出行成本等方式反对实现上述目标。为了更有效地解决由停车配建下限标准引起的诸多问题，规划人员和政策制定者们不能只关注未来的开发，还应该关注现有停车位过度供应问题。

然而，目前关于城市停车位数量和位置的既有信息非常少，这限制了我们对停车如何影响土地利用和汽车使用模式的理解。为了填补这方面知识空缺，笔者开展了一项案例研究，来估计洛杉矶现有停车设施位于哪里以及它们是如何随着时间发展的。

洛杉矶县的停车位

与美国其他城市一样，洛杉矶县在过去近一个世纪的时间里一直在区划法和建筑法规中实施停车配建下限标准。它们要求开发项目根据用地类型和项目规模来提供特定数量的路外停车位。洛杉矶既有自己的特点，又很适合作为我们的研究案例，这是因为：①大多数建筑是遵从停车配建下限标准建设的；②近几十年的建设明显减慢，很大程度上是由于空间约束；③该区域不太可能看到太多新的开发项目。

由于建筑存量和停车供给主要处于"锁定状态"，即使对停车配建标准进行重大调整，也不太可能影响区域停车位总数量。为了理解这些停车位如何影响那些旨在限制小汽车使用的政策，城市规划人员需要现有停车位置和停车数量的信息。

洛杉矶县被普遍认为由于依赖小汽车而产生交通拥堵等相关问题。它占地 4700 平方英里，包括 88 个建制市。为了评估停车配建下限标准在本县的影响，笔者估算了过去一个世纪的路外居住停车位、路外非居住停车位、路内停车位的数量、位置和建设年代。

　　以对政策决策有益为目的，笔者建立了估算模型，将建筑和道路增长、土地利用和建筑类型，以及涵盖55种区划类型的历史停车配建标准等子模型整合在一起。由于县内不同城市之间的停车条例有着显著的一致性，笔者采用了19个建制市的停车配建标准中值。对路内停车供给的估算排除了道路中不含停车位的部分，如出入口、公交站、消防栓和交叉口。

停车数量

　　截至2010年，洛杉矶县拥有1860万个停车位，包括550万个路外居住停车位、960万个路外非居住停车位和360万个路内停车位。这些停车位总计用地200平方英里以上，相当于全县建制土地面积的14%（图14-1，图14-2）。尽管洛杉矶县拥有全美最密的道路网络以及世界公认的高速公路系统，但是这些道路和高速公路总用地仅为140平方英里，而路内和路外停车的总用地是它的1.4倍。

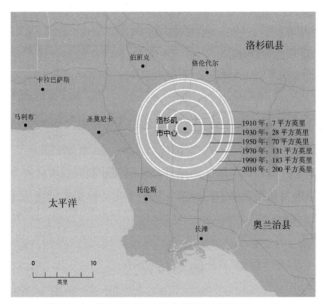

图 14-1　停车总面积（平方英里）1910~2010 年

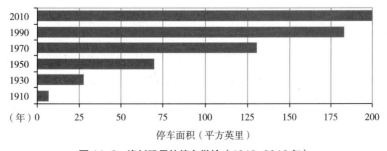

图 14-2　洛杉矶县的停车供给（1910~2010 年）

在大城市里，似乎停车短缺经常是坚持停车配建标准的理由，但是全县 560 万辆机动车平均每辆车有 3.3 个停车位（1.0 个路外居住停车位、1.6 个路外非居住停车位、0.6 个路内停车位）。尽管洛杉矶县某些地区确实陷于停车供需紧张问题，但是这些数据表明，不加区别地使用统一的停车配建标准导致许多地区的停车供给过剩。

停车位增长

洛杉矶县是一个相对年轻的区域，大多数停车设施建于 20 世纪后半叶。1860 万个总停车位中的 1200 万个停车位建于 1950~2010 年。停车位增长最快速的时期发生在 1950~1980 年，平均每年增加 31 万个。在这一时期，停车位数量的增长速度超过道路里程的增长，极大地刺激了小汽车出行量的增加，从而导致交通拥堵。1980~2010 年，停车位增加速度降低到平均每年增加 19 万个。到 1990 年，住宅和道路基础设施的增长也开始变缓了。全县近年来停车位的增加主要是来自非居住类停车位的增加。

停车位与汽车

汽车开始上升为洛杉矶县的主导出行模式是在停车配建下限标准颁布实施以后。结果停车位的增长速度超过汽车的增长速度，从而导致停车位明显供给过剩。但是随后汽车拥有率迅速赶上并超过了停车位增长速度。到 1975 年，全县机动车保有量相当于路外居住停车位数量。从那时起，机动车和路外停车位的比例关系一直保持稳定，并在洛杉矶县 73% 的人口普查区内达到 1∶1 的比例。居住区路外停车配建标准可能对缓解车辆在社区内寻找路内停车位问题有效，但是结果表明它们刺激了机动车出行，最终增加了车辆行驶里程并加重了交通拥堵。

停车位密度

全县范围内的停车位的增长是不同的。从 1950 年开始，多数停车位的增长发生在城市外围的低密度居住和商业开发中。当然，城市核心区内的社区仍然保持了最高的停车位密度（图 14–3）。实际上，中心商务区拥有最高的停车位密度，其中大多数与非居住开发相关。而在拥有高质量公共交通系统和高密度混合用地开发的地区设置大量的停车位，反而限制了公共交通、自行车和步行出行。虽然笔者没有直接评估停车供给如何影响交通拥堵，但是却怀疑高密度停车位会导致附近道路的交通拥堵。改革现有停车配建标准可能会限制未来停车位的增加，但是不太可能解决现有的交通拥堵问题。

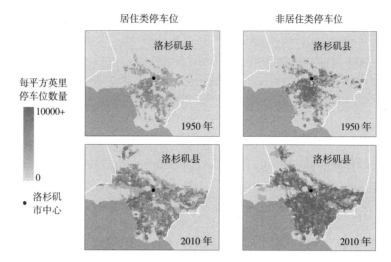

图14-3 洛杉矶县的停车位密度（1950年和2010年）

减少停车供给

　　笔者的研究建议城市应该减少现有的停车供给。因为过多的停车位鼓励了汽车出行，并反对那些试图限制小汽车出行或促进替代交通方式的政策。为了能够充分认识这些政策的积极作用，减少现有停车位数量是非常有必要的。

　　将现有停车用地转变为其他用地，给重新开发城市带来了重大机遇。城市范围内的开发空间已经很有限，但是研究发现洛杉矶有很大比例的可开发用地被用于停车。对停车场和停车楼的重新利用可能会为大型更新项目提供机会，同时规划人员还应该考虑将居住停车设施（特别是家庭车库）转换为其他用途。例如，可以将居住停车位改成额外的住宅单元，这将有助于缓解洛杉矶县的住房短缺问题。

　　减少现有停车供给很可能在依赖小汽车程度较大的地区遇到强大阻力，并且在短时期内可能会加重寻找路内停车位的难度和交通拥堵问题。然而为了减少远期对小汽车的依赖及其相关问题，应该重新利用现有的停车位。

参考文献

[1] Chester, Mikhail, Andrew Fraser, Juan Matute, Carolyn Flower, and Ram Pendyala. 2015. "Parking Infrastructure: A Constraint on or Opportunity for Urban Redevelopment? A Study of Los Angeles County Parking Supply and Growth." *Journal of the American Planning Association* 81, no. 4（2015）：P268–286.

[2] Chester, Mikhail, Arpad Horvath, and Samer Madanat. 2010. "Parking Infrastructure: Energy, Emissions, and Automobile Life-cycle Environmental Accounting." *Environmental Research Letters* 5, no. 1.

[3]   Fraser, Andrew, and Mikhail Chester. 2016. "Environmental and Economic Consequences of Permanent Roadway Infrastructure Commitment: City Road Network Life-Cycle Assessment and Los Angeles County." *ASCE Journal of Infrastructure Systems* 22, no. 1.

[4]   Reyna, Janet and Mikhail Chester. 2015. "The Growth of Urban Building Stock: Unintended Lock-in and Embedded Environmental Effects." *Journal of Industrial Ecology* 19, no. 4: P524–537.

本章内容刊登于 2016 年《途径》（ACCESS）秋季刊，改编自《Parking Infrastructure: A Constraint on or Opportunity for Urban Redevelopment? A Study of Los Angeles County Parking Supply and Growth》,《Journal of the American Planning Association》, 81, no. 4（2015）.

第 **15** 章

少一些路外停车　多一些墨西哥城市

罗德里戈·加西亚·雷森迪兹 (Rodrigo García Reséndiz)

安德烈斯·萨努多·加瓦尔登 (Andrés Sañudo Gavaldón)

在墨西哥有一句广为流传的谚语："mientras más, mejor"（西班牙语），翻译过来就是"越多越好"。墨西哥城的本地人（被称作"Chilangos"）通常把它用在形容钱财、食物或者来参加宴会的客人数量上面。但是很遗憾，城市规划人员和决策者们到现在还认为城市路外停车也应该"越多越好"；然而事实并非如此，当说到停车时，应该是越少越好。

墨西哥原先的路外停车规定复制了其他城市的停车配建标准，制定过程并不严谨。这种伪科学导致了要求建设足够的停车位来满足高峰免费停车需求的停车政策，使得墨西哥城对小汽车比对人更友好。每个生活或工作在这个城市的人都遭受着这些糟糕政策决策所导致的后果：难以忍受的交通拥堵、高昂的房价和糟糕的空气质量。

庆幸的是墨西哥城已经改变了这种停车模式。城市政府和一些组织（类似交通与发展政策研究所，ITDP）努力废除那些导致当代城市形成以小汽车为中心的错误政策。本章内容就是基于 ITDP 发布的一份研究文件编写。停车改革开始于 2012 年进行的路内停车规制与管理（第 49 章）。2017 年，墨西哥城取消了所有的路外停车下限标准，取而代之的是停车上限标准。

原先的规定

多年以来，墨西哥城的政策制定者一直认为廉价而充足的停车位会降低或消除交通拥堵；但实际上更多的停车位鼓励了更多的开车行为，并导致了城市蔓延和小汽车引导开发。城市政策规定了路外停车位的位置、运营和特征。几乎所有的法规、规则和规范都在提供开车人想要的免费停车位。

墨西哥城早在 50 多年前就开始规定路外停车，但直到 1973 年才要求开发商根据建筑特征（如建筑面积、房间数量和居住户数）为每类土地用途提供停车位。20 世纪 80 年代末，该市颁布了一项建筑法规，要求只按建筑面积配建停车位，放弃选择其他建筑特征。该法规

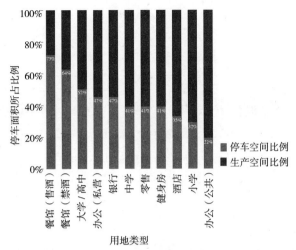

图 15-1　通常 8000 平方英尺建筑面积所需停车位面积比例
资料来源：ITDP，2014.

允许历史建筑在不提供新停车位的情况下进行适应性再利用，并根据人口密度、公共交通可达性和停车需求来降低停车配建标准。虽然历史建筑被豁免提供新的停车位，但如图 15-1 所示，一些建筑还是需要将超过一半的空间用于路外停车位。

对原先规定的评估

　　尽管 20 世纪 90 年代建筑法规的改革带来了一些好处，但 ITDP 在 2014 年对 251 个房地产项目进行的分析显示，2009~2013 年墨西哥城用于路外停车位的土地面积增长速度超过了其他任何用地类型（图 15-2）。停车配建标准有助于解释停车供给的快速增长。即使开发商证明停车需求低于下限标准，他们也不能提供少于标准所规定的路外停车位。如图 15-3 所示，墨西哥城在 2009~2013 年的总建筑面积中，近一半用于路外停车，这意味着新增了 25 万多个停车位。

　　从 251 个开发项目中获得的数据表明，停车配建标准决定了项目的规模。大多数开发商只按照下限标准配建停车位。这可能是因为更多的停车位减少了可出租的住宅和商业面积，从而减少了项目收入。平均来看，开发项目提供的停车位比要求配建的停车位多 10%。为什么有些开发商提供的停车位会超过配建标准？答案是边际成本。例如，如果配建停车位数量超过 2 层停车场楼所能提供的车位数量，开发商就必须建造第 3 层。开发商将整个第 3 层都作为停车场，这样第 3 层中每一个额外停车位的边际成本会很低，从而导致提供的停车位比城市要求配建的更多。不足三分之一的开发项目提供了比配建标准多 10% 或更多的停车位。

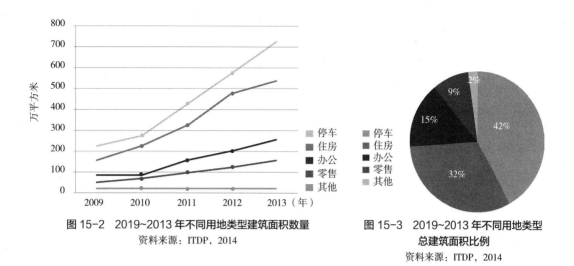

图 15-2 2019~2013 年不同用地类型建筑面积数量
资料来源：ITDP，2014

图 15-3 2019~2013 年不同用地类型
总建筑面积比例
资料来源：ITDP，2014

零售用途

住房和写字楼的开发商很少提供超出配建标准的停车位。混合用途开发项目如果包含住房的话，提供的停车位数量比下限标准多 7%，不含住房的项目仅多出 6%。然而，大型商业的开发商通常建设比配建要求数量更多的停车位。平均来说，零售项目平均提供的停车位比配建要求的数量多出 22%，而所有其他用途项目提供的停车位只比配建要求的数量多10%。

大型零售商业提供的停车位比配建要求的数量更多，这并不奇怪。这些项目就是以小汽车为导向进行设计的，提供在圣诞节和其他几个节日时才会接近饱和的充足停车位。但是，让顾客在节假日方便地找到停车位并不是零售商提供更多停车位的唯一动机。在墨西哥城，停车场也为零售商带来了收入，因为大多数商场都对停车收费。

原先的规定对路外停车收费设置了上限，而大多数路内停车都是免费的。因此，尽管政府官员声称要促进精明增长，但实际上他们创造并助长了供给过多的免费或廉价停车位。

停车配建下限标准的影响

停车配建下限标准偏离了交通选择和城市设计取向，破坏了经济发展和生态环境。这些影响可以分为三个主要领域：经济、城市和交通。

经济影响

在墨西哥城，在不考虑土地成本的情况下，建设路外停车位的平均成本为 1 万美元 /停车位。在大型开发项目中，停车成本通常占项目总成本的 30%~40%。毋庸讳言，开发商通过提高住房、商品和服务的价格，将停车成本转嫁给居民和消费者。因为墨西哥城只有30%的出行是由小汽车完成的，所以不开车的大多数人会为开车的少数人提供停车补贴。

城市影响

由于停车配建下限标准增加了开发成本，一些开发商选择在土地更便宜的地方进行开发建设，而那通常是在城市的外围，因此导致城市蔓延。不仅如此，停车配建下限标准还导致土地的未充分利用，如图 15-1 所示。这种未充分利用不仅减少了生产性用地的数量，而且降低了城市设计品质。

交通影响

停车配建下限标准鼓励人们拥有小汽车，从而加剧交通拥堵并增加外部成本（例如，污染）。所以，找到新的、更有效的方法来管理交通非常重要。例如，城市可以将用于建设2000 个停车位的费用（约 2000 万美元），用来增加 7300 个共享自行车、建设 2 英里的公交专用道或大约 2 英里的完整街道。完整街道的设计、运营和维护是为了让所有年龄与行动能力的人（不管采用何种交通方式）都能够安全、方便、舒适地出行和到达目的地。

路外停车改革

2017 年 7 月，墨西哥城颁布了新的路外停车政策，其中包括三个要素：

1. 取消停车配建下限标准

墨西哥城不再要求开发商按建筑面积与用地类型提供路外停车位。现有的停车位也可以转换成其他用途。

2. 新的停车配建上限控制

墨西哥城制定了"上限"停车标准以防止开发商建设过量的地面停车场。虽然大部分新上限配建指标与以往的下限配建指标相同，但有部分用地类型的新上限指标与之前的下限指标相比有所增加或减少。如表 15-1 所示，这三种不同的情况，其中一些用地类型的新上限指标与之前的下限指标相同，也有一些变得更大或者更小。

墨西哥城新的停车配建上限标准与之前的下限标准 表 15-1

区划分类	用途	规模	之前标准（下限）	新标准（上限）
		平方米/户	停车位/户或平方米	
居住	单户住宅	120 以下	1/ 户	3/ 户
		120~250	2/ 户	
		250 以上	3/ 户	

续表

区划分类	用途	规模	之前标准（下限）	新标准（上限）
		平方米/户	停车位/户或平方米	
居住	多户住宅（无电梯）	65 以下	1/ 户	3/ 户
		65~120	1.25/ 户	
		120~250	2/ 户	
		250 以上	3/ 户	
	多户住宅（有电梯）	65 以下	1/ 户	
		65~120	1.5/ 户	
		120~250	2.5/ 户	
		250 以上	3.5/ 户	
商业	加油站	总建筑面积	1/150 平方米	1/150 平方米
	超市	建筑面积	1/40 平方米	1/25 平方米
	商业中心	建筑面积	1/40 平方米	1/25 平方米
	医院	建筑面积	1/50 平方米	1/50 平方米
公共服务	小学	建筑面积	1/60 平方米	1/100 平方米
	大学	建筑面积	1/40 平方米	1/40 平方米

3. 鼓励在公交服务良好的地区减少路外停车位

原先的交通政策将更多的路外停车位视为缓解交通压力的一种方法。新政策不仅通过设定上限来限制建设路外停车位，还向准备在市中心提供路外停车位的开发商收取费用。开发商收费指南仍在编制之中，但实质上，如果开发商在城市中心和公共交通服务良好的区域内建设的停车位达到上限配建标准的 50%~100%时，新规定将要求开发商支付一笔停车费用。这些开发商支付的停车费将以信托形式收取，专门作为改善公共交通的资金。这些公共交通的改善行动将有助于证明和维持这些新的停车配建上限标准。新的收费标准和信托管理的指导方针仍有待批准，但已经向建设更宜居城市的目标迈出了第一步。

下一步

将停车配建下限标准转变为上限标准，将逐渐深刻地改善墨西哥城的交通和土地利用状况。此外，我们还建议另外三项改革措施。

1. 规范城市中现有和新建的公共停车场的位置与设计条件

由于停车场会产生外部成本，因此综合停车政策应该规范新停车场的建设，并鼓励对现有停车场的技术提升。技术提升将更好地管理现有的路外停车位，并减少建设新停车位的需求。

2. 加强路内停车监管

缺少了路外停车监管的支持，取消路外停车配建标准是难以实现的。墨西哥城的停车收益区项目（ecoParq），已经被证明是一个成功的路内停车管理项目。它的经验可以扩展到更多城市区域（第49章）。此外，ecoParq 项目的规则需要灵活运用，以适应每个社区的具体特点，如人口分布和路外停车供给等情况。

3. 评估新的路外停车政策

新的路外停车政策需要进行定期评估从而基于市场需求来修订上限标准。还应该评估它是否正在鼓励更紧凑、密度更高的开发，这些开发需要更少的汽车基础设施，并为那些不想买或买不起小汽车的人提供更多的住房选择。

结 论

多年来，停车政策的制定一直基于没有足够的停车位这一谬论，然而真正缺少的是有效的停车管理。要求所有建筑提供充足的路外停车位是一项需要废除的政策，因为充足的免费停车是以牺牲城市的未来为代价的。现在再提到停车位，我们可以说"越少越好"。

参考文献

[1] Medina, Salvador, and Jimena Veloz Rosas. 2012. "Planes Integrales de Movilidad: Lineamientos para una movilidad urbana sustentable. Instituto de Políticas para el Transporte y Desarrollo México." New York: ITDP. http://mexico.itdp.org/archivo/documentos/manuales/?tdo_tag=reduccion-del-uso-del-automovil.

[2] Sañudo, Andrés. 2014. "Menos Cajones, Más Ciudad: El Estacionamiento en la Ciudad de México. Instituto de Políticas para el Transporte y Desarrollo México." New York: ITDP. https://www.itdp.org/wp-content/uploads/2014/09/Menos-cajones-m%C3%A1s-ciudad.pdf.

[3] Gaceta Oficial de la Ciudad de México. 2017. "Acuerdo por el que se Modifica el Numeral 1.2 Estacionamientos de la Norma Técnica Complementaria para el Proyecto Arquitectónico." http://data.consejeria.cdmx.gob.mx/portal_old/uploads/gacetas/b1a0211fbbff641ca1907a9a3ff4bdb5.pdf.

[4] Schmitt, Angie. 2017. "It's Official: Mexico City Eliminates Mandatory Parking Minimums." Streetsblog USA. http://usa.streetsblog.org/2017/07/19/its-official-mexico-city-eliminates-mandatory-parking-minimums/.

第 16 章

伦敦从停车下限走向停车上限

郭湛（Zhan Guo）

停车配建下限标准产生了太多的停车位，减少了住房供应并增加了交通拥堵。如果没有停车配建标准，市场本该提供更少的停车位，从而减少小汽车出行并提供更多的住房。当然，支持这一论点的论据尚不充分，部分原因是很少有地方政府取消停车配建标准。虽然他们确实调整了停车配建标准，但通常这种变化很小，针对的也是小型区域（例如，火车站附近），而且只涉及很少的开发类型。

伦敦是一个例外。2004 年伦敦改变了停车配建标准，对大都市区范围内（图 16-1）所有的开发项目，取消了先前的下限标准，反过来采用新的上限标准。在此之前还没有大型城市采取如此激进的、全面的停车配建标准改革行动。所以，总结这项改革的效果为停车改革如何影响城市提供了急需的实践经验。

1– 伦敦城
2– 威斯敏斯特
3– 肯辛顿 – 切尔西
4– 汉默史密斯 – 富勒姆
5– 伊斯灵顿
6– 哈姆雷特塔

▨ 停车管制区
■ 伦敦市中心
░ 内伦敦

0 1.5 3　6　9　12 公里

图 16-1　大伦敦区域的控制停车分区（Controlled Parking Zone）示意图
资料来源：*Transport for London and London Burroughs*，控制停车分区图由本章作者绘制。

伦敦停车改革

伦敦停车改革是在此文前几年就已开始的英国交通政策转型的国家议程之一，在 2000 年 3 月，英国政府颁布了《规划政策指南 3：住房》（Planning Policy Guidance 3—Housing），其中明确规定"不应要求开发商提供比他们或潜在入住者可能需求更多的停车位"，并且地方停车标准不应导致开发项目超过平均 1.5 个停车位 / 户。

在 2001 年，政府颁布了《规划政策指南 13：交通运输》，其中指出："除残疾人停车位外，不应为开发项目设置下限标准"，并且"上限标准应该纳入一揽子措施中，以促进可持续的交通方式。"

根据上述国家政策，大都市区的区域级政府"大伦敦政府"（Greater London Authority，GLA）于 2004 年 2 月通过了《伦敦规划》（London Plan），要求地方政府将停车配建下限标准改为上限标准。受这些国家和区域政策改变的影响，伦敦 33 个行政区中有 30 个更新了当地规划，用停车配建上限标准替代了下限标准，并在规划申请的审查程序中采用这些标准。

数　据

笔者的研究专注于居住类项目，因为伦敦的居住类停车位占所有路外停车位的 71%。笔者使用了两个数据来源：首先使用 1997~2000 年建造的居住开发项目的申请批复报告，这组数据包括 30 个区的 216 个居住开发项目，合计 2666 户住房。然后，使用伦敦开发数据库（London Development Database，LDD），其中包含 2004~2010 年伦敦所有新开发许可证的记录。

由于以前的下限标准仅在 22 个区施行，因此仅使用了这些行政区的小规模子样本，其中包括 8257 个开发项目、合计 204181 户。这种筛选确保研究对象与之前采用下限标准、之后采用上限标准的行政区保持一致。

在研究样本中，大型开发项目提供了大部分新住房。虽然超过 30 户的开发项目仅占新项目数量的 10%，但它们提供的户数占所有新户数的 81%。

根据筛选的子数据集，笔者用新的上限标准计算停车位供给量，并用原先的下限标准计算本来会提供的停车位数量，对二者进行比较。

停车供给变化

在研究样本中，改革之前的开发项目总共提供了 2994 个停车位，即 1.1 个停车位 / 户（表 16–1）。由于部分项目获得了规划豁免，所以样本项目仅提供了所需配建下限停车位总量（3197 个停车位）的 94%（表 16–2）。

改革前后平均每户停车位数量（个）　表16-1

	项目数	户数	停车位	停车位/户
改革前	216	2666	2994	1.1
改革后	8257	204181	128350	0.63

改革后的开发项目提供了128350个停车位（0.63个停车位/户），远低于改革前原下限标准要求的248628个停车位，同样远低于改革后上限标准所允许的188592个停车位。因而，总停车位供给量仅为改革前原下限标准要求停车位数量的52%，同时为当前上限标准允许停车位数量的68%（表16-2）。换句话说，改革之后，停车位供给比例从原下限标准的94%下降到52%。

基于下限与上限标准的停车供给总量对比（个）　表16-2

	停车位供给数	基于原下限标准的要求停车位	基于原下限标准的供给比例	基于新上限标准的允许停车位	基于新上限标准的供给比例
改革前	2994	3197	94%	无	无
改革后	128350	248628	52%	188592	68%

在2004年的停车改革之前，216个居住开发项目中大约有一半完全按照下限标准配建，只有26%的项目超出下限标准建设。在2004年改革之后，只有17%的项目按照原下限标准配建停车位，而67%的项目选择低于原下限标准。在采用下限标准没有上限标准时，大多数项目提供的停车位不超出下限标准要求的数量；而在采用上限标准而没有下限标准时，大多数项目提供的停车位低于上限标准允许的数量。

在改为停车上限标准后，四分之一的开发项目完全不提供停车位。如果按照原下限标准，这些项目至少要配建30154个停车位。22%的项目按照上限标准配建停车位，但这些项目包含的户数仅占总量的4.2%。换句话说，新的上限标准并没有阻止停车位的建设，但是按照原来的下限标准，许多目前没有建成的停车位却可能会被要求建设。

人口密度和公共交通可达性的影响

由于密度和公共交通可达性与停车政策是密不可分的，因此笔者用改革后的数据分析了停车配建标准和实际供给量与这两个因素的关系。按照9个密度等级（图16-2）和8个公共交通可达性等级（图16-3）计算了平均每户实际供给停车位、上限允许停车位和下限要求停车位。由于每个开发申请都是逐个审批的，有些开发项目的配建数量超出了上限指标。

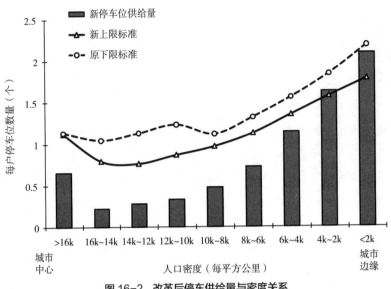

图 16-2 改革后停车供给量与密度关系

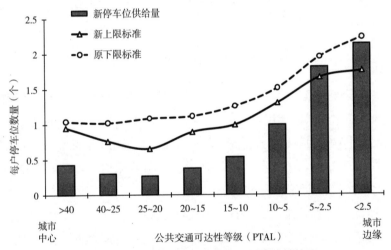

图 16-3 改革后停车供给量与公共交通可达性关系

注：公共交通可达性水平（Public Transit Accessibility Level，PTAL）是伦敦交通局用来衡
量公共交通可达性的指数，数值越高，公交可达性越好。

如图 16-2、图 16-3 所示，两张图都显示出在 2004~2010 年建设的 8257 个开发项目采
用停车配建上限标准和下限标准的明显差异。新的上限标准允许每户配建停车位数量始终
"低于"原下限标准要求的数量。两种标准之间差异最大的地方是环绕伦敦市中心（Central
London）的区域——密度最好、公共交通可达性最强的地方。随着密度和公共交通可达性的
降低，下限标准是不断升高的，但是上限标准却意外地呈现为"U"形曲线，先是随着开发
项目从伦敦外围向内移动而下降，但在市中心又再次升高。密度和公共交通可达性最高的区
域与周围紧邻区域相比，实际上具有"更高"的停车上限值。

对此现象有两种解释。首先，伦敦市中心的住房单元往往比相邻地区户型更大，可能

需要更多的停车位。实际上在密度最高的地区，平均每户有 2.4 间卧室，这比密度第二高的区域的户型大 30%。同样，公共交通可达性最高的地区平均每户有 2.3 间卧室，比紧排在后面的地区的户型大 13%。

第二种解释是，当地区政府不愿意减少中心区域的停车上限数量。因为他们担心停车外溢到已经非常拥堵的街道上。伦敦市中心唯一具有重大居住类开发项目的威斯敏斯特（Westminster）区的一位规划官员在我们的采访中表达了这种担忧：

> "区议会"成员，针对新的私人居住开发项目，通常会寻求配建数量接近上限标准。"他们"不接受无停车位的开发项目。总之，鉴于本区所拥有的高小汽车拥有水平，以及当前路内停车的实际压力，新的开发项目应该包含停车位。

这一态度与邻近伦敦市中心的内伦敦各区形成鲜明对比，如卡姆登（Camden）区，它正在积极倡导无停车位住宅开发。无停车位开发项目在密度最高的区域只占 44%，但在密度第二高的地区约占 69%。

停车供给

实际的停车供给分布规律呈现出如同上限标准一样的 U 形曲线，除了外伦敦地区，其他地区都低于上限标准允许值。在停车供给方面，人口密度最高的区域始终高于密度第二高的区域，前者甚至是后者的 3 倍（0.66 个停车位：0.22 个停车位）。人口密度最高区域提供停车位的项目比密度第二高的区域更多（56%：31%），提供停车位的项目实际提供的户均停车位也更高（1.17：0.71）。

在公共交通可达性方面存在类似的差异。公共交通可达性最高的地区每户提供 0.43 个泊位，比第二高的地区多 43%（图 16-3）。尽管这两个地区有 36% 的开发项目提供停车位，但是公交可达性最高的地区提供的户均泊位更高（1.19：0.82）。

住房规模的差异可以解释部分原因，但不能解释全部原因。另一种可能的解释是纯粹基于市场。在密度最高和公共交通服务最好的地区，提供停车位的好处可能会超过建设费用和机会成本。开发商将一些面积用于停车而不是活力空间，实际上能够获得更高的溢价。这种可能性在伦敦市中心是合理的，因为该地区的家庭收入中位数在整个大都市区中排名最高。而且，伦敦市中心的一个路外停车位的成本可能相当于其他地区的一栋单户住宅。但是，在伦敦市中心以外不存在这种类型的市场。

结 论

2004 年停车改革后的停车供给数量与按照原停车配建下限标准计算所要配建的数量相

比，下降了约 40%。这意味着从 2004 年到 2010 年，新的停车标准导致总共减少了 143893 个停车位。没有其他可替代的解释（汽车拥有率饱和、开发限制、拥堵收费、油价飙升等）能导致如此急剧的下降。此外，几乎所有停车供给的减少都是由于取消了配建下限，只有 2.2% 的下降是由于采用了上限标准。

　　笔者还发现，与人口密度较低、公共交通服务较差的地区相比，在密度最高且公共交通服务最好的地区，市场上实际提供了更多的停车位。因此，实施停车上限对一个高效的停车市场来说可能仍是必要的。因为放松监管的话，市场可能会在人口密度最高和公共交通最发达的地区提供更多的停车位，但不会考虑在这些通常非常拥堵的地区开车的高社会成本。

　　由于担心高密度地区的停车外溢问题，民选官员可能会反对停车上限。但是解决路内停车拥堵问题并不需要更高的路外停车标准。相反，治理停车拥堵需要对路内停车进行有效监管，例如采用居住区停车许可证和合理的停车价格。停车配建下限标准只会导致更多的问题。

　　本章收录在 2016 年《途径》（ACCESS）秋季刊，改编自："*From Minimum to Maximum：The Impact of Parking Standard Reform on Residential Parking Supply in London from 2004-2010*," published in Urban Studies 50, no. 6（2013）：P1191-1198.

第 **17** 章

设定停车配建下限标准的上限

唐纳德·舒普（Donald Shoup）

路外停车配建标准增加了可负担住房的成本并减少其供给。大多数城市要求配建路外停车位时并不是想排斥低收入居民，但即使是好意也有可能产生坏的结果。缺乏考虑的停车规划就像经过深思熟虑结果却背道而驰的计划一样有害。

也许是因为对停车配建标准怀疑的声音越来越大，有些城市已经开始减少或取消停车配建标准，至少在市中心是这样的。规划人员和民选官员开始认识到，停车配建标准增加了住房成本，阻止了那些无法建设足够配建停车位的小地块进行填充式开发，并禁止缺乏配建停车位的老建筑用于新用途。

根据最近的报道，城市减少或取消停车配建标准的原因包括"促进市中心公寓的建设"（马萨诸塞州格林菲尔德市）、"建造更多可负担住房"（迈阿密市）、"满足小型商业的需求"（密歇根州马斯基根市）、"创造一个充满活力的市中心的同时为商业所有者提供更大的灵活性"（爱达荷州桑德波因特市），以及"避免丑陋、小汽车导向的联排住宅"（西雅图市）。

鉴于这一政策发展趋势，我认为当加利福尼亚州立法机构审议第 904 号议会法案（Assembly Bill 904）即《2012 年可持续停车配建下限标准法案》（Sustainable Minimum Parking Requirements Act of 2012）时，改革停车配建标准的时机就已经到来了。第 904 号议会法案将对城市在公共交通发达地区要求的下限配建标准设定一个上限：下限配建标准不得超过 1 个停车位 / 户或者 2 个停车位 /1000 平方英尺商业面积。该法案将公交发车间隔 15 分钟以内的公交线路所覆盖的 1/4 英里范围内的地区定义为公共交通发达地区。如果这一法案能够通过，对住房和公共交通发展都将是巨大福音。

我们有充分的理由采纳此政策。联邦政府和州政府每年为城市提供数十亿美元的资金来建设和运营大运量公交系统，然而大多数城市却基于每人每次出行都开车的假设条件来要求配建充足的停车位。停车配建下限标准抵消了对公共交通的投资。

例如，洛杉矶正在沿着威尔希尔（Wilshire）大道建设通往海边的地铁线，这条大道已经承担了全市最频繁的公交汽车服务。然而城市要求威尔希尔大道沿线的部分地区无论房间数量是多少，每个住宅单元都至少配建 2.5 个停车位。威尔希尔大道在西木区（Westwood）靠近加利福尼亚大学洛杉矶分校（UCLA）的路段上有 20 条公共交通线路，早高峰时每小时有 119 辆公共汽车通过。尽管如此，在学校的对面，洛杉矶市要求拥有 4 个房间以上的公寓配建 3.5 个停车位 / 户。人们承担了价格高昂的住房，但却想要免费的小汽车停车位。

同样是威尔希尔大道的沿线，贝弗利山庄市要求餐馆配建 22 个停车位 /1000 平方英尺，这意味着停车场比它所服务的餐厅面积大 7 倍。公共交通在这种停车过度供给的环境中就像沙漠中的划艇。

城市似乎愿意付出任何代价并承担任何负担来确保免费停车。但人们想要的真的是免费停车而不是可负担住房、清洁的空气、可步行社区、良好城市品质以及许多其他公共目标吗？每个人都高兴地为其他人的免费停车买单的城市是一个傻瓜的天堂。

如果城市想要更多的汽车和更少的住房，那么停车配建下限标准需要正确的政策。我们为汽车建造停车场就像埃及人为来世建造金字塔一样。埃及人将大量资源从人的住房转移到了尸体的住房，正如我们将大量资金从人的住房转移到小汽车的住房一样。埃及人建造了法老陵墓，我们建造了法老停车库。即使如此，与我们现在被误导的停车规划相比，4000年前的埃及人在被误导的墓葬规划中所展示的反而更丰富。

为什么设置停车配建下限标准的上限？

城市规划人员知道每个家庭需要多少辆汽车吗？如果不知道，他们怎么知道每个住宅需要多少停车位？如果你有一辆车，那么就需要配一个停车位，但不是每一辆车都是"必需的"，因此不是每一个停车位都是必需的。由于可用停车位的数量会影响一个家庭想要购买汽车的数量，因此通过一个家庭拥有的汽车数量无法预测规划人员想要规定的停车位数量。

停车的供给量产生了它自己的需求，规划人员将免费停车的需求估计值作为规定停车供给量的指导。就好像规划人员通过估计人们需要存储的所有物品量，来规定每个住宅的存储面积一样。如果开车人需要支付满足建设和维护停车设施所需成本的停车费，那么我们可能会减少汽车拥有量，并且会降低小汽车的使用率。

停车配建下限标准会破坏环境，造成一片沥青荒地。免费停车的吸引力会鼓励每一个人去哪里都开车。在公共交通发达的社区对停车配建标准设定上限，可以通过增加"低配建停车"开发项目的可行性，以减少这种停车荒芜的景象。

减少路外停车配建标准会如何影响发展？纽约大学的郭湛和任帅研究了当伦敦从下限标准而无上限标准变为上限标准而无下限标准后的影响结果（第 16 章）。通过比较 2004 年改革前后的发展情况，他们发现改革后提供的停车位仅为原下限标准的 52%，是新上限标准的 68%。这一结果意味着原下限标准几乎是开发商自愿提供停车位数量的两倍。郭湛和任帅总结发现，在改革之后减少的停车位数量中，取消停车配建下限标准导致减少的停车位数量占 98%，而实施停车配建上限标准导致减少的停车位数量只占 2%。取消下限标准比实施上限标准的效果要大得多。

城市通常在要求提供或限制停车时没有考虑下限标准与上限标准的中间地带。这种行为让人想起苏联的一句格言："不是要求的东西必须禁止。"然而，第904号议会法案是新事物。它不会限制停车，而是会对停车配建下限标准设定上限，这是一项更为温和的改革。对城市要求配建多少停车位限定一个最大值，这不会限制停车供给，因为如果开发商认为有市场需求且成本合理，那么可以提供更多的停车位。但是，如果住宅配建下限标准是2个停车位/户，城市会禁止任何少于2个停车位/户的住宅开发，这是对住房市场强烈的干预。

设置停车配建下限标准的上限有很好的先例。《俄勒冈州交通运输系统规划》（Oregon's Transportation Systems Plan）要求地方政府修改其土地利用和细分法规，以使人均停车位数量减少10%。英国地方规划的交通政策指南明确指出"规划应该为更多用地类别设定停车上限……除了残疾人停车位外，不应有下限标准。"

立法的失败与成功

令人沮丧的是，美国规划协会（American Planning Association，APA）的加利福尼亚分会游说反对第904号议案，认为它"将限制地方机构在公共交通密集地区要求停车配建标准超过全州指标的能力，除非地方机构做出确切调查并通过法案形式选择不使用该配建标准。"

当然，城市规划人员必须从民选官员那里获得指导，但"美国规划协会"代表的是规划专业人士，而不是城市政府官员。第904号议会法案为规划专业提供了一个支持改革的机会，该改革将使停车配建标准与公共交通相协调；但美国规划协会加利福尼亚州分会坚持认为，尽管管理不善，城市政府仍应完全控制停车配建标准。城市现在要求配建自行车停车位以鼓励自行车出行，但规划人员和民选官员似乎并不了解他们要求配建的汽车停车位会鼓励小汽车出行。

第904号议会法案未能在2012年获得通过，但在第744号议会法案中以非常弱的形式再现并于2015年成功通过。第744号议会法案解决了在主要交通站点0.5英里范围内的低收入住房的停车配建标准问题。如果开发项目完全由低收入租赁住房单元组成，如果开发项目包括20%以上的低收入住房或10%以上的更低收入住房，那么每间卧室的下限配建标准不能超过0.5个停车位。开发商当然可以根据自己需要提供更多的停车位，但是除非通过研究表明他们确实需要，否则不能要求配建更多的停车位。

可负担住房的倡导者最初反对第744号议会法案，因为它将限制公共交通发达地区所有住房的停车配建下限标准。加利福尼亚州另一项法律（SB1818）已经降低了包含部分可负担住房的开发项目的停车配建下限标准。因此，降低所有住房的停车配建下限标准，将弱化现有市场价格开发项目中提供可负担住房的激励措施。可负担住房倡导者反对任何全州范围内限制停车配建下限标准的政策，因为这会削弱通过降低停车配建标准来换取开发商让步的权力。但是，停车配建标准本身造成的危害，远远超过少数开发商为低于配建标准建设停车位而提供所需的可负担住房而做的有限补偿。

　　因此，为了获得可负担住房拥护者的支持，将第 744 号议会法案的停车配建标准降低范围限制在可负担住房方面是非常必要的，尽管限制所有住房类型的停车配建下限标准能够增加住房供给并降低住房价格而无需任何补贴。

　　面对地方政府对所有土地利用决策的控制需求，在全州范围内限制停车配建下限标准最大值将难以实施。尽管如此，加利福尼亚州的经验表明，如果与可负担住房联系起来，那么全州范围的限制是可行的。这种联系吸引了可负担住房倡导者的政治支持，他们知道停车配建下限标准是住房开发的沉重负担。把低收入者住房从社区中移除的最简单方法就是让它必须提供充足的停车位。降低可负担住房的停车配建标准将会增加它的供给。

　　如果没有可负担住房倡导者的支持，加利福尼亚州限制公交附近地区停车配建下限标准的政策可能不会实施。在更多的人认识到停车配建下限标准造成的广泛破坏之前，增加对限制停车配建下限标准的政治支持的一种方法，是将其作为建设可负担住房的激励措施。但是，这种方法可能导致可负担住房倡导者反对任何普遍降低停车配建下限标准的政策，即使那样会使所有住房更便宜。

一场"包办婚姻"

　　许多人认为美国人可以自由地选择与汽车"恋爱"，但其实这却是一场"包办婚姻"。通过在区划条例中推荐停车配建标准，规划专业人士既是媒人又是婚礼的主要成员，但没有人提供良好的婚前协议。规划人员现在应该在人与车的关系不再美好的地方成为婚姻顾问或离婚律师。

　　跟汽车本身一样，停车位也是一个很好的仆人但却是一个糟糕的主人。停车位应该友好——容易找到、容易使用、容易付费——但城市不应该要求配建或补贴停车。当由市场而不是规划人员和政客决定停车位数量时，城市将更好地运转。对停车配建下限标准设定上限是一个很好的开始。

参考文献

[1]　California Assembly Bill 744. 2015. "AB-744 Planning and Zoning: Density Bonuses."

[2]　Guo, Zhan, and Shuai Ren. 2013. "From Minimum to Maximum: Impact of the London Parking Reform on Residential Parking Supply from 2004 to 2010." *Urban Studies* 50, no. 6: P1183-1200.

[3]　Letters about AB 904 from mayors, planning academics, planning practitioners, and the California Chapter of APA are available here: shoup.bol.ucla.edu/LettersAboutAssemblyBill904.pdf.

[4]　Shoup, Donald. 2015. "Putting a Cap on Parking Requirements." *Planning*, May, P28-30.

第 **18** 章

洛杉矶市的停车配建标准与住房开发

迈克尔·曼维尔（Michael Manville）

当城市要求所有新建住房都要配建路外停车位时，它们把本属于开车成本的一部分（停车成本）转移到了住房成本上。开车人本应在出行终端支付的费用转变为开发商在项目开始时就必须承担的成本。为了应对这些停车配建下限标准，开发商可能会减少住房建设，而且基本上只会建设包含停车位的住房。因此，停车配建标准会同时减少城市住房的数量和种类。

停车配建标准总是会产生这种影响吗？答案是否定的。在低密度、停车便宜的地区，即使没有配建标准，开发商也会建造大量的停车位。然而在市中心和内城，停车配建标准可能会极大地改变住房存量。市中心的土地价格昂贵，地块往往很小且不规整，而且建筑物常常覆盖整个场地。在这种情况下，所有场地内停车位都必须建在地下或地上停车楼内，而这种建造方式通常很昂贵，有时也难以实现。

当停车位难以提供时，要求住房现场配建停车位的法律就变为限制住房市场的法律。停车配建下限标准会使得为特定人群、在特定地块上、在特定建筑里或在特定社区建造住房变得非常困难。当城市要求每户要配建场内停车位时，开发商就不能为没有汽车的人（他们通常是低收入居民）或拥有汽车但愿意把车停在场地外部的人建造住房。该法律也使得在小块土地上建造房屋和将老建筑改造为住房变得困难。

后一个问题较为特殊。中心城市有许多具有艺术意义和历史意义重大的建筑物，而它们的建设年代早于小汽车的大规模普及，因此它们没有停车位也没有增加停车位的空间。与大多数郊区相比，这些老建筑本应成为城市的竞争优势。然而，如果停车配建标准导致这些建筑空置下去，那么它们就变成了沉重的负担，而不是城市资产。如果是旧建筑和小地块主导社区，就像许多内城所展现的那样，那么停车配建标准可能会扼杀整个社区的发展。总的来说，停车配建标准可能会阻碍填充式开发、可负担住房开发和社区重建活动。

上述逻辑表明，城市取消停车配建标准将会鼓励越来越多的多样化住房开发。1999年洛杉矶市为市中心制定了一项《适应性再利用条例》（Adaptive Reuse Ordinance，ARO），并对这一理念进行了试验。ARO旨在将空置的商业建筑改造成住房。该法律有三个组成部分：首先，它允许这些建筑使用另一种火灾和地震法规；其次，它允许开发商不需要经过规划调整程序就可以改变建筑物的用途（从商业或工业改为居住），从而避免了漫长的申报和拖延；

最后也是最重要的一点，法规豁免了建筑物的停车配建下限标准。虽然开发商不能移除任何现有的停车位，但他们也不需要增加停车位。如果开发商选择提供停车位，也不需要在场地内部建设或必须预留给住户。与传统建筑开发商不同的是，遵从 ARO 的开发商可以向通勤者、企业或访客出租停车位。

这引发两个问题的思考。首先，取消停车配建标准是否有助于将这些空置的建筑（其中许多已经空置了几十年）转变为住房？其次，市中心的停车配建标准是否影响了那里的住房类型？由于新建的住房仍然要遵从停车配建标准，因此 ARO 把市中心变成了停车管理的实验场。该法律在市中心建造了一群与其他地产面临相同市场条件（相同的公共设施、犯罪水平和公交可达性）的建筑，但却不需要遵从停车配建下限标准。因此，ARO 让我们可以比较开发商在不被监管的情况下"会做"的事情和受到监管的情况下"不得不做"的事情。该法律还允许我们将不受监管的开发商与那些遵从停车配建标准的开发商进行比较。不受监管的开发商提供的停车位是否比区划条例所原本规定的更少？而且比受监管的开发商提供的停车位更少？如果是的话，这对房屋建造的数量和类型有什么影响？

为了回答这些问题，笔者调查了 56 个 ARO 开发项目，收集了它们提供停车位的信息。还利用房地产交易记录调查了 1500 多个市中心的住房单元，并采访了参与将 ARO 建筑改造成住房的规划师、开发商和建筑师。结果表明，当城市取消停车配建标准时，开发商会在以前长期忽视的建筑物和社区内，建造更多配有较少停车位的住房。

住房、历史建筑和《适应性再利用条例》

在市中心，根据《适应性再利用条例》（ARO）建造的住房确切数量很难确定，部分原因是城市没有进行精确记录，部分原因是洛杉矶市中心的边界没有明确界定。但是几乎所有人都同意该法律创造了许多住房。保守估计，在 1999~2008 年，开发商遵照 ARO 在洛杉矶市中心建造了约 6900 套住房。相比之下在 2000~2010 年，洛杉矶市中心总共增加了 9200 套住房，这意味着在那十年的住房建设中 ARO 占了 75% 以上。而在 1970~2000 年，洛杉矶市中心只新增了 4300 套住房。可见，ARO 在不到 10 年的时间里建造了比之前 30 年更多的房屋（图 18-1）。

ARO 的建筑物相对比较老旧（平均建设年份是 1922 年），而且许多建筑物彼此相邻，数千套 ARO 单元簇拥在一个人口普查区内。这个街区曾经被称为"西部华尔街"，是美国银行总部、洛杉矶证券交易所和其他金融机构的所在地。它保留有全美最大、最完整的 1900~1930 年建成的办公楼，其中许多都是"西海岸艺术"（West Coast Beaux Arts）和"装饰艺术建筑"（Art Deco）的典范，并被列入了《国家历史古迹名录》（National Register of Historic Places）。然而在 20 世纪 60 年代，这个优雅的地区开始衰落：1982 年《洛杉矶时报》将其描述为"一个充斥着流氓、流浪汉和酒鬼的社区……与楼上空无一物的建筑相互呼应。"

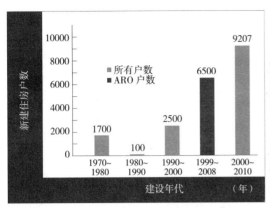

图 18-1 洛杉矶市中心的住房户数增长情况

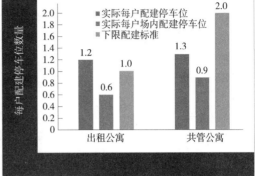

图 18-2 ARO 住房提供的停车位数量

1980 年，人口普查区内仅有 3100 余套住房和 1700 余名居民。之后的住房增长不温不火；到 2000 年，该普查区有 3600 多套住房。然而从 2000 年到 2010 年，这里开始活跃起来，住房存量和人口都增加了一倍多，其中 ARO 建筑占了大部分。仅十几个大型 ARO 改造项目就建造了 2200 多套住房。

房地产的繁荣很容易被记录但却难以解释。是什么导致了市中心的好转呢？更确切地说，我们知道 ARO 发挥了作用，但我们能否把这些开发的具体原因都归因于 ARO 放松了停车监管呢？笔者的采访表明，停车改革是 ARO 项目（以及社区）成功的必要条件，但不是充分条件。仅取消停车配建标准不会让开发商把这些建筑改造成住房，因为这些建筑不符合区划法规的诸多内容。然而，大多数受访者同时也表示，如果不取消停车配建标准，那么也不可能将这些建筑改造成住房。

如果是停车配建标准阻碍了适应性再利用，那么我们应该看到 ARO 开发项目提供的停车位应该比传统区划法规要求配建的更少。传统的区划法规要求出租公寓（apartment）开发商必须为每个出租单元提供一个带顶棚的配建停车位，而且该单元最多包含 3 个"可居住房间"（厨房、公共区域或卧室）。而在有大型单元的大型建筑中，城市要求每个单元配建 1.25 个带顶棚的场内停车位。

共管公寓（Condo）的停车配建标准由一个特殊的规划咨询机构确定，直到 2005 年该机构还通常要求每户配建 2.25~2.5 个有盖的场内停车位。但是 2005 年该机构开始降低配建标准，通常每户配建 2 个甚至 1.5 个停车位。

如图 18-2 所示，将这些配建标准与 ARO 项目开发商实际提供的停车位数量进行了比较。保守假设，在不放松监管的情况下，这座城市将要求所有 ARO 出租公寓配建 1 个停车位 / 户，而共管公寓配建 2 个停车位 / 户。

结果乍看上去令人诧异。放松监管后的出租公寓实际上提供了比区划法规要求更多的停车位。市中心的配建标准要求每户配建 1 个停车位，但 ARO 开发商平均提供了 1.2 个停车位。然而，该平均值并不能说明全部问题，原因有四个：第一，所选配建基准是保守的，而实际上许多出租公寓要求配建 1.25 个停车位 / 户。第二，平均值掩盖了实质性的变化。一些高档公寓提供 2 个停车位 / 户，而另外一些公寓提供的不足 1 个停车位 / 户，甚至还有一座公寓根本没有提供任何停车位。对于停车配建标准，任何低于下限标准的规划调整都是非法的，这意味着住房选择的变化将会很小。第三，部分建筑原本就有大量的停车位（其中一栋位于停车楼的顶部），这使得户均停车位数增加。第四，也是最重要的，平均值忽略了停车场的位置。停车配建标准越严格，对住房开发的影响就越大，而其严格程度不仅取决于城市要求配建多少停车位，还取决于城市要求在哪里配建停车位。

洛杉矶市要求所有的停车位都在场地内建设，这一要求会迅速增加建设成本。在一个紧凑的地块上，前 4 个地面停车位的价格可能是 4000 美元 / 停车位，但第 5 个停车位可能需要建造一个停车楼或开挖一个地下车库。在这种情况下，第 5 个停车位可能要花费数万美元——远超它为一套住房所增加的价值。如果开发商在场地外部提供部分或全部停车位，就能控制住下一个停车位的成本。开发商可以租用附近现有的、往往未得到充分利用的停车位，而不需要开挖昂贵的地下车库。

ARO 开发商充分利用了法规给予的配建位置灵活性。ARO 出租公寓平均每户配建的 1.2 个停车位，但只有一半在场地内建设，其余的通常是租用附近供给过剩的停车楼或停车场。如果要求 ARO 建筑必须符合市中心的停车配建标准，那么所有的停车位都必须在场地内提供。ARO 让开发商将更多的土地和资本用于住房建设，并促进更好地利用社区现有的过量停车位。

对于 ARO 共管公寓，区划法规的要求和开发商实际行为之间的差距更大。样本中的 19 栋共管公寓楼约有 2100 套住房，平均每套公寓实际提供 1.3 个停车位，远远低于区划法规的配建要求。然而，就像出租公寓的情况一样，如果把停车位的位置考虑进去，这种差异就会被放大。ARO 共管公寓场地内提供的停车位不足 1 个停车位 / 户。

在 56 栋 ARO 建筑中有 16 栋完全在场地外部提供停车位，另有 9 栋建筑为租户提供了一些路内与路外相组合的停车位，还有超过 12 栋建筑提供了部分露天停车位。根据洛杉矶的停车配建标准，这也属于违规行为。

增加多样性与减少高价房

由于大多数住房已经建有停车位，那么没有停车位的新建住房就使住房存量变得多样化。而且由于新房子没有停车位，它的价格可能也会更便宜。根据美国人口普查局（Census Bureau）的《美国住房调查》（American Housing Survey），洛杉矶 90% 的住房在租金或售价中都包含了停车位费用。相比之下，遵从《适应性再利用条例》（ARO）的建筑超过三分之一没有将停车位计入其售价内。这可能不是巧合。开发商常常把停车位和住房捆绑销售，因为停车配建标准迫使他们提供过量的停车位，而这些停车位的成本远远高于其独自出售的价格。因此，开发商别无选择，只能将停车成本与租金或售价捆绑。此外，洛杉矶要求开发商将停车位预留给内部住户使用。这条规则除了保障停车位捆绑政策，实际上对任何人都没有帮助。开发商不能把多余的停车位卖给想要购买这些停车位的非内部住户，而没有车的内部住户则被迫为他们不需要的停车位付费。

ARO 让开发商从这些规则中解放出来后，将停车位与住房解除捆绑。笔者分析了洛杉矶市中心 1559 套出售或出租公寓的数据，它们位于 45 个不同的建筑中，其中 29 个被改造成采用 ARO 的住房。ARO 出租公寓不提供停车位的比例是非 ARO 出租公寓的 3 倍（13%：4%），而 ARO 共管公寓不提供停车位的比例是非 ARO 共管公寓的 2 倍（31%：14%）。研究结果还表明，没有停车位的公寓比有停车位的公寓更加便宜。排除其他方面的差异之后，停车位捆绑政策让出租公寓每月增加 200 美元的额外租金，让共管公寓增加 4 万美元的额外售价。不受停车配建标准监管的开发商提供了一种不同的、比受监管项目更便宜的产品。

没有停车配建标准不等于没有停车位

居民们通常担心如果没有停车配建标准的话，开发商根本不会建设停车位，那样将导致新的居民把车停在街道上并造成交通拥堵。但《适应性再利用条例》（ARO）表明，这种担忧并不一定会发生。因为许多购房者和租房者都想要停车位，所以大多数开发商都会去提供。ARO 的停车配建豁免之所以有价值，并不是因为它让开发商完全不建停车位，而是因为它让开发商能够自主地提供停车位。如果开发商认为他们能够卖出没有停车位或者停车位在场地外的房子，那么他们可以自由地去尝试。同时，他们也没有被迫去建造贵得离谱（例如，迫使他们开挖地下二层车库来停车）的个人停车位。

停车配建下限标准不但是在应对一个实际问题（停车需求），还告诉了开发商如何解决这个问题（在场地内为每户住房提供一定数量的有顶棚的停车位）。取消停车配建标准并不能消除这个问题（购房者可能仍然想要停车位），但它实际上取消了一刀切式的解决方案。开发商可以按他们认为最好的方式提供停车位，就像他们知道如何为他们的客户提供想要的游泳池、健身中心和其他设施一样。

这反映了一些重要的经验教训。首先，取消停车配建标准并不等同于禁止停车，终止一项政府授权并不等同于实施一项禁令。其次，由于开发商仍然可以自由地提供停车位，所以即使大多数人选择开车，城市也可以取消停车配建标准。终止停车配建标准并不意味着终止开车。毕竟在洛杉矶市中心还是有很多人在开车（这可是洛杉矶呀）。当大多数人开车时，大多数开发商就会提供停车位。

但是，如果一些开发商建造房屋时没有配建停车位，后入住的有车居民该怎么办呢？这种情况在 2013 年初的俄勒冈州波特兰市出现了，引发了街道停车拥堵和区划法规争议。

然而在洛杉矶却没有发生这样的事情，原因很简单：洛杉矶市政府管理市中心的街道。由于洛杉矶市中心没有免费的路内停车位，因此不会发生恶性竞争。市中心的街道从早上 8 点到晚上 8 点进行停车收费，并且大多数的街道禁止过夜停车。这应该是 ARO 最重要的经验：解除路外停车管理需要做好路内停车管理。当城市不再提供免费路内停车位时，开发商就会提供路外停车位（而开车人也将为其付费）。

结　论

停车配建下限标准迫使住房拥有和车辆拥有结合在一起，从而使得为没有汽车的人建造住房变得困难。因为停车会消耗大量的空间和费用，所以停车配建标准不必要地减少了可用住房的类型和位置的多样性：它们使得某些地块、建筑和社区不利于进行住房开发。这个结果是悲哀的。与其他市场的消费者一样，购房者也有着多种品位。当然很多人都希望住房配有停车位。但是"很多人"并不是"每个人"，有些人会喜欢住在没有停车位的建筑里。也许这些人不开车，或者不介意把车停在离他们住处不远的地方。但是如果这些房子自动包含一个停车位的话，他们很可能会负担不起房价。停车配建标准剥夺了这些人的选择权，并威胁到城市的活力。当城市能够提供更多而不是更少的选择时，城市就会繁荣发展。取消停车配建标准的城市将创造更加多样化和包容性的住房市场，并成为更加多样化和包容性的场所。

参考文献

[1]　Manville, Michael. 2013. "Parking Requirements and Housing Development." *Journal of the American Planning Association* 79, no. 1：P49–66.

[2]　Manville, Michael, Alex Beata, and Donald Shoup. 2013. "Turning Housing into Driving." *Housing Policy Debate* 23, no. 2：P350–375.

[3]　Shoup, Donald. 2011. *The High Cost of Free Parking*. Revised edition. Chicago：Planner's Press.

第 **19** 章

轻松开展停车改革

理查德·威尔逊（Richard Willson）

区划条例中的停车配建标准造成了交通运输和土地利用系统中最浪费的因素之一：空置的停车位。每个停车位都需要超过 300 平方英尺的宝贵土地或建筑面积，但很多停车位都是空置的。例如，购物中心采用停车配建下限标准，往往会导致一个硕大的、被未充分利用的停车场包围的开发项目。办公场所的停车位在白天可能被很好地利用，但在晚上仍然会空置，因为它们没有与其他用地进行共享。配建停车位的数量比任何时候实际使用的停车位数量都要多。

停车位过度建设和使用不足有两个原因：①区划法规要求过多的停车供给；②不同用地之间有效的共享停车受到阻碍。这两个原因都反映了单一用途区划方法和小汽车优先的规划方法所造成的后果。停车配建下限标准阻碍了私人开发商对市场状况的反应，也降低了开发商对共享停车或对无须开车也能方便地到达项目的开发兴趣。规划人员有时会声称，即使没有这些规定开发商也会建设同样数量的停车位。但如果真是这样的话，那么为什么要把停车配建标准放在首位呢？

停车配建标准应该作为提供可达性的一种手段，而不是目的。停车配建标准只是确保存放私家车的方法之一；而私家车交通只是提供可达性的方式之一。要进行停车改革，我们必须改变几十年来从道路、停车等方面考虑可达性的老做法。在笔者出版的《轻松开展停车改革》（Parking Reform Made Easy）一书中，研究了停车配建标准的起源、调整的障碍以及我们如何改革这些过时的法规。

为什么采取停车配建标准

早期的区划条例没有停车配建标准。区划法规试图管理房地产的外部影响，例如避免一栋新建筑对隔壁建筑构成火灾危险。在 20 世纪中期，为解决由于顾客开车寻找停车位而造成的街道拥堵情况，停车配建标准被添加到区划法规中。规划人员没有料到停车配建下限标准将利于私家车出行、降低总体密度以及增加交通量。

在 1995 年和 2013 年，笔者分别组织调查了加利福尼亚州南部地区规划人员对停车配建标准的看法，发现支持停车配建标准的主要理由：规划人员希望"确保有足够数量的停车位"。这种回答反映出规划人员缺乏对基本公共目标的批判性思考，如可达性、经济发展和可持续性等。这种回答也反映了人们保留着分散土地利用、小汽车不受限制和充足免费停车位等过时观点。因此，破坏当前土地利用和交通目标的停车配建标准是一种历史遗留问题。

改变为什么如此困难

尽管有一些区域和州政府的政策制定者认识到现有的停车配建标准过高，但大多数人还是忽略了这个问题，因为停车是地方政府的责任。然而，停车配建标准改革对于实现联邦、州和区域在交通运输、土地利用和环境方面的目标至关重要。最近有迹象表明，如果地方政府不进行停车改革，州政府可能会替它们进行。在2012年，加利福尼亚州立法机构的一项提案（AB 904）试图废除公交发达地区的地方停车配建标准（第17章）。然而，立法机构搁置了这一提议，显示了地方政府抵抗州政府干预停车政策的权力。

许多当地的规划人员都知道目前的停车配建标准是错误的。他们已经看到了停车配建标准导致的土地浪费、历史街区开发餐馆的提议被拒绝、可负担住房无法盈利等问题。尽管出现了这些并非所愿的结果，但规划人员却也并未做出改变。为什么？有些人可能感到无力改变僵化的法规，感到缺乏政治支持和技术能力来证明改变的合理性；另一些人可能想要通过过量的停车配建标准作为谈判条件，以便从开发商那里获取公共利益。此外，规划人员知道停车是邻避主义者反对开发的关键点，因此避免停车争议可以帮助保障经济发展。实际上，城市对使用停车配建标准"上瘾"了。这种"上瘾"类似于吸烟，即时的满足感完全胜过长远代价。

改变意味着我们要把自己从停车的教条、习惯和"金科玉律"中解放出来。过去的做法规定了固定的停车配建指标，并采取即使清楚如何做也不愿偏离标准的态度。这种方法强调了表面精度和一致性。它低估了地方变量、政策关系、环境容量和人类行为的重要性。如果我们不改革停车配建标准，世界上所有的土地利用规划、设计审查和街道效果图都不会产生预期的结果。

为什么不取消路外停车配建标准

解除对路外停车的监管能够让市场来决定停车供给水平，但同时将引发一场关于公共法规合理性和所有交通方式补贴的新辩论。目前，停车配建下限标准保障了开车和停车的可达性，但区划法规很少对公共汽车、自行车或行人设施提出相同的要求。即使提出了这些要求，那也是最近增加的，并且投资较少。

在停车配建下限标准政策下，即使那些不开车的人也要分担停车成本。停车成本已经包含在更高的零售价格、更低的工作薪水、更高的租金等方面。通过这些方式，大多数停车配建标准都倾向于优先考虑私家车。取消停车配建下限标准将为所有出行方式创造公平的竞争环境。

费城、波特兰和西雅图等城市最近对停车配建标准进行了改革，采取了有限的放松监管措施。放松监管从自动要求配建停车位转变为有需求时才供给。这与标准做法相比是一个巨大的变化，而且应该与共享停车和停车管理项目结合使用。不过，取消停车配建下限标准的想法在很多地方并没有引起人们的注意。当地官员经常遭受居民、店主和员工要求更多而不是更少停车位的打击。

停车改革的方法因社区而异。因此，如表19-1所示，列出了改革方案的范围，包括停车配建下限指标超出预期使用的传统办法；而另一个极端方法是放松监管，没有下限标准或上限标准。而在大多数城市和城镇，最好的办法是介于两者之间，在中心商务区和公共交通引导发展区域（TOD）放松监管，而在其他地区降低下限标准。

开发商面对不同停车配建标准的反应   表19-1

方法	下限标准	上限标准	开发商反应
传统式	>利用率	无	很少超出标准建设
缓和改革	=利用率	无	评估项目市场，可能超出下限标准建设
大城市方法	<利用率	固定值或下限比例	让市场决定按下限或上限建设
部分解除监管	无	固定值	让市场决定建设数量或按上限标准建设
全部解除监管	无	无	让市场决定是否建设和建设数量

走向理性和行动：12步法

在笔者的书中，解释了规划人员如何使用一个12步法来合理决策停车配建下限标准。这一程序从观测停车位利用率开始，根据当地背景和政策目标进行一系列的调整。

第1步

观测现有的停车位使用状况，这需要因地制宜。停车位使用状况用指标表示，例如每1000平方英尺建筑面积或每户住宅的停车位利用数量。规划人员采集这些观测值的样本，来为土地利用提供准确的评估。然而，目前的指标并不能直接用于反映未来的需求，因为维持现有水平可能会留存一些负面问题：价格过低和供应过剩的停车场、分散和低密度的土地利用以及以车为本的设计。

第2步

考虑未来的停车位使用情况。尽管区域交通规划必须考虑到未来20年的发展，但停车配建标准往往停留在过去。例如，规划人员通常使用美国交通工程师学会的《停车生成率手册》，其中包括几十年前的停车位利用率观测数据。由于建筑物的使用寿命长达数十年，甚至数百年，因此停车配建标准应该考虑到发展趋势（例如，共享出行服务的增长）将如何影响未来的停车位使用水平。大多数发展趋势表明，单位停车位使用率有所下降。根据规划期内停车位使用率的预期变化来对第 1 步的指标进行调整。

第 3 步

这一步开始从停车使用率转向未来的停车配建标准。这里有一个政策抉择，停车配建标准是基于预期的平均使用率，还是其他如第 33 或第 85 百分位使用率。选择第 85 百分位值意味着要求每个项目配建的停车位数量接近使用率值最高的样本；而选择第 33 百分位数意味着配建数量比观测数据平均值还要少一些，从而允许开发商决定是否要建设更多的停车位。该"基准指标"的确定取决于社区目标和共享停车机会。基于这一步的政策决定，选择第 2 步适当的使用率（平均值或百分位数）作为未来的停车配建标准。

第 4 步

根据项目特点或用地分类的特点以及地区土地利用和交通条件，调整预期的停车配建标准。例如，公交站附近应该比高速公路匝道附近配建更少的停车位。基于这些项目和环境调整因素对第 3 步预期的停车配建标准进行调整。

第 5 步

考虑有关停车定价、解除租金与停车成本捆绑或停车费变现（parking cash-out）项目的市场条件和政策。这些价格政策通常会减少停车需求，因此城市应该根据这些政策来降低第 4 步的预期配建标准。

第 6 步

考虑涉及增加公共交通、摆渡车、自行车、步行交通的规划。对这些出行方式的改善规划可能会降低停车位的使用水平，有理由向下调整第 5 步的预期停车配建标准。

第 7 步

评估当地实践做法和政策对停车位使用效率的影响。例如，如果在一个开发项目中停车位被指定个人专用，那么可能会向上调整第 6 步的预期停车位配建标准，因为它将导致无法实现有效的内部停车共享。同样的，设定一个停车位空置目标（例如，5%~10%）以简化寻找停车位的过程，也意味着要向上调整第 6 步的预期停车配建标准。

第8步

考虑社区停车资源（无论是路内还是其他路外停车设施）能否合理减少新开发的配建标准。它涉及观测该地区停车供给的过量程度并评估其可用性。如果能将社区停车资源借用给新开发项目，借用的部分将从第7步的预期配建标准中减去。

第9步

在制定混合用途区划分类的配建标准或制定混合配建标准（对一个地区的宽泛用地类型设定同一个标准）时，进行共享停车分析。将每种土地用途对应的第8步所得的预期停车配建标准输入一个共享停车模型中，该模型考虑了每种土地用途的高峰需求时间，以及多种土地用途共享停车位的机会，从而计算混合用地的总体停车配建标准。

第10步

评估经过第9步调整后的预期停车配建标准，并考虑它是否支持社区发展目标和规划。这些目标可以在综合规划中找到，并且在社区之间有所不同。它们通常涉及交通、设计、城市形态、经济发展、环境可持续性和社会公平。例如，积极推进公共交通和非机动交通的社区可能决定采用较低的停车配建标准，甚至取消这些标准；有强大经济目标的社区可能会接受放松停车监管，因为它可以降低开发成本。考虑对第3~9步进行迭代，使停车配建标准与社区目标保持一致。

第11步

解决停车位最小尺寸的规定，从而提高单位停车面积的停车位产生率。地方政府可以选择采用较小的车位尺寸要求，以便更有效地使用土地和建筑面积。该决策考虑了使用类型、车辆组合、自动停车技术和停车位周转率对所需停车位尺寸的影响。

第12步

考虑采取子母停车（tandem parking，一辆车停在另一辆车后面）、代客停车（valet parking）和自动停车等规定。每种措施都能提高单位面积的停车位产量。根据用地类型和当地条件选择采取不同的措施。

12步法与根据邻近城市停车配建标准或全美平均水平来设定停车配建标准的方法不同。它可用于确定（或取消）某一用地类型、某一地区或某一特定项目的停车配建标准。理想情况下，地方政府将在充分理解此方法优势的基础上改革配建标准；如果他们不这样做，区域或州级机构可以利用上述程序为地方政府推荐或强制规定停车配建指标。例如，区域机构可以因地制宜地（例如，考虑公交可达性、混合用地和密度）制定建议性停车配建标准。他们还可以将停车改革与区域规划和建模工作结合起来。例如，在华盛顿州的金县（King County），公交部门（Metro Transit）提供的网页端 GIS 工具提供多户住宅的停车位使用数据，并测试不同停车配建指标的成本和影响。

推崇渐进主义

在过去的十年里，许多城市开始了全面的区划法规改革，其他城市也在计划开展此类工作。全面改革工作使规划人员能够在考虑区划法规的基本组织和功能时，重新考虑停车配建标准。这些工作也使规划人员能够摆脱无数次修订旧法规的复杂性。理想情况下，规划人员将积累足够的政治影响力和财政资源，以承担全面修订区划法规的艰巨任务。

然而，在多数情况下，财政资源和政治资本不足以支持进行全面的停车改革。在这种情况下，渐进式方法可以产生良好的结果。从民选官员、社区或地区利益相关者支持开始是有道理的。法规改革者可以与这些利益相关者合作，改革停车配建标准、制定停车区划叠加区或部分放松监管，而不会引起全市范围可能出现的反对意见。这些早期的成功往往为更广大、更全面的工作提供支持。我们不应该认为试点或实验项目不如全面的停车改革，而应将其视为产生有价值信息、检验创新想法并最终产生变革的有效方式。

小的胜利容易被效仿并创造动力。开始改革吧！

参考文献

[1] Institute of Transportation Engineers. 2010. *Parking Generation*. 4th Edition. Washington D.C.：Institute of Transportation Engineers.

[2] King County Metro. 2013. "Right Size Parking." http：//metro.kingcounty.gov/programs-projects/right-size-parking/.

[3] Shoup, Donald. 2011. *The High Cost of Free Parking*. Revised edition. Chicago：Planners Press.

[4] Willson, Richard. 2013. *Parking Reform Made Easy*. Washington，D.C.：Island Press.

[5] Willson, Richard. 2000. "Reading between the Regulations：Parking Requirements, Planners' Perspectives and Transit." *Journal of Public Transportation* 3：P111-128.

本章内容选自《轻松开展停车改革》：Parking Reform Made Easy，Washington，D.C.：Island Press，2013.

第 20 章

面向精明增长的停车管理

理查德·威尔逊（Richard Willson）

停车在土地用途中是神圣不可冒犯的。它号称自己在区划法规中享有特权，而且它在城市中行使这种特权太多了。本书所有章节都在揭示停车配建下限标准的问题，显示过量停车位如何破坏宜居性、可持续性和公平性，并解释如何用定价方法来管理其使用。本章表明，要取得进展不仅需要改革区划法规和采用更好的定价方法，还需要全面地协调停车管理。我们需要从停车建设转向停车管理。

如图 20-1 所示，停车享有特权地位的结果：巨大的停车场热岛得不到充分使用。未来的社会趋势和技术进步将打破私人车辆拥有模式，让这些空置的停车场变得更加不合理。我们如何从停车位过量转变到更有效地使用更少的停车位？答案是停车管理。

停车管理是指使用大量的工具（停车位传感器、定价方法、法规和信息系统）来有效地使用停车位。例如，当同一停车位每天为许多不同的停车人提供服务时，或者不同用地之间共享所有停车位时，效率就产生了。换一种说法就是，停车管理应避免停车位使用效率低下或从不被使用。

对市中心区域设定 2 小时停车时长限制的社区都是在进行停车管理。问题是这种停车管理是固定的、无灵活性的且不协调的。在大多数社区，停车管理是一项"一劳永逸"式的业务。如图 20-2 所示，这种"一劳永逸"式的思想已经存在了很长时间，以至于停车标志

图 20-1　加利福尼亚州安大略市安大略米尔斯（Ontario Mills）商业中心的地面停车场

图 20-2　禁止停车标志被树木生长包围

都已经被树皮覆盖。即使是美国大城市，在管理私人或公共的路内与路外停车位时，也通常会采用一套复杂、随意、非最优的做法。

与其他批评一样，怀疑者首先会问这怎么可能？美国缺乏适当的停车管理有三个原因。首先，其文化思想中嵌入了停车应该免费且随时可以使用的观念。随着社区密度的提高和交通量的增加，引入停车管理可能意味着社会将发生更广泛、更激烈的变化。

其次，停车管理责任极为分散。城市政府、公共交通机构、地产拥有者、企业家、商业设施和停车场经营者都扮演着重要的角色。甚至在政府内部，停车的责任也被拆分至公共工程、规划、经济发展、财政和警察部门。很少有城市能全面地考虑问题。

最后，停车量供给过剩意味着我们没能对其进行很好的管理。当到处都有太多的停车位时，就没有必要引导停车人去找一个适合他们停留时间的停车位。大多数区划法规都强迫增加停车供给，从而人为地降低了停车价格，而没有激励人们进行更好的管理。

停车管理将使人们对停车位的思考从目标转向服务。虽然两个停车位的尺寸相同，但其中一个可能很少被使用，而另一个可能每天为多个用户、多次出行提供服务。第一个停车位实际上是无用的；第二个停车位则较为高效。

衡量停车使用效率的最佳方法是测量一个停车位（一天、一周或一年）被使用的总小时数。更好的停车使用意味着我们只需要更少的停车位就能提供足够的停车位来满足实际需求。因此，随着社会的发展，停车位供给可能会增长得更慢甚至萎缩。

如图 20-3 所示，提供了人们的停车感觉与现实的差异。第一个最大的圆圈表示在没有管理时利益相关者认为他们需要的停车位数量。但是，交通需求管理（TDM）能够让一个地区在拥有较少停车位的情况下成功运转。第二个小一点的圆圈表示采用常规交通需求管理之后所需的停车位数量。例如，当城市采取停车收费并且一些开车的人转向拼车、步行、骑自行车或乘坐公共交通时，就会减少停车位。第三个最小的圆圈表示采用更好的停车管理来更有效地利用已有的停车位时，所需的停车位数量。

一个好消息是，促进停车管理的技术和工艺有了突飞猛进的发展。传感器可以确定停车位使用情况。这种实时信息可以减少寻找车位时间，允许设定复杂的定价方案，并支持有效的执法。停车咪表可以根据全天不同时段和不同停车时长来改变价格，以鼓励停车位周转。接受信用卡或智能手机付费的咪表消除了找硬币付停车费的麻烦。

另一个好消息是，越来越多的城市开始对路内和路外的停车位采用停车收费。这使得

图 20-3　减少配建停车位需求数量的策略

开车人的停车成本与使用汽车的社会成本相一致。停车收费能够鼓励人们使用其他出行方式，并可以通过动态可变价格来保障每个街区的停车位可用性，从而实现停车位利用率目标。洛杉矶和旧金山的动态定价项目采用全天不同时段定价和定期价格调整来实现停车位利用率目标。

将停车收费与新技术相结合将有助于解决停车管理问题。遗憾的是，仅仅使用这些工具是不够的。当市场不能正常运转时，例如土地所有者由于不知道共享停车的获利机会而没有对价格信号做出反应时，我们就需要采取集体行动。规划人员可能需要说服地产业主了解停车管理的好处，或者在管理停车方面提供帮助。

最好的解决方案是全面、协调的停车管理。改进管理使共享停车最大化，利用停车价格分配停车位，并为停车人提供选择性、可预测性和减少其寻找车位的时间。

停车管理需要一个超越传统停车规划的战略规划。该规划必须要求决策者与多个组织合作，而不仅是一个或某个组织。这些组织必须进行协作、设计运营协议，并进行评估。战略规划还应包括程序化的要素，这意味着它们可以从试点项目开始，并根据情况进行调整。改变咪表价格或"装卸区"专用性比建造或拆除停车设施要容易得多。

利益相关者通常会根据他们的背景或专业知识来考虑停车管理方案。学过经济学的人可能会考虑价格策略；受过教育和市场营销培训的人可能会想到信息系统。如图20-4所示，第1栏提供了工程师可能设想的策略示例，例如先进的停车设备；第2栏介绍了经济学家使用的收费技术；第3栏显示了反映监管方法的停车规则；最后，第4栏包含教育和营销策略。

停车管理者应该综合考虑四种方法。它们可能并不都适用，但多管齐下的协调战略将会比任何单独一项战略都更成功。这些方法之间也可能有联系（或权衡取舍）。例如，动态收费需要先进的停车设备来支持定价算法（第1栏），如果有好的手机应用程序引导停车人找到想停的位置和可接受的价格（第2、4栏），设备的效果会更好。对于某些特定用途仍需要规章制度来规定车辆可以停在哪里（第3栏），例如允许路内停车的位置。宣传教育也是必不可少的，以避免引起"这只是城市在抢钱"的负面看法（第4栏）。

	直接策略	间接策略
货币（美元）	**1. "工程师"** 提供公共用途停车 购买先进停车设备 制定替代型交通方案	**2. "经济学家"** 停车位征税 路内停车收费 补贴替代型交通方式
非货币 （规章、说服、协议）	**3. "监管者"** 要求停车费变现 禁止停车位捆绑 允许共享停车	**4. "教育者/营销者"** 告知驾驶者其他选择方式 呼吁人们步行 改进停车APP

图20-4　停车管理策略

波特兰市当地的停车顾问里克·威廉姆斯（Rick Williams）认为，一个综合的管理实体能够较好地协调停车策略。一些城市建立了停车场管理机构，实现了对私人停车场和公共停车场的高度协调。其他城市也与交通运输机构组成联合机构，共同管理停车资源。威廉姆斯总结了创建一个有效管理、整合与财务可持续的停车管理区的步骤。

（1）建立管理原则；

（2）创建组织架构；

（3）明确路内与路外停车职责；

（4）建立价格设定协议；

（5）衡量绩效；

（6）沟通整合停车系统的工作方式；

（7）评估新技术；

（8）为持续管理进行财务分析。

未来经济将会强调使用而非拥有、强调服务而非设施建设，因此许多城市正在创新它们的停车管理方式。除了洛杉矶和旧金山外，各种规模的城市也纷纷效仿：加利福尼亚州的红木城和帕萨迪纳、科罗拉多州的博尔德、华盛顿特区、俄勒冈州的波特兰、华盛顿州的西雅图和塔科马。

与此同时，一些新兴趋势表明，未来停车位使用率将会下降。这一转变受新的服务（如共享出行）、汽车拥有的替代方式以及公共交通、步行和骑行条件的改善所影响。土地用途的变化如混合用途开发也会产生类似的影响。而对无车生活方式的偏好也可能降低停车位的使用率。此外，科技进步也会减少开车出行（如网上购物），自动停车技术减少了每辆车所需要的空间。

创建一个可管理、整合、财务可持续的停车管理区的最佳策略，是从呼吁更广泛的社区目标开始。要展示停车管理如何支持社区振兴，教育利益相关者，特别是要向他们展示类似社区的停车管理工作方式；要迎合人们的自身利益，例如停车收费可以为街道改善或公共设施带来收入；最后要寻找盟友，比如多模式交通的倡导者、填充开发和可负担住房开发商、小型企业以及历史保护主义者。所有这些都有助于增强对停车管理的支持。

停车管理是精明增长的关键。当我们把停车作为一种服务而不是一个对象来提供时，我们也必须从停车建设转向停车管理。我们可以通过确保停车价格与价值相符的方式来更有效地管理停车。停车管理在这个新时代恰逢其时。

这篇文章之前发表在 2016 年秋季的《途径》（ACCESS）期刊，改编自《面向精明增长的停车管理》：（*Parking Management for Smart Growth*，Island Press，2015）。

第 21 章

路内停车管理与路外停车配建标准

唐纳德·舒普（Donald Shoup）

为什么城市对新建公寓要求配建如此多的路外停车位呢？因为许多人似乎认为公寓的停车位就像游轮上的救生艇一样重要。他们争辩说如果一栋公寓没有足够的路外停车位，拥有汽车的居民就会把车停到街上。另一部分人反驳说，停车配建标准增加了住房成本来补贴小汽车。第三种声音说，银行不会为没有停车位的新公寓提供贷款、开发商不会建造它们、租户们也不会租用它们。

俄勒冈州波特兰市对这些观点进行了测试，他们取消了频繁的公交线路两侧 500 英尺内公寓的停车配建标准（大约涵盖了该市 38% 的地块）。接下来发生了什么？银行继续放贷、开发商继续建设、租户继续租住没有停车位的新公寓。这些公寓的市场很大，因为波特兰近四分之一的租户家庭没有小汽车。

从 2006~2012 年，开发商在豁免停车配建标准的地块上建造了 122 栋公寓。其中 55 栋没有建设路外停车位，另外 67 栋平均每套公寓提供 0.9 个停车位。总体上这 122 栋建筑平均每套公寓提供了 0.6 个停车位。

然而正如所料，许多住在没有路外停车位公寓里的租客确实拥有小汽车，并把它们停在附近的街道上。附近社区的居民顺理成章地抱怨这种停车外溢的问题。他们想让自己的停车变得更为方便，并担心如果路内停车位太拥挤的话，会让他们的房屋价值下降。因此，他们希望城市要求所有的新公寓必须配建路外停车位。

如果停车配建标准只是确保有足够的停车位来防止停车外溢，那它们不会产生问题。但它们同时也增加了住房成本，补贴了小汽车，降低了城市品质。路外停车配建标准值得如此付出吗？不值得，因为有更便宜和更好的方法来防止新公寓的停车外溢问题。城市可以更好地管理路内停车位，而不是要求配建路外停车位。

在停车许可区（Parking Permit Districts）内防止低于配建标准的公寓发生停车外溢问题的一种方法是对开发项目采用一个假定条件。如果开发商同意该建筑物的居民将来不具备领取路内停车许可证的资格，那么开发商便可以得到停车配建下限标准的豁免。这种没有资格获得路内停车许可的前提条件，将推动开发商尽可能多地建设满足租户实际需求的路外停车位。城市还可以要求业主必须通知潜在的买家或租户，告知他们将来没有资格获得路内停车许可证。购买或租赁公寓的居民如果提前知道他们没有资格在路内停车，那么他们可以不搬进去住，也不会期望把车停在街上。市政当局可以同时颁发建筑许可证和停车许可证，如此将两者联系起来应该易于管理。芝加哥和华盛顿特区已经使用这一政策来批准那些低于停车配建标准建设的公寓楼项目。

另一种防止单户住宅社区附近公寓发生停车外溢问题的简单策略，是允许所有街区采用"过夜停车许可区"政策。这些地区禁止本地居民以外的人在路内过夜停车，从而防止非本地居民将汽车停放在本地居民的家门口。例如，洛杉矶每年向居民收取15美元（每天不到0.5美分）的过夜许可证费用。居民还可以通过每晚1美元的价格购买访客过夜许可证。这个政策的执法很容易，因为警察只需要在一个晚上巡查一次，就可以对所有没有许可证的停放车辆开具罚单。如果附近的居民在他们的街区设置过夜许可区，那么没有配建停车位的公寓产生的停车外溢问题就不会那么糟糕了。

一些城市在停车位空置率通常超过25%的街区，向非本地居民出售一些停车许可证，例如科罗拉多州的博尔德市。非本地居民按市场价格购买许可证，每张许可证仅对一个特定街区有效，而在每个街区出售的非居民许可证不超过4张。

为了鼓励居民接受所在街区出售一些非本地居民许可证，城市可以将由此产生的收入用于支付街区新增加的公共服务。例如，如果一个街区允许4名非本地居民每月付50美元在此过夜停车，那么每年将筹集2400美元用于清洁和修理人行道等公共服务。居民可以将所有路内停车位留给自己，但允许出售少量非本地居民停车许可证的街区将获得新的公共投资。

当住在没有配建停车位的公寓内的租户在附近社区购买过夜许可证时，该公寓省下的路外停车建设资金将间接地为附近社区的公共投资提供资金。而且，因为没有停车位的公寓市场租金要低于有停车位的公寓，所以没有小汽车的租户将不再为实际停车的租户提供补贴。

为了把没有小汽车的租户吸引到没有停车位的公寓内居住，城市可以要求房东在租约中为没有路内停车位的单元提供免费公交卡。这一要求不会给开发带来负担，因为提供公交卡的费用远远低于建造停车位的费用。不带停车位的公寓、过夜停车许可区和免费公交卡这一组合措施将鼓励居民乘坐公共交通工具、骑自行车和步行。

过夜停车许可证并不能解决取消路外停车配建标准可能带来的所有问题。在没有路外停车位的建筑物工作或到访的开车人，可能在白天将车停在附近的街区。在这种情况下，城市可以在需要停车的街区上增加日间停车许可区。如果居民同意，城市还可以允许非本地居民在白天付费停放到街区空置的停车位上，而收入将用于改善公共服务。本书第51章提出了一个更全面的方法来管理居住区的路内停车位。

如果每个人都能轻松地在路内免费停车，开发商就没有动力建设路外停车位，也没有能力对他们建的停车位收费。因此，城市在取消路外停车配建标准时，应管理好路内停车供应。停车许可区是启动路内停车管理政治上可行的方式。在利用公共街道停车方面，偏袒本地居民可能看起来不公平，但政治改革必须从现状开始，而进步往往就是朝着正确的方向迈出一小步。正如最高法院法官本杰明·卡多佐（Benjamin Cardozo）写到的："正义的到来不是狂风骤雨，她喜欢的是缓步前进。"

本章最初发表于《途径》（ACCESS）第 42 卷，2013 年春季刊。

第 22 章

取消停车配建下限标准：从业者指南

帕特里克·希格曼（Patrick Siegman）

20 多年以来，笔者一直鼓励社区采取三项改革措施：

（1）制定正确的路内停车价格；

（2）将停车收入返还于产生它的街区，用于支付公共服务；

（3）取消停车配建下限标准。

前两项改革措施可视为采取第三项改革措施（也是最重要的）"取消停车配建下限标准"的手段。这一章分享笔者作为一名交通咨询顾问所积累的经验，包括如何帮助美国社区采用这些政策，以及为什么这些改革会促进繁荣、环境保护和更公平的社会。

实施地方停车改革：循序渐进方法

很多城市经常要求笔者公司（尼尔森 / 尼加德，Nelson/Nygaard）帮助制定全市、社区和走廊级别的规划。这些项目的成功往往来自取消或大幅降低停车配建下限标准。对于这些项目，我和我的同事开发了一个 10 步规划方法，可以很容易地适应当地情况。

1. 从倾听开始

以加利福尼亚州海沃德市（Hayward）的两个典型规划为例：《南海沃德轨道站与使命大道地区形态区划法规》（South Hayward BART/ Mission Boulevard Form-based Code）及其停车策略、《使命大道走廊专项规划》（Mission Boulevard Corridor Specific Plan）及其停车策略。这些规划都源于海沃德市希望将几个老旧的、以小汽车为导向的社区改造成如图 22-1 所示的紧凑的、适宜步行的区域的愿景。

但是海沃德的区划法规包括了严格的停车配建标准，例如零售商业每 1000 平方英尺需要配建 4 个停车位，这个指标通常会导致形成单层建筑被停车场包围的场景，每个地块一半以上被沥青铺装覆盖（图 22-2）。

图 22-1　典型的适宜步行区域
（加利福尼亚州帕罗奥图市中心）

照片来源：帕特里克·希格曼。

图 22-2　典型的单层建筑被停车场包围的场景
（加利福尼亚州达纳角）

照片来源：帕特里克·希格曼。

如图 22-3 所示，"南海沃德轨道站"项目第一次关于交通问题的公开会议议程。在简单介绍了规划期望（例如，明确研究区域范围）之后，便开始倾听。一旦人们有机会被倾听，他们就会变得更愿意倾听。然后，笔者还可以调整言论，以回应他们的担心和期望。

接下来，笔者做了一个演讲，首先提出了进一步讨论的目标（根据《城市总体规划》所阐述的内容提取更大的社区目标），然后总结现有的条件，最后总结了实现社区目标的潜在策略工具包，并留下了足够的时间来听取反馈。

议事日程
1. 介绍（5 分钟）
2. 委员会和公众意见（20 分钟）
——你之前参与镇中心规划工作了吗？
——本规划应该解决什么问题？
——存在什么改善机会？
——怎样算是成功？
3. 演讲（35 分钟）
——既有条件数据
——停车策略工具包
4. 委员会和公众意见（20 分钟）
5. 进度计划和下一步工作（5 分钟）

图 22-3　《南海沃德轨道站与使命大道地区形
态区划法规》公共会议议程

2. 指出停车本身不是目的，而是实现更大的社区目标的一种手段，尽早并经常地讨论社区总体目标

合理界定要解决的问题是很关键的。如果你选择将你的工作描述为改善停车状况的单项工作，那么可能的结果将是形成一个最适合存放汽车而其他事情都不理想的社区。

你应该从社区的政策文件（如《总体规划》）中提取并总结它们所陈述的期望。在海沃德，我建议停车研究的目标应该是实现"南海沃德 BART 与使命大道走廊"成为一系列步行社区的整体愿景。

当社区同意把这作为首要目标时，它带来了支持性的改革。这些规划和城市的后续行

动通过以下方式全面改革了城市的停车方式：

- 取消几个社区的停车配建下限标准；
- 向乘坐湾区轨道、在车站周围路内停车的通勤者收取费用，收费价格确保让路内停车位得到良好使用，但同时即时可用；
- 将所有的停车收入返还给社区，用于资助安全、照明、垃圾回收和涂鸦清理；
- 通过居民停车许可区政策保护现有居民，防止路内停车位不足。

这些改革使得一个开发团队有可能投资 1.215 亿美元，将之前的湾区轨道站的停车场改造为 357 套新的可负担市价房。

3. 克制自我情绪，但坚持自己的价值观

当你提供建议时，记住你只是别人家的客人。人们不是来给你投票，你也不需要对其负责。当然，社区雇用你来是需要你提供想法、技术专长和观点的。所以不要犹豫，根据你的个人价值观提供政策和建议。但要强调的是，你提供的想法可能适合他们的城市，也可能不适合。

4. 尽可能把停车规划与更宏大的场所营造愿景联系起来

当停车改革成为更宏大的愿景的组成部分时，它最容易被采纳。这种方法在我们编制的《文图拉市中心移动性和停车规划》工作中得到了体现。该市所有的改革（如下所述）都是由该市最新制定的《市中心专项规划》推动的，该规划要求按照城市设计最高标准，打造一个人们更喜欢步行或骑自行车而不是开车的地方。

5. 描述每个停车系统的两个关键部分：
（1）数量（停车位个数）和（2）管理（管控它们的政策、法规和价格）

提出以下问题很重要：当前你在停车位数量和停车管理两个方面的政策是否帮助你实现了社区的总体目标？然后，通过测绘和拍摄现状条件，帮助人们将现实与虚幻分开。

来吸取一下酒店行业的教训。即使是最便宜的廉价汽车旅馆的管理人员也知道，他们必须知道有多少间房、每天晚上有多少人入住。酒店经营者也不会建造过量的客房，除非他们已经拥有的客房能够产生足够的收入来支付这部分费用。然而，令人惊讶的是，城市规划人员在制定停车政策时，往往不知道他们有多少停车位、有多少停车位被使用以及建造更多的停车位需要多少成本。

记录研究社区内的停车供给和利用率情况，包括公共与私人设施。用高峰时段停车位利用情况的照片和地图来解释当前情况。

数据显示，文图拉市中心的总体停车供给远远超过需求。即使是在一周中最繁忙的时

候，至少也有 45% 的停车位是空置的，尽管几乎所有的停车位都是免费的。许多当地商人感觉（错误地）这个城市总体上存在停车不足。主街（Main Street）上所有可见的路内停车位通常都已经被停满（图 22-4），但是仅一个街区之外的停车场和车库却是只停满了一半（图 22-5）。

我们问社区：既然你的路外停车库没有得到充分利用，那你能通过建造更多的车库来解决路内停车问题吗？绘制和拍摄文图拉现有的停车状况，有助于社区意识到他们存在的是停车管理问题，而不是停车供给问题。停车位数量是充足的，缺乏的是停车管理。

这种"停车位短缺"问题通常可以通过对优质停车位实行绩效式定价来迅速解决。在文图拉，路内免费停车被绩效式停车定价（旨在实现每个街区 85% 的利用率目标）所取代，这为当地社区带来了收入。停车配建下限标准也大幅度降低，使建筑物可以在不配建停车位的情况下建造。

文图拉市中心的第一座"A 级"办公楼建于 20 世纪 20 年代（图 22-6），当时没有任何配建停车位。正如城市经理里克·科尔（Rick Cole）所指出的，只有新的停车法规才有可能再建设这样的建筑。如果没有这一改变，在一个小型场地上填充开发建设新建筑，在物理上和财政上都是不可行的。

时任文图拉市长的比尔·富尔顿（Bill Fulton）描述了文图拉绩效式停车定价规划生效当天发生的事情：

"今天上午 10：30 左右，我走出办公室……几乎立刻就注意到了一些不同的东西……我们市中心停车管理

图 22-4 文图拉市中心主街上的停车位价格过低而过于拥挤

照片来源：帕特里克·希格曼。

图 22-5 文图拉市中心的公共停车场经常处于半空置状态

照片来源：帕特里克·希格曼。

图 22-6 文图拉 20 世纪 20 年代以来第一栋"A 级"办公建筑

照片来源：David Sargent.

项目的付费停车部分在上午 10 点开始生效，并且已经显示出成效。把车全天都停在市中心的人将车都停进了停车场和停车楼的上层。现在，路内停车位可供购物者、用餐者和其他短期事务的人使用。换句话说，在我们启动停车管理项目 30 分钟后，它就开始工作了。"

6. 解释城市当前停车配建标准的历史、目的、起源和意想不到的害处

对现有停车状况的数据进行汇总，通常会发现社区停车场建设过度，但是解决常见抱怨的停车管理却极度不足。

这就为解释一系列问题奠定了基础：为什么最初采用停车配建下限标准？它们最初的目的是什么？它们从何而来？它们意想不到的负面后果是什么？它们如何以及为什么常常破坏社区实现更大目标的进程？这一试图缓解交通拥堵的努力其失败的历史和不幸后果可以在一些报告和演讲幻灯片中找到，例如《帕萨迪纳交通减少策略研究》和在公开会议上发表的《圣马科斯大学地区专项规划》幻灯片。在演讲幻灯片中，我通常引用本地区划法规中设置停车配建标准的目的（图 22-7）；请注意，法规要求的配建标准常常超过高峰利用率，哪怕是在没有公共交通并且停车免费的偏僻地方。此外，会显示遵守停车配建下限标准的建筑物理空间要求（图 22-8）和高成本（文图拉市中心，每个停车位 4 万 ~6 万美元），并注意出行方式选择转向独自驾驶会带来意想不到的副作用。

演讲到这个阶段是指出问题的好时机，尽管我们可以隐藏停车成本，但我们不能让它消失。最初，建筑开发商可能会支付满足停车配建标准的费用，但他们会以更昂贵的租金形式将这笔费用转嫁给建筑使用者。最终，我们都要以更高的价格支持停车以外的其他所有费用。

停车配建下限标准

目的
帕洛阿尔托市："缓解交通拥堵"？
圣迭戈市："减少交通拥堵，改善空气质量"；
海沃德市："缓解街道拥堵"……
防止停车问题外溢

图 22-7 区划法规声明的停车配建下限标准目的

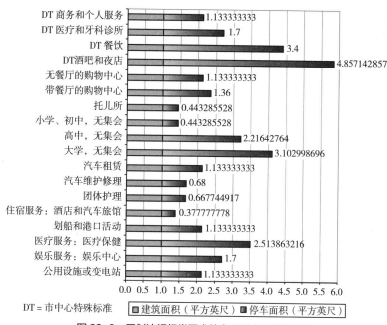

图 22-8 区划法规经常要求停车面积大于建筑面积
资料来源：尼尔森 / 尼加德咨询公司。

7. 通过提供停车策略的"工具包"说明停车配建下限标准更好的替代方案

提供一个工具包（并强调工具包中的某些工具可能不适合他们的社区），让你以一种有趣、无威胁、邀请探索的方式介绍改革思想和分享成功案例。

例如，在汇报海沃德和圣马科斯规划的演讲中，我提出了 12 种策略供大家考虑：

（1）路内停车收取合理价格；

（2）将停车咪表收入返还给社区；

（3）将停车收入投资于交通需求管理项目之中；

（4）为居民及雇员提供通用公交卡（即大幅打折的团体公交卡）；

（5）将停车成本与其他商品和服务费用"解除捆绑"；

（6）将企业支付的停车费变现；

（7）加强交通运输需求管理要求；

（8）取消停车配建下限标准；

（9）设定停车配建上限标准；

（10）改善公共交通；

（11）改善自行车和步行的设施与项目；

（12）研究道路拥堵收费。

我们对每一项策略都用一个在美国其他地方成功应用的案例来阐述。如前所述，很多策略都被社区所接受并最终实施。

这也是直接解决公平问题的好时机。指出停车配建下限标准如何危害低收入家庭，并阐述其他策略如何改善社会公平。例如，在海沃德，取消停车配建下限标准能够将未充分利用的停车场改造成低于市场价格的住房，使得为困难家庭和老年人提供住房在经济上可行。此外，避免建设停车场所节省下来的部分资金被重新投资于为每位新居民提供免费公交卡——这是所有人都能享受的福利，而不仅是那些买得起汽车的人。

8. 通过把停车收入花在关键利益组织最渴望的公共服务上来获得他们的支持

当提出停车收费想法时，与当地企业和居民协会等主要利益组织坐下来商谈，列出他们希望看到的所有新停车收入的支出情况。除非这些具有政治影响力的利益组织支持停车收费，否则这个概念可能不会获得议会的绝对多数支持，也就不会有任何停车收入可供支出。

例如，文图拉在市中心安装了318米的新咪表后，该市的工作人员最初考虑将由此产生的每年53万美元的停车收入花在市中心的接驳巴士上。但当商人们明确表示改善安全是他们的首要任务时，该市将大部分收入用于增加新的徒步巡逻。文图拉市的警官约翰·斯诺林（John Snowling）解释说，新的巡逻"对白天街头犯罪的数量产生了巨大的影响"。安装停车咪表后的第一年，市中心的犯罪率下降了29%，这一好处帮助停车收费项目在最初几个月备受争议时维持住了市中心商户的支持。

9. 保护现状居民免受过量外溢停车影响

正如海沃德、圣马科斯和文图拉等美国城市的典型情况一样，尽管总体停车供给充足，但仍存在停车外溢问题。从本质上讲，开车人在前往居住区附近的非居住目的地时，经常会把一些居住区的路内停车位都停满。为了解决这个问题，笔者通常建议设立停车受益区来向访客收费，并向居民提供免费停车许可证。通过从停靠在附近居民区的非本地居民那里征收的停车费，将获得的新停车收入花在居民最需要的公共服务上，政府将从居民那里获得巨大的支持。

记住这些社区停车政治的基本原理。居民们通常组织严密，对于把车停在他们自己的街区有共同利益，而且他们有投票权。相比之下，占用社区街道停车的非本地居民则缺乏组织性，获得的同情也更少，而且由于他们来自外地，故而无法在当地投票。限制这些非本地居民的停车特权或减少停车补贴的项目，通常在政治上是可行的。同样，取消停车补贴项目和未来居民的停车特权（这些人目前还不在，因此不能投票）也是非常可行的。

10. 将战略提炼为实用的、财务可行的、可实施的方案

通过公开会议、与城市工作人员的后续会议以及与市议员的一对一会议（在公开会议法规定的范围内），你应该能够辨别哪些改革可以获得多数人的支持。将这些内容提炼成一

致、可实施的方案，并提供实施了类似改革的城市的条例和法规文字样本。

结论：两党合作的改革浪潮

停车配建下限标准长期以来一直是晦涩难懂的和未经检验的。它们是一种主要由未经选举的技术官僚推动而普通公民基本上不知道的监管方式。一旦城市学会了如何通过路内停车收费来防止路内停车短缺，以及通过将停车收入返还给收费社区让停车收费在政治上受到欢迎，他们就可以解决常见的停车难问题，而无须诉诸停车配建下限标准。

从手机支付停车费到车牌识别系统，现代技术使停车收费变得更便宜、更快速、更容易实施。社区也越来越意识到，许多城市已经完全放弃了停车配建下限标准，转而采取了更好的策略，并因此看到了社区的繁荣。

正如本文引用的案例和席卷美国的改革浪潮所显示的那样，城市越来越多地接受绩效式停车定价方法，或者取消或大幅降低停车配建下限标准。从自由派的伯克利市（民主党登记人数与共和党登记人数之比为 15 ∶ 1），到保守派的加利福尼亚州圣马科斯市（共和党在政治舞台上占据主导地位），美国人正在放弃停车配建下限标准。

参考文献

[1] Siegman, Patrick, Brian Canepa, and Kara Vuicich. 2011. "Downtown Berkeley Parking and Transportation Demand Management Report." Report Prepared for City of Berkeley, California. www.cityofberkeley.info/uploadedFiles/Public_Works/Level_3_-_Transportation/BERKELEY%20PTDM%20DRAFT%20FINAL%20-%20NEW.pdf.

[2] Siegman, Patrick, and Brian Canepa. 2009. "San Marcos University District Parking & Transportation Demand Management Plan," Report Prepared for City of San Marcos, California. www.san-marcos.net/Home/ShowDocument?id=2010.

[3] Siegman, Patrick. 2008. "Traffic Reduction: A Toolkit of Strategies." Presentation prepared for City of San Marcos, California, University District Specific Plan. http://www.san-marcos.net/Home/ShowDocument?id=989.

[4] Siegman, Patrick, Brian Canepa, and Jessica Alba. 2006. "Traffic Reduction Strategies Study." Report Prepared for City of Pasadena, California. http://ww2.cityofpasadena.net/councilagendas/2007%20agendas/Feb_26_07/Pasadena%20Traffic%20Reduction%20Strategies%2011-20-06%20DRAFT.pdf.

[5] Siegman, Patrick, and Jeremy Nelson. 2006. "Downtown Ventura Mobility & Parking Plan." Report Prepared for City of San Buenaventura, California. www.cityofventura.net/files/community_development/planning/planning_communities/resources/downtown/Ventura_FinalMobility+PkngMngmntPlan.04.06_Accepted.pdf.

第 **23** 章

水牛城废除停车配建标准

丹尼尔·鲍德温·赫斯(Daniel Baldwin Hess)

改革不仅包括采取好的政策,还包括废除坏的政策。

——唐纳德·舒普

在美国,市政区划法规仍然是建立和维护城市建成环境的基础,它规定了土地用途以及建筑物的高度、规模、建筑体量和其他特征。当地区划法规通常要求配建停车位,这意味着必须为新开发项目提供满足下限数量要求的路外停车位。通常每种土地用途的停车位数量是根据建筑的平方英尺面积或开发单元数量来确定的。停车配建下限标准的存在是为了防止某个项目所产生的新停车需求使路内停车过饱和,这被称为"溢出效应"。

在汽车基础设施扩张的艾森豪威尔时代,为了满足郊区增长和开车需求,停车配建下限标准在区划法规中迅速推广。最终,配建下限成为每个城市区划法规的标准,造成了免费或低价停车位的供应过剩。停车配建下限标准助长了对汽车的依赖并扭曲了土地利用。配建标准鼓励人们开车出行和拥有汽车,导致蔓延和低密度发展,造成社会不公平,破坏高密度城市环境,增加开发成本并使建筑再利用变得困难。土地用于停车减少了街道生活、破坏了城市的活力、打断了建筑延续性、降低了步行、骑行和乘坐公交的便利性。通过补贴车辆使用成本和鼓励开车,停车配建下限标准加深了对汽车的依赖。

城市规划人员、城市官员和不同地区的普通民众越来越关注这些影响和结果,并普遍开始质疑停车配建下限标准。现在人们更加认识到,停车配建下限标准造成了非常浪费的过量停车位,这是对资源的不良利用,对城市肌理是有害的。作为回应,规划人员可以采取停车改革,以防止停车供应过剩,并改善交通、环境和社会效益。然而,停车配建下限标准仍然存在,改革工作进展缓慢。

管理停车设施的新方法

停车配建标准是区划法规的一个组成部分,可以通过以激活街道景观和促进复兴的方式进行重新设定。通过改革停车配建标准,规划人员可以处理下列问题:①核心区的土地未充分利用;②市中心开发压力大;③无效的"一刀切"式规定。

近年来，在澳大利亚、巴西、法国、德国和新西兰的一些城市以及英国全国范围内，停车配建标准已经被废除。自 2005 年以来，美国已有 120 多个城市取消了市中心或特定地区的停车配建标准。在开车比例更低的公交发达社区，降低当地停车配建下限标准会使停车供求关系保持一致。例如，一些以公共交通为导向和毗邻公共交通的住宅开发项目，已经降低了停车配建标准，包括纽约州的布鲁克林、加拿大的卡尔加里和温哥华、宾夕法尼亚州的费城和科罗拉多州的博尔德。俄亥俄州的辛辛那提、俄勒冈州的尤金和波特兰、加利福尼亚州的旧金山、华盛顿州的西雅图、斯波坎、塔科马等城市，在市中心和混合利用区域也取消了停车配建下限标准。

纽约州水牛城路外停车配建标准改革

水牛城（Buffalo）在 2017 年 1 月通过的新区划条例中取消了所有停车配建标准。本章研究了在大规模区划改革中废除停车配建标准的过程，并讨论了其对土地开发和多模式交通规划的影响。

水牛城的城市衰落

水牛城是伊利湖东端的一座历史悠久的工业城市，随着制造业的消亡，整个 20 世纪水牛城都在衰落。在 20 世纪 50 年代，水牛城的人口超过 58 万，但此后它失去了一半以上的居民。2015 年，全市人口仅为 25.9 万人，大都市区人口为 89.9 万人（1950 年为 113 万人）。

虽然大都市人口在减少，但水牛城的郊区却在增长（和蔓延），这意味着中心城市遭受了损失。在 20 世纪 50 年代，水牛城的发展愿望就是美国大多数城市在第二次世界大战后快速向郊区迁移的典型案例。为了让市中心继续对商业保持吸引力，城市领导人急于提供便宜或免费的停车场。在 20 世纪 50 年代开始并持续了几十年的城市更新期间，该市通过拆除建筑物来解决"停车问题"，从而扩大停车能力。例如，图 23-1 为 20 世纪 70 年代从市中心向西北方向望去的景象，反映了中心商务区的大量地面停车场。在图中，塞内卡一号（Seneca One）大楼（当时被称为海军陆战队大楼）东边的地面停车场现在是可口可乐棒球场（Coca Cola Field）。

在强大的支持和很少的反对下，水牛城区划法规在 20 世纪 50 年代末增加了停车配建标准。新千年集团（New Millennium

图 23-1　水牛城市中心 2016 年照片，整个中心商务
区都可以找到地面停车场

照片来源：Western New York Heritage Press.

Group）的一项研究显示（图 23-2），2003 年水牛城市中心的停车位供给过量。今天，水牛城市中心约有 28% 的土地被用作路外停车位。

新的区划法规促进新（老）城市主义

这是水牛城自 1953 年以来的第一次全面区划改革，一项新的《统一开发条例》（Unified Development Ordinance，UDO），又名《绿色法规》（Green Code），即将结束为期五年的编制进程。20 世纪 50 年代区划手册强调遵循欧几里得式的用途分离原则，那是当时美国区划法规的典型特征。

相比之下，《绿色法规》遵循了区划法规优先考虑形态而不是用途的新趋势，强调根据城市背景量身设置区划条例。20 世纪上半叶在水牛城流行的可步行、可持续和混合用途的社区再次成为首选的开发风格。图 23-3 为 N-2C 地区严格按照《绿色法规》中"混合用途中心"的形态标准所规划的结果。

废除停车配建下限标准

《绿色法规》完全取消了全市范围内的停车配建下限标准，将以前区划法规中基于监管的停车配建标准换成了基于市场的方法。在新的区划法规中，水牛城的任何土地用途都不需要配建停车位。停车配建标准仅用一句话就被废除："没有要求开发项目建设满足下限数量路外停车位的规定。"随着停车配建标准的废除，开发商和地产所有人避免了提供路外停车位的法律义务；此外，现有的停车位可以出售、出租或转换成其他用途。《绿色法规》赋予房地产所有人自主权，让他们自行决定为房地产提供多少停车位，或者决定是否提供路外停车位。

图 23-2　水牛城中心 2003 年停车供给（左）
资料来源：New Millennium Group.

图 23-3　水牛城《绿色法规》中混合用地边缘示意图（右）
资料来源：City of Buffalo，Mayor's Office of Strategic Planning.

■地面停车场　■立体停车场

虽然水牛城的新区划法规不再要求路外停车位，但停车仍受法规监管。该条例后面续以第二句，也是最后一句："提供停车位的开发项目，路外停车必须符合本节标准。"这种方法加强了地面停车场和立体停车场的设计标准（包括人行道、落客区、地面材料等）。

不受路外停车配建限制的开发愿景

随着水牛城区划改革程序的开始，"西纽约环境联盟"（Western New York Environmental Alliance）和两个保护组织[大水牛城地区历史、建筑、文化推动运动组织（Campaign for Greater Buffalo History, Architecture, and Culture）、水牛城尼亚加拉瀑布保护组织（Preservation Buffalo Niagara）]表达了他们对停车配建下限标准的反对，认为它们阻碍了对城市大量历史建筑的保护和再利用。

不久之后，城市规划人员通过2012年4月的"区划公共论坛"活动，介绍了《水牛城绿色法规：新方向》，以此向公众展示了关于改变区划法的愿景。在活动期间，城市规划团队在环境保护组织的支持下，测试了取消停车配建下限标准的想法。结果令人吃惊：74%的与会者（总共300人）表示强烈支持废除停车配建下限标准（图23-4）。

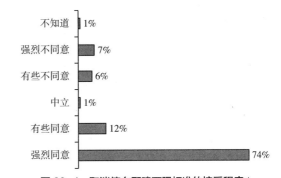

图23-4　取消停车配建下限标准的接受程度 *
注：对问题"统一开发条例（UDO）中不应该包含停车配建下限标准，让市场决定需要多少停车位"提问的回应，问卷数量=300。
资料来源：City of Buffalo, Mayor's Office of Strategic Planning.

积极进取的规划团队知道在提议取消《绿色法规》中的停车配建下限标准时，他们采取了一个不合常规的做法。他们准备做出妥协，比如降低但不是取消停车配建下限标准。令人惊讶的是，开发商、市中心的商业代表，甚至公众反而都赞成这一激进的改革。为协助制定新的区划法规而聘请的顾问团队不愿打破现状，对此产生争议，结果证明他们的建议比城市规划人员更为保守。

反对派未能出现

各地方组织公开赞同《绿色法规》草案，特别是取消停车配建下限标准。开发商和市中心的商业代表参加了拓展活动，并报告说停车配建下限标准是阻碍开发成本的一个障碍。由于路外停车位供过于求而路内停车位又未得到充分利用，开发商估计现有的停车位供给可以满足需求。

---

*　比例总计为101%，原书即此。——译者注

预测的结果和机会

没有停车配建标准，开发商无须提供路外停车位就可以建造公寓或办公楼。废除停车配建下限标准会减少路外停车位的供应，并需要更好地管理路内停车位。当开车人找不到路外停车位时，他们会需要更多的路内停车位。基于绩效或需求的定价策略可以用来管理供求关系。例如，在停车受益区，停车费收入用于资助社区改善。在这种情况下，免费停车被转换成咪表停车位并收费，以达到85%的停车位利用率。可以向收费停车位附近的居民发放居民停车许可证来免除停车费。

讨 论

在废除停车配建下限标准的过程中，水牛城的城市规划人员拒绝了将路外停车位视为土地开发的必要条件这一监管措施。由于对精明增长和可持续发展新的关注，该市的《绿色法规》抛弃了许多过时的法规，停车配建下限规定就是其中之一。

城市衰退期间开发、停车与交通之间的关系

在人口减少的城市，资源有限，缺少开发。强制性的停车配建下限标准加重了开发成本及其复杂性，给城市改善带来了不必要的困难。这种情况可以通过停车改革来克服，就像在水牛城看到的那样。取消停车配建下限标准对水牛城这样的城市来说是有意义的，因为他们非常适合步行、对自行车友好、公共交通发达。这也是对停车过剩的合理回应。

在整个水牛城，停车供给很可能与需求相一致（或超过需求），并且有充足的可能来提供免费和付费的路内和路外停车位。人口下降和经济发展缓慢（持续到最近）降低了城市对停车的总体需求。这些条件再加上缺乏发展压力，最终使得在区划改革期间提议废除停车配建下限标准变得很合理。停车供给是充足的（或过量的），在广泛沟通过程中废除停车配建标准的想法几乎没有遇到阻力。

开发与停车：满足停车配建下限标准

随着停车配建下限标准的取消，未来在提供路外停车方面，特别是在居住场地方面，可能会有很大的变化。高端住房的开发商提供的停车位数量可能与之前的区划法规要求相同；但也可能会出现不同的住房类型，以满足其他市场的需求，包括为没有汽车或不需要停车位的低收入家庭提供更小的住房。比起开车，人们更喜欢步行、骑自行车和乘坐公共交通工具，这也反映在新的住宅用地选址和开发上。由于开发成本与停车成本解除捆绑，水牛城可能会增加更多样化、更便宜的住房。

取消停车配建下限标准后，开发商面临的在地块上布置建筑和停车位问题或者为昂贵

的停车基础设施提供建设资金等问题都会减少。取消停车配建标准让开发商获得自由可能会鼓励对空置土地的创造性利用,从而可能会增加创业机会。因为开发商可以放弃提供停车位,而最大限度地增加可出租空间或产生收入的空间。《绿色法规》加强了对许多场地的保护意愿,因为开发商不会被提供配建停车位的要求所束缚,从而可能更容易发挥历史建筑和场地的潜力(许多早于停车配建标准的历史建筑,其四至范围紧邻地块界线,并且因为它们将很难在同一地产上为改为其他用途时提供相应的路外停车位,从而用途受到限制;为满足停车配建标准,历史建筑的开发商必须寻求规划调整,或者购买相邻地产作为停车场)。未充分利用的土地在市场允许的情况下,可以无须负担路外停车位而进行开发。

水牛城停车配建下限标准的废除并不意味着路外停车的结束。例如,银行要求开发商和房地产所有者为居民、租户和客人提供停车位,以使房地产对租户更具吸引力。对于住宅和商业开发项目来说,市场性是至关重要的,保守的金融家更喜欢有足够的停车位来吸引租户,从而确保营利和保证贷款偿还能力。

发 现

在水牛城新的《绿色法规》废除停车配建标准的过程中,有两点重要发现:

(1)在路外停车需求低的地方取消停车配建下限标准最容易。在区划改革的早期阶段,来自特殊利益团体和普通公众的支持(两者几乎没有分歧)让规划团队对水牛城的停车配建标准做出重大改变充满信心。

在具有经济和人口增长的活跃开发市场中,停车配建下限标准被视为确保所有土地用途都能方便停车的关键。为了保护收入流,确保场地内停车对开发商和房地产所有者至关重要。然而,在水牛城这种不增长或增长缓慢的地区,停车配建下限标准阻碍了开发。在水牛城市中心,工作日只有63%的停车位被利用,而且停车费也不贵(市政公共停车库每月76美元)。

水牛城取消了停车配建下限标准是一场彻底的变革,但令人惊讶的是,它只产生了很小的冲突。在提出这一想法后,预期的反对意见没有出现,反而出现了强烈的公众支持。水牛城发生的事件表明,取消停车配建下限标准可能比想象得容易,尤其是在长期衰退的地区。社区之所以支持取消水牛城的停车配建标准,可能是因为认识到停车配建下限标准无助于(甚至可能损害)发展前景,特别是在水牛城发展缓慢的环境下;相反,不用配建停车位可能使翻修和重新开发废弃的历史建筑更具可行性。

(2)公众的支持可以让规划人员更容易地改变停车政策。负责土地利用和区划的规划人员和城市官员长期以来一直认为,降低或取消停车配建下限标准将是一个艰难而漫长的过程，因为会有许多人反对取消停车配建下限标准，他们可能会认为这会对他们自己的个人利益产生负面影响。唐纳德·舒普简明地概括了这种情绪："停车配建标准不可能一下子全部取消……相反，城市可以逐步取消停车配建标准。"水牛城废除配建标准比舒普预想的要快得多。水牛城结束了实施停车配建标准的历史，这一配建标准从 20 世纪 50 年代末修订以来（作为 1953年区划法规的附录）几乎没有改变过。

在区划改革前期开展的相关事件中，公众的反应表明他们不支持现有的停车控制办法。水牛城的规划团队提出了废除停车配建下限标准的革命性想法，在得到公众的积极响应后，他们有信心进行这一场巨大的停车改革。如果公众对维持停车配建下限标准表示强烈支持，那么废除它将会困难得多，甚至是不可能的。

结　论

长期以来，大多数城市领导人、开发商和城市规划人员都认为，没有停车配建标准城市就无法运转。在水牛城这样的美国中型城市，取消区划条例中的停车配建标准代表了一种范式的转变。随着时间的推移，这可能会对土地开发、可持续交通、经济和环境产生深远的影响。这种区划改变是一种简单的创新，通过废除一项没有生产价值的命令而不是增加新的法规来解决低效的停车供应过剩问题。取消停车配建下限标准的做法可能会让其他五大湖区域或铁锈地带的城市效仿，但在停车限制更严格的城市，这一过程将面临更大的挑战。

今天所做的决定将影响未来几代人的城市，而停车配建标准与可持续发展、公平和社会责任的日益关注相去甚远。唐纳德·舒普认为在美国城市规划行动中，"扭曲"土地利用和建筑环境的最大影响因素就是停车配建下限标准。水牛城的规划人员已经废除了一项无效的法规，并克服了与停车管控相关的制度惰性。

参考文献

Hess，Daniel Baldwin. 2017. "Repealing Minimum Parking Requirements in the Green Code in Buffalo：New Directions for Land Use and Development." *Journal of Urbanism*：*International Research on Placemaking and Urban Sustainability*. Vol. 10. no. 4. P.442–467.

第 24 章

太阳能停车场配建标准

唐纳德·舒普（Donald Shoup）

太阳能电池板找到了获取阳光的新地方。在商业和工业建筑周围的地面停车场的遮阳棚上安装太阳能板，同时可以为停放的车辆遮阴。沥青铺装严重的城市其地面停车场具有巨大的太阳能发电潜力，因为在电力最有价值的夏季下午，这些面板可以调整方向以最大功率发电。太阳能发电停车场可以缓解大型开发项目高峰时段大幅增加的能源需求，但现在很少有开发商在地面停车场安装太阳能遮阳棚。所以，虽然电力需求在阳光最毒的时候达到峰值，但太阳能发电量占美国的总电力供应量却不到 1%。

城市如何增加停车场的发电量呢？城市可以特别规定任何新开发项目的地面停车场必须有一定比例被太阳能板遮盖，用以满足新建筑所增长的高峰电力需求。新建筑增加了高峰时段的电力需求，而停车位太阳能发电配建标准将有助于满足这一需求。由于新建筑的空调会在炎热的夏季增加社区停电的风险，因此要求开发商消除这种风险看起来是合理的。

城市可以修改区划法规，要求在新建筑的停车场中配建太阳能发电设施。在法规中要求特定的发电能力（例如 1 千瓦 / 停车位），可以让开发商以最经济高效的方式自由地满足配建标准（如果覆盖一个停车位的太阳能电池板发电量是 2 千瓦，那么覆盖停车场一半停车位的发电能力约为 1 千瓦 / 停车位。）因为停车场的太阳能发电潜力取决于许多因素，例如气候和地形，因此太阳能发电配建标准会根据位置和土地用途发生变化，就像停车配建标准一样。城市不应该对所有位置和所有土地用途实施太阳能配建标准，但是阳光充足地区的大型停车场是一个很好的起点。城市还可以为不愿在自己的停车场安装太阳能板的开发商提供选择，支付在其他地方（例如，学校或其他公共建筑）生产等量可再生能源或节约能源的费用。

太阳能电池板不会损害停车场的外观，因为大多数停车场已经很难看了。相反，类似高科技格子样的太阳能遮阳棚可以改善大多数停车场的外观，并成为建筑物的重要建筑特征。它们还可以帮助减少建设发电厂和输电线路造成的视觉污染和邻避主义（NIMBY）问题。

如果每个太阳能遮阳棚下面都有一个电动汽车充电站，那么太阳能停车场配建标准将有助于在整个城市配置充电站。在加利福尼亚州，一个覆盖了太阳能板的停车位每天可以产生大约 5 千瓦·时的电力，这足以驱动电动汽车行驶大约 20 英里。因此，工作地的太阳能遮阳棚可以为许多通勤者的电动车提供往返通勤的电力。加利福尼亚州要求到 2025 年

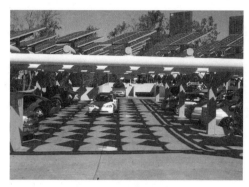

图 24-1　太阳能停车场

照片来源：唐纳德·舒普。

州内销售的所有汽车中有 15% 的尾气排放必须为零，而其他州也采用了类似的要求。停车场的太阳能遮阳棚可以为这些电动车提供部分电力，而不会给电网的发电和配电系统造成负担。

太阳能发电输出的间歇性使其非常适合为电动汽车充电。如果太阳能存储在电池中而不是输入电网，则由"云"引起的功率波动将不会引起电网的稳定性问题。太阳能发电输出还可以直接对电池充电，而不会因转换为电网里的交流电而导致功率损耗。

太阳能停车场是一个公司承诺爱护环境的明显证据。如果新建筑的停车场都配有太阳能遮阳棚，那么没有太阳能板的大型停车场可能会开始显得反社会。一些老建筑的业主可能会为他们的停车场换上太阳能板电池板，从而在这一新的竞争中跟上"绿色"外观的潮流。即使非电动车的开车人，在太阳能遮阳棚下停车后也会感到很"绿色"。

联邦政府和许多州政府会补贴太阳能板，因此开发商不会支付履行城市关于太阳能停车场配建标准的全部费用。由于停车场通常比它们所服务的建筑物更大，并且通常会无阻碍地获得太阳光照，因此太阳能板可以利用建造规模经济的优势，并且可以收集更多的可用阳光。相比之下，很少有住房具备合适光照方向的屋顶、无遮挡的阳光通道以及支撑太阳能板的建筑结构。因此，对于同样金额的政府补贴，停车场生产的电力要比住房生产得更多（图 24-1）。

太阳能遮阳棚不仅可以产生电力，还可以减低电力需求。在阳光毒辣的天气，在阴凉处停放的汽车开出后，将减少开车人对空调的使用，从而提高燃油效率并减少尾气排放。遮阳棚还可以减少建筑物周围停车场的热岛效应，从而降低建筑物内部的空调需求。

除了经济优势之外，太阳能停车场将成为紧急情况下（例如，自然灾害或恐怖袭击）的后备电力的分散来源。减少对电网能源的需求也将减少发电厂排放有害物质所导致的空气污染和气候变化。一些州要求电力公司一定比例的发电量从可再生能源中获得，太阳能停车场可以帮助电力公司满足这些要求。

停车场中的太阳能板将比传统发电厂的建设速度更快，通常那些发电厂需要建设数年后才能发电。遍布整个城市的太阳能停车场也将在其使用地点直接发电，从而减少电网的传输损耗，并有助于防止输电线路过载而造成的停电。由于太阳能电池板在阳光最盛的时候也是空调需求最高的时候产生的电量最多，因此它可以在最关键的时刻减少传统发电厂的负荷。只要对区划条例中的停车配建标准进行微小改动，城市就可以引领可再生能源所驱动的未来之路。我们不应该等到下一次热浪来临时再考虑利用停车场获取太阳能。

本章最初发表于《途径》（ACCESS），第 40 期，2010 春季刊。

第二部分

制定正确的路内停车价格

当从奥柏林大道拐弯儿进入第三大街后，他在前方成排停放的车辆之间寻找着停车位。他正为刚才被他人捷足先登而错失的停车位生气。前面刚好有辆车要离开，巴比特放慢了车速，向后面紧跟着他的车辆挥手，激动地示意一位老妇人赶快开走，并避开从另一侧驶来的卡车。随着前轮擦着前面车辆的锻钢保险杠，他停下车，兴奋地攥紧方向盘，向后倒进这个 18 英尺长的空车位，让车子与路缘石平行。这是一次充满技巧的男人式冒险。

——辛克莱·刘易斯《巴比特》

（Sinclair Lewis，Babbitt）

第 25 章

停车巡泊

唐纳德·舒普（Donald Shoup）

出人意料的是，有一部分交通量并不是由去往某地的出行者造成的，而是在人们到了目的地后为了寻找停车的地方而产生的，这是造成街道拥堵的原因之一。

兜圈开车

在早期的旅行作品中就已经出现了停车巡泊（cruising）现象。克拉拉·怀特塞德（Clara Whiteside）在《沿洋基线游览新英格兰》（Touring New England on the Trail of the Yankee, 1926, 124）中描述了她在 20 世纪 20 年代在康涅狄格州汽车旅行中遇到的问题：

> 我们开始参观这个城镇……我们绕着街区开了一圈又一圈，想找个地方停车……每条道路两侧都停满车辆……有个空位，唉！在路对面。我们希望赶快开到下一个路口调头回来，但交警一直示意我们等候。等啊等啊，直到我们发现自己……被困在了车流之中，堵在路上。

自 20 世纪 20 年代出现这种现象以来，除了每个路口的交警消失了，为停车而产生的巡泊现象几乎没有任何变化。

停车巡泊也出现在小说中。汤姆·沃尔夫（Tom Wolfe）在《回到血色》（Back to Blood）一书的前 29 页讲述了一个精彩的停车巡泊案例，地点是在迈阿密一家餐厅的停车场。卡尔文·特里林（Calvin Trillin）的停车小说《泰珀不出门》（Tepper's not Going Out）描述了在纽约成功巡泊获得停车位的喜悦之情（《高代价免费停车》，P285-286）。

可能巡泊作为一种交通拥堵源显得过于隐蔽，导致大多数交通规划师和工程师都忽略了它。巡泊导致了一个等待路内停车空位的小汽车移动车队，但是巡泊者与真正要前往某地的出行者混合在一起，所以没有人能发现车队中有多少巡泊的车辆。尽管如此，还是有一些研究人员通过拍摄交通流量视频、亲自驾车测试寻找路内停车位以及采访路内停车和等待信号灯的开车人来分析巡泊情况。从 1927~2011 年，4 个大陆上的 13 个城市在中心商务区进行了 21 项停车巡泊行为研究（表 25-1）。在这些研究中，寻找路内停车位的平均时间为 7.5

分钟，而车流中平均 34% 的车辆在为了停车位而巡泊。

停车巡泊调查汇总表　　　　　　　表25-1

年份	城市	交通巡泊比例	平均寻找时间（分钟）
1927	底特律（1）	19%	
1927	底特律（2）	34%	
1933	华盛顿		8.0
1960	纽黑文	17%	
1965	伦敦（1）		6.1
1965	伦敦（2）		3.5
1965	伦敦（3）		3.6
1977	弗莱堡	74%	6.0
1984	耶路撒冷		9.0
1985	剑桥	30%	11.5
1993	开普敦		12.2
1993	纽约（1）	8%	7.9
1993	纽约（2）		10.2
1993	纽约（3）		13.9
1997	旧金山		6.5
2001	悉尼		6.5
2005	洛杉矶	68%	3.3
2007	纽约	28%	
2007	纽约	45%	
2008	纽约		3.8
2011	巴塞罗那	18%	
平均		34%	7.5

资料来源：Shoup，The High Cost of Free Parking，2011.

例如，当研究人员在 2007 年采访纽约等候信号灯的开车人时，发现曼哈顿一条街上 28% 的开车人和布鲁克林一条街上 45% 的开车人都正在为路内停车进行巡泊。当然，不能因此推断出曼哈顿 28% 的交通量或者布鲁克林 45% 的交通量都在巡泊停车位。

如表 25-1 中所示的结果并非表明 34% 的交通量是在巡泊。在一些没有路内停车位或者停车位空置的道路上是没有车辆巡泊的；快速路上也没有巡泊停车位的车辆。然而，在没有空余停车位的拥挤道路上，车流中的许多车辆可能正在巡泊。

即使巡泊车辆的比例很大，但如果整体交通流量很小，那么巡泊车辆的数量也会很少。例如，凌晨 3 点一条街道上的所有路内停车位都被占用了，这时如果 1 小时内只有两辆车驶过这条街道，那么即使巡泊比例为100%，也不过是2辆车在巡泊。但是在下午3点所有路内停车位都被占用的时候，交通非常拥堵，那么即使只有10%的车辆在巡泊，这个数量也会很大。

巡泊状态是不断变化的，所以巡泊车辆的比例也在时刻发生变化，不会是一个常数；但是巡泊情况可以根据位置和全天时段有规律地进行变化，就像交通量一样。可以使用一个全天平均比例，但这个平均比例不能用来预测特定时间或地点的巡泊比例。《高代价免费停车》中第11章详细解释了如表25-1所示的研究内容。

自从进行这些观测以来，城市已经发生了很大变化。表25-1中的数据是有选择性的，因为研究人员只选择研究他们能够发现巡泊的时间和地点——路内停车价格过低且过于拥堵的地方。然而自20世纪20年代以来，巡泊问题本身并没有改变。当时的旧照片和明信片显示，汽车首尾相接地停在市中心道路的两侧。几十年来，停车巡泊一直造成时间和燃料浪费，巡泊之日永不落。

在所有路内停车位都被停满的拥挤道路上，估算巡泊车辆数量的一个简单方法是观察靠近新空出停车位的第一辆车是否会停进去。例如，如果驶近一个新空出路内停车位的第一辆或第二辆车总是会停进车位里，这就表明大多数车辆都是在巡泊。

一种更简单、更快捷（尽管可能不那么友好）的交通流区分方法，就是拿着钥匙靠近路内停靠车辆的驾驶位门外，假装要开车门。如果第一个看到你拿着钥匙准备开门的开车人总是停下来等这个车位，就表明大部分的交通流可能都是在巡泊。停下的那辆车就像"双排停车"一样堵住了一条车道。可惜的是，你用肢体语言表示你改变了主意决定不离开，这让原本打算停车的开车人非常失望。如果你这样反复多做几次，第一个或第二个靠近看到你手里拿着钥匙要开门的开车人总是停下来等这个空位，那么你认为在交通流中有多少车在巡泊？笔者在西雅图的派克市场做了这个假装开车门测试，大约5分钟后就得到了答案。第一个看见笔者手里拿着钥匙的开车人，总是停下车来等空位。

即使每辆车寻找车位的时间很短，也会产生非常惊人的交通流量。假设在一个拥挤的市中心需要3分钟找到一个路内停车位，停车周转率是每个车位每天停放10辆车。那么对于每一个路内停车位，巡泊导致车辆每天多行驶30分钟（3分钟×10辆车）。如果平均巡泊车速为10英里/小时，那么巡泊造成了每天每个车位产生5英里的车辆行驶里程（VMT）（10英里/小时×0.5小时）。一年时间内每一个路内停车位对应的巡泊行驶里程为1825英里（5英里×365天），能够穿越半个美国。如果每个巡泊车辆速度为10英里/小时，那么每个路内停车位对应一年的巡泊时间是182小时。

在拥挤的道路上如果一辆车多停1小时，其他车辆就更难以找到一个空车位，并会花更多的时间来巡泊。英茨、奥姆润和寇博思（Inci、Ommeren and Kobus，2017）等估算，在停车拥挤的道路上，车辆每多停放1小时，造成其他车辆巡泊所浪费的额外时间价值大约相当于一个普通工人每小时收入的15%。例如，如果平均工资为每小时10美元，那么在拥挤的路内停车一小时的外部成本约为 1.5 美元。这种外部成本仅仅是那些为了停车而巡泊的开车人所花费的额外时间，而巡泊远不止是浪费巡泊者的时间。大多数排队的人只浪费排队人自己的时间，不伤害任何人，但巡泊停车不仅浪费时间，同时还堵塞交通、污染空气、危及行人和骑自行车者的安全并产生二氧化碳排放。巡泊不光浪费巡泊者自己的时间，还对其他所有人都有害。所有这些额外的成本表明，定价过低的停车成本远远高于合理定价的停车成本。

选择巡泊

如果路内停车是免费的，但是所有的车位都被停满了，那么你只能巡泊直到有一辆车离开后腾出空位。而路外停车此时有空位，但你必须按市场价格付费。你是巡泊还是付费？如果路外停车很贵，开车人就会寻找路内停车位，这是对价格完全理性的反应。因此，通过降低路内停车的价格，城市告诉开车人应该去巡泊。为了研究这种激励现象，笔者收集了2004 年全美 20 个城市在同一位置（市政厅）中午同一小时路内和路外的停车价格。路内停车的平均价格仅为路外停车库价格的 20%（《高代价免费停车》，P328）。纽约的停车巡泊给开车人省下的钱最多，因为其路外停车第一个小时的价格是 14.38 美元，而路内停车只需要1.50 美元。

波士顿市中心路外停车位的价格高昂，部分原因是该市对路外停车位总量设定了限制。这种供给限制推高了路外停车的市场价格，并产生了一个意想不到的结果：路内停车低价格与路外停车高价格的组合方式极大地刺激了巡泊的动机。波士顿限制了私人路外停车位的供给，却没有对自己的公共路内停车位收取市场价格。2016 年，离波士顿市政厅最近的路外停车位第一个小时的价格是 25 美元，但波士顿市内所有停车咪表价格仅为 1.25 美元 / 小时。如果你只想停 1 小时，那么节省 23.75 美元的可能性会极大地刺激巡泊。

如果因为停车场和停车库总是停满车辆而经常导致车辆排长队并外溢到路内造成交通堵塞，那么每个人都会批评路外停车场经营者。城市通过设定路内停车过低价格造成了同样的后果，但巡泊车辆却隐藏在普通交通流量中不容易被发现。

洛杉矶的停车巡泊

为了了解有关巡泊的更多信息，笔者和学生对加州大学洛杉矶分校（UCLA）校园附近的商业区西木区（Westwood Village）的 4 个地点进行了 240 次观察，来研究找到路内停车位需要多长时间。收费的路内停车位白天每小时只要 50 美分，晚上免费；而最便宜的路外停车位也要每小时 1 美元。每次观察时，笔者都开车到现场并围绕街区转圈，直到找到一个路内停车空位。因为路内停车位经常是停满的，所以当到达时很少能找到空位。相反，我们通常需要不停寻找，直到发现一辆停着的车要腾出空位，然后等待它离开。

大多数巡泊车辆都会避免直接跟在另一辆明显也在巡泊的车辆后面，以便有最大机会第一个发现空车位。因此，开车测量巡泊时间可能会影响正在研究的行为。为了避免这个潜在问题同时做一些锻炼，我们决定骑自行车完成大部分的观测。在西木区车辆平均巡泊速度只有 8~10 英里 / 小时，因为每个十字路口都有一个停车标志或信号灯，所以骑自行车的人可以很容易地跟上车辆的速度。在测试中，我们为每辆自行车配备了一个记转器来记录经过的行驶时间、行驶距离和平均速度。

开车人平均巡泊 3.3 分钟才能找到一个停车位，巡泊里程大约为半英里（绕街区 2.5 圈）。路内停车位的周转率很高，平均为每天 17 辆车，因此个体车辆会迅速累计巡泊距离。这个区域有 470 个收费停车位，因此每天有近 8000 辆车停在路内（17×470）。由于路内停过如此多的车辆，因此即使每辆车的巡泊时间很短也会产生惊人的交通量。尽管开车人在停车前平均只巡泊 0.5 英里，但在西木区的 15 个街区，每个工作日所产生的巡泊量有将近 4000 英里（8000×0.5）的车辆行驶里程（VMT）。

西木区一年时间内的巡泊停车会产生额外 95 万英里车辆行驶里程，相当于绕地球 38 圈或登月 4 次。如果再考虑到巡泊车辆的低速和燃油效率，它们对时间和燃料的浪费就更令人震惊了。因为在西木区，车辆平均速度约为 10 英里 / 小时，每年巡泊 95 万英里浪费了大约 9.5 万小时（11 年）的时间。还有一个不容忽视的由路内停车价格过低所导致的问题：在这个小型商业区巡泊 95 万英里浪费了 4.7 万加仑汽油、产生了 730 吨二氧化碳排放。除此之外，所有因巡泊造成交通拥堵而怠速的车辆都会产生额外的污染和温室气体排放。《高代价免费停车》第 14 章中以西木区为例对巡泊停车进行了详细的案例研究。

路内停车的正确价格

当开车人比较路内停车与路外车库停车的价格时，他们通常认为车库停车的价格太高了。但事实恰恰相反——路内停车的价格太低了。价格过低的路内停车位就像租金管控型公寓：它们很难找到，一旦你找到了一个停车位，疯了才会放弃它。这使得寻找路内停车位变得更加困难，并增加了寻找路内停车位的时间成本（因此，也增加了交通拥堵和污染成本）。就像租金管控型公寓一样，路内停车位更多地被幸运者而不是应得的人获得。一个人可能会找到一个路内停车位后在那里停上几天，而其他人就只能绕着这个街区兜圈。

图 25-1 上图为西木区一个典型的商业街区，路内停车价格过低，所有的停车位都被停满了。该街区两侧各有 8 个路内停车位，找到一个路内停车位的平均巡泊时间为 3.3 分钟，两辆巡泊车辆正在绕着街区行驶。相反，图 25-1 下图显示了如果一个城市想要通过调整价格来产生一些停车空位后会发生的情况。这种情况下开车人没有理由巡泊，因为他们总能在目的地附近找到一个路内停车空位，寻找车位的时间为零，巡泊停车因此不会增加交

通拥堵。

因为路内停车的正确价格是对停车需求做出的反应，所以该价格会随着需求的变化而上下波动。因此该价格有时被称为基于需求的价格（demand-based）、可变价格（variable）、绩效价格（performance）或动态价格（dynamic）。城市不需要设计复杂的模型来定价，他们只需要关注结果即可。市议会需要改为关注停车系统的结果并采用停车位利用率反馈期望的结果，不再需要为制定停车价格进行投票。如果路内停车空位过多，价格就会下调；如果路内停车位紧张，价格就会上升。想要获得更多的停车收入将不再会是提价的理由。依靠非人为因素来制定停车价格会结束停车收费所引发的政治争论。

对路内停车进行收费以保证存在少量空位并不意味着出行成本会变得负担不起。开车人可以使用几种策略在不减少出行的情况下节省路内停车成本。他们可以选择：①在路内停车价格更便宜的非高峰时段出行；②停在价格相对便宜但离目的地稍远的位置；③缩短停放时间；④选择路外停车位；⑤拼车并分担停车费；⑥乘坐公共交通、骑自行车或步行到达目的地。将一些出行转为拼车、公共交通、骑自行车和步行，将在不减少人们出行次数的情况下减少小汽车出行，而实际上所有出行都是为了完成人的出行而不是汽车的出行。

路内停车采用市场定价将如何影响车辆行驶总量？因为现在很多车辆都在巡泊，所以该收费方法会快速减少车辆行驶里程。就像在健康上要区分好的胆固醇和坏的胆固醇一样，也许我们应该区分好的车辆行驶里程和坏的车辆行驶里程。路内停车价格过低会鼓励坏的车辆行驶里程，因为人们一直在开车兜圈，却不是为了去目的地。市场定价的路内停车能够提供好的车辆行驶里程，因为人们开车去他们想去的地方时，不必在到达那里后再开车兜圈寻找停车位（图25-1）。

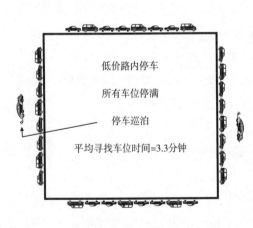

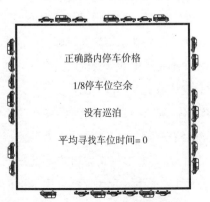

图25-1　路内停车价格与巡泊关系图

采用基于需求定价的方法来管理路内停车比采用停车时长限制要好得多。利用时长限制来增加周转率的方法，会鼓励开车人四处巡泊以期望看到一辆车离开停车位，这样他们就可以停入该车位。利用市场价格在每个街区创造一个停车空位，会消除巡泊的动机。巡泊在交通拥堵的地区尤其不利，许多行人呼吸着这些寻找停车位的车辆所排出的尾气。想象一下，如果路外的停车库和停车场采用的是时长限制周转率而不是价格来进行管理，那么交通将会变得多么糟糕。

制定正确的停车价格

市场价格可以减少稀缺资源所引发的冲突。在路内停车价格过低的地方，车辆会花更多时间来寻找路内停车位。但是，当开车人为路内停车支付市场价格时，城市将可以获得用于公共服务的收入。停车巡泊将时间浪费和汽油浪费转化为精神压力和二氧化碳排放。为路内停车设定正确的价格可以消除这种巡泊及所有的有害副作用。因为城市政府掌握着路内停车定价权力，所以他们的选择将决定车辆是否会巡泊。

如果城市想要减少拥堵、净化空气、节约能源、减少温室气体排放、改善社区环境，并尽快做到这一切，它们就应该为路内停车设定正确价格，并将由此产生的收入用于改善当地的公共服务。路内停车的正确价格将创造美好的世界。

参考文献

[1] Inci, Eren, Jos van Ommeren, and Martijn Kobus. 2017. "The External Cruising Costs of Parking," *Journal of Economic Geography*. doi：10.1093/jeg/lbx004.

[2] Schaller Consulting. 2006. "Curbing Cars： Shopping, Parking and Pedestrian Space in SoHo," Report prepared for Transportation Alternatives, New York City.

[3] Shoup, Donald. 2011. *The High Cost of Free Parking*. Revised edition. Chicago：Planners Press.

[4] Trillin, Calvin. 2001. *Tepper Isn't Going Out*, New York：Random House.

[5] Whiteside, Clara. 1926. *Touring New England on the Trail of the Yankee*. Philadelphia：The Penn Publishing Company.

[6] Wolfe, Tom. 2012. *Back to Blood*. New York：Little, Brown and Company.

第 26 章

自由停车还是自由市场

唐纳德·舒普（Donald Shoup）

城市应该对路内停车制定正确的价格，因为错误的价格会产生非常糟糕的结果。在路内停车价格过低且过于拥挤的地方，有很大比例的汽车正在拥挤的街道上寻找停车位。根据 1927~2011 年进行的 21 项研究发现，在拥堵的市中心交通流中平均有 34% 的汽车在巡泊停车位。研究人员在 2006 年和 2007 年对纽约市的开车人进行采访时，发现曼哈顿街道上 28% 的开车人、布鲁克林街道上 45% 的开车人都在巡泊。

2008 年的另一项研究表明，在曼哈顿上西区 15 个街区找到路内停车位的平均时间为 3.1 分钟，平均巡泊里程为 0.37 英里。对于个体开车人来说，3.1 分钟不算长，0.37 英里也不算长；但是开车人有很多，累积起来的结果是惊人的。仅这 15 个街区一年内的低价停车就会产生约 36.6 万英里的多余行驶里程（相当于绕地球 14 圈）和 325 吨的二氧化碳。

绩效式停车定价

在拥挤的城市里，路内停车免费只是碰巧在某一天给一些幸运的开车人带来了短暂的小好处，但每天却都给其他人带来了巨大的社会成本。为了管理路内停车并避免巡泊，一些城市已经开始根据地点和全天不同时段来调节路内停车价格。这些城市没有采用复杂的定价模型，也不以增加一定数量的收入为目标。相反，他们确定采用一个停车位利用率目标：使路内停车位达到 85% 的利用率，相当于在一个拥有 8 个停车位的典型街区保持 1 个停车空位。如果有很多空位，说明价格过高；如果没有空位，说明价格太低；但是，如果一个街区恰好有 1~2 个停车空位，让开车人可以在目的地可靠地找到路内停车空位，那么价格就刚好合适。我们可以把它称为停车价格的"金发姑娘原则"（Goldilocks）。

一些城市将这种让每个街区产生 1~2 个路内停车空位的定价政策称为绩效式定价（performance pricing）。它可以从三个方面提高绩效性能。首先，路内停车的绩效会更好。如果每个街区除了 1~2 个路内停车位外，其他的停车位都被利用了，那么停车场既会得到很好的利用也很容易找到空位。其次，交通系统将表现得更好，因为寻找路内停车位的车辆将不会再阻塞交通、浪费燃料、污染空气、浪费开车人的时间。最后，地方经济将表现得更好。

在商业区，开车人能够有地方停车买东西，然后迅速离开，让其他顾客继续使用这些停车位。

SF*park*

旧金山启动了一项名为 SF*park* 的雄心计划，来设置正确的路内停车价格。该市已经安装了价格可变的咪表和能够实时报告每个停车位利用情况的传感器。因此，该城市能够掌握路内停车位利用率的信息，并具备根据利用率调整价格的能力。该市两月调整一次价格，每小时的调整幅度不超过 50 美分。在反复试验的过程中，通过提高或降低价格，该市寻求的是一种价格结构，这种结构会随着城市不同地点与时段发生变化，以保持每个街区有 1~2 个停车空位。

SF*park* 体现了两个重要理念。第一，不能在不观测停车位利用率的情况下为路内停车设定正确的价格。它的目标是设定一个价格，让每个街区都有 1~2 个空位，即在不造成停车短缺的情况下所能收取的最低价格。第二，停车价格和停车地点选择的微小变化可以大大提高交通效率。将一个拥挤街区的价格推高到足以让一辆车换到一个不太拥挤的街区，会显著改善交通系统的性能。这一转变将消除车辆在拥挤街区的巡泊，并提高不太拥挤街区的停车空位的利用率。即使所有街区的路内停车位都被停满了，只要把一辆车从路内停车位转移到附近的路外停车场也可以避免车辆巡泊。

SF*park* 除了管理路内停车位供给之外，还可以为路内停车位设定一个明确的价格原则来帮助实现停车定价的去政治化：根据停车需求来决定价格。它将停车系统的目标从收入目标转换为结果目标，并为期望的结果选择利用率目标，从此市议会将不再需要对停车价格进行投票。如果路内停车空位过多，价格就会下降；如果没有路内停车空位，价格就会上升。想要更多的停车收入将不再是提价的理由。依靠非人为的市场测试力量来设定价格，将避免陷入停车政治之中。

一些批评人士认为，对路内停车收取市场价格会伤害到穷人。但是，大多数真正的穷人没有车；即使有车，他们开车也比富人少得多。相反，许多穷人乘坐公共汽车、自行车或步行。他们乘坐的公共汽车经常因富人在路内停车而造成堵车。当他们骑车或走路时，他们不得不与那些绕着每个街区转圈的汽车竞争，这些车是富人开的，他们在寻找路内便宜的停车位。那些真正想帮助穷人的人应该意识到，旧金山在不造成路内停车短缺的情况下以尽可能低的价格收费，并将所有停车收入用于补贴公共交通。公共汽车将运行得更快，补贴将用于购买更多的公共汽车服务，步行和骑自行车会更安全。认为免费路内停车能够帮助旧金山的穷人，这是一种严重的误导。

如果价格合理，顾客将会光临

关于提高停车价格或在晚上延长咪表运营时间的提议通常会引发强烈的抱怨，例如，"如果这个城市在晚上还收费，我就再也不会开车到市中心的餐馆吃饭了。"如果咪表在晚上运营后出现大量路内停车空位，那么这种不去市中心餐馆的威胁可能是一个令人信服的理由。但这种威胁忽视了绩效式定价的关键论点：如果停车咪表定价正确，小汽车将使用大部分路内停车位，每个街区只留下 1~2 停车空位。如果大部分的路内停车位都停车了，说明停车咪表不可能把所有的顾客都赶走。

停车咪表会赶走一些开车人，但他们原本占用的路内停车位将会提供给其他顾客。如果能轻易找到一个方便的路内停车位，他们是会支付停车费的。由于路内停车位几乎被停满，因此商家不必担心绩效式定价会损害他们的业务。

绩效式定价的另一个优势是，当经济衰退期间的需求下降时，绩效价格也会下降，路内停车的价格会自动下降以吸引顾客。便宜的路内停车将帮助企业生存并防止失业。但是，如果在经济衰退期间，路内停车费保持不变，路内停车位利用率就会降低，商店就会失去顾客，更多的人就会失业。

如果城市通过对路内停车收取绩效价格来消除巡泊，那么巡泊车辆将会发生什么变化？因为开车人们不再需要提前 5~10 分钟到达目的地来寻找路内停车位，他们的出行时间将会缩短 5~10 分钟。交通量的减少并不是来自车辆出行次数的减少，而是来自车辆出行时间的缩短。

停车价格会像经济中的其他价格一样发生变化。例如，汽油的价格因地区而异，随时间推移而上下波动。不同的辛烷值有不同的价格，自助服务或全程服务也有不同的价格，这些价格似乎不会让开车人感到困惑，也不会让他们难以负担汽油成本。汽油价格的调整是为了平衡供求关系，停车价格也可以。此外，根据不同的地点、不同的时间、不同的停留时间，路内停车运营商也可以收取不同的价格。一些路内停车运营商也会对自助停车和代客泊车收取不同的价格，这并没有让大多数开车人感到困惑。为路内停车支付市场价格可能需要一段时间来适应，但如果你不知道如何支付停车咪表的费用，那你就不应该开车。也许驾照考试内容不仅应该包括停车的能力，还应该包括使用咪表付费的能力。

每个人都想要免费的东西，但我们不应该把免费停车作为交通定价和公共财政的原则。使用绩效价格来管理路内停车可以为企业、社区、城市、交通和环境带来诸多好处。城市将获得所规划的交通量、所补贴的出行行为。停车需要付费。

取消停车配建下限标准

改革不仅要采取好的政策，而且要废除坏的政策。要求所有建筑配建充足的停车位是一项糟糕的政策，城市应该取消它。一些城市已经开始取消停车配建下限标准，至少在其市中心取消，其原因有二：首先，停车配建标准阻碍了小型地块的填充式再开发。因为在这些地块上，要同时容纳一栋新建筑和所需的停车位既困难又昂贵。其次，停车配建标准阻碍了许多旧建筑改为新用途，因为它们缺乏新用途所需配建的停车位。由于政府施加的压力创造了无处不在的自由

（免费）停车位，但由此产生的交通和土地利用模式并不代表那是自由市场的选择。

通过对报纸文章的检索发现，自 2005 年以来，有 129 个城市取消了市中心的路外停车配建标准。虽然报纸文章并不能表明所有城市正在做什么事情，但它们确实包含了许多对城市为什么改变政策的评论。至少在市中心的商务区，一些民选官员认为，停车配建标准会让他们想要发生的事情停止却让他们想要阻止的事情加速。

然而，取消停车配建标准与限制停车或让城市停车瘦身（parking diet）是不一样的。相反，停车配建标准强迫城市提供停车位，而取消停车配建标准只是停止了这种强迫。城市不再要求在路外配建停车位，让企业可以自由地提供更多或更少的停车位。城市可以在不设定停车限制上限的情况下取消停车配建下限标准，并且不应将反对停车配建下限标准与支持停车上限相混淆。

一场安静的停车政策革命

要求张三为李四的停车付费，而李四又为张三的停车付费，这不是一个好主意。人们应该为自己的停车付费，就像他们为自己的汽车和汽油付费一样。停车配建标准掩盖了停车成本，但无法让它消失，免费停车通常意味着全额补贴停车。停车配建标准至少应该带有关于危险副作用的强烈警告标签。

尽管在停车规划实践方面存在体制上的惰性，但改革正在萌发。城市规划的范式转变在它们发生的时候往往很少被注意到，而在它们发生之后又往往很难判断是否发生了变化。但是变化发生之后，规划人员只是开始以一种新的方式来理解城市，却几乎记不起他们何时以不同的方式来理解城市了。目前正在进行的渐进式改革表明，路外停车配建标准不会很快消失，而是会逐渐减少。城市可能会慢慢地从停车配建下限标准转向绩效式停车定价，而不会明确承认曾经的停车规划做错了。然而，规划人员最终可能会意识到，停车配建标准是饮鸩止渴，在提供充足的免费停车的同时掩盖了大量成本。然后，他们可能会惊讶他们的前辈怎么会犯了这么长时间的错误。

参考文献

[1] Schaller, Bruce. 2006. "Curbing Cars: Shopping, Parking and Pedestrian Space in SoHo." New York: Transportation Alternatives.

[2] Transportation Alternatives. 2008. "Driven to Excess: What Under-Priced Curbside Parking Costs the Upper West Side." New York: Transportation Alternatives.

[3] Transportation Alternatives. 2007. "No Vacancy: Park Slope's Parking Problem and How to Fix It." New York: Transportation Alternatives.

本章节选自《途径》（ACCESS）第 38 期，2011 年春季刊。

第 27 章

非正规停车：将问题转化为对策

唐纳德·舒普（Donald Shoup）

如果你想树敌，那就去尝试改变一些事情。

——伍德罗·威尔索（Woodrow Wilson）

城市几乎规范了路内停车和路外停车的各个方面，他们雇佣了大批停车执法人员来确保开车人遵守法规。如果这么多的停车都是正规的、受到监管和被执法的，那么非正规停车是指什么呢？

路外停车的非正规市场

在监管体制之外运行的非正规停车市场填补了难以通过正规手段来服务的市场空白。它们经常出现在停车需求短暂、紧急且不频繁增加的场地附近。例如，在洛杉矶体育馆附近，居民在比赛日会将住宅车道对外开放用来停车收费。开车的人可能需要走几个街区才到达体育馆，但在比赛结束后，他们可以从住宅车道上快速离开，远远快于每个人都试图同时离开从而造成拥挤的体育馆停车场。这些分散的非正规的停车场还减少了高峰时刻进出车流所造成的拥堵。

比赛日停车的需求如此强烈，这使得一些城市将非正规市场合法化。例如，在安娜堡（Ann Arbor）的密歇根体育场（Michigan Stadium）是美国最大的体育场馆，自 1975 年以来，每个主场比赛都吸引了超过 10 万名观众。庞大的体育场观众为路外停车场创造了一个非正规市场。安娜堡禁止在草坪上停车，但足球比赛日除外。在比赛前，居民将自己的汽车停放在路上，以便在草坪、内部车道和后院提供路外停车位。许多开车人认为为停车付费"不够美国"；但获得收入的居民认为，为使用的东西付费是美国的传统价值观。

路内停车的非正规市场

在路内停车位缺乏但又免费的社区，非正规市场可以获得丰厚利润。例如，纽约和旧金山高档社区的公寓门卫已经成为成功的停车企业家，他们利用大楼的出租车乘降区为游客停放车辆并获得服务小费。当大楼附近的停车位出现空位时，门卫将访客的车停入其中。如果一个选择路内停车方式的居民回家找不到路内停车空位时，门卫会将访客的车移回出租车乘降区来空出车位，让居民停在那里，这样门卫会收到另一份小费。

纽约市的街道换侧停车规定创造了另一个非正规市场。为了进行街道清洁，纽约设定了一个90分钟时间段禁止在街道某一侧停车的规定，周一、周三和周五禁止街道的一侧停车，而在周二、周四和周六禁止街道另一侧停车。在街道某一侧被清洁的90分钟内，许多居民将车双排停放在街道的另一侧。这种街道换侧停车规定创造了一个由门卫控制的非正规市场。停在街上的居民将车钥匙交给门卫，门卫每月收取将车辆从街道一侧移到另一侧的费用。当人们想要使用他们的汽车时，会向门卫询问他们的汽车在哪里。一些门卫在他们停放的路内车辆前后留下一定间隙，但空间不足以让车停在那里。然后，当需要停放另一辆车时，门卫只需将前面的车辆向前移动就可以停下新的车辆。

非正规市场对停车人也有工作要求。波士顿和芝加哥的居民在暴风雪过后需要铲出一个停车位，传统上他们使用草坪椅或垃圾桶来占据车位，以便他们回家停车。一位波士顿市议会的议员解释说："这是一种文化。当人们努力清理出一个车位时，你会希望人们尊重他们的工作。这是在一个高密度社区生活的一部分。"

人行道上的非正规停车

在一些比较老的社区，为了应对路内免费停车位的短缺，在人行道上停车已经演变成为一种非正规的习惯。我在加州大学洛杉矶分校教授《城市交通经济学》这门课时，开始研究这种非正规停车市场。许多学生住在西木区北部（North Westwood Village），这片区域邻近校园且包含15个街区。开车人经常停在内部车道的过渡带上（apron，人行道和街道之间的铺装区域），车辆前部延伸停放到人行道上；也有人把车前面停在内部车道上、后面延伸到人行道上（没有占用过渡带）。无论车辆从过渡带还是从内部车道延伸入人行道有多长，开车人都称之为"过渡带停车"。房东向租户收取过渡带停车费用，通常每月约50美元。这个人行道上停车的非正规市场让房东收取了那些不属于他们的停车位的费用，并且表明停放汽车比行人更重要（图27-1）。

在人行道上停车违反加利福尼亚州和洛杉矶市的法律，但停车执法人员忽略了西

图 27-1 人行道上的非正规停车
照片来源：唐纳德·舒普。

木区北部的这种违章行为，因为这里是一个学生区，其市议会成员要求"放松执法"。其结果就是乔治·凯林（George Kelling）和詹姆斯·威尔逊（James Wilson）所说的城市混乱的"破窗效应"。

> 社会心理学家和警察倾向于同意，如果建筑物的一扇窗户被打碎后未被修理，那么其余的窗户很快也会被打碎……一扇没有被修理过的破碎窗户是表示无人关心此事的信号，因此打碎更多的窗户也不会有任何代价。

如果把破碎的窗户换成停在人行道上的汽车，西木区北部同样证明了这一理论。如果执法人员不给第一辆停在人行道上的车开罚单，那里就会有更多的车辆停在人行道上。最终，开车的人们会把整个社区的人行道停满车。由于城市放松了对西木区北部的执法，所以导致一个非正规的停车场占领了人行道。

笔者的学生开始研究西木区北部的非正规停车，统计路内停车位和停放车辆、分析人口普查数据、采访居民和业主以及现场拍照。学生们统计了一天中停在内部车道过渡带上的车辆有 205 辆，与这个社区的 1.1 万名居民相比，这似乎是一个很小的数字，但是这 205 辆车足以阻挡每条街道上的人行道。

路内停车在行驶车辆和人行道上的行人之间提供了宝贵的缓冲带。停放的汽车还可以避免人行道上的行人被汽车驶过水坑时溅到污水；如果你住在东北地区，还可以防止溅到雪后污泥。相反，人行道停车只是对少数人有短暂好处，却让大多数人的生活每天都变得更糟。极少数人给绝大多数人的生活带来不便。

《美国残疾人法案》

人行道上的非正规停车看起来像是一个地方问题，但是美国最高法院在 2003 年裁定《美国残疾人法案》（Americans with Disabilities Act，ADA）适用于所有人行道。"巴登诉萨克拉门托市案"（Barden v. Sacramento）的判决要求城市必须保障公共人行道能够让残疾人通行。由于这项规定，城市必须清除阻碍人行道通行的障碍。这一决定给洛杉矶这样的城市带来了沉重的责任，因为这些城市非正规地允许开车人把车停在人行道上。

两项根据《美国残疾人法案》对洛杉矶的诉讼刺激了改革。这两项诉讼都涉及人行道破损和人行道停车问题。在忽视人行道停车问题多年以后，这些诉讼迫使城市重新审视"宽松执法"这一非正规政策，并明确认定什么应该是合法的，什么应该是不合法的。鉴于《美国残疾人法案》对无法通行的人行道提起诉讼的威胁，所有非正规的允许在人行道上非法停车的城市，都将需要找到方法来减轻严格执法所带来的戒除人行道停车之苦。

非正规轻松变为正规的方法

取消过渡带停车将增加早已高涨的路内停车需求，但过夜停车许可证可以帮助解决这个问题。像许多其他城市一样，洛杉矶允许社区采用过夜停车许可区（overnight parking permit district）政策，禁止没有许可证的车辆在路内过夜停车。执法人员只需在晚上巡视一次，就可以查出所有没有许可证的停放车辆。洛杉矶对每张许可证收取 15 美元 / 年（每天不到 0.5 美分）的费用。居民也能以 1 美元 / 晚的价格购买访客许可证。

考虑到西木区北部的居民对路内停车的需求很高，过夜许可证的需求将大大超过路内停车位的供给。城市既可以继续保持较低的许可证价格，并以某种方式限制许可证数量，例如摇号；城市也可以对许可证收取公平的市场价格，这样许可证的需求量将等于路内停车位的供给量。

对西木区北部的停车许可证，城市还可以收取与附近加州大学洛杉矶分校宿舍的停车许可证相同的价格。如果该市对 857 张过夜停车许可证（等于北村路内停车位数量）每月收取 96 美元（约 3 美元 / 天），那么每年为公共服务带来的新收入将达到 98.7 万美元（96 美元 × 12 个月 × 857 个），即 15 个街区中每个街区平均每年获得 6.6 万美元。

路内停车收费在政治上永远不会受欢迎，但它却会让开车人找到路内停车位变得更容易。为了提高这种基于市场的解决方案的接受度，城市可以将新的停车收入用来改善西木区北部的公共服务：修复破损的人行道、种植行道树，以及修整路面，这些都是这里所需要做的。公共安全是另一个问题，2012 年西木区北部共发生了 3 起强奸案、15 起抢劫案、20 起严重袭击案、58 起入室盗窃案和 89 起重大盗窃案。使用一些停车收入来改善公共安全比为几辆车提供免费停车位更有价值。

将停车收入用于产生停车收入的社区，已经为其他城市的收费停车政策提供了政治支持（第 44~51 章）。由 857 个路内停车位通过公平市场价格进行收费来资助公共环境改善，这将改善西木区北部 1.1 万名居民的生活，并有助于城市履行保障人行道通达的义务。

变革之声

解决在人行道上停车所产生的问题，不仅会带来长期的经济效益和环境效益，同时也会带来短期的政治冲突。正如尼科尔·马基雅维利（Niccolò Machiavelli）1532 年在《君主论》（The Prince）中所写：

> 没有什么事情比引领推行新秩序更困难或者更充满不确定性。因为革新者面对的敌人是所有旧秩序中的既得利益者，而将在新秩序中获益的人只是对变革不冷不热的拥护者。

或者如之后 400 年的伍德罗·威尔逊所说："如果你想树敌,那就去尝试改变一些事情。"

大多数人都希望看到可持续发展的城市、良好的公共交通、可步行的社区、优质的公共安全和更少的交通拥堵。同时他们也希望免费停车,但这会破坏上述目标的实现。幸运的是,如果城市执行禁止在人行道上停车的法律,并为路内停车设立一个正规的市场,那么人们不需要放弃开车。一些开车人只会认为没有免费停车的社区不是他们购买或租住公寓的最佳场所,而买不起车或选择不买车的人将取代他们。在转变的过程中,所有的抱怨都将成为变革的呼声。

把问题变成机遇

非正规的停车市场通常是对城市未能建立正规路内停车市场做出的反应。即使在世界上一些价值最高的土地上,城市仍按先到先得的原则提供免费路内停车。那么在高密度社区,这种免费停车的非正规市场怎么可能不出现呢?

如果路内停车场是免费的,商家们就会找到办法为那些愿意为便利而付费的开车人建立一个非正规的市场。这些非正规市场对应的问题几乎都是由免费路内停车引起的。因此,免费路内停车的短缺不只是一个问题,它还是一个以公平价格创造一个正规市场的机会,从而有效地分配用于停车的土地。一个正规的路内停车市场将减少交通拥堵、空气污染和温室气体排放,并将产生可观的收入来支付社区公共服务费用。

公平的市场价格可以结束路内停车免费的"百年战争"(Hundred Years' War),而其收入将为重建曾被忽视的公共基础设施提供一个"和平红利"。宜居、可步行性的城市比在路内和人行道上免费停车更有价值。

本文发表在《途径》(ACCESS)第 46 期,2015 年春季刊。文章精选自 Vinit Mukhija, Anastasia Loukaitou-Sideris. *The Informal American City*: *Between Taco Trucks and Day Labor*. Cambridge,Mass.: MIT Press,2014,PP.277-294.

第 28 章

累进式停车价格

迈克尔·克莱因（Michael Klein）

　　纽约州奥尔巴尼市（Albany）最近增加了停车收入、减少了违章停车、增加了停车选择——所有这些结果都不需要提高路内停车的价格。奥尔巴尼市之前在中心商务区（CBD）的停车收费价格为 1.25 美元 / 小时，在远离城市中心的地方收取更低的价格，停车时长限制为 2 小时并禁止延长时间。它的改变措施很简单：根据停车时长设置累进式的价格结构。该市前 2 小时内的停车价格还维持在 1.25 美元 / 小时，同时取消了停车时长限制并允许续费延长停放时间。在前 2 小时之后，接下来每小时停车价格累进提高 25 美分。如图 28-1 和表 28-1 所示，为中心商务区内新的停车价格表。

图 28-1　纽约州奥尔巴尼市累进式停车价格

照片来源：迈克尔·克莱因。

　　一些城市（包括科罗拉多州的阿斯彭市、加利福尼亚州的萨克拉门托市和圣克鲁斯市）也推出了类似于奥尔巴尼市的累进式停车价格。在夏季旅游旺季，阿斯彭市的累进式价格急剧上涨：前 30 分钟 1.00 美元，第 1 小时 3.00 美元，第 2 小时 7.50 美元，第 3 小时 13.50 美元，第 4 小时 21.00 美元。

累进式停车价格表（美元）　　　　　　　　　　　　　表28-1

停车时长	小时价格	累计价格
第 1 小时	1.25	1.25
第 2 小时	1.25	2.50
第 3 小时	1.50	4.00
第 4 小时	1.75	5.75

停车时长	小时价格	累计价格
第 5 小时	2.00	7.75
第 6 小时	2.25	10.00
第 7 小时	2.50	12.50
第 8 小时	2.75	15.25
第 9 小时	3.00	18.25
第 10 小时	3.25	21.50

资料来源：迈克尔·克莱因。

新的咪表技术可以支持对不同的停车时长收取不同的价格，从而实现这些新的累进式价格结构。通过信用卡或借记卡支付而不是用硬币支付，也消除了为长时间停车支付较高费用的困难。奥尔巴尼市现在 75% 的咪表收入是通过信用卡和借记卡支付的，而且随着时间的推移，采用非现金支付的趋势越来越强。

这种累进式价格避免了对之前 1.25 美元 / 小时且有 2 小时停车时长限制的停车价格进行涨价。顾客可以像以前一样付同样的停车费，也可以选择支付更多的费用来停更长的时间。这是他们自己的选择，而这种新的选择可以提高顾客的满意度。奥尔巴尼市市长杰拉尔德·詹宁斯（Gerald Jennings）说："奥尔巴尼市的累进式停车价格通过为客户提供一个简单的解决方案，缓解了停车人对路内停车困难的焦虑。顾客不再担心之前的只有 2 小时的停车时长限制，停车产生了更多的收入，并且通过市场力量可以更好地管理路缘空间。"

如表 28-1 所示，一次性支付全天停车费用为 21.50 美元，但开车人也可以通过每 2 小时续费一次来购买短时停车费用从而节省开支。如果一个开车人全天停放分为 2 次，那么每 5 小时只要支付 7.75 美元，从而全天停车费用仅为 15.50 美元。极端情况下可以每次停放 2 小时并不断续费，那么全天只需 12.50 美元。有些人会为了方便而一次支付更多的费用，但其实很少有人办理业务的时间超过 2 小时。价格调整后，州议会大厦附近的平均停车时间为 115 分钟，周转率为 3.5 辆 /（停车位·天），付费使用率为 63%。

只有 22% 的顾客停车时长超过了 2 小时，但他们贡献了 59% 的停车收入。尽管他们比其他开车人付了更贵的停车费，但他们可以根据自己需要的时间长度停车而不用担心会收到罚单。我们了解到，顾客更喜欢累进式定价系统，而不是以前的时长限制政策。由于长时间停放的顾客很少，同时停车收入也增加得更多，因此顾客和城市都从中受益。

后台付款数据可能会高估或低估实际停车位利用率。因此，除了分析付款数据外，我们还进行了现场审核。这些审核明确了购买的时间长度、实际停放的时间长度与因非法停车而被罚款的可能性之间的关系。我们发现，人们通常多支付大约 15 分钟的停车时长，相当于平均多付 13% 的停车费用。此外，我们还发现，大约 10% 的开车人违章停车、不支付咪表费用或不支付所有停车时长的费用。超过停车时长收到罚单的概率在 20% 以下。当考虑所有这些因素后，我们认为超额支付（由支付时间超过其占用时间的开车人造成）和支付不足（由支付时间少于其占用时间的开车人造成）的净影响几乎为零。

停车合规和停车执法问题影响了人们对高密度城市停车问题的态度，这些都是关乎生活质量的重要问题，同时也对生活费用产生了重大影响。当一个人对一个城市的印象是不好的停车体验时，那么他在决定再次来这个城市就餐、观看演出或其他活动前会再三考虑。城市应当建立一种结构，以灵活且经济可持续的方式服务人们的需求，让服务价格被认为是合理的，让不付费导致的罚款占生活费用的比例更小。

累进式停车价格提供了一个以顾客为中心的环境，提供了一套易于理解的多种选择。他们给开车人提供了新的选择，避免因为停放时间超出咪表限制时间而遭受罚款。借助新的停车咪表技术和新的定价理念，城市可以增强经济活力，同时对人和汽车都非常友好。

第 29 章

累进式停车罚款

唐纳德·舒普（Donald Shoup）

> "好的比赛更多地依赖于好的规则，而不是好的参赛者"
>
> ——詹姆斯·布坎南（James Buchanan）

城市在需要更多的收入时经常会增加停车罚款。例如，当洛杉矶在 2009 年面临重大预算危机时，它在无视具体违章差异的情况下把所有停车罚单的罚款都增加了 5 美元。这种全盘的提价表明，提高罚款更多地是为了筹集资金而不是执行法律。但是，一些城市发现了如何既能执行法律又能筹集资金而不需要大多数开车人为此破费的方法：累进式停车罚款。

罚款是执行停车法规所必需的，且执法很重要，因为违法会侵害他人利益。如果一辆车超过了停车时长限制，其他人就很难找到停车位，商业也会受到低周转率的影响。双排停车会堵塞整条车行道。在残疾人车位上非法停车会使残疾人的生活更加困难。

为停车违章设置正确的罚款非常复杂，因为在所有违规行为中一些重复违章的人往往占很大比例。2009 年洛杉矶罚单总数量的 29% 集中来自 8% 的车辆；在比弗利山市，罚单总数量的 24% 集中来自 5% 的车辆。加利福尼亚州人不是唯一的违章惯犯。在新罕布什尔州的曼彻斯特市，罚单总数量的 22% 集中来自 5% 的车辆；在加拿大的温尼伯，罚单总数量的 47% 集中来自 14% 的车辆。

大多数开车人很少或从未收到过停车罚单，对这些开车人来说，适度的罚款额度足以起到警示作用。但有些开车人经常性违章收到罚款。大量的罚单来自少数屡犯者的现象表明，适度的罚款并不能阻止那些认为停车罚单是一种可以接受的赌注或仅仅是另一种业务成本的开车人。如果城市想要把停车罚款大幅度提高到足以阻止少数长期违规者的程度，就会不公平地惩罚大多数只是偶尔（往往是无意）违章的开车人。

累进式停车罚款是一种能够阻止长期违规者而又不会对其他人造成不公平惩罚的方法。累进式罚款对罚单较少的大多数违章者是宽容的，但是对于罚单过多的少量违章者则是严惩的。例如，在加利福尼亚州的克莱蒙特市（Claremont），一年内的第一张超时停车罚单是 35 美元，第二张是 70 美元，第三张是 105 美元；对于非法使用残疾人停车位，第一张罚单是 325 美元，第二张是 650 美元，第三张是 975 美元。

对于超时停车等轻微违章行为，一些城市会对第一次违章行为发出警告，对其后的再犯行为处以累进式罚款。这些警告向市民表明，政府的目标是鼓励遵守法规，而不是增加收入。由于停车罚单让社会对执法人员和政府产生敌意，所以针对轻微违章进行警告优先的政策可以减少对执法的政治反对。屡犯者会缴纳更多的罚款，但其他违章者缴纳的罚款将会减少。优先警告政策和随后的累进式罚款将向大多数市民表明，政府是站在他们一边的，而不是站在他们的对立面上。

累进式停车罚款直到最近才变得可行，因为执法人员无法知道一辆车在这之前收到过多少张罚单。现在警员们能够采用连接城市罚单数据库的无线手持式罚单设备进行查询。这些设备可以根据违规者的车牌号码记录自动为每一次违规行为选定罚款标准。

一位开车人如果因为同样的犯法行为而收到很多罚单，那么他很可能是粗心的、不走运的或者是个惯犯（scofflaw）。冒着罚单风险停车可能是一个理性选择。例如，波士顿交通局的一项研究发现，在路内非法停车的罚单额度乘以获得罚单的概率，其结果通常比在路外停车3小时以上的费用要低，因此冒着罚单风险停车的诱惑性很强。违章惯犯们可以做一个简单的成本效益计算，他们可能在10次违章中只遭受1次罚款，而每次罚单额度都不会上升。所以，对违章惯犯们处以更高的罚款额度可以减少违章总数，同时不会让偶尔违章者受到严厉惩罚。因此，累进式罚款比统一额度罚款更公平、更有效。

大多数城市无疑会继续依赖停车罚款来帮助平衡政府预算，但当下次他们需要更多来自于此的资金时，城市应该增加对长期违章者的罚款，而不是对其他人造成不公平的惩罚。

原文发表于《途径》（ACCESS）第37期、2010年秋季刊。

第 30 章

残疾人停车卡的滥用

迈克尔·曼维尔（Michael Manville） 乔纳森·威廉姆斯（Jonathan Williams）

在洛杉矶市中心漫步的人可能会注意到，许多超时停车的车辆并没有获得罚单；而在一些道路上停车位已经停满了，但是咪表却没有续费，执法人员经过时也不会开罚单。这是什么原因呢？原来这些车辆有免费停车的证书——残疾人停车卡（disabled placard）。

洛杉矶并不是个例。2010 年《奥克兰北部报》（Oakland North）的一名记者对奥克兰市中心工作日停放的车辆进行了调查，发现 44% 的车辆出示了残疾人停车卡。芝加哥在 2008年惹人瞩目地将停车收费项目租赁给了一个私人公司执行。但该公司很快就表示，残疾人停车卡让他们损失了数百万美元的收入（这一索赔引发了仲裁并导致伊利诺伊州法律的修改）。从西雅图到华盛顿特区的新闻中，到处都在报道残疾人停车卡被广泛使用的事情。在美国人口最密集、最拥挤的城市中，似乎都有很多不付钱就可以停车的现象。

政策制定者应该关心这种停车不付费的情况，不仅仅是它让城市损失了收入。交通学者普遍认为，如果城市能对开车出行更准确地定价，就能大大减少交通拥堵和污染。但是，在政治上、法律上和逻辑上对开车的人收费都是困难的。向停车的人收费虽然也不容易，但至少比向开车的人收费更容易。人们已经习惯了支付停车费，而城市也早已有了收取停车费的权力。因此，许多城市对路内停车的市场价格（有时称为"绩效式价格"）很感兴趣。旧金山和洛杉矶都颇具雄心地进行了绩效式停车价格试点。旧金山市的 SFpark 项目投入了2470 万美元；洛杉矶的 LA Express Park 投入了 1850 万美元。

如果停车不付费现象非常普遍的话，那么像这样的试验很可能会失败，而未来为停车精准定价的工作也可能会失败。事实上，一些证据已经表明在洛杉矶和旧金山的试点项目中存在普遍的停车不付费现象，从而削弱了这些项目的有效性。只有不付费者得不到服务时，价格体系才会起作用。我们几乎每天都在不假思索地用价格来分配烤面包机、电视机和汽油，但如果 20% 的人可以无论何时、无论何价都可以随意数量地使用汽油，那么整个系统就会崩塌。

政府短期内肯定不会免费发放汽油，但至少有 15 个州（包括美国人口最多的一些州）和许多地方政府会以残疾人停车卡的形式发放免费停车证。这些残疾人停车卡不仅能够保障残疾人停入专用停车位，而且还允许他们在收费停车位上免费停车并且通常没有时长限制。

残疾人停车卡也不难获得，例如在加利福尼亚州，医生、护士、验光师和脊椎治疗师都可以为人们颁发残疾人停车卡，从永久性损伤这样的严重病情到脚踝扭伤等暂时性疾病。

我们建议各州和城市限制或取消持有残疾人停车卡免费停车的政策。我们认为这种支付豁免方式的成本很高，收益却很少。它对交通系统和环境都造成了损害，而且对大多数残疾人也几乎没有帮助。

停车定价的逻辑和停车不付费问题

路内停车对许多城市居民来说是一种无穷的折磨，而这种折磨的根源却出奇的简单。城市里的停车位虽然有着不同的价值，但他们却以同样的价格提供给停车人，而且通常是免费的。这种错误定价的结果是可以预料得到的，价格过低的商品会导致商品短缺，所以大多数城市在交通繁忙时期也会出现路内停车位短缺。然而，城市并没有精确地为路内停车定价，反而迫使开发商提供路外停车位。这种代价高昂却适得其反的解决方案，令开车出行成本降低、住房成本上升。

如果一个城市允许收费价格随着时间和地点发生变化，收取在任何一个街区维持85%停车位利用率的最低价格，从而始终保障1~2个停车空位，那么停车位短缺的现象就会消失，每栋建筑也不再需要提供昂贵的场内停车位。而且，由于只有1~2个停车空位，所以不需要担心停车位没有得到充分利用，或者价格过高赶走顾客。这样一个城市就建立起了一个路内停车市场。

然而，市场只有在参与者都付费时才会发挥作用。如图30-1所示，为2009年好莱坞大道上的停车位传感器所采集的数据。这条路上的停车位利用率一直都很高（从没低于

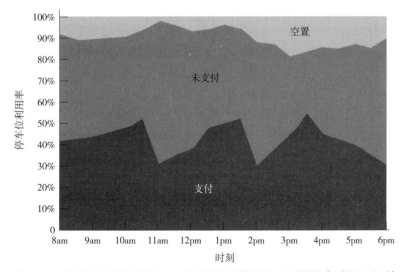

图30-1　洛杉矶市好莱坞大道2009年的停车位利用率和支付情况（1美元/小时）

资料来源：ACCESS，Spring，2013.

80%），但付费收入却一直很低。例如在下午 1 点，大约 85% 的停车位已被使用，但却只有不到一半的车辆付费；在上午 10 点和中午 12 点几乎没有空车位，这表明停车价格应该提高。这两个时段却都只有不到一半的停车人付费，这表明即使提高价格可能也不会产生停车空位。

当然，并不是所有的不付费者都是持有残疾人停车卡的人。有些持有政府证件的人也可以免费停车，也包括咪表损坏的情况，另外很多人通过作弊来躲避支付停车费。那么，我们何以确定残疾人停车卡是罪魁祸首呢？

洛杉矶市大约有 38000 个路内停车咪表，分布在 80 个与城市社区相对应的分区之中。在 2010 年春天笔者选择了 13 个最大的分区，派研究人员记录这些分区内的停车位是否被使用、被使用的车位是否有人付费、如果没有付费那么其原因是什么。这些分区内的停车费从 1 美元 / 小时（通常在洛杉矶西部）到 4 美元 / 小时（在市中心的部分地区）不等。我们调查了将近 5000 个咪表，大约占城市总量的 13%。因为研究观测了每个咪表在一天不同时段的使用情况，所以最终得到了超过 11300 个观测数据。

在所有被调查的社区中，只有 61% 的咪表停车位被使用，这表明停车价格过高。但是，在这些被使用的停车位中，只有不到一半的车辆支付了停车费，有 27% 的车辆出示了残疾人停车卡（图 30-2，这些比例之和超过了 100%，因为有些车辆同时属于几个类别，例如既属于持残疾卡又属于咪表故障）。如果只分析那些没有付费的车辆（图 30-3），就会发现持政府证件免费停车只是一个小问题，只占未付款数量的 6%。咪表故障是一个相对严重的问题，占 19%；然而，这个问题是可以解决的，新型的、计算机式的咪表很少发生故障，随着计算机式咪表的比例快速上升，故障率会急剧下降。自完成调查以来，洛杉矶已经更新了所有的停车咪表。

剩下的两个停车不付费的原因是：持残疾人停车卡的人和停车不付费的惯犯。如图 30-3 所示，持残疾人停车卡占所有未付费数量的 50%，是不付费惯犯（停放超时）比例的 2 倍。解决不付费惯犯的问题相对容易，因为有 94% 的非法停车行为（超时）没有被处罚。因此，洛杉矶大部分的未付费停车行为是由持残疾人停车卡者造成的。

当进行第二组调查时，使用残疾人停车卡的比例变得更加明显。如图 30-2 和图 30-3 所示为持残疾人停车卡的车辆消耗了多少停车位。但同时也要考虑停车时长因素。为了观测车辆在车位上消耗多长时间，我们把研究人员派到 5 个不同的地点，来观察街区一侧咪表收费期内（通常是 8~10 个小时）的使用情况。研究人员记录了每次停车的开始时刻和结束时刻、付费停车的时刻和时长以及所有不付费的直观原因。

持残疾人停车卡车辆不仅是所有车辆类别中不付费时间最多的，也是停车时长最多的。持残疾人停车卡的车辆占据了近 40% 的咪表收费时长，轻松超过付费车辆的停放时长，也使得违章者所消耗的 8% 相形见绌。

图 30-4 为 2010 年 3 月 8 日洛杉矶市金融区花街（Flower Street）的一个路段上的停车

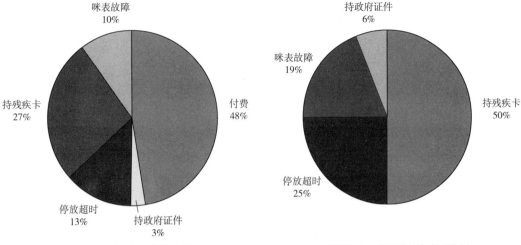

图 30-2　停车付费类型比例
资料来源：ACCESS，Spring，2013.

图 30-3　未付费停车类型比例
资料来源：ACCESS，Spring，2013.

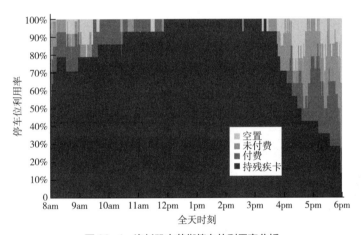

图 30-4　洛杉矶市花街停车位利用率分析

情况。在早上 8 点，当咪表开始运行时，持残疾人停车卡的车辆已经占据了 70% 的停车位；随后持残疾人停车卡车辆比例不断增加，到了中午已经占据了所有的停车位，而且这些车辆都不付费。这种普遍的不付费现象持续了近 4 小时，然后随着这一工作日的结束逐渐减少。持残疾人停车卡的车辆惊人地消耗了该路段总咪表收费时长的 80%。花街的停车费是每小时 4 美元，尽管停车位 95% 的时间都被使用，但实际上平均每个咪表每小时只收取了 28 美分。

这种巨大的时间消耗以及收入损失，并不是因为有大量持有残疾人停车卡的车辆使用。相反，是因为持有残疾人停车卡的车辆停放时长过长。花街的所有停车时段中，持有残疾人停车卡的数量只占 12%，而且在其他调查的地点也从未超过 25%；但是在同一个地方，没有残疾人停车卡的车辆平均停放 32 分钟，而有残疾人停车卡的车辆平均停放近 4 小时。持残疾人停车卡的人比付费的人停车时间更长，因为他们不付费。他们比那些不付费的惯犯们停车的时间也要长，因为他们是合法的；违章停车人停放时间长的话会被抓住，而持有残疾人停车卡的人就没有这种担心。因此，即使持有残疾人停车卡的人数量相对较少，他们也会严重破坏停车收费系统。

结束持残疾人停车卡免费停车

如果在不付费停车行为中持残疾人停车卡的原因占了过大比例，而且这种不付费行为既损害了城市收入又破坏了为减少空气污染和交通拥堵而所做的诸多努力，那么残疾人停车卡或许不应该被赋予这种免费停车的特权。

反对上述建议的直接理由是它不利于残疾人。但是它会吗？要回答这个问题，我们必须区分残疾人停车卡目前提供的两种好处。首先，残疾人停车卡通过为残疾人预留一些停车位而为他们提供可达性。可达性是一个重要的公共目标，残疾人停车卡是实现这一目标的有效途径。残疾人停车卡还通过让一些人免费停车来重新分配收入。收入再分配也很重要，但残疾人停车卡是实现这一目标的糟糕方式。

一个好的收入再分配方案应该既宽厚又有效。它会帮助那些需要帮助的人，提供足够的帮助来使其发挥作用，但不会帮助那些不需要帮助的人。在下述情况下通过残疾人停车卡重新分配收入是有意义的：大多数残疾人收入较低、低收入的残疾人经常使用收费停车位、大多数持残疾卡的人都是残疾人。但是我们有充分的理由怀疑上述条件。

首先大多数残疾人并不贫穷。残疾人比身体健全的人有可能更加贫穷，但人口普查结果和联邦《收入与项目参与调查》（Survey on Income and Program Participation）都显示，只有大约 1/5 的残疾人生活在贫困线以下。贫困在重度残疾人中确实比较常见（27%），但重度残疾的人也不太可能开车。可能是由于他们的年龄（重度残疾人中老年人更常见），也可能是由于他们待在家里或是无法开车，还可能是因为他们贫穷而无力购买车辆。

豁免残疾卡的停车费有用吗？路内停车免费对不开车的人来说没有意义；而对开车人来说，残疾人停车卡的价值就是停车的价格，这就意味着残疾人停车卡的价值取决于位置。残疾人停车卡在一个大城市里可以抵消每小时 4 美元的停车费，但在一个所有停车都不收费的低密度郊区可能一文不值。残疾人停车卡使原本的收费停车位实际免费，但不是所有人（当然也不是所有残疾人）都使用收费停车位。因此，尽管许多贫困的残疾人需要收入帮助，但免费停车并不是帮助他们的最佳方式。相反，对于生活在停车价格昂贵地区的富裕的残疾人来说，停车费豁免虽然有作用但并不是必须的；它只是一种开车补贴。

但是，出于方便讨论的目的，先假设大多数残疾人都很穷并且确实住在停车费用昂贵的地方。即使是这样也不能作为豁免停车费的理由，因为残疾人与持残疾人停车卡的人也存在很大不同。绝大多数持残疾人停车卡的人并不贫穷，而且按照传统定义他们中的很多人也不属于残疾人。当一个富有的投资银行家在冲浪时摔断了腿最后不得不拄着拐杖时，让他把车停在一个方便的地方是有意义的，但是让他免费把车停在那里却没有任何意义。

持残疾人停车卡的人与残疾人群体不同的第二个原因是欺诈。正因为持有残疾人停车卡可以免费停车，所以许多健康状况良好的人都非法使用它们。请注意，在停车价格最贵的地方冒用残疾人停车卡的动机也更强烈，同时这些地方也是交通拥堵最严重、绩效式停车价格最高的地方。因此，残疾人停车卡滥用行为在危害最大的地方最常见。

残疾人停车卡的滥用是很常见的。2010 年弗吉尼亚州亚历山大市的警方发现，90% 的残疾人停车卡被非法使用。2012 年，一位残疾人权利倡导者声称伊利诺伊州的残疾人停车卡收费豁免被"大范围公开且合法滥用"。2013 年，哥伦比亚广播公司（CBS）的一家地方电视台使用隐蔽摄像头拍摄到洛杉矶市一家高档健身房的会员在车上挂起残疾人停车卡然后积极健身的画面。我们自己的调查人员多次目睹了类似欺诈的情况。在一个令人特别不齿的案例中，一名男子在一辆面包车里挂起一张残疾人停车卡，从车上卸下一些重箱子放入一个手推车中，然后把手推车沿着一段楼梯拖下来，放在一个地下美食广场上。他把车停在那里放了十多小时。

滥用残疾人停车卡的身体健全的人抢占了路内停车位，拒绝他人使用，甚至真正的残疾人也无法使用。他们剥夺了城市的财政收入，引发了对社会政策的抨击，让那些残疾不明显的人反而受到不公平的怀疑。然而，这种欺诈行为完全是由持有残疾人停车卡可以豁免停车费所驱动的。

各州政府应该终止持残疾卡豁免停车费的政策，转而将部分或全部增加的停车费用投入到残疾人项目中，例如提供辅助公交（paratransit）服务和修复人行道。这些项目将惠及所有残疾人，而不仅仅是那些免费停车的人。事实上，改善人行道将提升每个人的移动性，包括身体健全的人。这种改革可以对那些原本健康的欺诈者收取费用，并将其真正用到残疾人身上。

结　论

好的法律很难制定，许多善意的法律也会出错。允许持残疾卡免费停车的法律混淆了两种需求，一种是增加可达性的必要需求，另一种是不很明显的增加收入的需求。大多数残疾人并不贫穷，而大多数穷人也没有残疾。更重要的是，可能许多持有残疾卡的人既不贫穷也不残疾，相反他们富裕且身体健全。因此，持残疾卡免费停车的豁免条例将收入分配给很多本不需要它的人，而没有分配给很多需要它的人，并剥夺了城市的收入，阻碍了更准确地进行停车定价的努力。这些法律也造成了一系列的欺骗和欺诈行为。停止这些错误导向的补贴将使城市更有效率、更加公平、更可持续。

参考文献

[1]   Brault, Matthew. 2008. "Americans With Disabilities, 2005." Current Population Reports. Washington, D.C.: U.S. Census Bureau.

[2]   Manville, Michael, and Jonathan Williams. 2012. "The Price Doesn't Matter if You Don't Have to Pay: Legal Exemption and Market-Priced Parking." *Journal of Planning Education and Research* 32, no. 3: 289–304.

[3]   Shoup, Donald. 2011. *The High Cost of Free Parking*. Revised edition. Chicago: Planners Press.

[4]   Shoup, Donald. 2011. "Ending the Abuse of Disabled Parking Placards." *ACCESS* 39 (Fall): 38–40.

本章发表在《途径》(ACCESS) 2013 年春季刊。原文《*The Price Doesn't Matter if You Don't Have to Pay: Legal Exemption and Market-Priced Parking*》,发表于 Journal of Planning Education and Research 32, no. 3: 289–304.

第 31 章

结束残疾人停车卡的滥用

唐纳德·舒普（Donald Shoup）

残疾人停车卡的滥用似乎无处不在，有时在小说中都会出现。迈阿密小说家卡尔·希森（Carl Hiaasen）在《幸运的你》（Lucky You）中写道：

> 查博（Chub）与一位业余伪造者能够结交，纯粹是靠好运和免费的啤酒换来的。后者去州监狱时将印刷设备交给了他。查博很快就把伪造的残疾人标贴制作了出来，出售给当地的司机换取现金。他喜欢的销赃地点是迈阿密的联邦法院，这里因停车位匮乏而臭名昭著。查博最满意的客户包括速记员、担保人、毒品律师，甚至还有一两位美国地方法官。不久，他的名声就传开了，他成为全郡最可靠的盗版轮椅标贴供应商……查博的一些熟人不赞成他做残疾人停车卡，特别是一名退伍军人。"这很糟糕"，他对查博说："想一想，你看看坐轮椅的人这么少，再看看他们获得如此多的停车位。数目对不上呀。"

轶事和虚构并不能作为确凿的证据，但如果残疾人停车卡滥用现象很少的话，人们希望找到一些研究报告能够证明这个论断，但我还从未见过这样的研究。相反，我看过一些证明它们被广泛滥用的非常认真的研究。洛杉矶市中心进行的一项调查显示了滥用的程度有多大（第 30 章）。加州大学洛杉矶分校（UCLA）的一个研究小组观察了一个安装有 14 个停车咪表的街区。在一天时间内，大多数路内停车位的大部分时间都被持有残疾人停车卡的汽车占用。在全天 5 小时中，持有残疾人停车卡的车辆占用了所有 14 个停车位。此处的停车价格为每小时 4 美元，但平均每小时只收到 28 美分。持残疾人停车卡免费停放的车辆每天浪费了价值 477 美元的咪表收费时间，占该街区咪表潜在收入的 81%。一些持残疾人停车卡的开车人被发现在他们的车辆和附近企业之间搬着重物活动。

残疾人停车卡滥用会窃取城市收入，而让真正身体残疾的开车人更难找到路内停车位，而那里又通常是残疾人停车最方便的地方。当目的地附近所有的路内停车位都被占用时，行走困难的开车人不得不将车停在更远的地方，甚至放弃出行。

如果一个州免除所有持残疾人停车卡的车辆免于支付停车费用，那么城市如何防止残疾人停车卡滥用并保护残疾人的可达性？弗吉尼亚州有一个精明的政策。它豁免了持残疾人停车卡的开车人支付停车费用，但如果城市在合理通知要求付费的情况下，可以取消此项豁免。1998年，阿灵顿市（Arlington）取消了对残疾人停车卡的豁免，并在每个咪表杆张贴了"所有停车都付费"（All May Park, All Must Pay）的告示。由于街区两端的停车位更容易进出，所以阿灵顿市将许多街区两端的停车位预留给残疾人使用。这样做的目的是为残疾人提供便利的停车位，而不是提供补贴反而刺激残疾人停车卡过度滥用。城市可以为残疾卡持有者保留最易达的收费停车位，易达但不免费。

相邻的亚历山德里亚市（Alexandria）已经考虑采取类似的取消豁免政策，作为减少残疾人停车卡滥用战略的一部分。为了评估残疾人停车卡的滥用程度，亚历山德里亚市警察局在持残疾人停车卡的开车人返回车辆时采访了他们，发现所检查的残疾人停车卡有90%是非法使用的。

因为持残疾人停车卡停车像是一个不用进行道德讨论的区域，所以城市应该尽量避免经济刺激政策导致残疾人停车卡被滥用。例如，北卡罗来纳州罗利市允许持残疾人停车卡的开车人在咪表停车位不受时长限制，但要求他们为所有的停放时间付费。残疾开车人可以按下咪表上的按钮，从而能够超出正常停车时长限制继续付费停车。执法人员可以检查使用此特权的车辆是否有残疾人停车卡。

如果残疾人必须在咪表处付费，他们往返于咪表之间可能是一个障碍，特别是"取票"型咪表（pay-and-display meters）。如果在下雨或下雪天气，这种障碍会更大。为了解决这个问题，一些城市为残疾人停车卡持有者提供了车载咪表或手机支付选项。提供这些选项可以避免有人提出"支付方法本身就是残疾人的障碍"这种反对意见。

结束残疾人停车卡使用者免费停车将带来新的收入，可以用来支付对所有残疾人都有益的服务费用，而不仅仅是对持残疾人停车卡的开车人有益。如果一个城市准备结束持残疾人停车卡免费停车，它可以估算当前因使用残疾人停车卡而损失的咪表收入，并承诺将所有新的咪表收入用于支付服务所有残疾人的专项运输服务。

亚历山德里亚市数据证明了"所有停车都付费"政策如何使残疾人受益。警方调查发现，残疾人停车卡滥用造成的收入损失占残疾人停车卡收费豁免政策所造成的收入损失的90%。亚历山德里亚市还估计"所有停车都付费"政策每年将产生13.3万美元的新停车咪表收入，而这笔收入目前已被残疾人停车卡豁免政策损失掉了。如果残疾人停车卡滥用者造成的损失占这一收入损失的90%，那么他们相当于挪用了12万美元的残疾人补助金，而残疾人只获得了1.3万美元。把全部补贴花在为所有残疾人提供辅助公交服务或报销出租车费，看起来比浪费90%的费用给滥用残疾人停车卡的健全人更为公平。由此，残疾人群体的实际交通补贴将增加10倍，而城市政府无须支付额外费用。由于几乎所有的额外支出都会被残疾人停车卡滥用者所浪费，因此很容易理解为什么阿灵顿市不会考虑恢复"所有持残疾人停车卡者免费停车"的政策。

除了可以增加停车收入用来资助惠及所有残疾人的新交通服务之外，"所有停车都付费"

政策还可以消除正在逐渐形成的将残疾人停车卡作为免费停车通行证的腐败文化。城市和州政府允许如此容易、有利可图而又很少受罚的滥用行为，这是变相鼓励腐败行为。由于执法难度很大，残疾卡滥用受罚的机会非常低，以至于高额罚款也不能防止这种违法行为的产生。

　　向所有停放在咪表停车位上的车辆收费，并将新的停车收入花费在为整个残疾人群体提供交通服务上面，这样能够改善几乎所有人的生活——除了现在那些滥用残疾人停车卡的开车人。

参考文献

Williams, Jonathan. 2010. "Meter Payment Exemption for Disabled Placard Holders as a Barrier to Managing Curb Parking." Thesis submitted for the degree of Master of Arts in Urban Planning, University of California, Los Angeles.

本章改编自《途径》（ACCESS）第 39 期，2011 年秋季刊。

第 32 章

结束残疾人停车卡的滥用：两级分类方法

唐纳德·舒普（Donald Shoup） 费尔南多·托雷斯－吉尔（Fernando Torres-Gil）

几乎每个人都可以讲出一个关于残疾人停车卡滥用的故事。我来讲一个当我访问加利福尼亚州国会大厦（位于萨克拉门托市）时看到的事情。我发现国会大厦周围所有的路内停车位几乎都被持有残疾人停车卡的车辆使用，于是我和一名守卫国会大厦出入口的州警察进行了交谈。他每天都观察附近收费停车位的使用情况。当我让他估计有多少人非法使用残疾人停车卡时，他回答说："全部"。

报纸上经常报道残疾人停车卡的滥用事件，例如加州大学洛杉矶分校（UCLA）的 22 名橄榄球运动员使用残疾人停车卡在校园停车。运动员通过伪造哮喘和麻痹等病症的医生签名来获得残疾人停车卡。UCLA 的滥用残疾人停车卡现象似乎只是因为被发现有大量运动员参与才显得不同寻常，因为其他学校也曾经爆发过类似的丑闻。残疾人停车卡滥用现象非常普遍，以至于它有自己的网站：www.handicappedfraud.org。

除了这些欺诈行为以外，许多尚未影响行动能力的残疾人只需使用残疾人停车卡就可以在咪表停车位免费停放。《美国残疾人法案》（Americans with Disabilities Act，ADA）规定的平等的可达性应该是让每个行动不便的人都可以方便地停车，而不是为每一辆带有残疾人停车卡的车辆提供免费停车位。残疾人停车卡被广泛地滥用。我们不能认为每一个持有残疾卡的开车人都有严重的身体残疾，一些残疾人停车卡使用者会在停车咪表处免费停车，然后步行几个街区到达目的地，而不会选择在目的地的路外停车位付费停车。

让残疾人方便使用路内停车位是一个基本目标，但是将残疾人停车卡视为免费停车的通行证却鼓励了身体健全的开车人普遍滥用它们，他们可以随时随地停车而无须支付任何费用。由于残疾人停车卡被广泛滥用，导致它们并不能保障残疾人获得停车位；相反，它们代表对免费停车的渴望和欺骗停车系统的意愿。残疾人停车卡滥用者学会了没有底线的生活，却没有学会没有汽车的生活。

残疾人停车卡频繁和公然的滥用使严重行动不便的开车人更难找到方便的停车位。如果目的地附近的停车位被残疾人停车卡滥用者占用，那么严重残疾的开车人就必须把车停的更远，甚至放弃出行。因此，减少残疾人停车卡滥用将有助于提高严重残疾开车人的可达性。我们的目标应该是为行动障碍的开车人提供便利的可达性，而不是通过残疾人停车卡补贴每辆车。

州政府规定所有持残疾人停车卡的开车人可以将车辆无限时停放于任何市政道路路内收费停车位上，这鼓励了残疾人停车卡的滥用。洛杉矶和旧金山的开车人通过在咪表停车位上使用残疾人停车卡，每天最多可以节省40美元。残疾人停车卡的现金价值很高且易于滥用，这就有助于解释为什么加利福尼亚州有210万人滥用残疾人停车卡。

残疾人停车卡滥用者不仅伤害残疾人群体，还会破坏企业并减少工作机会。UCLA在洛杉矶市中心的一项研究发现，持有残疾人停车卡的汽车平均停放时长比其他汽车长7倍（第30章）。因此，一个残疾人停车卡滥用者占用了一个有可能被其他7个停车人付费的停车位。通过减少车位周转率，残疾人停车卡滥用者从附近企业的顾客那里偷走了停车位。

残疾人停车卡滥用者还窃取了公共收入。UCLA的研究发现，洛杉矶市中心咪表停车位上的汽车有44%出示了残疾人卡。一个街区的停车价格为4美元/小时，但因为持有残疾人停车卡的汽车在全天大部分时间内占用了大多数停车位，导致实际每小时只能收到28美分。对停车收费的豁免就是对骗取和滥用残疾人停车卡来谋取私利的邀请。

因为加利福尼亚州规定持有残疾人停车卡的使用者可以在收费停车位处免费停车，但是却不向各个城市补偿这部分收入损失，因此收费豁免是一项无资金支持的任务。这项无资金的任务有多大？假如每张残疾人停车卡造成的停车收入损失每年暂按100美元计算的话，那么全州每年的损失总额为2.1亿美元。这种停车补贴很少让真正行动不便的开车人受益。旧金山市进行的一项审计发现，由于持残疾人停车卡的汽车占用了20%的路内收费停车时间，导致2013年该市损失了2300万美元的停车收入。

残疾人停车卡滥用不是无害的犯罪。如果所有美国人都看到这种不受控制的滥用程度有多大，那么大多数人都会感到愤怒，而其余的人可能会把手伸向残疾人停车卡，如果他们现在还没有伸出的话。

要求所有残疾人停车卡持有者在咪表处付费将消除欺诈的经济诱因。当然，一些严重残疾的开车人行动不便，收费停车位对他们免费可以提高他们的可达性。州政府不能只要求所有残疾人停车卡持有者到咪表上付费，而是可以采用两级分类的改革方法，允许严重限制行动能力的残疾人在咪表停车位处免费停车。

两级分类的解决方法

密歇根州和伊利诺伊州采用了一个两级分类系统，其中考虑了残疾的不同程度。严重限制行动能力的残疾人可以继续免费停车；残疾较轻的开车人在收费停车位必须付费。执法很简单：如果身体健全的开车人使用特殊严重残疾人停车卡在收费停车位上免费停车，一旦他们下车并大步走开，就明显违反了法律。

仅向身体严重残疾的开车人提供免费停车，可以消除滥用残疾人停车卡的危害，从而确保真正残疾的开车人可以便利地停车。这项新政策可以根据密歇根州和伊利诺伊州的政策为模型基础。1995 年，密歇根州采用了两级残疾人停车卡系统，考虑到了不同程度的残疾情况。严重残疾的开车人可获得特殊残疾人停车卡，允许在收费停车位处免费停车。残疾程度较轻的开车人获得普通残疾人停车卡，在收费停车位处必须付费停车。在这项改革之前，密歇根州已经发放了 50 万张残疾人停车卡，它允许所有的持有者都能够免费停车。在两级分类改革之后，只有 1 万人（占先前残疾人停车卡持有者的 2%）申请了允许严重残疾者免费停车的特殊残疾人停车卡。

为了解释两级分类改革，下面一段文字介绍伊利诺伊州法律中的主要规定：

> 州务卿……对那些因身患骨科、神经系统、心血管或肺部疾病，虚弱程度非常严重，几乎完全阻碍了步行能力……而不能……使用轮椅或其他设备移动或步行到达 20 英尺以外的咪表处……的残疾人发放免费停车标贴或装置。

除了豁免行动不便的开车人外，伊利诺伊州法律还豁免了能够走路但无法操作停车咪表的人。然而，许多不能操作停车咪表的人被可以操作停车咪表的人专职接送。为了把这些少数确实使用车辆但无法操作停车咪表的人纳入进来，城市可以免除他们通过手机或其他车载设备付费的交易附加费。

各州还可以采取其他措施来确保便利的收费停车位能够方便行动不便的开车人使用。例如，州政府可以要求城市为持有严重残疾人卡的车辆专门分配特定比例的、便利的路内停车位，这些停车位不需要设立咪表。

当伊利诺伊州通过两级分类改革时，芝加哥市长拉姆·伊曼纽尔（Rahm Emanuel）说："这项法律旨在为残疾开车人保留免费的路内停车位，以避免他们支付停车费用。"市长办公室残疾人事务专员表示："长期以来，无障碍停车位的可用性一直是一个需要为残疾人群体解决的问题。残疾人停车卡的严重滥用使残疾人无法开展日常活动，也限制了他们充分参与社会活动。"

两级分类改革将大大减少欺诈的经济诱因，并将改善除残疾人停车卡滥用者之外所有人的生活。当然，即使州政府取消了持残疾人停车卡车辆在收费停车位免费停车的规定，每个城市还是可以继续实施这项规定。

使用这笔新收入

两级分类改革将减少残疾人停车卡的滥用，提高严重行动障碍开车人的可达性，但同时也要求合法持有残疾人停车卡的轻度残疾人支付停车费。虽然改革的目标是抑制残疾人停车卡的滥用，但由此增加的咪表收入给人的印象是：城市之所以要改革是为了增加咪表收入。为了鼓励残疾人群体支持两级分类改革，各州可以要求所属城市将由此新增的咪表收入用以支付使残疾人受益的服务，例如更安全的人行道与路缘坡，以及帮助视障人士穿过交叉口人行横道的声音设备。

　　新的咪表收入大部分将不会来自残疾开车人，而是来自现在被残疾人停车卡滥用者窃取去挥霍和无人监管的停车补贴。弗吉尼亚州亚历山德亚市的一项研究展现了残疾人停车卡改革如何使整个残疾人群体大大受益。警察采访了挂有残疾人停车卡车辆的开车人，发现被检查的残疾人停车卡90%都是非法的。因此，这些残疾人停车卡滥用者窃取了90%的用于补贴残疾人的咪表收入。与浪费90%的补贴给残疾人停车卡滥用者免费停车相比，将全部补贴用来提供有利于所有残疾人的公共服务看起来更公平、更有效。

　　由于加利福尼亚州已为其2400万持有驾照的开车人发放了210万张残疾人停车卡，因此约有9%的开车人有残疾人停车卡。目前，发放残疾人卡的政策似乎是"要就应该给你"。为了在残疾人停车卡改革后改善残疾人群体的生活，州政府可以要求所属城市将其停车总收入的10%用于增加所有残疾人移动性的服务。2012年，各城市和各郡报告的停车收入为4.1亿美元。因此在残疾人停车卡改革中，10%的停车收入可以为残疾人出行服务每年提供约4100万美元的资金。

减少残疾人停车卡滥用与提高残疾人可达性

　　除了改善严重残疾开车人的可达性并为新的残疾人出行服务提供资金外，两级分类解决方案还将打击围绕残疾人停车卡发展出来的腐败文化。各州因为残疾人停车卡滥用非常容易、有利可图且很少受到惩罚，故而相当于鼓励了这种许可的欺诈行为。由于对其执法非常困难，所以滥用者获得罚单的概率很低，因此即使高额罚款也不能阻止残疾人停车卡的滥用。

　　这个简单的两级分类解决方案将减少残疾人停车卡的滥用，提高严重残疾开车人的可达性，并为所有残疾人新增的服务提供资金。

参考文献

[1] Bergal, Jenni. 2014. "Parking Abuses Hamper Disabled Drivers." *Stateline*. November 13. www.pewtrusts.org/en/research–and–analysis/blogs/stateline/2014/11/13/parking–abuses–hamper–disabled–drivers.

[2] Chicago Office of the Mayor, "New Illinois State Law Limiting Disabled Placard Use Goes into Effect, December 31, 2013." www.cityofchicago.org/city/en/depts/mayor/press_room/press_releases/2013/december_2013/new–illinois–state–law–limiting–disabled–placard–use–goes–into–e.html.

[3] Illinois Public Act 097–0845. www.ilga.gov/legislation/publicacts/fulltext.asp?Name=097–0845.

[4] Lopez, Steven. 2012. "Cracking Down on Parking Meter Cheaters." *Los Angeles Times*, February 15. www.articles.latimes.com/2012/feb/15/local/la-me-0215-lopez-placardsting-20120213.

[5] Manville, Michael, and Jonathan Williams. 2013. "Parking without Paying." *ACCESS* 42 Spring, 10–16.

www.uctc.net/access/42/access42_parkingwoutpaying.shtml.

[6]　Michigan Disabled Parking Placard Application. www.michigan.gov/documents/bfs–108_16249_7.pdf.

[7]　Portland Bureau of Transportation. 2014. "Disabled Parking in Portland." July 1. www.portlandoregon.gov/transportation/64922.

[8]　San Francisco Office of the Controller. 2014. "Parking Meter Collections." www.sfcontroller.org/Modules/ShowDocument.aspx?documentid=5985.

[9]　Shoup, Donald. 2011. "Ending the Abuse of Disabled Parking Placards." *ACCESS* 39 Fall, 38–40. http：//www.uctc.net/access/39/access39_almanac.pdf.

本章节选自：Parking Professional，January 2015，20−23.

第 **33** 章

停车慈善

唐纳德·舒普（Donald Shoup）

"在达到我们目的的同时，被认为宽宏大量是令人愉快的。"

——《唐璜》拜伦勋爵

2010 年 12 月，加利福尼亚州伯克利市议会投票决定，将其自认为非常慷慨的圣诞节礼物赠予本市的商家：本市所有的咪表停车位免费停车。议员劳里·卡皮特里（Laurie Capitelli）说："这里表达出几个意思，一个是我们邀请顾客到我们的商业区。第二，我们向我们的小企业发送信息，说'我们一直关注你们担心的事情，我们确实想回应这些事'。"

伯克利市中心协会（Downtown Berkeley Association）高兴地通知其成员们："不需付费也没有时长限制！而且，请记住，这是送给顾客的礼物。请告诉你的员工将此车位留给客户。"伯克利市的政府管理者估计，在咪表休假的每一天，该市将失去 2 万 ~5 万美元的咪表和罚款收入。

商人可能会在需求高峰时允许免费停车而感谢民选官员，但是停车空位将变得更加难以找到。开车人在寻找路内停车位时会堵塞交通并污染空气；而找到停车位的幸运者，其停车时间将比他们自己支付停车费时更长。停车免费的本意很好，但对于希望停车位快速周转的商业来说，这礼物更像是圣诞老人送的煤。

在圣诞节制造一个公地问题

免费路内停车造成了一个经典的公地问题：没有人拥有它，但每个人都可以使用它。加勒特·哈丁（Garrett Hardin）在他著名的文章《公地悲剧》（The Tragedy of the Commons）中，用圣诞节的免费路内停车来说明此问题：

> 在圣诞节购物季，市中心的停车咪表被蒙上塑料袋，上面写着："圣诞节之后再开放。免费停车由市长和市议会提供。"换句话说，停车位本已缺乏，其需求又在增长，面对这种前景城市元老们重新建立了公地制度。

哈丁还把停车咪表作为鼓励负责行为的社会安排的一个示例：

为了让市中心的购物者在使用停车位时有所节制，我们对短时间的停车引入停车咪表，并对长时间的停车进行罚款。我们实际上不需要禁止公民想要随意停放的时长；我们只需要让他这样做越来越贵。我们提供给他们的不是禁止，而是仔细设计的具有偏好的选项。

尽管在购物旺季期间需要管理停车需求，但许多城市在 12 月仍在关掉他们的停车咪表，给开车人带来圣诞节的公地问题。来看一下华盛顿州贝灵厄姆（Bellingham）的方案：

今年圣诞节的前 2 周，本市停车将全天免费……为了帮助购物者将车停在商业附近并保持停车位的可用性，本市要求人们仍然遵守咪表的时长限制。想要在市中心停留几个小时以上的购物者，鼓励把车停放在 Parkade 停车楼的一楼。

利用季节性冲动来帮助人们

相比于提供免费停车，城市可以在圣诞节期间贴出标语："城市将在 12 月捐赠所有停车咪表收入，为城市的流浪汉提供食物和住所。"购物者可能更喜欢这样做，而不是让路内成为更加难以找到的假期免费停车位。如果他们知道他们的钱将会帮助流浪汉，他们也可能对在市中心付费停车感觉更好。停车慈善相比假期免费停车将帮助那些最需要帮助的人、防止停车短缺以及满足需要路内停车周转的商业。对比之下，圣诞节的免费停车显得相当贪婪。

停车慈善活动可以延长到圣诞节以外的时间。许多商店和购物中心为残疾人保留了最方便的停车位，但身体健壮的开车人有时也会停在那里。为了解决这个问题，并为所有想要快速通达的开车人提供停车位，商店可以在残疾人停车位附近的几个车位上安装停车咪表，同时保持场地内的其他停车位免费。为了表明这项政策的合理性，商店可以在每个咪表上都贴上一个标语，表明所有收入都将捐赠给慈善机构。

慈善咪表的价格可以控制在始终保持 1~2 个停车空位的水平，允许身体健全的开车人停在更方便的地方，而不会损害有残疾的购物者。身体健全的人在残疾人停车位上停车会看起来非常卑劣；如果能够停在附近的车位上，并向慈善机构捐款，就变得高尚了。

一些开车人在真正想要停车的时候可能会乐意为方便停车付费。假设慈善咪表每小时收费 1 美元，那么急着快速购物并且只停车 15 分钟的开车人可能不介意捐 25 美分给慈善机构，以便能够停在商店前门附近。而准备停放 4 个小时的开车人可以把车停的远些，这样会节省 4 美元。慈善停车位更高的周转率也会让商店受益，因为停放在这里的顾客可能会在商店中每分钟的消费额度更高。经过慈善咪表的顾客也可能会对商店的利他式停车政策表示赞赏。

如果城市在圣诞节期间将停车收入捐赠给慈善机构，并且商店在他们最方便的车位上放置几台慈善咪表，那么开车人将开始看到停车收费可以为世界带来好处。只有格林齐 [*]（Grinch）才会要求圣诞节免费停车。

参考文献

[1] Bayshore Town Center Change for Charity Foundation. www.bayshoretowncenter.com/communityfoundaton. aspx.

[2] Easton Town Center Change for Charity Meter Foundation. www.eastontowncenter.com/community-foundation.aspx.

[3] Hardin, Garrett. 1968. "The Tragedy of the Commons." *Science* 162：1243–1248.

[4] Klein, Eric. 2010. "Parking Holiday Approved for Christmas Shopping." Berkeleyside. December 8.

[5] Mathis, Brandon. 2013. "Free Parking Downtown Not Loved by All：One Merchant Says He Sees a Frantic Frenzy Just to Find a Spot." *Durango Herald*，December 23.

[6] Paben, Jared. 2010. "Bellingham to Offer Free Downtown Parking for Two Weeks before Christmas." *Bellingham Herald*. December 13.

[7] Zona Rosa Change for Charity Foundation. www.zonarosa.com/communityfoundaton.aspx.

本章改编自《途径》（ACCESS）第 44 期，2013 年春季刊。

---

[*]　童话故事《格林齐如何偷走圣诞节》的怪物主角——译者注

第 **34** 章

流行的停车收费方式

唐纳德·舒普（Donald Shoup）

大多数人将停车收费视为"必要之恶"（necessary evil）[*]，或者完全是"恶"。咪表可以有效地管理路内停车并提供公共收入，但它很难兜售给选民。为了改变停车政策，城市可以为自己的居民在收费停车位处提供价格折扣。

本地居民的停车费折扣

在迈阿密海滩市（Miami Beach），本地居民的停车价格为 1 美元 / 小时，而非本地居民的价格为 4 美元 / 小时。一些英国城市免除本地居民前半个小时的停车费。安纳波利斯市（Annapolis）和蒙特雷市（Monterey）允许居民在市政公共停车场和停车库前 2 小时免费停放。

按车牌号付费（Pay-by-license-plate）技术能够实现为本地居民提供折扣。开车人可以通过手机或在停车亭输入车牌号码付费，并使用现金或信用卡付款。手机和咪表都可以自动为所有本市注册车牌号的车辆提供折扣。城市将付费信息与车牌号码相关联，向执法人员表明哪些车辆已付费。按车牌号付费在欧洲很常见，包括匹兹堡在内的几个美国城市现在都在使用它。

就像酒店税一样，对本地居民打折的停车收费方式在不给本地居民带来过度负担的情况下，给当地带来可观的收入。本地所属车牌的停车价格打折也会让商家满意，因为它将给本地居民在当地购物带来新的激励。更多的近距离购物行为可以减少该区域总体车辆出行次数。

本地居民停车折扣是合理的，因为居民已经为维护其城市的街道和市政公共停车设施缴纳过了税款，同时可以增加选民对使用咪表管理停车供给的支持。提供居民折扣的停车收费方式接近提高公共收入的理想方式：蒙提·派森（Monty Python）提议对居住在国外的外国人征税^{**}。

从行为经济学的角度出发，城市也可以为停车付费行为提供奖励。如果城市为付费的居民每月提供一次奖励现金的抽奖，那么为路内停车付费就相当于获得每月抽奖的资格。当

---

[*]　西方推崇小政府，称政府管理是"必要之恶"。原著者将该词用到了停车管理上。——译者注
^{**}　英国电视喜剧《蒙提·派森的飞行马戏团》里的情节。——译者注

沃尔玛尝试这种方法鼓励其客户在电子钱包中存钱时，用户的数量增加了一倍以上（Walker，2017，74）。

小型车辆和清洁型汽车的停车费折扣

城市还可以使用停车费折扣来实现经济和环境的目标。如果城市可以按车辆长度对车牌号进行分类，就能为占用较少路缘空间的小型车辆提供折扣。例如，卡尔加里市（Calgary）为长度为 12.5 英尺或更短的车辆提供 25% 的停车费折扣。因为小型车的燃油效率更高，所以对小型车的折扣也会减少燃油消耗和二氧化碳排放量。因此，基于汽车尺寸的停车费折扣既为当地产生经济效益，又降低全球环境成本。

表 34-1 说明了基于车长的停车费折扣方法。其中，第 1 列为所选择的汽车车型；第 2 列为汽车长度，从 20 英尺长的劳斯莱斯（Rolls Royce）到 8.8 英尺长的 Smart。路内划线停车位的常规长度为 20 英尺，但是没有划线的路内停车街区可以停放更多小型车辆。第 3 列为每辆车基于长度的停车费折扣。因为劳斯莱斯长 20 英尺，所以它需要支付全价。林肯（Lincoln）长 17.2 英尺，缩短了 14%，因此它获得了 14% 的折扣；而 10 英尺的赛扬（Scion）缩短了 50%，因此它获得了 50% 的折扣。两辆赛扬支付的费用与一辆劳斯莱斯相同，因此，两辆车占用的路缘空间单位长度价格是相同的。

小型汽车的停车费折扣也有利于提高燃油效率和降低二氧化碳排放量。第 4 列为每类车型的燃油效率，从劳斯莱斯的 14~37 英里 / 加仑不等。最后，第 5 列为每辆车每英里的二氧化碳排放量。例如，福特（Ford）排放的二氧化碳量不到劳斯莱斯的一半。如果城市希望减少二氧化碳排放量，则不必等待州或联邦政府采取行动，可以先为小型车停车提供折扣。每个城市都可以根据自己的政策目标优先性，选择相应停车费折扣。

基于车辆长度的停车费折扣 表34-1

车型 （2014）	车长 （英尺）	折扣 （%）	燃油效率 （英里/加仑）	CO_2排放量 （克/英里）
（1）	（2）	（3）	（4）	（5）
Rolls Royce Phantom	20	0%	14	637
Lincoln MKS	17.2	14%	22	400
Buick Regal	15.8	21%	24	371
Ford Fiesta	14.5	28%	29	301
Chevrolet Spark	12.1	40%	34	258
Scion iQ	10	50%	37	238
Smart	8.8	56%	36	243

注：长度数据来源于 theautochannel.com. 燃油效率和碳排放数据来源于 fueleconomy.gov.

对小型车提供停车费折扣是否公平？汽车制造商对 20 英尺长的劳斯莱斯幻影的建议零售价为 474990 美元，对于 8.8 英尺长的 Smart 汽车的建议零售价为 13270 美元。在这种情况下，不为小型车提供停车费折扣似乎才是不公平的。大多数有能力购买长型汽车的人都有能力支付更多的停车费用。

空气污染严重的城市也可以为碳氢化合物或氮氧化物排放量低的汽车提供停车费折扣。例如，马德里的停车收费对低污染汽车降低 20% 的价格，对高污染汽车则提高 20% 的价格。城市可以通过将车牌号与汽车制造商或尾气测试的排放数据关联来给予折扣。根据马德里可持续发展部门负责人的说法："我们认为，污染更多的汽车应支付更多费用，并补偿给使用更高效率的车辆，这将是公平的。"

为了防止路缘空间过度拥挤，城市可能不得不提高折扣前的停车价格，但只有拥有车辆最长和污染最重汽车的非本地居民，才会支付折扣前的停车价格。为了有效地管理路内停车，城市应该制定保持每个街区有 1~2 个停车空位的最低收费价格。居民因此将获得两个巨大的好处，首先，他们将会在想要停车的地方轻松地找到路内停车空位；其次，他们在停车时会享受到带折扣的停车费。

停车费折扣看起来似乎很复杂，但很少有居民看不懂或反对停车咪表自动给出的折扣。咪表甚至可以在收据上打印出停车费折扣，以强调显示在家附近购物和驾驶小型清洁汽车所获得的奖励（图 34-1）。本地居民折扣将吸引本地选民，其他折扣将实现诸多公共目标。

城市如果想要释放它们鼓励某种行为的信号，价格是最可靠的方式；停车费折扣可以轻松释放这些价格信号。如果停车收费为更小型的车辆和更清洁的汽车提供折扣，那么更多的人会选择驾驶它们。

停车收入的使用

城市还可以通过使用停车收入来改善当地公共服务从而增加对停车收费的政治支持。例如，帕萨迪纳（Pasadena）为社区提供了一个套餐，其中包括停车咪表收费和由停车收入资助的其他公共服务。这些停车咪表不仅可以管理路内停车，还可以提供稳定的收入来支付清洁和维修人行道的费用。加利福尼亚州文图拉市（Ventura）的停车咪表为收费街区提供免费 Wi-Fi（第 46 章）。在停车收费社区居住、工作、购物和拥有资产的人可以看到他们的停车费用如何发挥作用。有了本地居民停车费折扣，本地人将会明白停车咪表是在为他们服务，而不是与他们作对。

图 34-1　停车咪表打印的带有收费折扣的收据

译者注：总费用节省 4 美元，其中居民折扣 2 美元、小型车辆折扣 1 美元、清洁车辆折扣 1 美元

当发生特殊事件造成路内停车需求急剧增加时,一些城市会提高收费价格。例如,像"骄傲大游行"(Pride Parade)这样超过100万游客聚集在街头狂欢的活动,旧金山会将咪表价格提高到18美元/小时。如果城市将这部分额外收入分配给与导致停车需求增加的特殊事件相关的慈善机构,那么该市可以善意地提高价格,而支付更高价格的开车人则可以更好地帮助他们所支持的事业。

美好的世界

在过去,我们让城市来适应汽车,而不是让汽车适应城市。结果,许多城市路内停车拥挤,空气受到污染,公共服务也很差。为了解决这些问题,城市可以对路内停车收取公平的市场价格,将收入用于改善收费街道的公共服务,并为居民、小型车辆和清洁汽车提供价格折扣。通过改变停车政策,城市可以在宝贵的路缘空间上设置更多的收费停车位,从而产生更多的收入来支付公共服务,同时让交通量减少、让空气更清新、让地球温度更凉爽。所以,停车收费可以让世界更美好。

参考文献

[1] Annapolis Resident Discounts. www.parkannapolis.com/cityresidents.shtml.

[2] Kolozsvari,Douglas,and Donald Shoup. 2003. "Turning Small Change into Big Changes".ACCESS 23: 2–7.

[3] Miami Resident Discounts. www.miamiparking.com/en/discount–program.aspx.

[4] Miami Beach Resident Discounts. http://web.miamibeachfl.gov/parking/default.aspx?id=79498.

[5] Monterey Resident Discounts. www.monterey.org/en-us/departments/parking/residentparkingprograms.aspx.

[6] Pittsburgh Pay–by–Plate Meters. www.pittsburghparking.com/meter–policies.

[7] Walker,Rob. 2017. "How to Trick People into Saving Money" *The Atlantic*,Vol. 319,No. 4,May.

[8] Data on fuel economy and carbon emissions are from fueleconomy.gov/.

[9] Data on length are from theautochannel.com/.

本章改编自《途径》(ACCESS)第45期、2014年秋季刊的一篇文章。

第 35 章

停车限制：伯克利简化版需求管理

伊丽莎白·迪金（Elizabeth Deakin）

伯克利市和加州大学伯克利分校在 2012 年实施了两项新的停车措施，这些措施旨在同时增加停车收入和减少车辆出行。

该市的停车管理项目叫做 "go Berkeley"，其目的是更好地利用可用停车设施。工作人员根据咪表数据和现场调研来监控停车位利用率，并定期调整停车价格和管理规定。停车价格在需求高的区域上涨，在需求低的区域下降。此外，项目还会根据当地需求模式对停车时长进行调整，以便让停车人有足够的时间完成活动而不会面临处罚的风险。goBerkeley 项目是旧金山市 SFpark 项目的低成本版和低技术版，这种 "简化版" 需求管理项目可能特别适合小城市。

在需求高的 "优质"（premium）区，停车价格从最初的 1.50 美元 / 小时上涨到 2.25 美元 / 小时，停车时长限制为 2 小时。在需求低的 "适价"（value）区，停车价格设定为 1.50 美元 / 小时，停车时长限制为 8 小时。停车库的价格提高到全天最高 20 美元，上午 9 点之前到达的 "早鸟者" 可以享受半价。第一年后，优质区的价格上涨到 2.75 美元 / 小时。

与此同时，伯克利大学将停车费从每月约 85 美元提高到每月约 100 美元，并利用信息和激励措施来鼓励小汽车通勤的替代方案。

研究设计和初步结果

伯克利市和加州大学伯克利分校停车项目的研究设计包括对 2014 年内从试验到实施的过程中收入、停车位可用性和利用率等数据的检查。笔者同时监测了本市其他地区的停车数据，以进行 "有无项目" 的数据比较，并审查销售税数据来分析当地经济发展趋势。此外，该市和大学都对为鼓励其他出行方式所作的努力进行了影响评估。

项目对收入和停车位利用率的影响大致与预期一致。考虑到高需求优质区的价格上涨和低需求适价区的价格下降，整体价格小幅度增长。该市的停车收入在第一年增加了约 12%，第二年增加了 4%。

停车位利用率数据结果好坏参半。在伯克利市中心，优质区的停车位可用性有所增加，停车位利用率超过85%的街区比例从37%下降到25%；不到10%的街区停车拥挤。路外停车设施的利用率略有增加，但适价区的停车位仍未得到充分利用。然而在南区（Southside），相同幅度的价格上涨对优质区的停车位使用情况几乎没有影响，它们在全天大部分时间里仍然被完全占用。此外，南区的市属停车库比其他停车设施得到更多的使用；而适价区的停车位利用率与优质区相比有所增加。

在每个街区保持一些停车空位可以减少寻找停车位的时间和车辆行驶里程（VMT）。尽管最繁忙的街区仍然停满了车，但市中心的寻找停车位行为确实减少了。对有停车许可证的员工来说，寻找停车位已基本消失。目前尚不清楚南区、校园附属机构和无停车许可证的访客其寻找停车行为是否减少。

伯克利大学采取的举措也取得了类似的结果。停车收入增加了约10%，反映出停车许可证价格的上涨被许可证销售数量的小幅下降所抵消。员工打折公交卡的价格与以前大致相同。向个人宣传替代小汽车通勤的专项工作得到了一定程度的好评，大约目标市场5%的人同意尝试公共交通、自行车或步行。

相比之下，项目区域外其他地区的停车收入仅增加了3%，这表明本项目停车收入增加的大部分原因都应归功于goBerkeley项目。销售税收入作为衡量项目背景趋势的依据其结果尚不清晰，但它显示出季度之间和区域之间的巨大差异，且与停车位使用之间没有任何清晰的模式或关系。同时，项目还发生了许多其他变化，但评估设计方案难以完全监控所有这些因素：市中心住房的增加、大学入学人数的增加、市中心空置率的下降、迎合夜生活的市中心商业活动的增加、将校园和市中心的会计人员移至2英里外的设施内办公，以及阿拉米达康特拉公交公司（Alameda–Contra Costa Transit District）服务水平的变化。这些变化很可能影响了停车需求，但评估设计并未考虑这些情况。

深入研究停车行为

对停车和公共交通使用变化的观察结果只能表明发生了什么，但没有揭示出原因。为了梳理变化背后的因素，笔者开发了一个大学教职工出行方式选择模型，还分析了居民停车许可政策（resident permit parking，RPP）对非居民停车选择的影响，并调查了停车人对停车咪表价格与规定的反应。约有150名停车人参加了焦点小组讨论，约有350名停放在居民停车许可区的非本地居民回应了调查，近200位咪表用户参与了这两个区域的拦截式调查。此外，笔者采访了24位商户、商界领袖、大学官员和社区团体领导。

笔者的模型发现，在大多数出行目的和细分市场中，停车需求的价格弹性在 -0.1~-0.6 变化。较高的价格弹性发生在"当可以选择在另一个位置停车时"。因此，价格上涨只会轻微阻止小汽车出行。

在焦点小组讨论和问卷调查中发现，中等收入的出行者最有可能改变出行方式；停车价格上涨并没有阻止高收入者和低收入者选择小汽车出行。对于较富裕的停车人来说，价格上涨已被忽略了。正如一个人所说："我花 50 美元吃午饭，花几美元停车不是问题。"对于低收入的停车人来说，小汽车替代方式缺乏竞争性是开车出行的主要原因，很少有人认为他们可以重新考虑自己的出行方式。相反，更高的价格只会导致他们去寻找更便宜的停车位。

许多开车人表示他们承认公共交通对社会和环境有益，并愿意多花 10 或 15 分钟来使用它；但是，每次出行多花半个小时或更长时间是他们无法忍受的。简单地提供免费或大幅折扣的公交卡不能克服时间障碍，也不能弥补中午或傍晚时候公交服务的稀疏。正如一位开车人所说："如果想让我乘公交车往返于市中心，那么公交服务频率要高、要更可靠。我不能等半个小时或更长时间才能坐下一班车。"

节省时间是选择开车的关键原因，但省钱却是非本地居民在居民停车许可区停车的主要动机。实地调研和大学调查表明，在居民停车许可区除了访客和购物者只停放 1~2 小时外，数百名非本地居民停车人在此停放 3~8 小时或 9 小时。为了节省每月停车许可证的支出，大多数人在居民停车许可区超时停车。然而，居民停车许可区规则的违反者们还有一种自由主义倾向，某一数量很大的群体表示，他们喜欢把车停在几个街区外的免费停车位来锻炼身体，或者每天多次移动车辆来骗过执法者、避免被开发罚单。他们把车停在距离目的地最近的居民停车许可区内，结果是商业区或大学附近六个街区内的居民停车许可区街道被停满，而六个街区以外的居民停车许可区街道大部分都是空的。

参加焦点小组或调查的大多数咪表停车位使用者每个月都会去研究区域几次，并表示他们非常了解自己的出行方式。他们在短时出行时（2 小时或更短）使用咪表车位；如果希望停留 2 小时以上，他们将去停车库或路外地面停车场（或在居民停车许可区）寻找停车位。

尽管大多数商家和商业领袖都担心伯克利的停车供应过于紧张，而且停车价格上涨会阻碍顾客光顾，但实际上在市中心和南区停车的人并不特别担心这些问题。绝大多数停车人表示找到一个停车位相当容易，并且很少有人对价格产生抱怨。大多数人注意到了对停车时长限制的延长，并对此表示称赞。然而，停车人仍然对时长限制和罚单风险保持高度警醒，几乎所有人都知道他们购买了多长的停车时间。相比之下，总体上他们对自己花了多少停车费并不明确，尤其是如果他们用信用卡支付（"我只会插入信用卡把时间增加到最大"）。大多数人不知道停车价格是多少，这个比例从南区的 71% 到市中心的 65% 不等。这些调查结果表明，对于当前的停车人来说，停车时长限制和对罚单的担心是比停车价格更大的问题，至少在目前价格高达 2.75 美元 / 小时的情况下是这样的。

常规访客和员工反馈的寻找停车位的时间，比新来或不经常来的访客更短。那些经常光顾该地区的人知道在哪里可以找到停车位，并且表示他们通常能够在目的地附近 1~2 个街区内快速找到一个停车位（通常是在到达目的地之前就找到可用停车位）。正如一个焦点小组成员所说："当我进入目的地附近的 2~3 个街区时，如果这是一天中停车繁忙的时刻，我会见到停车位就停下来，然后步行走完剩下的路。"那些不熟悉该地区的人更有可能用更长时间寻找停车位（部分原因是他们围着街区绕圈希望找到一个空位），也更有可能放弃在就近地区巡泊、决定远离目的地寻找车位，最后停在 4 个或更多街区之外。这些发现表明，停车巡泊行为与对该地区的熟悉程度以及实际停车供给成反比。

结　论

伯克利市的案例表明，停车管理可以增加停车收入、提供停车空位、减少停车巡泊，并鼓励开车人考虑其他替代出行方式。根据对商户、城市官员和大学官员以及环保主义者的采访发现，几乎所有人都对项目的结果印象良好。一位商人说："它看起来起到了帮助效果——当停车位紧张时，并没有出现以前那么多的顾客抱怨"。另外一个人说："我很惊讶，但是来到市中心的人们似乎并不太担心每小时必须支付几美元来停车。"政府官员对收入增加感到很高兴，而且伯克利市不需要像旧金山市那样投资数百万购买新设备和传感器就能够管理停车供给。大学工作人员指出，停车价格上涨作为一项成本回收措施非常重要，并有助于减少需求。"即使价格上涨，抱怨也减少了——开车到校园的教职工显然更关心的是快速找到停车位，而不是价格适度上涨，而且价格上涨鼓励更多人尝试其他出行方式上班。"总体来说，各方对停车定价项目的反映是积极的，而且这两个项目都在继续。伯克利市的项目监控和调整工作仍在进行中：2016 年 6 月，市中心和南区优质区的停车价格上涨至 3.25 美元 / 小时，适价区的停车价格上涨至 2 美元 / 小时。在大学里，用来覆盖交通和停车项目全部成本的年度停车价格上涨计划已经被宣布施行。

尽管如此，停车管理作为交通需求管理措施的功效仍然有限。停车需求的价格弹性较低，因此需要大幅提价才能使停车行为发生大幅改变。虽然停车价格和时长限制可以促使出行者考虑其他出行方式，但其他出行方式必须提供与出行者需求相匹配的强有力的替代方案，才能诱导出行方式发生改变。公交卡方案没有显著改变出行方式选择，因为对于许多开车人来说，时间成本大大超过了节省下来的停车费。对于这种状况的通勤者，除非能够让小汽车的替代交通方式得到改善，否则开车可能仍然是首选模式。正如一位环保领袖所指出的那样："制定正确的停车价格是需求管理向前迈出的一步，但它不是灵丹妙药。如果我们想减少在城市中行驶的汽车数量，我们需要找到改善公共交通服务的方法，并使自行车和步行更安全。"

总体而言，伯克利市已经表明可以用停车咪表的即时可用数据和不定期实地调研以及与相关利益者沟通来管理停车。一个有效的停车管理策略不一定非要投资几百万美元来安装传感器和其他精密设备——真正需要的是保证可用停车设施得到最有效的利用，以及一支有时间和能力来落实项目的工作团队。

参考文献

[1] Deakin, E., Aldo Tudela Rivadeneyra, Manish Shirgaokar, William Riggs, with contributions from Alex Jonlin, Jessica Kuo, Eleanor Leshner, Qinbo Lu, Warren Logan, Ruth Miller, Emily Moylan, Wei-Shiuen Ng, Matthew Schabas, and Kelan Stoy. "Parking Innovations in the City of Berkeley: Evaluation of the goBerkeley Program." Institute of Urban and Regional Development, University of California, Berkeley, December 2014.

[2] Moylan, E., M. Schabas, and E. Deakin. 2014. "Residential Permit Parking." *Transportation Research Record: Journal of the Transportation Research Board* 2469 (December): 23–31. http: //docs.trb.org/prp/14–4129.pdf.

[3] Ng, W. S. 2014. *Assessing the Impact of Parking Pricing on Transportation Mode Choice and Behavior.* (Doctoral dissertation, University of California, Berkeley). http: //escholarship.org/uc/item/56f3v4wg.

[4] Proulx, F., B. Cavagnolo, and M. Torres-Montoya, M. 2014. "Impact of Parking Prices and Transit Fares on Mode Choice at the University of California, Berkeley. "*Transportation Research Record: Journal of the Transportation Research Board* 2469: 41–48. http: //trrjournalonline.trb.org/doi/pdf/10.3141/2469–05.

[5] Riggs, W., and J. Kuo. 2015. "The Impact of Targeted Outreach for Parking Mitigation on the UC Berkeley Campus." Case Studies on Transport Policy 3, no. 22: 151–58. http: //www.sciencedirect.com/science/article/pii/S2213624X15000061.

第 **36** 章

旧金山停车项目 SF*park*

杰伊·普里默斯（Jay Primus）

旧金山的 SF*park* 项目展示了一种新的停车管理方法，它独特地采用了需求响应式定价方法来管理停车。这个项目是向世人展示城市如何利用价格来保障开车人能够在目的地附近轻松地找到可用停车位的绝佳案例。即时可用的停车位不仅让驾驶更方便，而且带来更多的好处。当很难找到停车位的时候，很多人可能会双排停车或者在路上兜圈来寻找一个停车位。在路上兜圈会浪费时间和燃油，产生不必要的温室气体排放，并给其他道路使用者带来危险（第 25 章）。兜圈的开车人注意力分散，更有可能撞到过街行人、骑车人或者另一辆车。

停车管理不当还会带来其他不太明显的后果。公交车辆经常需要绕开双排停车的车辆或等待转弯的巡泊车辆，从而使公共交通无法实现可能的速度和可靠性。然而，更慢的公交车反过来促使人们更多地选择开车出行，从而进一步加剧交通拥堵，并导致人们更难找到停车位。停车位可用性也会影响经济竞争力——如果开车人不能在特定商业区域迅速找到停车位，他们就不太可能再次光临这里。

SF*park* 项目通过增加停车位可用性和改善整体停车体验，在使开车人受益的同时，也带来了广泛的社会效益，例如提升公交运行速度和减少温室气体排放。

项目基础

多种因素促成了 SF*park* 项目。首先是旧金山交通局（San Francisco Municipal Transportation Agency，SFMTA）合理的组织结构。该局负责规划、管理和运营旧金山市的交通系统网络，包括当地公共交通、道路、人行道、路内停车、停车执法以及该市的大部分路外停车设施。由于旧金山市有一个统一的运输机构整合停车管理的各个方面，SF*park* 项目的实施并不依赖于不同政府部门之间的协调，这是它的一大优势。

其次，该项目还得益于立法方面的调整，法律授予旧金山交通局具有在 SF*park* 试验区自行设定路内停车和市政公共停车库停车价格的权利，从而避免试验区每次调整价格都要进行政治辩论和协商谈判，交通局可以根据委员会批准的公开透明、数据驱动、结果导向的定价体系来调整停车价格。这种去政治化的停车价格调整，被视为是实现交通发展目标的有力工具，而不仅仅是增加收入的一种方式。

SF*park* 项目的另一个基础因素是它专注于通过管理停车需求来实现停车位可用性。专注于停车位可用性，可以避免陷入停车周转率这一模糊的、有时甚至无意义的概念（一天或一个小时内每个停车位停放车辆的次数）。周转率是停车管理一个常用指标，但是它定义不清、难以衡量。在一个一般或特定的街区采用多少停车周转率合适？一个上午空置、下午晚些时候拥挤的街区其停车周转率又该怎么算？这些问题没有明确的答案，这说明将周转率作为目标或衡量方法存在问题。可用性是周转率的最终目标，SF*park* 项目关注可用性，提供了一个定义清晰、方便观测、意义深远的度量标准。

成功实施 SF*park* 项目的其他决定性因素还包括从一开始就聘请技术和通信方面的专家。在许多方面，实施 SF*park* 项目是一个复杂的 IT 项目，需要在管理数据和分析数据方面具有强大的专业知识。预见到这一点对项目的成功至关重要。

同样的，SF*park* 项目也得益于事先预见到与沟通相关的机遇和挑战，并把大量精力和资源用于营销、设计和推广等决定性因素上。SF*park* 项目要求旧金山人了解并接受一种新的停车管理方法——从本质上讲，要求重新确立人们与停车的关系。这需要旧金山交通局能够更熟练地论述停车，创建新的 SF*park* 品牌，使其与客户建立新关系变得更为容易。通过沟通交流（包括从一开始就让社区领袖参与进来）来制定强力的规划方案并有效执行，强调视听设计和用户体验，这些都大大减少了人们对 SF*park* 项目的反对。

SF*park* 项目介绍

在实施 SF*park* 项目之前，旧金山的收费停车管理跟北美的其他大城市非常相似，强调停车时限是实现周转率这一模糊目标的管理方式。停车咪表、停车价格和罚款基本被视为一种平衡财政预算的手段。停车咪表与市政停车库的价格与交通发展政策的目标无关，而且不管需求如何变化，全天不同时段的停车价格都一样，每一天也都一样。更糟糕的是，路内停车咪表的价格比市政公共停车库的价格更低，这给了开车人一种经济动力，愿意在路上兜圈来找到一个路内停车位。

旧金山交通局设定的公共停车库价格结果适得其反。交通局为早到者、包天停车和包月停车用户提供了大幅折扣，这更刺激了人们开车上下班，也让旧金山本来就很拥堵的交通雪上加霜。"早到者"价格政策加剧了交通拥堵，因为它们通常要求开车人上午 10 点前进入、下午 6 点前离开，这相当于鼓励了开车人在交通高峰期上路行驶。

由于旧金山交通局采用这种对公共停车库打折的政策，导致通勤者占用了大部分的停车位；一些停车库中，只有很少的停车位可供短期停车人（例如，购物者和预约事务的人）使用。但是，公共停车库的建设是为了活跃当地的经济活力，而不是增加独自开车上班的人数。

SF*park* 项目采用以下策略让人们更轻松地找到一个停车位，并改善停车体验：

● **需求响应式定价**。SF*park* 项目需要找到实现路内停车位可用性下限水平且确保停车库尽量不被停满的最低价格，只有这样，当人们选择开车时，才可以轻松快速地找到停车位。

● **咪表付费更容易、避免被罚款**。采取一些为开车人提供更好体验的做法，包括采用新式停车咪表。它们可以让付费更方便，既可以使用信用卡付费，也可以通过电话付费。支付方式的增加可以减少使用者的焦虑和违章所引起的罚款。

● **停车库非高峰期打折**。SF*park* 项目为非高峰时间进入或离开公共停车库的车辆提供 2 美元的折扣（总折扣最多 4 美元），作为减少小汽车导致公共交通拥堵的一项策略。这种创新和简行的策略避免了像伦敦和斯德哥尔摩那样采用交通拥堵收费政策所要面临的复杂技术、成本、监控和政治挑战等问题。非高峰时期停车库打折相当于收拥堵费，但它被认为是一种有利的奖励，而不是令人讨厌的高峰期罚款。

● **延长咪表停车位的停车时长限制**。停车时长限制从 1~2 小时延长到 4 小时，在一些地区甚至完全取消了时长限制。SF*park* 项目强调采用需求响应式定价方法，而不是麻烦的时长限制方法，以此作为实现停车位可用性下限水平的调节工具。更长的停车时长限制也让开车人更容易对比路内与路外停车价格，从而建立一个更有效的整体停车市场，让价格更起作用。

● **改善开车人所需的停车信息系统**。精明的定价方式需要辅以更好的停车位可用性信息，以便开车人尽快离开街道找到停车位，这既为开车人节省了时间，也减少了交通拥堵。停车库指路标识、停车库门禁系统和路内停车位无线传感器作为新的信息技术，为开车人提供了停车位可用性实时数据。

● **改进用户界面和优化产品设计**。SF*park* 项目在与使用者交互的每一点上，都认真关注用户体验。它的目标是建立一种简单、清晰、尊重式的停车体验，而不是令人困惑、官僚，或卡夫卡式（Kafkaesque）的体验。

旧金山交通局在 7 个试验区实施了 SF*park* 项目，包括了全市 1/4 的路内咪表停车位（6000 个停车位），以及交通局所属的 19 个公共停车库中的 14 个公共停车库（共 12250 个停车位）。总体上，SF*park* 项目管理了试验区的大部分公共可用停车位，这些区域如图 36-1 所示。

实施 SF*park* 项目还需要旧金山交通局设计一个功能强大的数据管理系统。该系统在采用数据做精准决策方面取得了巨大飞跃。该系统使旧金山交通局能够进行以下工作：存储现有和新数据源（如停车传感器、咪表、罚单、公交车辆等）生成的海量数据；做出数据驱动的决策（例如调整停车价格）；提供实时数据反馈；改善日常运营；基于绩效进行合同管理；支持对 SF*park* 效果的严格评估；对旧金山交通局的其他运营业务（例如，公共交通）进行复杂分析。SF*park* 不仅是新型停车方法的重要示范，它还解释了经常提到的"智慧城市"这个术语的含义。

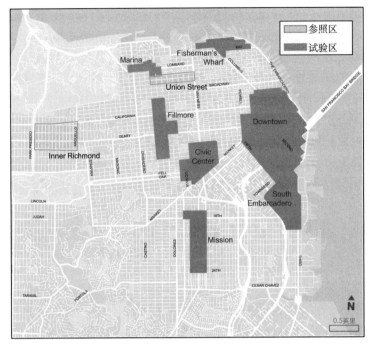

图 36-1　SF*park* 试验区和参照区

需求响应式定价方法

　　SF*park* 项目的核心是需求响应式定价方法，即逐步并定期地调整路内咪表价格和公共停车库价格，以保障停车位随时可用且得到充分利用。它的目标是让开车人在每个街区和每个停车库都能够方便地找到停车位。

路内停车

　　对于路内停车，我们将利用率目标设定为 60%~80%。为了实现这个目标，采用每个车位地面停车传感器的利用率数据，每 8 周左右调整一次咪表的价格。价格根据不同街区、全天不同时段以及一周不同日期而异，周末的价格与工作日不同。由数据驱动的价格调整采用以下规则。当平均利用率为：

- 80%~100%，每小时价格提高 0.25 美元；
- 60%~80%，每小时价格不变；
- 30%~60%，每小时价格降低 0.25 美元；
- 低于 30%，每小时价格降低 0.50 美元。

旧金山交通局委员会通过会议确定，每小时收费价格不得超过 6 美元、不低于 0.25 美元。

在为期2年的试验评估期间（即从2011年7月~2013年6月），旧金山交通局进行了10次路内停车价格调整，此后仍继续实施SF*park*的区域定期调整停车价格。

采用60%~80%而不是通常提到的85%作为利用率目标，有以下几个原因。首先，我们不想过度管理停车价格。我们希望尽可能少地改变价格以实现管理目标。将成功的利用率目标定义为一个区间范围而不是一个单一的数值，可以使价格稳定在一个均衡状态，而不会因为目标值范围过于狭窄造成价格频繁波动、摇摆不定。

当可用的停车利用率数据有限时，例如只能通过即时拍照来手动收集利用率数据，采用单一的百分比目标值才有意义。但是，停车传感器提供的大量利用率数据既能够也要求重新定义利用率目标或阈值。在一天测试的成百上千的数据点中，哪个利用率数值应该用来决定价格调整？在SF*park*项目中，采取每3小时（上午9：00~12：00，12：00~下午3：00，下午3：00~6：00）的每一分钟利用率数据来计算平均利用率。在设计60%~80%的利用率目标时，将这一平均利用率范围与对该区域开车人的观察经验进行对比，发现这一范围值大致符合所寻求的停车体验，即确保大多数开车人在大多数时间内能够快速找到停车位。而平均90%的利用率跟人们很难或很费时间找到一个停车位的感觉相同。

路外停车

旧金山交通局管理的公共停车库采用SF*park*的收费方法后，其价格体系相应简化，降低了以前鼓励高峰小时通勤的停车费折扣（例如，对早到者、包天、包月者的折扣），并采用与路内咪表相同的全天不同时段价格（与常规的按停放时长收费相反），以确保开车人能够轻松地对比路内咪表和停车库之间的价格。停车库价格调整的另一个目标是让使用者更容易理解他们将要支付的费用能够进一步提高价格调整的效果，并同时改善整体用户体验。

在SF*park*项目的公共停车库中，旧金山交通局根据以下规则每3个月调整一次停车价格。当平均泊位利用率为：

- 80%~100%，每小时价格提高0.5美元；
- 40%~80%，每小时价格不变；
- 低于40%，每小时价格下降0.5美元。

除了采用需求响应式定价方法以外，SF*park*停车库的定价政策还旨在最大限度地减少在高峰期间进出停车库的车辆数。全天不同时段的定价方法让停车费用在高峰时段更贵、非高峰时段更便宜。对早高峰之前进入停车库或晚高峰之后离开停车库的停车人可以提供非高峰折扣。SF*park*项目要求早到者必须在早上8点之前进入车库而不是之前的10点之前，同时取消下午6点之前必须离开的规定，从而让开车人有经济动力在高峰时期不使用道路。

评估 SF*park*——结果分析

SF*park* 项目收集了前所未有的大量数据来支持对其效果的严格评估。为了区别和衡量其实现期望效益的程度，旧金山交通局在全市范围内收集了项目实施前、中、后期的数据，包括试验区和两个额外的参照区。这两个参照区具备与试验区相同的数据收集水平，但没有对停车管理或技术进行改变。数据收集方案和方法尽可能严格，由联邦基金组织的专家小组和顾问共同制定。数据的多样性、质量和完整性在该领域是空前的，每个数据点都链接了具体的地点与时间，使得分析数据关系和发展趋势变得更加容易。

尽管 SF*park* 试验项目有很多目标，但其首要目标是让寻找停车位更容易。更准确地说，其目标是增加每个街区和每个停车库保持停车位可用率下限水平的时间。让停车更便捷，除了能够帮助开车人，还有望带来其他好处，例如减少车辆巡泊、路内双排停车和温室气体排放。其主要结果将在以下各节进行总结。

停车价格下降

整体上，作为需求响应式定价调整的结果，SF*park* 项目让一半街区的停车价格下降，而另一半街区的停车价格则上升。在试验期间，停车咪表平均价格下降 4%，由 2.69 美元 / 小时降至 2.58 美元 / 小时；停车库平均价格下降了 12%，从 3.45 美元 / 小时下降到 3.03 美元 / 小时，图 36-2 总结了这些变化。

这些结果令人惊讶，因为从 2011~2013 年，SF*park* 示范项目恰逢旧金山经济繁荣时期。尽管这段时期的汽车保有量、人口、经济活动和总体停车需求都有所增加，但 SF*park* 最终还是降低了停车价格。这有助于消除人们对 SF*park* 是别有用心想要提高停车价格的担心。人们对政府的不信任感很强，但严格遵循透明的数据驱动方法有助于旧金山交通局与利益相关者之间建立信任。

在试验评估期间，路内停车价格的演变过程很有趣，也很有启发性。如图 36-3 总结所

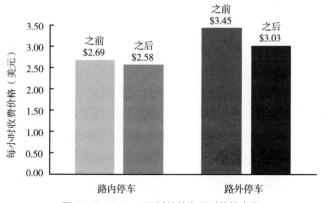

图 36-2　SF*park* 区域的停车小时价格变化

价格	初始咪表价格	价格调整#1	价格调整#2	价格调整#3	价格调整#4	价格调整#5	价格调整#6	价格调整#7	价格调整#8	价格调整#9	价格调整#10	价格调整#11	价格调整#12	价格调整#13	价格调整#14	价格
$0.25					0.0%	0.4%	1.9%	4.7%	6.1%	7.5%	16.4%	16.7%	16.9%	16.1%	16.5%	$0.25
$0.50					0.4%	0.9%	2.7%	1.6%	2.5%	3.2%	4.3%	4.9%	4.0%	4.1%	5.5%	$0.50
$0.75			0.2%	0.2%	0.3%	2.7%	2.5%	3.1%	4.0%	5.2%	2.7%	3.1%	4.4%	4.3%	3.7%	$0.75
$1.00			0.2%	0.3%	3.4%	3.3%	3.2%	4.0%	4.1%	2.7%	3.8%	4.0%	4.5%	4.5%	4.7%	$1.00
$1.25				3.8%	2.8%	3.3%	3.9%	4.6%	3.5%	4.2%	3.2%	3.3%	3.4%	3.2%	4.0%	$1.25
$1.50		0.0%	4.7%	4.0%	4.0%	4.6%	6.4%	5.1%	6.1%	4.0%	4.5%	4.9%	4.0%	4.3%	4.2%	$1.50
$1.75		5.6%	6.1%	5.6%	7.0%	8.9%	5.9%	6.7%	4.1%	5.6%	5.4%	4.1%	4.2%	3.2%	3.5%	$1.75
$2.00	40.5%	20.1%	14.5%	14.5%	16.2%	11.4%	13.2%	10.8%	9.8%	8.9%	6.7%	6.4%	5.8%	6.3%	5.0%	$2.00
$2.25		14.8%	8.6%	13.1%	9.0%	9.8%	5.8%	5.6%	5.4%	4.9%	4.0%	5.0%	4.6%	4.9%	5.1%	$2.25
$2.50		2.2%	21.3%	8.5%	10.1%	7.8%	5.6%	5.8%	5.9%	5.5%	5.1%	3.4%	3.8%	4.0%	4.3%	$2.50
$2.75		12.8%	6.7%	18.1%	6.6%	5.6%	7.0%	4.6%	4.4%	4.2%	3.1%	3.7%	3.1%	3.1%	3.6%	$2.75
$3.00	29.3%	11.9%	11.0%	6.3%	14.2%	8.7%	7.2%	7.3%	6.0%	4.9%	4.5%	4.3%	5.0%	4.2%	4.3%	$3.00
$3.25		13.9%	6.6%	5.0%	4.7%	11.1%	5.2%	5.1%	5.9%	4.7%	4.7%	4.2%	4.1%	4.3%	4.9%	$3.25
$3.50	30.2%	13.1%	13.4%	10.1%	9.4%	7.1%	14.1%	10.1%	8.7%	9.0%	6.0%	5.7%	5.5%	5.8%	4.0%	$3.50
$3.75		5.7%	2.8%	5.0%	4.0%	4.0%	3.8%	8.4%	5.3%	4.6%	5.2%	4.0%	2.9%	3.2%	3.9%	$3.75
$4.00			4.1%	2.2%	3.9%	3.5%	2.7%	2.7%	7.7%	5.2%	4.8%	5.3%	5.1%	4.5%	3.8%	$4.00
$4.25				3.3%	1.4%	3.6%	2.8%	2.1%	2.2%	6.8%	4.3%	4.4%	5.0%	5.3%	4.9%	$4.25
$4.50					2.6%	1.0%	3.3%	2.3%	1.6%	1.6%	4.7%	3.6%	3.4%	3.8%	3.1%	$4.50
$4.75						2.4%	0.9%	3.0%	2.1%	1.4%	1.3%	3.4%	3.2%	2.9%	2.6%	$4.75
$5.00							2.1%	0.7%	2.6%	2.2%	1.4%	1.2%	2.7%	2.5%	2.0%	$5.00
$5.25								1.8%	0.7%	2.0%	1.1%	1.2%	0.8%	2.6%	2.2%	$5.25
$5.50									1.5%	0.8%	1.7%	1.1%	1.1%	0.5%	1.3%	$5.50
$5.75										1.0%	0.5%	0.9%	1.0%	0.9%	1.8%	$5.75
$6.00											0.6%		1.6%	1.6%	1.2%	$6.00
合计	100%	100%	100%	100%	100%	100%	100%	100%	100%	100%	100%	100%	100%	100%	100%	合计

图36-3　停车咪表价格调整表：所有咪表运营小时比例

注：第11~14次价格调整发生在正式试验期以后，不包含在本分析中。

示，自 2011 年夏季试验启动开始，每小时停车价格在 0.25~6.00 美元之间迅速波动，这个区间是旧金山交通局委员会批准的价格上限和下限。在前 14 次价格调整结束后，SF*park* 区域超过 30% 的停车咪表价格为 1 美元 / 小时或更少（16.5% 的咪表停车位价格为 0.25 美元 / 小时，可能是加利福尼亚州最便宜的）；只有 6.5% 的停车位超过 5 美元 / 小时，这与许多人的担心和预期恰恰相反。

停车价格的地理分布也出人意料，一些 0.25 美元 / 小时的停车位就在更贵的停车位不远的地方。这进一步说明，在任何给定的时间和地点，都不可能预测出"正确"的停车价格。而采用实证性的价格调整方法以响应观察到的需求变化，是一种更好的方法，可以产生更好的结果。

SF*park* 显著改善了停车位可用性

SF*park* 方法的主要目标是改善停车位的可用性，因此这也是衡量其是否成功的主要标准。在 SF*park* 评估期间，试验区的停车位可用率提高了 16%，而参照区的停车位可用率下降了 50%（图 36-4）。换句话说，SF*park* 让快速找到停车位变得更容易。

提高停车位利用率也是一个相关目标，或者换句话说，需要减少街区停车位大量空置的时间。如图 36-5 所示，SF*park* 显著提高了停车位利用率，它在使停车咪表符合目标利用率的同时，还将其工作时间增加了 31%。路内停车位闲置的街区越来越少，停车位闲置的时间也越来越少。

如图 36-4、图 36-5 所示，在试验地区内付费率高的街区，停车位可用率和使用率都得到了较大的改善，这些街区具有较高的付费合规性（compliance，即大多数人付费停车）。在付费率高的街区，停车位可用率增加了 45%，同时利用率目标的达成率也上升了一倍。这一结果更准确地反映了需求响应式定价的影响，在大多数人都付费时价格更有效。城市可以通过加强执法、减少或取消某些开车人（如政府工作人员、持有残疾卡的车辆等）在咪表停车位处不付费或不遵守时长限制的许可豁免，来强有力地影响合规性（即付费停车的时间比例）。

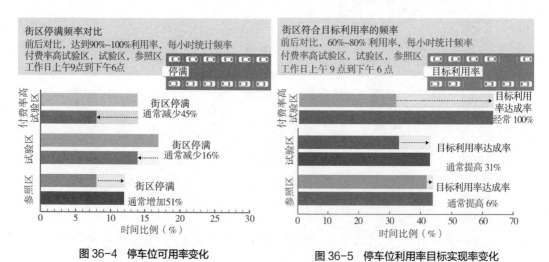

图 36-4　停车位可用率变化　　　　　　　图 36-5　停车位利用率目标实现率变化

SF*park*停车库得到更好的使用

SF*park*改善了路内和路外停车位的可用性，同时增加了SF*park*停车库的使用量。总体来说，SF*park*停车库的使用量增长了11%，远远超过了非SF*park*停车库，最大的增长（14%）发生在非高峰时期。这种对城市资产使用的促进有助于减少路内停车需求，并支持实现改善停车位可用性的目标。

比改善停车库使用量更重要的是，尤其是从提高旧金山经济活力和竞争力的角度来看，SF*park*减少了在旧金山交通局所属公共停车库内全天停车的通勤者数量，与之对应的是增加了短期按小时停车的人数。如图36-6总结所示，价格体系的细微变化和停车费折扣的显著降低减少了早到者和包月停车的人数，而降低小时价格增加了短期停车的人数。这一结果支持了减少小汽车通勤和提高经济活力的目标。虽然这些改善幅度不大，但更积极地减少早到者和包月停车人的折扣（或者干脆取消这些折扣）将带来更大的好处，并显著减少开车上下班的通勤者数量。

开车人更容易找到一个停车位

我们还收集了一些数据以确定提高停车位可用性能在多大程度上减少人们寻找停车位的时间。如图36-7所示，在SF*park*试验区，报告显示平均找到一个停车位所需的时间减少了43%，而在参照区域只减少了13%。这是一个巨大的转变，它为人们节省了宝贵的时间，大大提高了他们在旧金山停车的体验感。

早到者、包月停车者、按小时停车者的比例
所有SF*park*停车库/工作日和周末，全部运营时间前后对比

	早到者	包月停车者	按小时停车者	
市政中心	8%	15%	78%	之前
	4%	15%	81%	之后
市中心	5%	10%	86%	之前
	4%	10%	86%	之后
菲尔莫尔	4%	22%	74%	之前
	1%	21%	78%	之后
海港区	2%	29%	69%	之前
	0%	25%	75%	之后
使命区	0%	32%	68%	之前
	0%	29%	71%	之后

图36-6　早到者、包月停车人和小时停车人比例示意图

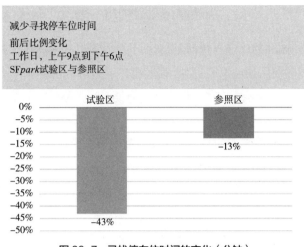

图 36-7　寻找停车位时间的变化（分钟）

减少车辆行驶里程和温室气体排放

由于减少了巡泊，试验区的车辆行驶里程（vehicle miles traveled，VMT）从 2011 年每天 8134 英里下降到 2013 年每天 5721 英里，下降了 30%；而参照区的车辆行驶里程仅下降了 6%。

减少寻找停车位时的车辆行驶里程，从而减少了温室气体排放。在巡泊停车位时车速极慢，而且会走走停停，造成交通阻塞，增加了单位行驶里程的温室气体排放（第 25 章）。SF*park* 减少了 30% 的车辆行驶里程，因此减少了同比例的温室气体排放，甚至考虑到其他因素，这个数字可能还会更高。如图 36-8 所示，以停车咪表为单位来计算，车辆行驶里程减少 30% 意味着每个停车咪表对应的车辆行驶里程从 3.7 英里减少到 2.6 英里（相比之下，参照区的变化微不足道）。

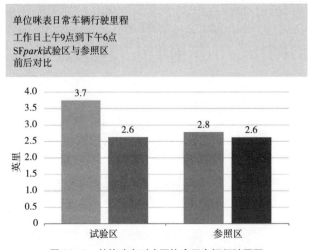

图 36-8　单位咪表对应平均全日车辆行驶里程

高峰期间交通拥堵下降

SF*park* 通过减少停车巡泊和鼓励人们在非高峰期间开车来减少拥堵。在高峰时段，路内停车位可用率提高了 22%，在非高峰时段提高了 12%。如图 36-9 所示，SF*park* 停车库的早高峰进入车辆增加了 1%，非高峰时期进入车辆增加了 14%；晚高峰离开车辆增加了 3%，非高峰离开车辆增加了 15%。这表明 SF*park* 有助于减少高峰时期的拥堵，这让小汽车和公交车在道路上行驶更加顺畅。

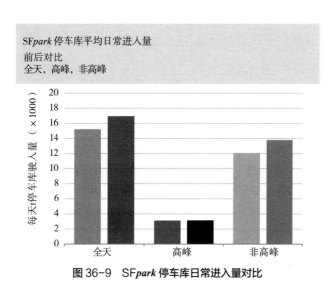

图 36-9 SF*park* 停车库日常进入量对比

双排停车减少

当停车位利用率超过 80% 时，双排停车现象会急剧增加。在 SF*park* 项目中，试验区的道路双排停车下降了 22%，而参照区只下降了 5%（图 36-10）。

每个街区每天平均双排停车数量 工作日，上午9点至下午6点 试验区与参照区 前后对比				
	之前	之后	变化	变化比例
试验区	1.0	0.8	(0.23)	−22.2%
参照区	1.4	1.3	(0.06)	−4.6%
试验区与参照区对比	(0.4)	(0.5)	(0.16)	−17.6%

图 36-10 双排停车现象变化

减少双排停车提升公交速度

为了评估 SFpark 如何影响公交速度，30% 的公交车安装了雷达收发器，并随机从公交站场开出进行测试。在评估这些公交车收集的出行时间时，我们研究了双排停车的变化如何影响公交速度。在观察到的双排停车减少的公交走廊上，公交速度从 6.4 英里 / 小时提高到 6.6 英里 / 小时，提升了 2.3%；而在双排停车增加的公交走廊上，公交速度从 7.1 英里 / 小时下降到 6.7 英里 / 小时，下降了 5.3%（图 36-11）。

公交速度与双排停车关系
公交走廊上双排停车增加与减少对公交速度影响
工作日，上午9点至下午6点
前后对比

	之前	之后	变化净值	变化比例
双排停车增加的公交走廊	6.4	6.6	0.2	2.3%
双排停车减少的公交走廊	7.1	6.7	(0.4)	-5.3%

图 36-11　公交速度与双排停车的关系

这种改善可能看起来很小，但对于交通运营来说却非常重要，而且对乘客有好处。除了提高公交速度，降低不可预测的延误也有助于公交运营更加可靠，这对乘客和公交运营商来说更为重要。

停车付费变得更简单从而减少罚单

SFpark 还试图创造一种简单、统一和尊重式的停车体验。有些调整比较主观性，例如在客户与停车系统产生互动的任何地方都可以进行设计和品牌化。更具体的改进包括延长停车时长限制和让支付变得更容易。接受调查的开车人被邀请评价实施 SFpark 前后他们的停车体验。在实施 SFpark 之后，报告显示试验区停车变得有些容易或非常容易的可能性增加了 75%，这是没有引入新咪表以及没有延长时长限制的参照区相同指标的 2 倍。

停车罚单是评价停车体验的另一个指标。简化 SFpark 地区的停车支付流程，让开车人更容易避免收到罚单。旧金山交通局出示的与停车咪表相关的单位，咪表罚单量比试验前减少了 23%，付费合规性也有所增加（图 36-12、图 36-13）。这是本项目非常成功的一个地方。没人喜欢接到罚单，旧金山交通局也希望每个人都付费停车，这将使停车定价政策变得更加有效。减少开具罚单的数量也会带来一些微妙的次级效益，例如让停车管控人员可以重点管理双排停车等其他事务，以及减少旧金山交通局仲裁停车罚单（即处理人们认为不应该被处罚而进行的投诉）的费用。

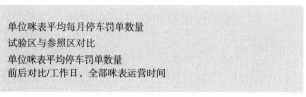

图 36-12　平均每月单位咪表停车罚单数

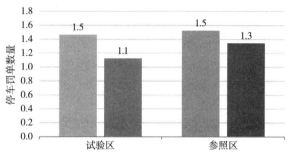

	之前	之后	变化净值	变化比例
市政中心（Civic Center）	37%	50%	13%	35%
市中心（Downtown）	32%	39%	7%	22%
菲尔莫尔（Fillmore）	48%	55%	7%	15%
渔人码头（Fisherman's Wharf）	38%	54%	16%	42%
海港区（Marina）	68%	66%	-2%	-4%
使命区（Mission）	49%	57%	8%	16%
南英巴卡迪诺（South Embarcadero）	41%	59%	18%	45%

*参照区无数据

图 36-13　不同地区付费遵从率

停车净收入轻微增长

虽然 SFpark 的目的是追求交通、社会和环境效益，但它也使旧金山交通局的停车净收入每年增加了约 190 万美元。将试验地区与全市趋势进行比较，在 2011~2013 财年，SFpark 地区通过安装支持信用卡付费的停车咪表以及延长停车时限，使咪表年净收入增加了约 330 万美元。图 36-14 总结了不同 SFpark 政策和技术导致的单位咪表月平均收入变化。

同一时期，SFpark 试验区的年度罚款收入减少了约 50 万美元。SFpark 似乎略微减缓了公共停车库收入的增长，如果参照非 SFpark 区域停车库收入的增长速度，SFpark 区域相当于损失了 90 万美元，尽管从 2012 财年以来 SFpark 停车库收入一直处于增长状态。与此同时试验区的年度停车税增加了 650 万美元，增幅为 43%；而该市其他地区的增幅仅为 3%，

平均每月单个咪表收入
试验区、参照区和其他区域
工作日与周末，全部咪表运营时间
2008年1月至2013年7月

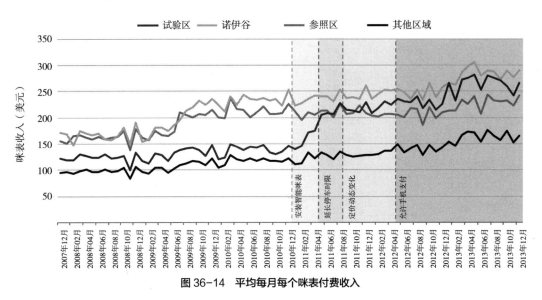

图 36-14　平均每月每个咪表付费收入

但尚不清楚这其中有多少是 SF*park* 项目贡献的。

提高停车位可用性支持经济活力

改善停车位可用性同样可以改善商业区的可达性并支持经济活力。图 36-15 对比了 SF*park* 试验区的销售税收入与城市其他地区的销售税收入。在试验期间，SF*park* 地区的销售税收入增长明显加快。这表明 SF*park* 帮助这些地区提高了经济竞争力。

为了评估 SF*park* 对一个地区的访客数量影响情况，旧金山交通局在市中心和码头地区（Marina）的试验区以及参照区进行了拦截式调查。在试验开展过程中，前往试验区或参照区购物、就餐或娱乐的人数比例没有变化。然而，在那些开车去试验区的人中，因购物或吃饭而开车的人比因工作或上学等其他原因开车的人增加了 30%。换句话说，更多的人在 SF*park* 实施之后开车去试验区购物、吃饭或娱乐；在参照区这个比例没有变化。这一趋势表明，SF*park* 让购物、用餐和参加其他娱乐活动对开车人变得更具吸引力——这正是我们希望看到的结果。

更安全的街道

开车人在兜圈巡泊停车位时会分散注意力，因此减少巡泊可以有助于减少停车人与行人、骑车者和其他车辆的碰撞事故。当然，因为在 SF*park* 试验评估时没有此类历史数据，所以这一点尚未进行评估。

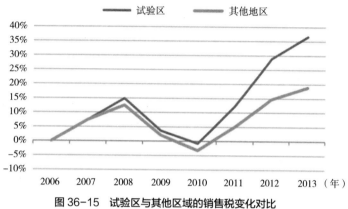

图 36-15　试验区与其他区域的销售税变化对比

后续如何发展？

停车问题是一个城市的普遍问题。旧金山采用 SF*park* 项目取得的经验对其他城市非常具有借鉴意义，因为这种停车管理方法可以复制——它是一个易于推广的解决方案。

2014 年，在看到 SF*park* 取得的效果后，旧金山交通局委员会决定将 SF*park* 项目扩展到旧金山所有的付费停车位。其他城市如洛杉矶、纽约、西雅图和华盛顿特区等，也开始实施同样的方法。SF*park* 被打造成一个示范项目，其最终目的是衡量这种停车管理方式的效益，并让其他城市能够便利地采用或改进 SF*park* 方法。这一点很重要，因为复制和改进这种方法的城市越多，所取得的净社会效益和环境效益就越显著。如果全球 1000 个城市能够更有效地管理停车，那么将会获得更大的效益（包括减少温室气体排放）。

从某种意义上说，SF*park* 不是在示范停车如何收费，而是在示范一种基于停车管理的交通拥堵管理方法。当人们选择是否开车出行时，停车位可用性和价格是两个最重要的影响因素。需求响应式定价方法与非高峰时期停车库折扣两者结合，减少了巡泊和双排停车，从而影响人们选择何时采用何种交通方式出行。公共可用停车位的需求管理与其他基于停车管理的策略相结合时会更有效，例如停车供给管理（这是小汽车出行次数的最终决定因素）以及其他交通需求管理策略。

停车管理策略是对其他交通拥堵管理策略的补充，比如拥堵收费，但它也有几个自身优点：成本低（或能产生实际收入）；不存在隐私问题；只需要本地批准（而不像一些交通拥堵管理策略需要州政府批准）；使用既有的停车管理基础设施（停车咪表和停车库）；并且可以利用人们已经支付停车费的实际习惯（与之相反，以前免费开车的道路转为收费就会让人不习惯）。

　　旧金山在实施SF*park*时获得了大量的联邦资金，但实行类似的停车管理方法并不需要花费太多。改善客户体验，如提供更好的标识系统，只需强力的领导、更好的设计和有效的沟通。任何停车咪表都可以很容易地进行编程，使其更智能地按全天不同时段、不同街区和一周不同日期进行定价，现代化咪表可以很容易地实现无线更新价格标准。

　　为了实现需求响应式定价方法，城市需要获得利用率数据。停车位传感器目前仍然很昂贵，但手动收集数据是一种简单、低成本而且有效的替代方法。西雅图和其他一些城市发现，这种方法可以实现更少频率或更精确的价格变化。另一种发展趋势是使用车牌识别技术（通常安装在停车执法车辆上）来收集停车位利用率数据。而在2014年1月停车位传感器停止工作后，SF*park*区域使用新的方法，利用咪表的历史付费数据和违章数据（停车未付费的时间百分比）来计算每个街区、一天不同时段和工作日与周末的利用率。这是一种性价比较高的方法，不需要购买昂贵和复杂的停车位传感器就可以获得丰富的数据。未来其他解决方案将会出现，成本也将会下降。

　　进行更好的停车管理还具有更微妙，或更重要的好处，尤其是在让城市变得更美好方面。当人们选择是否开车时，停车位可用性和停车成本是最重要的两个因素，而停车供给（建多少车位或者不建、建在哪里）对城市形态、城市生活和城市活力有着深远的影响。无论增加还是减少多少停车位，这种供给最终都是有限的，对这种供给的需求应该得到智慧的管理。更有效地管理公共停车位可以实现更明智的对话，更清晰的权衡取舍用来更明智地决定建设或取消多少停车位。人们将知道，有多少停车位将决定有多少次小汽车出行，以及由此导致的拥堵程度。换句话说，SF*park*方式可以让城市更加优雅的发展，让城市变得更美好。

参考文献

[1]　SFMTA's overview of the SF*park* pilot project "SF*park*：Putting Theory into Practice." http：//sfpark.org/wp-content/uploads/2014/06/SFpark_Pilot_Overview.pdf.

[2]　SFMTA's summary of its in-depth evaluation of the SF*park* pilot project. http：// sfpark.org/wp-content/uploads/2014/06/SFpark_Eval_Summary_2014.pdf.

[3]　SFMTA's in-depth evaluation of the SF*park* pilot project. http：//direct.sfpark.org/ wp-content/uploads/eval/SFpark_Pilot_Project_Evaluation.pdf.

[4]　SFMTA's technical manual for the SF*park* pilot project. http：//sfpark.org/wpcontent/uploads/2014/07/SFpark_Tech_Manual_web1.pdf.

[5]　FHWA's evaluation of the SF*park* pilot project. http：//ntl.bts.gov/ lib/54000/54900/ 54928/032515_rev_san_fran_508_final_FHWA-JPO-14-128.pdf.

第 37 章

旧金山 SF*park*：停车基于需求定价

格雷戈里·皮尔斯（Gregory Pierce）　　唐纳德·舒普（Donald Shoup）

2011 年，旧金山实施了自 1935 年停车咪表发明以来最大的路内停车价格改革。当大多数城市的停车咪表全天各时段收费价格相同，甚至有些城市所有地区的价格还一样时，旧金山的停车咪表开始根据不同地点和全天不同时段而改变路内停车价格。

旧金山的新定价项目 SF*park*，旨在解决路内停车收费过高或过低所产生的问题。如果价格过高导致路内停车位一直闲置，附近的商店就会失去顾客，雇员就会失业，政府就会失去税收；如果价格过低导致路内没有可用停车位，寻找空车位的开车人就会浪费时间和燃料，造成交通拥堵并污染空气。

旧金山市在 7 个试验区安装了传感器，用于报告每个街区每个路内停车位的利用情况，并为其安装了停车咪表，在每天不同时段收取不同的价格。城市根据观察到的利用率，大约每 2 个月调整一次停车价格。

来看一下渔人码头（游客、商业导向型目的地）工作日的停车价格（图 37-1）。在 2011 年 8 月 SF*park* 开始运营之前，这里任何时候的停车价格都是每小时 3 美元。现在，收费时段分为中午以前、中午到下午 3 点、下午 3 点以后，每个街区每个时段的价格都不一样。到 2012 年 5 月，几乎每个街区中午之前的价格都有所下降，中午到下午 3 点之间的价格都有所上涨，下午 3 点以后的价格大部分都低于中午价格。

SF*park* 的价格调整完全基于观察到的停车位利用率。规划人员无法准确地预测每天每个街区的正确停车价格，但他们可以使用一个简单的反复试验程序，根据停车位利用率的变化情况调整价格。如图 37-2 所示，在拥挤的 A 街区抬高价格并在利用率较低的 B 街区降低价格，可以使一辆车改变停车位置，从而提高两个街区的停车位使用绩效。

大多数城市利用时长限制来促进停车位的周转，但周转率并不是正确的目标。利用率是一个更好的政策目标，这一点是毋庸置疑的。空车位可以表明车位要么可用，要么不可用。周转率是个含糊的概念，不仅是因为没有人知道正确的周转率是多少，还因为周转率受到人们停车后所做活动的影响。提高咖啡馆外面的停车位周转率是必要的，但剧院就不需要这么高。高周转率也会造成交通拥堵，因为人们停车时会减速、停止、入位以及离开停车位从而影响交通运行。

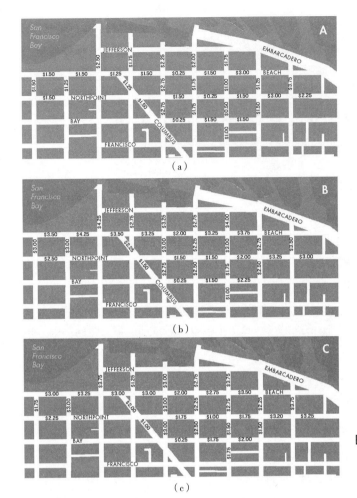

图 37-1 渔人码头 2012 年 5 月工作日
停车价格

（a）中午之前；（b）中午到下午 3 点；
（c）下午 3 点之后

实施 SF*park* 之前

街区 A——位于中央商务区 无空车位

街区 B——位于相邻街区 3 个空车位

实施 SF*park* 之后

街区 A——位于中央商务区 1 个空车位

街区 B——位于相邻街区 2 个空车位

图 37-2 绩效价格平衡每
个街区的停车位利用率

除了管理路内停车供给之外，SF*park* 还通过制定明确的定价政策帮助实现停车去政治化。旧金山尽可能收取不造成停车短缺的最低价格。透明的、基于数据的定价规则可以绕过停车定价的通常政治过程。由于以需求决定价格，政客们就不能简单地通过提高价格来获得更多的收入。

SF*park* 是否让泊位利用率朝着正确方向前进？

经过几年的规划，旧金山交通局于 2011 年 4 月启动了 SF*park*，安装了新式停车咪表，延长或取消了路内停车位的时长限制。试验项目覆盖了 7 个区域，包括 7000 个的路内咪表停车位。每个试验区的初始价格从以前的统一定价方案延续下来。根据新的 SF*park* 项目，大多数咪表每天从上午 9 点运行到下午 6 点，价格会随着不同时段以及工作日和周末的不同而变化。旧金山交通局将每个街区停车位的目标利用率设定在 60%~80% 之间。如果一个街区在某段时间内的平均利用率在这个范围内，那么在接下来的一段时间内，价格将不会发生变化。因此，旧金山的定价政策是数据驱动的、透明的，而其他大多数城市的定价政策是政治性的、不透明的。

在设定目标利用率时，SF*park* 设定了两个目标：一是让路内停车位随时可用，二是确保路内停车位尽可能多的服务临近商业顾客。这两个目标之间存在冲突，因为当鼓励每个街区保持 1~2 个停车空位时，咪表价格需要上涨，但价格的提高又会降低平均停车位利用率。

例如，在某段时间里，同时到一家餐馆就餐的一大群人可能会在一个街区内产生异常高的停车需求，因此，城市不能将目标利用率定在 80%~90%，因为这样无法避免经常出现 100% 的利用率，那将会产生不必要的巡泊；相反，设定较低的平均利用率意味着顾客变的更少。旧金山将目标利用率设定在 60%~80% 之间，以应对停车需求的随机变化，并平衡车位可靠性和高利用率这两个相互竞争的目标。如果 SF*park* 如预期般工作，价格将使利用率接近这一目标范围。

在项目实施的前两年里，SF*park* 对每个街区白天三个不同时段的价格进行了 11 次调整。结果 31% 的街区价格上涨，30% 的街区价格下降，39% 的街区价格保持不变。平均来看，价格在上午下降，在中午和下午上涨；平均价格下降了 4%。这表明 SF*park* 在不提高整体价格的情况下，可以根据需求上下调整价格。

自该项目开始以来，由于停车位利用率已接近目标，不再需要调整价格的街区比例缓慢上升。到 2013 年 8 月该项目运行两年之后，62% 的街区达到了目标范围值。总之，SF*park* 初期所有闲置或利用率不足的街区中，有 1/3 已调整到了目标利用率范围。

我们可以用海港区（Marina District）的栗子街（Chestnut）和伦巴底街（Lombard）的停车价格和利用率来展示 SF*park* 的效果。2011 年 7 月，这两条平行街道上的咪表收费相同（2 美元 / 小时），但利用率却大不相同。栗子街的 5 个街区全部被过度使用（超过 80%）；伦巴底街的 5 个街区中，有 2 个处于空置状态（低于 60%），3 个位于目标利用率范围（60%~80%）。如果想把几辆车从栗子街拥挤的街区转移到伦巴底街那些利用率低的街区，该怎么做呢？

图 37-3 为栗子街（Chestnut）和伦巴底街（Lombard）的 5 个街区从下午 3 点到下午 6 点的平均停车价格和停车位利用率。为了应对栗子街供不应求的问题，SF*park* 开始提高栗子街的价格，降低伦巴底街的价格。在两年内 10 次价格调整后，栗子街的平均价格上涨了 75%，最终每小时 3.5 美元；伦巴底的平均价格下降了 50%，最终每小时 1.0 美元。两个街区的停车价格开始变得不同，但停车位利用率却在目标范围内趋于一致。

图 37-4 所示为 2013 年 4 月每个街区的停车价格。例如，在皮尔斯街（Pierce）和斯科特街（Scott）之间的栗子街停车价格是 3.5 美元 / 小时，而在一个街区之外的伦巴底街，价格仅为每小时 50 美分，但这两个街区都在目标利用率范围内。如此相近的停车位似乎是可以彼此替代的，但巨大的价格差异要么反映了当地需求模式的巨大差异，要么反映了开车人不了解价格信息。增加信息传达的一个方法是鼓励商店和餐馆在他们的经营场所张贴停车价格地图，向他们的顾客介绍节省停车费用的方法。

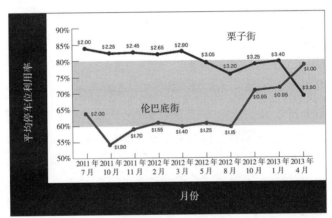

图 37-3　栗子街与伦巴底街下午 3 点至 6 点的平均停车价格与停车位利用率

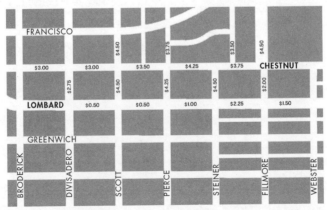

图 37-4　栗子街和伦巴底街 2013 年 4 月下午 3 点至 6 点的停车价格

需求的价格弹性

在每次价格调整前，SFpark 都会公布试验区内所有路内停车位的利用率和价格数据。需求的价格弹性被用来衡量这些价格变化如何影响利用率。经济学家用利用率（停车需求的量化表示）的百分比变化量除以咪表价格的百分比变化量，来定义价格弹性。例如，如果价格上涨 10% 导致利用率下降 5%，那么需求的价格弹性为 –0.5（–5% ÷ 10%）。

我们计算了 SFpark 第一年所有价格调整所体现的需求弹性。对于每一次价格调整，都将旧的价格和平均利用率与新价格和未来一段时间的平均利用率进行比较，从而获得 5294 个价格弹性数值。每个值对应一年中的每个位置在每一天的每一个时间点上的每一次价格调整。

需求的平均价格弹性为 –0.4，但当按街区分析每次调整的价格弹性时，我们发现它的变化性很大。如图 37–5 所示，按 1492 个城市街区来计算 5294 个价格与利用率变化所得出的价格弹性分布。

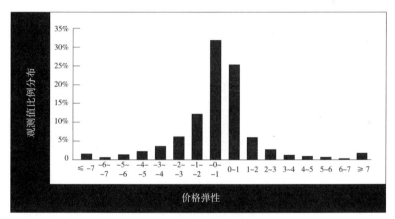

图 37-5　5294 个价格调整弹性值分布

价格弹性的分布范围很广泛，这表明除了价格以外，还有许多变量影响着停车需求。理论上更高的价格会降低利用率，而更低的价格会增加利用率。然而，在很多情况下，利用率随着价格上涨而上升，或者在价格下落后也跟随下降。可是较高的价格不会导致较高的利用率，较低的价格也不会导致较低的利用率。因此，在价格弹性为正的情况下，随机变化或其他因素盖过了价格对利用率的影响。

按街区计算的价格弹性范围之广泛也表明，每个街区的环境差异如此之大，以至于规划人员永远无法估算出一个准确的弹性值来预测实现每个街区目标利用率所需的价格。相反，实现目标利用率的最佳方法是像 SFpark 所做的那样：根据观察到的利用率调整价格。这种反复试验的方法反映了其他市场如何影响价格弹性，因此它应该能够在路内停车市场中起作用。

绩效式定价的公平性

虽然绩效式停车价格可以显著提高交通效率，但这种方式公平吗？在旧金山，30% 的家庭没有汽车，所以他们不会为路内停车支付任何费用。城市对停车收入的使用也会影响停车收费的公平性。旧金山把所有的停车咪表收入来补贴公共交通，所以是开车人补贴公交乘客。SF*park* 还通过减少开车人巡泊路内低价停车而产生的交通量，从而进一步有利于公交乘客。

绩效式定价并不是价格歧视，因为在同一时间将车停在同一街区的所有开车人都要支付相同的价格。绩效式定价也不等于收益最大化。平均来看，需求是非弹性的，因此城市很难通过提高价格来增加收入。然而，SF*park* 的目标是优化利用率，而不是实现收入最大化。在 SF*park* 实施的前 2 年，平均停车价格下降了 4%。

三项改善建议

研究结果对 SF*park* 提出了三项改善建议：①优化运营周期；②在制定价格时从反应式变为预测式；③停止残疾人停车卡的滥用。

（1）优化运营周期

大多数咪表在下午 6 点停止工作，任何下午 5 点到达的人只要支付 1 小时的停车费就可以整夜停车。因此，晚上停车的开车人有动力在咪表运营的最后一小时到达，此时仍有一些空车位。因为 SF*park* 设定的价格是为了实现下午 3 点至 6 点的平均利用率目标。这样会显得下午 4 点的价格可能太高（利用率也太低），而下午 5 点的价格又太低了（利用率也太高）。

一种解决方法是为了实现最佳利用率，在晚上尽可能长地运营咪表。下午 6 点以后的免费停车服务是过去咪表采取白天 1~2 小时的停车时限以增加周转率的一种延续。由于以前大多数商店下午 6 点就关门了，所以晚上不再需要周转率。但是，如今许多商店在下午 6 点以后仍然营业。晚上免费停车的理由已不再适用。而且晚上运营咪表的目的是防止车位短缺，而不是提高周转率。

由于车位传感器和停车计咪表已经在试点项目中安装完毕，仅仅因为以前咪表在下午 6 点停止工作，新的项目也这样做是不明智的。如果 SF*park* 在白天减少了巡泊、拥堵、交通事故、能源浪费、空气污染和温室气体排放，那么旧金山也可以在晚上逐步延长咪表的运营时间，这将会带来同样的好处。SF*park* 并没有在总体上提高路内停车价格，所以其带来的主要好处是更好的停车管理，而不是现有咪表获得更多的收入。当然，安装更多的咪表和延长咪表运营时间也会产生更多的收入。

因此，SF*park* 可以优化其定价策略，以适应特定街区在不同工作日的不同时段的停车需求。精准定价以满足不断变化的需求，这将提高整个项目的效率。

（2）从反应到预测

每次价格调整后的利用率广泛变化表明，除了价格以外还有很多因素影响停车需求。因此，仅根据上一段时间的利用率来计算下一段时间的停车价格，并不能可靠地实现利用率目标。例如，SFpark 不应该在 1 月份提价，因为圣诞购物季的利用率很高。根据前几年利用率的季节性调整可能会极大地改善项目的效果。

通过在调整价格时从被动反应转向主动预测，SFpark 可能会更接近停车位利用率目标。就像冰球运动员会滑到冰球要去的地方一样，SFpark 可以根据未来的需求而不仅仅是过去的利用率来为停车位定价。

（3）停止残疾人停车卡的滥用

残疾人停车卡的滥用有助于解释为什么利用率对价格变化没有及时可靠的反应。加利福尼亚州允许所有挂有残疾人停车卡的汽车在停车咪表前免费停车，路内停车价格的提高更是增加了滥用残疾人停车卡来省钱的诱惑。因此，咪表价格的上涨可能会赶走付费停车的人，为滥用残疾人停车卡的人提供更多的停车位。如果是这样的话，滥用残疾人停车卡会降低路内停车需求的价格弹性。

在加利福尼亚州，残疾人停车卡的滥用已经十分猖獗。例如，在 2010 年对洛杉矶市中心几个街区的一项调查发现，贴着残疾人停车卡的汽车大多数时间内占用了路内的大部分停车位。人们经常看到使用残疾人停车卡的开车人拿着沉重的货物从附近的商店走向他们的汽车。第 32 章介绍了一个"两级"残疾人停车卡改革方法，可以大大减少残疾人停车卡的滥用。

停止残疾人停车卡滥用会如何影响 SFpark？如果改革能减少在停车咪表处的残疾卡滥用现象，那么付费停车的人将会获得更多的停车位。SFpark 随后将降低价格以提高利用率，且所有新到来的停车人都将为所占用的车位付费，因此停车收入可能会增加。更低的价格、更高的收入和更多的路内停车位将使大多数人受益，除了那些滥用残疾人停车卡的人。

结论：有前途的试验项目

SFpark 是一个试验项目，它旨在研究通过调整价格来管理停车位利用率的可行性。该项目的表现很成功。洛杉矶也实施了一个类似的项目，名为 LA Express Park（第 41 章），其他城市也在关注它们的试验结果。当开车人看到价格既可以上涨也可以下跌时，他们可能会理解路内停车位的可用性，学着利用价格信息来优化每次出行的停车选择。过去似乎不可想象的停车定价方法，可能在未来会变得不可或缺。

通过绩效式停车价格，开车人就可以像找地方买汽油一样方便地找到停车的地方。但是，开车人也必须考虑停车价格，就像他们现在考虑燃料、轮胎、保险、登记、维修和汽车本身的价格一样。停车将成为市场经济的一部分，价格将有助于管理拥有和驾驶小汽车的需求。

如果 SF*park* 能成功通过价格实现路内停车位的正确利用率，那么几乎所有人都会受益。其他城市也可以实施自己版本的绩效式停车价格。为路内停车位制定正确价格将会带来巨大好处。

本文改编自 Getting the Prices Right：An Evaluation of Pricing Parking by Demand，最初发表在 Journal of the American Planning Association 70（January 2013）：67-81.

第 38 章

停车市场定价的理论与实践

迈克尔·曼维尔（Michael Manville） 丹尼尔·G·查特曼（Daniel G.Chatman）

经济学从第一节课就在讲：价格控制导致短缺，短缺导致排队。路内停车生动地体现了这一原则。许多城市将宝贵的路内停车位免费或者低价提供给停车人，因此它们很快就会被占满，在繁忙的时候就会出现短缺。当开车人们绕着街区不停寻找停车位时，这些短缺就造成了移动的排队——他们在"巡泊"（cruise）。反过来，巡泊又会造成交通拥堵和空气污染。

教科书回答这个问题很简单：取消价格管制，让市场来决定路内停车的价格。"正确"的价格可以保留 1~2 个而不能再多的停车空位。正如私人企业希望库存能够快速售出但又不被耗尽一样，城市也应该保持停车位被良好使用但绝不能完全停满。如果只是大部分但不是全部的停车位被使用，那么任何愿意付费的停车人都能找到停车位，从而在不造成停车位闲置的情况下减少巡泊。

这种路内停车方法有时被称为绩效式定价，因为城市采用绩效标准（例如，保持 1~2 个停车空位），并通过价格调整来实现这一目标，而不是选择先定价之后再看利用率如何。

停车的绩效式定价类似于道路拥堵收费：两者都使用价格来"清理市场"，并防止过度使用稀缺的基础设施。与拥堵收费一样，绩效式停车定价也很少见，大多数城市倾向于保持道路和停车位免费，尽管那些尝试征收拥堵费的城市已经取得了显著成效。当伦敦在 2004 年实施拥堵收费时，开车进入伦敦市中心的价格从 0 英镑增长到 5 英镑；在收费的第一天，交通量就下降了 25%。新加坡和斯德哥尔摩的实施结果相似，在收费的第一年，新加坡的交通量下降了 44%，斯德哥尔摩的交通量下降了 10% 以上。在加利福尼亚州 91 号高速公路收费车道上，行驶在收费车道上的车辆没有受到拥堵的阻碍，而附近免费车道上的车辆却陷入了堵车的泥沼。所有案例都表明，随着价格的上涨，拥堵就会减少。那么市场定价的停车场也能起到同样的作用吗？

2011 年，旧金山决定通过在市中心建立一个名为 SF*park* 的市场定价停车试验项目来找到答案。SF*park* 的明确目标是减少巡泊（其口号是"多一些活力，少一些巡泊"，live more, circle less）、提高公共交通的速度和可靠性、使步行和骑行更安全。对于研究人员来说，SF*park* 提供了对绩效式定价效果的真实测试。旧金山作为美国人口最密集、交通最拥堵的城市之一，提高停车价格会导致停车位利用率下降、空位率上升吗？

关于 SF*park*

在实施 SF*park* 之前,旧金山的咪表价格和大多数城市一样。它们因社区而异,但不随时间或星期几变化。价格很少高到足以促进周转,而且往往比路外停车价格低很多。在市中心,路内停车最高价格是每小时 3.5 美元,而路外停车平均价格是每小时 10 美元。这种差距造成了路内停车位短缺,并强烈地刺激开车人巡泊。旧金山交通局(SFMTA)很少改变停车价格,使这个问题更加复杂。旧金山交通局如果提高价格,那通常是为了增加收入,而不是改善停车条件。他们没有固定周期评估咪表价格,也没有改变价格的准则。提高价格很少受到欢迎,而且往往很费力,因为大多数咪表都是老式的投币式设备。

SF*park* 改变了这些状况。它利用现代设备,使价格更能响应需求,并使价格变化更加透明和可预测。它不像那些大张旗鼓地发起但在人们仔细审视之前就销声匿迹的公共倡议;SF*park* 展现了令人钦佩的开放性和分析的严谨性。旧金山交通局选择了 7 个“整治”社区和 2 个对照社区。在两类社区内都用允许信用卡和远程支付的数字“智能”咪表代替了数千个投币式咪表。该局还在路面上放置了地磁传感器,以测量停车位的利用率。传感器和咪表一起将信息无线传输到旧金山交通局,使该局能够将价格与停车位利用率联系起来。所有这些数据都是公开的。

新设备安装后城市便开始收集数据,并放宽了停车时长限制。部分街区允许停车时间延长至 4 小时,而其余街区则完全取消了时长限制。最后,在 2011 年春末,旧金山交通局使用它的新数据来设置整治社区的咪表价格。新价格根据街区、全天不同时段(上午、中午和下午的“时间段”)以及一周各天(工作日与周末)进行差异化定制。价格调整基于每个街区每个时段 6~8 周的传感器平均利用率。每个街区三个时段的价格可能会根据计算的停车位利用率上涨或下降(表 38-1)。因此,如果一个街区的停车位在上午是拥挤的,但在下午是闲置的,那么上午的价格上涨,而下午的价格下降。

SFpark停车价格调整标准　　　　　　　　　　　　　　　表38-1

街区平均停车位利用率	每小时价格调整
低于 30%	下降 0.50 美元
30%~60%	下降 0.25 美元
60%~80%	不变
高于 80%	上涨 0.25 美元

简单来说,SF*park* 用更加透明的系统代替了不透明、不经常调整的价格系统,并让所有社区在更小的时间和空间单位上改变价格。它还提供了收费停车的经验。SF*park* 为研究人员提供了经典的“前后对比、有无对比”研究设计方案:我们可以检查街区在实施

SF*park* 可变价格前后的情形变化，并将其与未采用可变价格进行"整治"的相似街区进行对比。

SF*park* 起作用吗？

绩效式定价旨在减少巡泊，但众所周知巡泊很难被测量，很难看出车流中的每一辆车是否在寻找停车位。然而，巡泊是由路内停车位不足引起的，而停车位不足可以通过利用率（occupancy）和空位率（vacancy）来衡量，利用率和空位率分别是有车辆停放的停车位和没有车辆停放的停车位所占的比例。因此，评估 SF*park* 的一种方法是查看经过整治的街区，其停车位短缺现象是否变得越来越少；也就是说，这些街区是否有更多可能出现至少一个停车空位？

这就是事情变得棘手的地方。SF*park* 的咪表和传感器可以测量平均利用率。但是，开车人会以不改变平均利用率的方式应对价格上涨。随着价格上涨，更多的汽车可能停放时间更短。这种周转率的提高能够帮助当地商业，但不会改变平均利用率（甚至可能增加当地的交通量）。开车人也可以通过拼车来应对更高的价格。拼车会改变车辆使用率，但不一定会改变停车位利用率。当然，一些开车人面对更高的价格可能会选择不支付停车费。当地铁票价上涨时，一些人认同多付钱，一些人会减少乘坐，还有一些人会跳过闸机逃票；开车人可能也不例外。如果更高的价格只是鼓励逃票或双排停车，那么价格的变化可能对利用率或空位率几乎没有影响。

SF*park* 的咪表和传感器无法跟踪这些变化。旧金山交通局不能依靠他们的咪表和传感器数据来计算车辆周转率或停车时间。传感器也无法分辨开车人是双排停车还是拼车，也无法区分逃避付费的类型。一些不付费的开车人可以确定其违章，但另一些人是有证件的，比如残疾人停车卡或政府证件（合法或非法获得），这样他们就可以逃避付费。

评估 SF*park* 的价格变化

在对 SF*park* 的研究中，我们想观察所有的行为。最好的办法是付钱给研究助理，让他们整天站在街上观察开车人停车（是的，这很乏味；我们还要花钱）。我们在整治区选择了大约 40 个街区，在整治区附近选择了 9 个对照街区。因为我们对价格如何影响巡泊很感兴趣，所以把注意力集中在通常停车位利用率较高的街区。然后，对每个街区进行了三次不同的观察，通常是在 SF*park* 宣布价格变动 1~2 周之后。学生调查员在定价生效期间观察并记录停车情况，通常从早上 7 点或 9 点到下午 6 点。这种连续的观察使我们不仅可以收集每个咪表处车辆的到达和离开时间，还可以收集车辆合乘系数、双排停车和逃避付费类型的数据。在为期一年的三轮观察中，共包括 13431 条停车数据（图 38-1）。

SF*park*
收费区域

——— 观测街区
——— 对照组

0　　　0.5
英里

图 38-1　试验区分布图，第 1~3 轮

　　我们发现，当一个街区的价格上涨时，它的平均利用率就会下降。这一结果令人鼓舞——完全符合 SF*park* 的初衷。然而，平均利用率只是衡量停车位可用性的一种方法，而且可能不是最好的方法，尤其是如果平均利用率是在数周内测量出来的（就像 SF*park* 所作的一样）。可能更好的度量标准是最小空位率—— 一个街区至少有一个停车空位的时间比例。当我们分析最小空位率时，发现价格变化对其没有影响。同时，价格变化与拼车、车辆周转率之间没有统计学关系。

　　如何理解这些结果？逃避付费似乎是部分原因，但不是主要原因。我们认为，更大的问题有两个：首先是平均利用率和最小空位率之间存在关键区别。SF*park* 只有在平均利用率超过 80% 时才会提价。我们最喜欢这样思考：假设你对一个有 10 个停车位的街区观察了 3 小时，这意味着这个街区总共可能有 1800 分钟的停车时长。如果其中 1200 分钟的停车时长被占用，平均利用率为 67%，而且价格不应该改变。但这个数字并没有说明这 1200 分钟是如何分配的。它们可以均匀地分布在 3 小时内，这意味着有 3 个停车位总是空置的；或者它们可以是连续 2 小时没有空置，但是在最后 1 小时完全空置。

　　现在考虑一下平均利用率和最小空位率之间的差距如何随着利用率计算时间的延长而扩大。一个早上平均利用率为 67% 的街区，可能有数百小时根本没有停车空位。定价机制可能达到了 "正确" 的平均利用率，但没有取得一致的最小空位率。这是个问题，因为开车人寻求的是空位率，而不是平均利用率。

第二个问题是，SF*park* 并不是一个"真正的"拥堵收费的案例，因为价格与需求的变化并不匹配。与标准的停车定价方法相比，SF*park* 无疑采用了一种市场机制；然而，与其他大多数市场相比，SF*park* 仍受到严格控制。如表38-1所示，旧金山交通局限制了价格变化的规模和频率。价格每8周变动一次，每次每小时不得增加25美分以上，也不得减少50美分以上。最后，该局规定每小时最低价格为25美分，最高价格为6美元。因此，一开始价格低于其最优水平1美元的街区，将需要8个月的时间才能达到其市场价格（假设没有其他变化）；而价格本应为6.5美元或为零的街区，将永远无法达到其正确价格。

简言之，SF*park* 是在价格控制下的绩效式定价的案例。由于价格有上限，它的涨幅可能还不足以在某些区域创造出持续的空位率。在停车需求高的街区，价格上涨可能只是吸引了愿意支付更高价格的开车人，而不是"清空市场"。因此，在高需求地区，不断上涨的价格可能改变了停车人的构成，而不是创造了更多的停车空位。原则上，假如价格赶上了需求，这个问题可以随着时间的推移得到解决；但由于价格水平和价格变动幅度都有上限，那这就变成了一个很大的"假如"。我们无法在没有停车空位的街区测量排队数量，但如果排队量很大，价格可能无法上涨到足以清空它们。

笔者不会因为这些结论而指责 SF*park* 的设计者。事后批评一个项目总是比最初设计和开展一个新项目更容易。实际上想要克服我们所列的障碍也有困难。例如，想要允许价格真正浮动将会非常困难，甚至是不可能的。更频繁或更大幅度的价格变动在行政上是否可行？甚至是否可取？如果让价格真正起到始终保持至少一个停车空位的作用，那么价格可能会有很大的波动。随着更频繁或更大幅度的价格变化，增加空位率所带来的好处可能会被系统给开车人带来的不可预测性所抵消。当开车人们抵达他们的常规停车地点时，发现价格翻了一倍，他们可能会很郁闷，然后绕着街区寻找更便宜的位置——而这正是 SF*park* 竭力避免的现象。

笔者研究的主要结论是，绩效式定价肯定会导致价格的有效性（它是否实际创造空位）、价格的稳定性（价格应该如何频繁变动）和价格的政治可接受性（价格高到所有人都反对，导致不收费）之间的关系紧张。由于这种平衡在停车需求最高、最有可能产生巡泊的地区最难实现，因此定价方案的好处可能不像我们最初期望的那么大。然而，它所带来的好处确实是巨大的，SF*park* 只是一个开始，而不是结束。政策制定者和专家学者都应该努力推广和改进旧金山的宝贵经验。

本章引自《途径》（ACCESS），2016 年秋季刊。改编自论文：Theory versus Implementation in Congestion-Priced Parking: An Evaluation of SF*park*, 2011–2012, 发表在 Research in Transportation Economics 44, no. 1（June 2014）: 1–9.

第 39 章

停车巡泊：旧金山的经验教训

亚当·米勒德 – 鲍尔（Adam Millard–Ball） 拉赫尔·温伯格（Rachel Weinberger）
罗伯特·汉普希尔（Robert Hampshire）

自从汽车发明以来，停车管理一直是困扰城市的难题。人们关心的问题包括交通拥堵、空气污染，以及开车人寻找可用停车位时（俗称"巡泊"）产生的温室气体排放。据估计，在洛杉矶一个由 15 个街区组成的商业区内，停车巡泊每天会产生 3600 英里的额外行驶——相当于每年往返月球两次。

许多城市试图通过增加停车位来减少巡泊。他们要求私人开发商提供路外停车位以满足对（免费）停车位的预期需求；同时还提供公共停车库，以弥补路内停车位的短缺。自从 20 世纪 50 年代以来，这些停车配建下限标准一直是美国城市的标准做法。

尽管城市增加了路外停车位的供给，但却忽视了对路内停车位的管理。由于城市似乎不能或不愿对稀缺的路内停车位进行合理定价并严格执法，城市遭受着巡泊、双排停车以及在公交车站和其他限制区域非法停车的困扰。如果路外停车的价格高于路内停车的价格，开车人理所当然会选择巡泊。

最近，首尔、墨西哥城、纽约、西雅图、洛杉矶和布达佩斯等城市掀起了一股高效管理路内停车的新潮，特别是采取了绩效式定价手段。以旧金山为例，该市引入了可变停车价格来提高停车位利用率并减少巡泊。

本章评估了旧金山试验项目 SF*park* 的有效性，评判它是否成功地减少了巡泊行为，并研究如何设置绩效目标以达到既定的停车位可用性。

关于 SF*park*

SF*park* 定义中的一个显著特点是，它根据前几周或前几个月的停车位利用率来调整停车咪表的价格，实现每个街区的利用率目标在 60%~80%。如果一个街区的利用率超过 80%，城市就把咪表的每小时价格提高 25 美分；如果利用率低于 60%，城市将把咪表的每小时价格降低 25 美分。城市通过调整价格，希望将停车需求从非常拥挤的街区引导至不那么拥挤的街区。

项目采用停车传感器跟踪两类地区的停车位利用率，试验区的咪表价格发生变化，参照区的咪表价格保持不变。这些传感器提供了详细的利用率数据，城市利用这些数据大约每8周调整一次价格。选择8周的调整周期是为了让用户在做出其他改变之前习惯新的价格。2013年年底这些寿命有限的传感器被停用。此后，SFpark开始采用咪表支付数据来估算利用率，以此调整咪表价格。

笔者同样使用传感器数据对SFpark进行研究。在连续6周时间内每5分钟抓拍一次利用率，并获得2年内的平均小时利用率。考虑给定街区的大小和平均小时利用率，我们使用每5分钟的抓拍数据来模拟停车位可用性。然后，我们开发了一个仿真模型，通过计算开车人在找到可用停车位之前必须行驶的距离来估算巡泊量。

设定一个泊位利用率目标

停车位利用率目标代表了一种权衡。利用率越低，开车人越容易找到停车位，从而寻找停车空位的巡泊里程越短。然而，较低的利用率意味着路内停车位大多数时间是在闲置的，这既是对空间的浪费，也无法让城市从停车咪表上获得收入。

一条获得广泛支持的经验是使用85%的平均利用率来消除巡泊。这一目标值将确保每个街区始终有一个以上停车位可用。为了达到85%的利用率，停车价格应该在全天不同时间以及不同的街区之间发生变化。相比之下，SFpark设定的60%~80%的目标利用率略低于普遍认同的85%。SFpark的基本原理是停车需求的变动性。某段时间60%~80%的平均利用率可能包括超过85%，甚至达到100%的时刻。

然而，利用率基准目标无论采用多少值都有些武断。重要的是，它与提高停车位可用性和减少巡泊的公共政策目标没有直接联系起来。开车人的行为不受街区平均停车位利用率的影响；相反，他们受价格和可用性的指导。如果一个街区出现了停满的情况，那么即使平均利用率为85%也不能让人满意。

此外，更多的人想在高峰时间停车，就会面临拥挤的停车条件。例如，一个街区的停车位有一半时间是空置的，但另一半时间很快被停满并一直保持停满状态。当其他开车人继续到达后，只能被迫到其他地方寻找停车位。客观计算，这个街区停车位的平均利用率约为50%，但只有一个用户体验到了50%的利用率。绝大多数停车或者是想停车的人，都是在街区停满以后才来的，他们感受到的是100%的停车位利用率。虽然平均利用率目标可能得到满足，但用户体验仍有不足之处。

因此，与策略相关的变量是"街区停满的需求加权概率"。笔者使用传感器抓拍数据来校准测量值与平均利用率之间的关系。研究发现在测量85%经验法则的性能时，街区规模和计算平均值的周期长度是需要考虑的重要实际因素。

街区规模

图 39-1 为街区规模（停车位数量）与停车位不可用概率之间的关系。对于给定的利用率水平，随着街区规模的增加，停满概率降低。这从直觉上讲是合理的，并表明从政策的角度来看，所有街区采用统一的利用率目标可能是不合适的。对于非常大的街区，即使有超过 90% 的停车位被占用，停车人也有很好的机会找到一个停车位。在这种情况下，利用率目标可以提高到 90% 或 95%。

测量值时间周期

在选择利用率目标时，平均利用率的观测值和测量时间周期也很重要。例如，一个平均利用率为 85% 的街区。如果平均值是基于 5 分钟内的 5 次观察（即每分钟观察一次），那么在这段时间内，这个街区不太可能有停满的时候。而在另一个极端情况下，如果在 24 小时内计算平均值，并且每小时进行一次观测，那么在某些时间段内，街区停满的可能性要大得多，而在另一些时间段内，街区停满的可能性则相当低。因此，如果像 SFpark 那样使用平均 2 周的时间，那么较低的利用率目标可能是适当的，以确保停车位可用性，并减少巡泊（图 39-1）。

要点：街区内的停车位越少、计算平均值的周期越长，实现停车位可用性所需的利用率目标就越低。

SFpark 减少停车巡泊了吗？

模拟结果表明 SFpark 是有效的。停车位利用率水平向 60%~80% 的目标范围靠近。此外，与相邻的参照区相比，SFpark 试验区的巡泊量在两年内下降了 50% 以上。

笔者使用的两年数据是在当地经济回升期间发生的，这段时间的停车压力原本预计会加剧。但事实上，试验区的停车位利用率几乎没有变化，这反映了 SFpark 的成功；而参照区的停车位可用性和巡泊情况却都恶化了。

然而，成功并非一蹴而就。平均来说，每一次价格调整只向 60%~80% 的目标利用率区间前进 0.1~0.2 个百分点（图 39-2）。经过近 2 年的时间，这些微小的变化逐渐发展为更大的、统计显著的累积效应，经过 10 次价格调整后，平均变换为 1~2 个百分点。例如，一个利用率为 84% 的典型街区两年内下降到 82%~83%，而一个利用率为 50% 的街区则上升到 51%~52%。

SFpark 花了很长时间来影响人们的行为，这并不奇怪。几乎所有的价格调整幅度仅是上下浮动 25 美分。开车的人们大概不会为了省下 25 美分而放弃所遇到的第一个可用停车位，转而跑去邻近街区找到一个更便宜的停车位。只有当相邻街区之间的价格随着时间发展差距

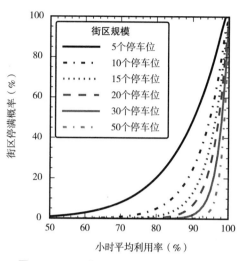

图 39-1 不同街区规模下街区停满概率分析

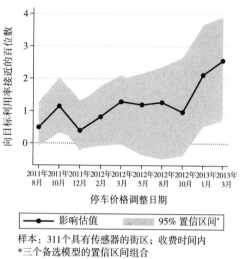

图 39-2 随着时间变化价格调整对利用率的影响

越来越大时，寻找更便宜停车位的动机才会显著增强。此外，目前还不清楚有多少开车人意识到了这种价格差别和在远点的街区停车能省钱的机会。还有些人根据加利福尼亚州法律，拿着残疾人停车卡可以免费停车。根据旧金山市的调查，大约 20% 的咪表停车位被持有残疾人停车卡的人占用。

SF*park* 对巡泊的影响相对于其对利用率的影响较小，但仍令人鼓舞。在 SF*park* 实施前的基准模拟中，平均每位开车人可以在 0.13 个街区内找到停车位，相当于 50 英尺或者几秒钟（这不包括开车人最终发现停车空位后行驶到车位的距离）。模拟表明，每一次价格调整都会使 SF*park* 试验区的平均巡泊量与参照区相比减少约 1% 街区（约 4 英尺）。第十次价格变化后的累积影响在 0.07~0.17 个街区（大约 30~70 英尺）。

巡泊的减少似乎很小，但比项目开始前的基准少了 50% 以上。换句话说，SF*park* 对减少巡泊产生了一个绝对量较小但相对量较大的效果。

感觉和数据收集结果之间的差异

几乎每一个旧金山的居民或游客都可以向你讲述他们在停车方面的悲惨遭遇。自述报告式的调查数据也表明巡泊是一个主要问题。为什么调查的数据表明平均巡泊距离只有 50 英尺，但感觉上时间要长得多呢？

旧金山交通局两份相互独立的数据提供了有用的对比内容。通过对街道上的停车人进行采访，发现他们平均搜索车位的时间超过 6 分钟（比 SF*park* 实施前的 11 分钟更少）。与此同时，自行车测量员们在某些社区沿着预先确定的路线进行调查，发现一个可用停车位的平均搜索时间从清晨的 30 秒到午餐时间的近 2 分钟不等。

旧金山交通局开展的面对面调查显示，巡泊量比自行车测量员和调查结果明显更多。因此，巡泊可能在一定程度上是感觉问题。如果一些受访者在一条居住区街道上为了寻找免费停车位而放弃了一个可用的咪表停车位，那么其报告的巡泊时间可能也会出现差异。

笔者的结果与自行车调查员的结果不同，这可能是由于方法上的差异。例如，我们不计算开车人发现一个停车位后所走过的距离。如果第一个街区有停车位，将登记巡泊量为零；而旧金山交通局的测量员将计算出街区的长度，通常为 400 英尺。此外我们还对配备传感器的社区内所有的街区进行了抽样调查，而旧金山交通局的调查路线往往是繁忙的商业街道，忽略了在小巷上可能会找到停车空位。

测量：位置和时间

笔者发现，在 SFpark 实施前后巡泊都是个问题，但它主要发生在没有咪表的街区或者是在咪表关闭后的晚上（上述分析只考虑了有咪表的街区在收费时段的情况）。在白天寻找停车位的开车人可能会放弃现有的咪表停车位，而希望在居住区小巷里找到一个免费的停车位（或有更长停车时限的停车位）。在晚上，我们的数据显示在下午 5 点左右，即下午 6 点开始免费停车前的 1 小时左右，许多社区的巡泊量明显增加。因为下午 5 点到达的开车人只需支付 1 小时的停车费，就可以把车停到第二天早上。

如图 39-3 所示，三个不同社区工作日平均的停满概率和巡泊率的关系。渔人码头（Fisherman's Wharf）是一个游客导向型目的地，属于 SFpark 试验区的一部分。海港区（Marina）是一个综合商业区，也是 SFpark 的试验区。内里士满（Inner Richmond）是一个相似的商

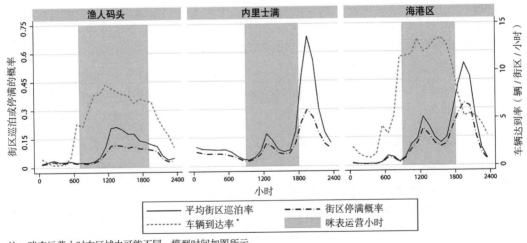

注：咪表运营小时在区域内可能不同；模型时间如图所示
* 控制区无到达率数据
样本：262 个具有连续传感器数据的街区；只计算工作日

图 39-3　三个选定社区的巡泊率和街区停满概率对比

业区，但在参照区内，它的停车咪表价格保持不变。

在两个商业区（海港区和内里士满），全天大部分时间的巡泊都保持在低水平，在午餐时间出现一个小高峰。下午5点左右，随着餐馆顾客和下班居民的涌入，巡泊量急剧上升，晚上8点左右达到高峰。渔人码头在晚上的巡泊量要少得多，主要原因是该社区的本地居民和社区型商业都很少。考虑到停车收费所产生的明显效果，SF*park*减少巡泊的下一步动作可以将咪表运营时间延长到利用率饱和的时段。

结 论

旧金山的停车试验项目SF*park*是第一个大规模的绩效式路内停车管理实验。根据它对提高停车位可用性和减少巡泊的影响来判断，它已经取得了成功。

我们可以从旧金山的试验中汲取一些经验教训。首先，咪表价格的微小调整，比如25美分/小时，不太可能对开车人的行为产生太大影响。只有当每次咪表价格调整合并起来与附近街区形成了非常大的价格差异后，且当开车人有时间适应价格模式之后，才会对利用率和巡泊产生明显的影响。所以，当城市要改变停车位可用性或巡泊问题的局面时，需要考虑更大的价格变化才会使得效果显而易见；或者采取一个对价格微量调整但是周期频繁的长期策略。

其次，很少有城市能够复制旧金山用来监控利用率和调整价格的那种庞大且昂贵的路内传感器网络。幸运的是，如果使用更简单的方法，例如使用咪表交易数据或偶尔进行手动调查，也可能会得到类似的结果。

再次，传感器提供了对平均利用率的精确估算，但这种测量与巡泊、开车人的挫折感和街区停满概率之间相关性很弱。

最后，虽然SF*park*这样的绩效式策略能够取得成功，但其大部分成效都来自于最开始的停车收费。对于旧金山这样的城市来说，将咪表运营时间延长到晚间和周日的高需求时段，或者在没有咪表的居住区街道上开展停车收费，将比调整现有咪表的价格带来更大的好处。至少在旧金山，当道路上有咪表运营时，巡泊似乎不是大问题。更确切地说，城市中停车位的稀缺主要是因为开车人在寻找一个免费的停车位。

本章改编自《途径》（ACCESS）2016年秋季刊《Is the Curb 80% Full or 20% Empty? Assessing the Impacts of San Francisco's Parking Experiment》一文，原文发表于《Transportation Research Part A：Policy and Practice》63（May 2014）：76-92.

第 **40** 章

优化公共停车库的使用：基于停车需求定价

格雷戈里·皮尔斯（Gregory Pierce）　汉克·威尔逊（Hank Willson）

唐纳德·舒普（Donald Shoup）

城市管理者开始利用基于停车需求确定的价格管理路内停车位。例如，旧金山市开展了 SF*park* 项目来调整 7000 个停车咪表的价格，以实现路内停车位的目标利用率。该项目基于需求调整停车收费价格的方式已经被广为宣传。

在路内停车管理项目受到关注的同时，城市通常很少会在公众监督下以高昂的成本建造路外停车场。除了收回停车库的建造和运营成本以外，城市似乎没有什么明确的路外停车管理目标。

但是，旧金山的 SF*park* 项目在对路内停车价格采取需求响应式调整的同时，也对公共停车库实施了基于需求的定价措施。该项目已经对 14 个市属停车库中的 11500 个路外停车位的停车价格进行了调整。

公共停车场的最优定价政策

有效的停车管理是一个挑战。停车位就像航空公司的座位和酒店的房间一样，属于"易腐商品"——它们必须在短时间内使用，否则就会变得毫无价值。易腐商品的有效管理有两个基本组成部分。首先，易腐商品必须在限定的时间内销售。例如，飞机上的座位或酒店里的房间如果不使用就会被浪费，而停车位未被使用的时间也无法在以后转售。其次，易腐商品的最佳管理方式是在不同的时间或针对不同的人收取不同的价格。在私人停车行业，价格差异化已是常见的做法，例如对早到者收取较低的停车费用或为附近商店的顾客提供停车凭证。

城市应将其公共停车场视为汽车的酒店，停车价格应该像酒店那样根据需求而变化。酒店的价格会根据房间的大小、一周内不同的日期、季节等因素发生变化，停车价格也应如此。没有实施可变价格的酒店很快就会引发类似如今停车所普遍面临的抱怨。

有效的停车管理需要设定合理的收入目标。对于路外停车，城市通常根据停车位的建造成本和运营成本来设定收入目标。2014 年的一项研究发现，美国 12 个城市地上停车位的平均建设成本为 2.4 万美元 / 车位，地下停车位为 3.4 万美元 / 车位（第 3 章）。停车价格过低可能导致收不回建设成本并产生财务损失；但是价格高到可以弥补建设成本的程度又可能会造成停车位大量闲置。

对于公共停车位，城市还必须平衡使用可靠性和高利用率这两个相互矛盾的目标。低利用率意味着可以随时使用停车位，但也表明车库不能为邻近的企业、学校和其他设施带来大量访客。车位停满意味着停车场能最大限度地利用停车位，但却不能为新到来的客户提供服务。一段时间内的停车需求变化越大，平衡这两个目标的困难程度就越高。为了达到一种平衡，开车人到达目的地后找到停车空位的概率成为定价的一个关键指标。

如果一个私人停车场的投资和运营成本是固定的，那么业主会试图将收益最大化，即使会闲置很多停车位。如图 40-1 所示，一个拥有 100 个车位的车库如何在只有 50% 利用率的情况下实现收益最大化。x 轴表示价格，需求曲线向下倾斜。当价格为零时，车库是停满的；当价格为 1 美元 / 小时，车库没有车停放。车库整体的最高收入为每小时 25 美元，此时价格为 0.5 美元 / 小时（0.5 美元 ×50 个被使用的停车位 =25 美元）。但是对于公共停车库来说，将一半的停车位空置并不是最佳选择，因为它的目的是提供停车位，而不仅仅是为了盈利。一个停车系统的利用率在 85%~95% 之间时方能最有效地为用户提供服务。在这个利用率之下，驶入的汽车不需要搜索整个停车系统来寻找一个停车空位，同时大多数停车位也被使用了。如果该城市以 85% 利用率为目标对停车供给进行有效管理，那么如图 40-1 所示，对应的停车库停车收费价格是 0.15 美元 / 小时，总收入为每小时 12.75 美元（0.15 美元 / 小时 ×85 个被使用停车位 =12.75 美元）。因此，在本例中，以实现有效利用率为目标的停车定价方法，最多只能获得最大总收入的一半。

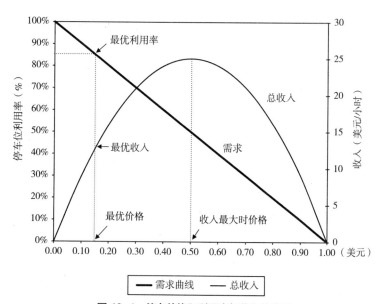

图 40-1　停车价格和利用率与收入的关系

一个城市在设定停车库利用率目标时应该有三个目标值：可用率、高利用率和收入。依靠单一的目标值，比如收入，就会让其他两个目标无法实现。没有证据表明城市应该给每个目标值分配多少权重，但是城市应该通过权衡各目标值间的关系来管理它们的停车库。

现 状

私人投资者很少建造独立的停车库，因为它们的建设成本高、回报率低。城市还会降低路内停车位的价格以及要求住宅和商业建筑配建路外停车位，这些都导致了私人投资建造停车库的利润降低。

城市经常为假想的顾客和员工提供停车位，认为如果有便宜、充足的停车位，就会吸引他们在该地区购物或工作。城市还修建了路外停车位以满足特定商户的需求，或使重建计划更讨当地居民欢心。尽管公共停车库几乎总是赔钱，但支持者辩称，它们对促进城市发展是必要的，但几乎没有研究支持这一说法。

与大多数其他城市不同，旧金山市大部分路外停车资源由城市统一控制和管理。在一些社区，城市管理的停车库车位占公共路外停车位的60%，约占全市路外停车供给总量的16%。旧金山交通局（SFMTA）同时管理着该市的停车系统和庞大的公共交通系统（公交车、电车和地铁）。

在 SF*park* 项目之前，旧金山交通局对公共停车库的价格设定原则是为了覆盖成本，而不是调控停车位利用率；而且路外停车价格高于路内停车价格。这种定价体系鼓励开车人在道路上巡泊，他们希望能找到一个免费或便宜的路内停车位；而通勤者和长期停车的人则把公共停车位当作全天候汽车存放处。路内收费停车位通常很少有空位，而公共停车位大部分时间都有大量闲置的可用停车位。

SF*park* 在路外停车管理方面的创新

SF*park* 基于每天五个不同时段每个停车位的停车需求，每3个月调整一次路外停车价格。该市的目标是让每个停车位的平均利用率在任何时候都不低于40%、不高于80%。如果某一特定时间段的车库利用率超过80%，旧金山交通局将该时段的小时价格提高0.5美元；如果某一时段内停车位的预期利用率低于40%，那么下一季度的小时价格将下调0.5美元。SF*park* 同时统筹、制定路内和路外停车收费价格政策，使路外停车的小时价格与附近路内停车咪表的价格相当，甚至在大多数情况下都低于路内咪表价格，从价格上引导并鼓励开车人直接去路外停车库而不是在路内巡泊。

除了基于需求变化调整小时收费价格，SF*park* 的公共停车库政策还考虑了非价格因素。

例如，在交通高峰期，公共停车位排队问题会让开车人浪费时间。为了应对此问题，项目管理者调整了早到者的时间要求，并增加了非高峰时段的折扣，以缓解高峰时段公共停车位以及附近道路的拥堵。现在，早高峰进入和晚高峰离开的车辆都减少了。

然而，SF*park* 并没有简化停车收费的小时价格。实际上，根据一天不同时间和不同需求水平来定价，使小时价格比以前更加复杂。现在小时价格以及由其产生的总停车费取决于开车人停车的时段，而不仅仅是其停留的时长。开车人需支付的停车费用还可能跟随停车时段的变化而变化。例如，开车人可能在停车时段开始时按白天的价格收费，而剩余时段按晚上的价格收费。

研究考虑了把车停在公共车库的开车人可以选择的各种价格情况（表40-1）。对于研究人员和旧金山交通局来说，由于不同的停车价格、最高限价、折扣和停车凭证等诸多因素使得统计开车人对价格变化的反应变得困难，因为每个停车人支付的价格都不同，没有一个价格能够完全描述特定开车人可能支付的费用。

SFpark路外停车价格变化情况　　　　　　　　　　　　　　　表40-1

小时价格	基于需求，根据 5 个时段变换 0~9 点 9~12 点 12~15 点 15~18 点 18~24 点
非高峰折扣	针对早高峰（早上 8：30）之前进入公共停车库的开车人，通常称为"早到者"；或者晚高峰（下午 6：30）之后离开的开车人
包月价格	根据车位是预定专用还是共享
全天价格上限	24 小时停车的价格
商业凭证	减少或完全抵销开车人停车费用

SF*park* 成果：价格、利用率和收入

与 SF*park* 的路内停车调查结果相似，不同公共停车库的小时价格会根据当地需求不同而有很大差异。规划人员永远无法准确预测在每个时段实现每个公共停车库目标利用率所需的价格。相反，实现目标利用率的最佳方法是做 SF*park* 已经做过的事情：根据观察到的利用率，在反复试验的基础上调整价格。由于大多数公共停车库在最初的大部分日期和时段内都有很多停车空位，所以在项目的第一年，所有公共停车库的平均小时价格下降了 20%。在项目实施的第二年，SF*park* 公共停车库的平均白天小时价格有所上升，但仍低于项目实施前的平均小时价格。

虽然价格缓慢下降，但在该项目实施的前两年，工作日的停车位平均小时利用率上升

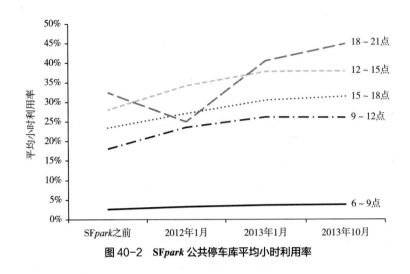

图 40-2　SF*park* 公共停车库平均小时利用率

了 38%。如图 40-2 所示，在正常的工作时间内，这种积极的趋势保持着显著的稳定性，但在清晨和傍晚期间，这种积极的趋势并不稳定。

　　SF*park* 项目给旧金山交通局带来了巨大的收益。整个公共停车库的总收入在项目开始时有所下降，但在 2013 财年结束时重新恢复并超过项目开始前的收入水平。相比之下，项目试验区范围之外的公共停车库收入在整个时期保持不变。旧金山交通局的试验显然取得了成功。

　　在旧金山交通局实行动态定价的两年之后，开车人支付的小时价格降低了。不用奇怪，面对较低的价格，开车人们更愿意把车停在公共停车库，从而提高了停车位利用率。因此，旧金山的公共停车库伴随需求响应式定价措施的实施，其停车收入略有增加。换句话说，在 SF*park* 项目中，每一方都是赢家。更低的价格、更高的利用率和更多的收入，使开车人、企业和城市都从中受益。

　　SF*park* 的积极效果可以通过更仔细地观察"表演艺术中心"（Performing Arts）停车库得以更好地说明。它位于市中心的"市民中心"（Civic Center）区域。在 SF*park* 项目实施之前，该车库白天的停车价格统一设定为 2.5 美元 / 小时，然而工作日的高峰平均利用率只有 25% 左右。在 SF*park* 项目实施后，其低利用率导致每三个月一次的价格调整一再下调。到 2013 年 1 月，表演艺术中心的小时价格已降至 1 美元 / 小时的法定最低水平。随着价格下降，车库平日的最高利用率升至 85% 左右，总收入增长了 10% 以上。

改进 SF*park* 的路外停车项目

　　尽管 SF*park* 在改善路外停车管理方面取得了成功，但该项目还可以做进一步的改进。目前公共停车库在利用率下降到 40% 以下价格才会降低；利用率上升到 80% 以上价格才会上涨。旧金山交通局如此做的理由是，保持如此大的范围将有助于避免高峰期停车库车位利用率处于95%以上的情况出现。但是很少有车库的最高利用率（几乎没有）超过95%，所以 SF*park* 应将下限目标范围设置为60%或高一些，以优化公共停车库的使用，即使这一政策会导致收入损失。

价格变化还应该更加透明。SF*park* 秉持明确的原则：根据观察到的利用率调整价格。但在实践中，它并不总是遵循这些准则。不遵守规则的价格调整扭曲了路外停车市场，并招致了对停车改革持怀疑态度的人士的批评。旧金山交通局至少应该公开解释，如果它为了实现另一种目标而调整价格，那么它的理由是什么。

城市公共停车库的需求响应式定价原则也适用于其他公共实体管理的停车资产。例如，位于人口密集城市地区的大学经常在校园里运营停车场和停车库。这些停车位白天主要由持停车许可证的人使用，但许多车位在晚上会空置。降低夜间停车价格来增加停车库的利用率，可以增加文化活动的参与度、提高社区意识、提高安全性以及缓解附近居住区道路内的停车拥堵。

结　论

SF*park* 项目降低了市政公共停车库的停车价格、增加了停车库的停车位利用率、增加了停车收入。该项目的结果表明，城市可以通过设定以停车位利用率为目标而不仅是以收入为目标来更有效地管理停车资产，使公共利益最大化。因此，对于管理实践的微小改变，却可以为城市带来巨大的收益。

参考文献

[1]　Barter，Paul. 2010. "Off–Street Parking Policy without Parking Requirements：A Need for Market Fostering and Regulation." *Transport Reviews* 30，no. 5：571–588. http：//www.tandfonline.com/doi/abs/10.1080/01441640903216958.

[2]　Pierce，Gregory，and Donald Shoup. 2013. "Getting the Prices Right：An Evaluation of Pricing Parking by Demand in San Francisco." *Journal of the American Planning Association*，79（1）：67–81. http：//www.tandfonline.com/doi/abs/10.1080/01944363.2013.787307.

[3]　SF*park*. 2014. *Pilot Project Evaluation*：*The SFMTA's evaluation of the benefits of the SFpark pilot project*. http：//sfpark.org/about–the–project/pilot–evaluation.

第 41 章

洛杉矶停车项目 LA Express Park

皮尔·根特（Peer Ghent）

2008 年美国交通部给洛杉矶市一笔资金，用于在市中心开展一项试验项目来证明智能停车系统的可行性。洛杉矶交通局采用最新技术开发了一个系统，用来：①减少交通拥堵；②增加路内停车位的可用性；③为公众提供更多出行选择。洛杉矶交通局借鉴了一年前旧金山市类似停车项目 SF*park* 的经验（第 36~38 章）。

项目构成因素

项目构成因素包括：

（1）为 6300 个路内停车位安装车辆使用传感器；

（2）能够使用信用卡、硬币、手机付款的新型停车咪表，并且能根据一周各天和全天不同时段收取不同价格；

（3）一个综合停车指引系统，包括一个网站、几个停车 APP、动态信息标识和交互式语音应答系统；

（4）一个整合了所有停车数据的尖端计算机系统；

（5）一个用于确定期望停车价格的定价引擎。

洛杉矶交通局创立了 LA Express Park 项目，并不断将该项目向城市其他区域扩展。

停车政策

洛杉矶交通局从 2010 年 9 月开始收集市中心 6300 个路内停车位的实时停车位利用率数据。最初只限定从大约 600 个停车位获取数据，来建立调整之前的停车政策决策基准，测量该项目实施"之前"的基准值，以便评估后续 LA Express Park 的效果。

项目从 2012 年 5 月开始运行。在项目实施之前，大部分停车时限（上午 8 点 ~ 下午 6 点）为 1 小时。洛杉矶交通局将时长限制增加到 2~4 小时，具体取决于不同街区：零售为主的街区为 2 小时，对车位周转率需求不高的街区为 4 小时。洛杉矶交通局也将停车供需较为平衡的街区的停车咪表运营时间延长至晚上 8 点。

　　洛杉矶交通局分三个阶段实施基于需求的定价方法。最初它调整了不同街区的价格，但是保持同一街区全天价格不变；然后，如果全天需求存在变化，则会根据不同时段设置不同价格；最后，它对基于当前需求设置实时价格进行了测试。价格调整按每小时 0.5 美元或 1.0 美元递增。价格采用每小时 0.5 美元、1.0 美元、1.5 美元、2.0 美元、3.0 美元、4.0 美元、5.0 美元和 6.0 美元。这种方法与 SFpark 的不同之处在于后者采用的调整较小，每小时价格只调整 0.25 美元或 0.50 美元。洛杉矶交通局认为较大的增量更有可能实现开车人行为的改变。

基于需求的定价方法

　　在 2012 年，洛杉矶交通局基于不同区位的需求做出首次价格调整，到 2012 年 8 月，研究发现，如果价格要与需求保持一致，那么大多数街区需要根据全天不同时段停车需求的变化进行定价。洛杉矶交通局审查了需求模式，将工作日的收费时段分为三个阶段：上午 8 点至 11 点、上午 11 点至下午 3 点、下午 3 点至 8 点。星期六全天价格一致，星期天和假日免费停车。

　　到目前为止，研究所面临的最大的挑战是：如何基于停车需求确定最能满足项目目标的收费价格。在尝试了几种方法之后，LA Express Park 团队选择了一种算法，将停车位利用率超过 90% 和低于 70% 的时间比例进行比较，其目标是通过制定价格使得停车位利用率在 70%~90% 的时间所占比例最大化。

　　洛杉矶交通局在第一年做了 8 次价格调整，之后需要调整价格的次数逐年下降。到 2016 年，价格开始稳定。现在洛杉矶交通局每年只需要进行 1~3 次价格调整。更重要的是，大多数价格调整都是朝着最优价格稳步前进，很少有价格在上涨和下跌之间循环摆动。

停车诱导

LA Express Park 同时使用基于需求定价和停车诱导两种手段来管理路内停车。停车诱导系统显示所有路外公共停车场的位置。对于市政公共停车楼，它也显示了利用率信息。许多私人路外停车场多年以来一直采用需求定价的方式，通常，他们会给"早到者"打折，以确保全天大部分时间停车场都可以得到充分利用。由于很多停车场经常停满了车，经营者通常会采取更高的停车价格。

　　虽然 LA Express Park 没有确定收入目标，但项目团队认识到，为了获得市长和市议会的持续支持，该项目必须至少保持收支平衡。如果收入增加,将会成为一个加分项。尽管如此,这个项目的主要目标还是减少交通堵塞及其产生的污染问题。通过增加高度拥挤地区的可用停车位，并引导开车人找到符合其价格和便利性需求的可用停车位，将减少寻找可用停车位的巡泊需求。他们的假设是，缩短寻找车位时间将减少巡泊的车辆数量，从而减少拥堵并改善开车人的停车体验。

路内车位使用传感器提供的数据可以支持：①停车诱导；②引导停车执法；③基于需求定价。对于停车诱导功能，传感器数据是足够的；对于引导执法，数据必须与停车位的付费状况结合起来；对于基于需求定价，传感器数据必须与当前的停车政策一起进行分析，以确定满足项目目标所需的政策调整。

使用传感器数据进行停车诱导非常简单。传感器可以指示停车位是空位还是被使用，停车诱导系统将这些信息传达给新来停车的人。

类似地，使用传感器数据与付费数据相结合，引导停车执法人员发现潜在的违规者，这看起来也很简单。然而，根据当地的停车法规，这项任务可能非常具有挑战性。加利福尼亚州允许持有残疾人停车卡的人将车停在路内咪表停车位上，不受时长限制。如果持有残疾人停车卡的人很少，那么不会造成问题。然而，在加利福尼亚州大约 12% 持有驾照的人拥有残疾人停车卡。在不进行数据过滤的情况下,停车执法人员将被引导至潜在的违规者那里，但他们又是合法的，因为他们有残疾人停车卡。只要这种情况持续存在，停车执法人员就会收到许多错误的信号，从而降低使用引导系统的兴趣。因此，更有效的执法的大好前景就这样丧失了。

为了引导执法功能发挥作用，停车管理系统必须过滤数据来消除持有残疾人停车卡的未付费停车数据。例如，您可以从潜在违规者名单中删除全程不付费的车位，将目标锁定到初始付费但付费时间过期的车位上。

在 2012 年 9 月末之前，许多街道实施了下午 3 点至 7 点禁止停车、违规停放车辆将被拖走的停车政策。这一政策得到了严格执行，在这段时间内很少有汽车停放。洛杉矶交通局随后取消了几条街道的禁止停车政策，如人所料，下午 3 点到 7 点期间停车位利用率有所增加。但令人惊讶的是，上午 10 点之前的停车位利用率也出现了显著增长。一种可能的解释是，这些停车位适合持有残疾人停车卡的开车人全天停车；而之前的禁止停车政策让他们不得不在下午 3 点前将车开走，使他们的停车变得不方便。

结　果

洛杉矶市中心示范项目在前七个月里，所有的停车位利用率都朝着预期的方向发展。使用时间超过 90% 的停车位变得更少；使用时间低于 70% 的停车位也在变少；而使用时间在 70%~90% 的停车位变得越来越多。

从 2013 年 1 月开始，停车位利用率逐渐上升。在某种程度上，这可能反映了经济的改善和经济发展对市中心的影响。总停车位利用率的增加给使用时间超过90%的停车位带来了压力。此外，数据显示在高价格、高拥堵地区付费停车的人数有所减少。然而，那些持有残疾人停车卡免费停车的人似乎很快就填补了空位。

在停车位利用率低的区域，较低的停车价格可能促使一些人把车停在路内，而不是停在更贵的路外停车设施里。如果真是这样，这种行为不会影响交通拥堵，因为通常在停车价格为0.5美元/小时的街区很容易找到可用的停车位。

到2013年8月，许多价格调整都超过了市议会设定的价格，即变化不得超过基准价格的50%这一上限。因此，洛杉矶交通局申请并获得了市议会的批准，可以将价格提高到基准价格的100%，最低降至每小时0.5美元。洛杉矶交通局认为，如果推荐的价格低于每小时0.5美元，将没有足够的停车咪表收入来支付其运营费用（维修、收费、信用卡收费等）。

自该项目于2012年5月启动以来，路内停车位总利用率稳步上升。如图41-1所示，在前三年，整个项目区域在停车执法时间内的总利用率从57%上升到近70%；同期的未付费停车位利用率从25%上升到近30%。如图41-1所示，咪表停车位未付费车辆使用率占总体停车位使用率的比例基本保持不变，约为43%。

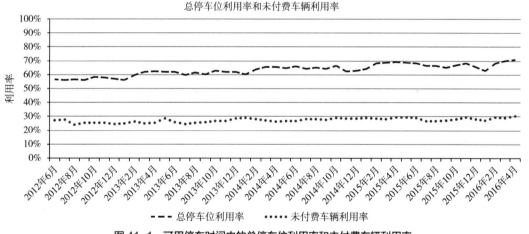

图41-1　可用停车时间内的总停车位利用率和未付费车辆利用率

随着时间的推移，由于停车需求的增加以及存在大量无须支付停车费的开车人，使得通过定价来影响拥堵地区的停车需求变得非常困难。2013年1月以后，尽管停车价格有所提高，但停车位利用率超过90%的时间比例不断增加。洛杉矶交通局的结论认为，如果不付费停车人的需求超过可用停车位的供给，即使将每小时收费价格提高到6美元以上也没有任何意义（图41-2）。

在市议会的新授权下，洛杉矶交通局于2014年2月和5月进行了额外的价格调整。2016年，超过3000个咪表停车位每周至少有一个时段的价格为0.5美元/小时。项目开始前的最低价格是每小时1美元。如表41-1所示，项目开始前（2012年5月）和运营两年后

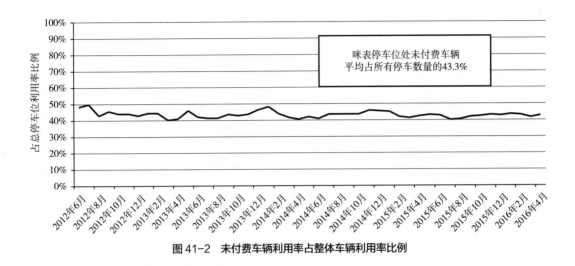

图 41-2　未付费车辆利用率占整体车辆利用率比例

（2014 年 5 月）的平均停车价分布情况。不包括延长咪表运营时间所带来的收入，咪表收入从项目开始以来增长了 2.5%，停车位的使用率上升了 16%，平均小时价格下降了 11%。

项目开始与运营两年后的咪表平均小时停车价格分布　　　　　表41-1

平均小时停车价格分布		
平均小时停车价格	2012年5月	2014年5月
6.00 美元		30
5.00 美元		246
4.00 美元	414	816
3.00 美元	1947	840
2.00 美元	821	430
1.50 美元		628
1.00 美元	3036	1013
0.50 美元		2289

公众接受情况

到目前为止，公众普遍接受咪表调价政策。虽然很多人根本不知道这些变化，但通过抽样式调查发现，知道价格变化的人认为这些调整是公平的。2013 年 2 月对停车人的调查显示：25% 的受访者知道 LA Express Park 及其配套的停车 APP；24% 的人知道有些价格会在一天中不断变化；37% 的人认为全天不同时段不同价格是解决停车问题的最佳方式。他们很高兴在市中心停车时有选择的余地。在高需求地区，他们现在更有可能找到一个可用的停车位，但他们很可能要支付更高的费用。在大多数情况下，价格高的路内停车位还是低于附近的路外停车价格。

对于那些寻找低价停车位的人，停车诱导系统会告知他们可用的停车位。因为每个街区都是独立定价的，所以现在可以在街区周围、街对面或步行范围内找到更便宜的停车位，而之前的价格是按停车咪表区域来定价的，并且区域内所有的沿街面都是相同价格。此外，如果没有停车诱导系统，停车人就无法知道哪里有更便宜的停车位，即使他知道，可能也要走很长的一段路！

收　入

停车咪表和停车罚单产生的收入对洛杉矶市非常重要。有效的停车执法对确保公众遵守停车政策非常重要。LA Express Park 项目并没有明显改变执法活动，因此，该项目没有影响净罚款收入的波动。虽然增加停车咪表收入并不是该项目的目标，但是收入仍略有增加。总的来说，LA Express Park 项目基本上是收支平衡的。

LA Express Park 在不影响停车收入净收益的前提下，提升了开车人的停车体验。增长的收入被传感器、停车诱导系统、计算机数据基础系统等相关的运营成本所抵消。换句话说，从整体上看，LA Express Park 基于需求设定的价格接近项目开始前的基准价格。

要理解这一现象，我们必须查看停车咪表收费的历史。在 2008 年之前的 20 年里，洛杉矶大多数停车咪表收费价格没有上涨。除市区外，大部分价格为 0.25 美元 / 小时。洛杉矶交通局意识到停车咪表价格严重偏低，向市议会提出了提高价格的建议。市议会批准将所有停车费提高一倍，并把最低价格定为 1 美元 / 小时。

对于 LA Express Park 的 6300 个停车位来说，价格翻倍似乎产生了合理的结果。但是，价格已经从 0.25 美元 / 小时上涨到 1.00 美元 / 小时的地方，似乎价格过高了。将这些车位的停车价格减少到每小时 0.5 美元，既会增加付费利用率，又提高了咪表车位的产生率。

LA Express Park 采用的新咪表技术对收入产生了巨大的影响。通过接受信用卡支付，新的咪表可以让停车人不必再装一口袋 25 美分硬币出门。与少付钱或者不付钱而被开罚单相比，停车人更倾向于用信用卡多付一些钱来买个保险。此外，咪表管理系统能及时报告维修问题是一项很重要的功能。当停车咪表需要维修时，可以通过咪表向技术人员发短信，以便迅速进行维修，这样咪表的停机时间比例将低于 1%。相比之下，投币式的、不能报告信息的咪表，停机时间估计占比 20%。

由于看到了新咪表技术的性能改进效果，洛杉矶交通局在开始收集基准数据之前就安装了新咪表。新咪表技术没有对 LA Express Park 的观测数据造成偏差，因为在试点实施的期间咪表技术没有发生变化。

意识到新技术对停车咪表净收益的积极影响，洛杉矶交通局计划将其 3.5 万个单车位停车咪表全部替换掉。这些计划已于 2012 年 12 月完成。安装新咪表后，全市停车咪表收入从每年约 2500 万美元增加到每年 5000 多万美元。对于每小时咪表价格跟不上通货膨胀的行政区而言，引入新的咪表技术和基于需求定价可能会显著增加停车咪表的收入。

<h1 style="text-align:center">结　论</h1>

基于需求的停车定价与有效的停车诱导相结合，可以使开车人的停车体验更加愉悦。通过减少寻找可用停车位的时间，交通拥堵及其相关污染问题也得到了缓解。使用者能够更好地找到满足便利性和经济性需求的停车位。

随着越来越多的人意识到自己的停车选择权，基于需求的定价应该会带来更好的车辆停放分配结果。对于停车需求高的地区，一些人会因高价格而望而却步，他们会把车停在其他地方或使用公共交通工具。这将为那些愿意支付更高价格的人提供更多的停车位。对于停车资源未充分利用的地区，较低的停车价格和较长的停车时限将吸引并增加停车时间，从而可能增加停车咪表总收入。寻求更低价格的停车人愿意走更远的路到达目的地。

根据洛杉矶的经验，市中心地区的停车需求模式在一周内是非常稳定的。这一观察结果允许通过抽样技术确定基于需求的价格。在不需要全天候监控停车位利用率的情况下也可以获得良好的效果。停车诱导的效果会下降，但在大多数情况下，这样做可能已经足够了。

与公众进行良好沟通之后，基于需求的定价方法将被视为对消费者公平的手段。因此，在价格多年没有调整的情况下，基于需求的定价可以成为增加收入的途径。但洛杉矶的情况并非如此，因为在实施需求定价之前，停车价格刚刚翻了一倍。

增加停车收入最有效的方法是安装可靠的、最新的停车咪表和收费设备。停车咪表必须接受多种形式的缴费方式，用硬币支付更高的停车费是不现实的。精密锁和安全系统是必要的，这可以尽量降低盗窃的可能性。信用卡支付必须符合支付卡行业（Payment Card Industry，PCI）标准。硬币的收集、统计和运送到银行都必须采取有效的安全监控。洛杉矶按照这些程序进行管理后，停车咪表的收入增加了一倍多。与此同时，基于需求的定价方法对停车咪表净收入的影响微乎其微，但提高了开车人找到可用停车位的概率。

因此，在为停车制定拥堵收费方案时，收入应该是次要考虑的因素。停车拥堵收费的真正好处是在高需求地区提供更多的停车位可用性，并增加停车位利用不足街区的停车位使用率。此外，公众看到了该方案的好处，并认为价格调整是公平的。当收入增加不是主要目标时，公众更有可能接受这些方案。

<h1 style="text-align:center">参考文献</h1>

Zoeter, Onno, Christopher Dance, Stéphane Clinchant, and Jean-Marc Andreoli. 2014. "New Algorithms for Parking Demand Management and a City Scale Deployment," *Proceedings of the 20th ACM SIGKDD International Conference on Knowledge Discovery and Data Mining.* Pages 1819–1828.

第 42 章

校园停车的政治和经济

唐纳德·舒普（Donald Shoup）

大型的大学就像一个小城市，它们有体育设施、音乐厅、住房、医院、图书馆、博物馆、办公室、餐馆、商店、剧院，当然还有停车场。大型大学也有很严重的交通问题，为了解决这些问题，一些大学针对停车价格和公共交通价格两方面进行了定价政策改革。这些改革的预期结果表明，城市也可以采取类似的政策来减少拥堵、净化空气和节约能源。

大学校园实施停车政策主要有两种途径，一种是政治上的，另一种是经济上的。政治方法依赖于管理规章制度，而经济方法依赖于市场价格。

停车管理

加州大学校长克拉克·科尔（Clark Kerr）写道："我有时会把现代大学看作是由共同抱怨一系列停车问题的个体教职企业家组成的"。此前，作为伯克利分校的校长，他说："校长一职就是为教职工提供停车位、为学生提供性、为校友提供体育场地。"最近，加州大学洛杉矶分校（UCLA）校长阿尔伯特·卡内萨尔（Albert Carnesale）说："在 UCLA，停车对每个人来说都是最重要的问题。"UCLA 的停车位比美国除德州农工大学（Texas A&M）以外的任何一所大学都多。如果停车位这么充足，那它是如何变得比性和体育更重要的？我认为，校园停车问题源于错误定价，而不是其短缺性。

封建等级

在学术界，你开什么车并不重要，重要的是你把车停在哪里。例如在伯克利，只有诺贝尔奖得主才能在学校获得一个专用停车位，这是最高地位的象征。1964 年，查尔斯·汤恩斯（Charles Townes）教授获得诺贝尔物理学奖后，伯克利把他的名字放在一个停车位上，汤恩斯评论说："这节省了我很多时间。成本不是什么大问题——方便才重要"。丹尼尔·麦克法登（Daniel McFadden）教授在获得 2000 年诺贝尔经济学奖后不久，在一场加州大学橄榄球赛的中场休息期间，全场观众起立为他鼓掌。当被问及是 5 万人的掌声还是终身保留停车位更好时，他回答说："好吧，停车位比掌声更长久，甚至它比诺贝尔奖本身都要重要那么一点。"加州理工学院也给予诺贝尔奖获得者专用停车位。鲁道夫·马库斯（Rudolph Marcus）教授获得 1992 年诺贝尔化学奖后，一位同事在他办公室外的专用停车位上看到了他的名字。马库斯回应说："嗯，诺贝尔奖还是物有所值的。"荷兰格罗宁根（Groningen）大学采取了一项更可持续的政策，它为 2016 年诺贝尔化学奖得主本·费林加（Ben Feringa）教授预留了一个专门的自行车停车架。

大学常常在倡导社会和经济平等方面引领社会，但它们的停车等级却过于复杂，与之相比泰坦尼克号的船舱几乎没有等级差别。UCLA 有 175 种不同类型的停车许可证，根据教师、员工和学生的身份仔细排列；捐赠人还可以根据他们的捐款规模获得校园停车许可证。停车特权是累积制的，这意味着拥有较高级别许可证的人既可以将车停在与自己级别对应的预留车位上，也可以停在较低级别的车位上。UCLA 为所有人都梦寐以求的 X 许可证保留了最好的停车位，其持有者可以把车停在专为持有 X 许可证的人预留的高档车位上，也可以停在所有其他的车位上。X 许可证是校园地位的终极象征，相当于一个骑士。如果 UCLA 是一座象牙塔，那么停车系统就是它的护城河。

停车焦虑

当停车位的收费价格远远低于其成本时，停车资源会供不应求，UCLA 的管理人员设计了一种"积分系统"对学生停车许可证的优先次序进行排序。学生获得停车许可证的机会是基于一系列的因素，这些因素被认为是衡量停车"需求"的依据。每个因素都有一个分数值，这些分数的总和决定了学生获得停车位的优先顺序。然而，学生们对积分系统的焦虑不仅仅是能否获得许可证，还要担心能停在哪个位置。正如鲍勃·霍普（Bob Hope）开玩笑所说："读完 UCLA 需要 4 年时间，但如果你是把车停在 32 号停车场，那将需要 5 年时间。"偏僻的 32 号停车场与校园中心的停车费用是一样的，所以当其他学生花同样的价钱把车停在更中心的位置时，由于积分导致停在远处的学生就会感到被忽视。舒普（2008，128–135）研究了 UCLA 和其他大学发放学生停车许可证的奇怪方法。

停车问题看起来微不足道，但在许多学生心目中是一个很严重的问题。1983 年 UCLA 对学生进行的一项调查显示：70% 的学生认为停车是个问题，28% 的人认为他们的写作能力是个问题，只有 24% 的人认为他们的数学能力是个问题。1989 年的另一项调查也得出了几乎相同的结果，69% 的学生表示停车是大问题，而只有 12% 的学生表示"功课太多"是大问题。也许因为这些令人沮丧的调查结果，UCLA 近年来没有再进行类似的研究。

停车是一种位置商品

在争夺停车位的过程中，与政客们相比，学者们还算是平等主义者。来看看克里斯托弗·希克斯（Christopher Hicks）在布什第一届政府管理与行政办公室讲的这个故事：

> 在白宫西厢的右侧有 15 个停车位。所以我把所有的新助理都安排到了总统旁边……这样他们就有了最好的停车位……其中有一个伙计……（他）确实来找我……在总统办公室外面……在就职典礼的早晨，因为两件事对我大吼大叫：①我没有在他的办公室挂艺术品；②我竟然敢给他分配到最末位置的停车位。他不想要最靠近宾夕法尼亚大道的 15 号停车位；他想要第 1 号停车位（Shoup，2005，26-27）。

牛津大学经济学家弗雷德·赫希（Fred Hirsch）提出了"位置商品"概念，停车嫉妒是其完美的解释案例。因为位置商品的价值取决于它们的相对位置，所以针对它们的竞争变成了一场零和游戏，一个人的收益被另一个人的损失抵消。如果因停放在第 15 号停车位而愤怒的人被提升到第 1 号位置，其他所有人都被向外移动了一个停车位，那么这一个停车位的收益被另外 14 个停车位的损失所抵消。

在好莱坞，停车的位置更重要，因为在那里追求地位的行为也很泛滥。在电影行业，正如伯特·雷诺兹（Burt Reynolds）所言，当你的事业走下坡路时，你的停车位会比你更早知道——当你把车开进摄影棚的预留车位时，别人的名字已经出现在指示牌上。

平均成本定价

由于 UCLA 的停车许可证价格远低于新停车位的成本，开车人在新停车楼只需支付其停车边际成本的一小部分。例如，UCLA 在 2003 年斥资 4700 万美元修建了一座包含 1500 个停车位的停车设施。每月每个停车位的资本和运营费用为 223 美元，但一张停车许可证的价格仅为 55 美元。由于停车的资本和运营成本如此之高，而许可证价格又如此之低，新的停车设施具有较长的投资回收期（从运营中累积现金流用以偿还初始资本成本的年数）。2004 年开放的一个校园停车设施的回收期为 30 年。这与其他校园投资的回收期相比如何呢？UCLA 投资节能项目的标准是投资回收期不得超过 3 年（能源使用减少所节省的资金必须在 3 年或更短的时间内偿还资本成本）。对致力于可持续发展的校园来说，拒绝只需 4 年就能偿还其资本成本的太阳能项目，却建立一个需要 30 年才能还清资本成本的停车楼，这看起来是不明智的；而且还会因为吸引更多汽车到校园来，增加能源消耗、交通拥堵和空气污染等问题。在促进可持续发展方面，UCLA 似乎首先关注的是维持其停车服务。

新停车设施的高成本和低收费之间的差距造成了巨大的赤字。UCLA 通过提高校园内所有停车位的价格来弥补这一赤字。因为边际成本（增加一个停车位的成本）远远高于平均成本（系统总成本除以停车位总数），所以每增加一个停车位都会推高这个平均成本。每建造一座新的停车楼，平衡停车系统平均成本的许可证价格就会上涨，但停车资源短缺问题依然存在。即使 UCLA 在 1961~2002 年花费了 3.58 亿美元（按 2002 年美元计算）修建了 1.97 万个停车位，也没能为每个愿意支付该系统平均费用的学生提供停车位。UCLA 最新的地下车库于 2016 年完工，每个车位的造价为 8.4 万美元，但目前学校内仍有等待申请停车位的名单。

大多数大学采用这种平均成本定价方法。伊利诺伊大学（University of Illinois）的一位教授告诉我，当他建议向新停车楼的使用者收取足以支付建造成本的费用后，一位管理员吃惊的回应道："为什么？如果我们这么做，我们就不会建造任何停车楼！"当然，这种反对是没有根据的，因为停车设施可以建在开车人愿意支付停车费的地方。

车辆出行增加

如果你建造了停车设施，人们就会来使用。停车位不会创造车辆出行，但它们显然能让车辆出行成为可能。新停车位对车辆出行的诱增与新道路对车辆出行的诱增相似。停车诱增的车辆出行对 UCLA 来说不是问题，但对全美交通拥堵和空气污染最严重的洛杉矶来说却是问题。2014 年，德克萨斯交通研究所（Texas Transportation Institute）估计，洛杉矶市区每年的交通拥堵成本为 134 亿美元。这笔拥堵成本有多大？要知道 2014 年洛杉矶市的税收总额（财产税、销售税、酒店税、公用事业税和其他所有税收）只有 40 亿美元。在这种拥挤的环境下，建造停车库增加了校园的小汽车交通量，使得该地区的情况变得更加糟糕。

校园停车不及格

校园停车更接近共产主义，而不是资本主义，但它却结合了这两种制度的缺点。大学根据地位和所谓的需求来分配停车位，但很少给低收入的教职员工或学生任何优惠。在昂贵的土地上提供便宜的停车位增加了人们对汽车出行的需求，但对那些买不起汽车的人却毫无帮助。因此，我们需要思考一个新的方式：让价格来做方案。

基于需求的停车定价

校园里有那么多聪明的人，人们会期望大学里充满了关于如何解决停车问题的创意。然而，大多数大学以平均成本为停车定价，并根据现状或假设的需要发放许可证。经济学、政治学和城市规划方面的研究似乎对停车管理人员影响不大。当然，教授们不应该指望自己决定如何分配校园停车位，因为大学聘用教师来思考、雇用管理人员来做决定。当教师试图做出决定而管理人员试图思考时，就会出现问题。然而，管理人员在制定大学里的政策时不应该完全忽视学术研究。

少数大学确实对需求高、更方便的停车位收取更高的停车费用。例如，华盛顿州立大学使用分区停车价格系统。每个分区的价格根据三个标准确定：邻近性（相对于校园内主要目的地位置）；设施质量（车库、铺装路面或砾石路面）；需求（对该区域的竞争）。华盛顿州立大学设置的价格让开车人选择他们愿意付费的停车位。停车价格可以平衡不同地点和时间的需求和供给，让区划系统得出合乎逻辑的经济结论。

灵活的价格可以基于固定不变的停车供给来平衡需求（随时间变化）。我们可以把这种平衡称为"金发姑娘"（Goldilocks）停车价格原则：如果有太多停车空位，说明价格过高；如果没有停车空位，说明价格过低。当只有几个停车空位时，价格正好合适。如果在任何时间、任何地点经常出现停车位不足或停车位过剩的情况，那么价格就可以小幅上涨或下跌。如果"金发姑娘"价格让每个地方都有几个停车空位，那么开车人总能在目的地附近找到一个停车位。

大学可以根据每个地点和时间的需求来设定停车价格。在不太方便的地点和非高峰时段，价格将会低一些；无论何时何地出现停车位富余时，都可以免费停车，就像在周末和假期。在非高峰期免费停车将鼓励学生在不拥挤的时间来校园使用图书馆和体育设施，参加戏剧和音乐会，或利用大学的许多其他资源。为什么要向学生收取停车费用呢？在非高峰时段为学生免费停车将有助于使校园在夜间和周末成为一个更热闹、更安全的地方。

基于需求的停车价格也将帮助判断建设新停车楼的合理性。如果某些地方的高价格带来的收入能够收回建设新停车设施的成本，那么投资更多的停车位或许是有必要的。同样，较低的停车收费价格也会揭示哪些地方不需要新建停车设施。

将固定成本转化为边际成本

UCLA 按季度或年度为学生分配停车许可证。因此，开车人需要预先支付许可证的费用，之后每次出行无须额外付停车费。这种零边际停车成本吸引获得持许可证的学生独自开车到校园，鼓励在高峰时段过度使用稀缺的停车位，从而产生更多校园停车需求并导致停车资源紧张。对于那些每周有五天开车去学校，并在那里待上一整天的普通通勤者来说，这个许可证系统非常适合。对于那些只在特定的日子来学校，而不是一整天都待在学校，或者只是偶尔开车来学校的学生来说，这个系统的效果并不好。

有些大学向所有人都收取停车费，甚至包括那些不开车去学校的人。例如，佛罗里达大西洋大学（Florida Atlantic University）将停车许可证的费用与学费绑定在一起。在这里停车是免费的，因为费用是隐藏的，学生不知道他们为停车付钱。那些穷得买不起车（或选择不买车）的学生为他们的同学免费停车提供补贴。

机场的停车价格结构提供了一个好的案例，说明了基于绩效的校园停车价格可能是什么样的。每个人都会支付机场的停车费，并希望为靠近航站楼的停车位支付更高的价格。昂费的中央停车位促进了短期停车和拼车行为，而较便宜的偏远停车位则吸引人们长期停车以及使独自开车出行的数量增多。许多乘客使用公共交通工具或共享车辆往返机场以避免支付停车费，停车费已成为机场收入的主要来源。同样，一旦人们习惯了按需求定价的校园停车，回到行政管理式停车的想法就会像期待机场免费停车一样荒谬（或许是渴望的，但会被认为既不现实也没有好处）。

　　让价格来管理停车将减轻大学管理人员的沉重负担，他们现在花费大量时间讨论如何对教职员工和学生的停车进行细分管理。甚至学校以上的政治机构，一直到总统在华盛顿特区的内阁，都在浪费时间谈论停车。如同丹尼尔·帕特里克·莫伊尼汉（Daniel Patrick Moynihan）对参加的一次内阁会议所描述的："一场主要抱怨在联邦大楼停车的内阁会议——是的，它本应该是讨论办公空间的，但它也讨论停车，而且一直如此"。约瑟夫·熊彼特（Joseph Schumpeter）关于政治的说法，总体上完全适用于停车政治，尤其是："典型的公民一旦进入政治领域，他的精神状态就跌落到较低水平。他会毫不犹豫地承认，他辩论和分析的方法是幼稚的，局限于他实际利益的范围。"如果大学让价格来分配停车位，每个人都可以花更多时间去处理学术问题。

停车费水平与停车费结构

　　停车费的水平和结构之间有一个关键的区别。停车费水平指的是金额，而停车费结构指的是停车人支付的方式（小时、日或月）。每天 2.5 美元和每月 50 美元（相当于每月 20 个工作日）的费用相同，但开车人对按天收费和按月收费的反应不同。开车人的行为更多地对停车费结构变化做出反应，而不是对停车费水平变化做出反应。例如，假设停车许可证的价格是每月 50 美元，而不提供按天收费选项，那么如果通勤者想在一周内两天开车去学校、三天骑自行车，其理性的决定是买一张停车许可证；有了许可证，任何一天上班停车的边际成本都为零。但是一旦你买了一辆车、买了保险、有了停车许可证，那为什么不每天都开车呢？即使许可证价格上涨到每月 60 美元，大多数通勤者还是会继续开车上班，因此更高的价格对减少车辆出行几乎没有什么作用。

　　假设停车费水平仍然是每月 50 美元，但是停车费结构改为包含每天支付 2.5 美元的选项（可以通过车牌识别器自动支付）。在这种情况下，通勤者不需要购买整月的许可证；相反，他们可以按开车上班的天数付费。在其他日子，他们可以乘坐公交、拼车、步行或骑自行车去上班，这样每天就可以省下 2.5 美元。提供按天收费的选项将增加每月只开几天车的通勤者数量，并减少每天开车的人数。这样，在不提高收费水平的情况下调整收费结构，可以为通勤者提供新的选择，从而减少驾车出行次数。

　　提供按天收费选择的另一个好处是不会引起通勤者反对。将停车费从每月 50 美元提高到 60 美元，可能会引发巨大的阻力，但只会略微减少单独驾驶行为。相反，增加每天支付 2.5

美元的选项可以减少单独驾车出行的数量，但不会引起反对，因为它不会增加每天都开车的人的月成本费用。

有效的位置选择

面对基于供需关系按小时定价的停车位，开车人在选择停车位置时既会考虑减少个人成本，也会考虑减少步行往返停车位之间的总时间成本。为什么呢？基于需求的价格将把中央停车位分配给拼车人、短期停车人和那些非常重视节省时间的人，原因有三：首先，由于拼车人将停车费用分摊给两个人或两个人以上，他们对停车价格不那么敏感，因此会使用更昂贵的核心停车位；其次，由于短期停车人需要付费的时长较短，他们对停车价格同样不敏感，也会使用更核心的停车位；最后，那些重视节省时间的人会使用更中央的停车位，因为他们节省的时间价值超过了更高的停车成本（《高代价免费停车》，第18章）。

开车人可能在不同日期去往校园的不同地点，他们可以在不同日期将车辆停在不同的地点。那些只想在学校待上一小段时间的人（例如，去图书馆的短途出行）将不用花很长时间从指定的停车位步行到最终目的地。核心停车位的快速周转将使更多的人可以使用它们。

如果停车价格导致校园中央停车位价格上涨，那么经济富裕的开车人会垄断这些停车位吗？在其他条件相同的情况下，重视节省时间的开车人将付出更多的钱，步行更少，但时间价值只是决定最佳停车位置的几个因素之一。因为停车时长和车里的人数也会影响地点的选择，所以时间价值高的开车人不一定会自动把车停在最好的位置上。许多其他因素也会影响开车人愿意为节省每次出行的步行时间而支付多少钱：他们是否迟到或疲劳、是否背着沉重的包裹、是否想锻炼身体，以及每次出行的其他特殊情况。开车人所省的时间价值在不同的出行中会有很大的不同。开旧福特车的人如果赶时间且只计划停留几分钟，那么他可能停在校园昂贵的中央停车位上；而开新宾利车的人如果时间充足、喜欢散步、准备待一整天，那么也可能会停在校园外围一个便宜的停车位上。为了缓解对公平的担忧，中央停车位价格上涨所带来的任何额外收入都可以用来支付其他交通方式的费用，比如为学生和教职工提供免费的公共交通。

顶层平台停车费折扣

如果采用行政型停车管理而不是收费型停车管理，那么很难确保所有的校园停车位都得到很好的利用。停车楼的顶层平台成了一个特殊问题，似乎没有人愿意把车停在顶层上。汽车在炎热的日子里会被太阳烘烤，在雨天停车人会被淋湿，而且每天上下屋顶都要开很长时间的车。顶层的停车位是最不被人喜欢的，也是最后被使用的。

为了测试UCLA的顶层停车位是否得到很好的利用，笔者在2016年秋季和2017年冬季拍摄了北 3 号停车楼的顶层停车位使用情况。顶层有 115 个停车位，但被使用的车位从未超过 4 个。我曾经见过一个滑板手，他说他最喜欢的校园场地是停车楼顶层，因为那里有斜坡，而且从来没有汽车。

笔者还使用了谷歌地球来查看校园的历史照片。自 2003 年以来，北 3 号停车楼的顶层共有 24 张照片，而大多数照片显示上面没有汽车；其中停车高峰是 2006 年 3 月 15 日（周三），达到了 11 辆。楼顶上没有油渍，这也表明汽车很少停在那里。尽管想要获得校园停车许可证的学生等候名单很长，但这个顶层甲板起到的主要功能只是为停在它下面一层的汽车遮阳。

在参考了照片的证据后，UCLA 停车场服务中心向等候名单上的学生出售了 160 张北 3 号停车楼的停车许可证。即使在出售了新许可证之后，在统计北 3 号停车楼在一周中最繁忙一天的最繁忙时段的利用率时，发现仍有 135 个停车空位。

由于停车楼的顶层是开车人最不愿意停车的地方，一些商业和市政停车库为愿意停在楼顶的开车人提供折扣。这些人不会在停车楼里到处找停车位，而是直接开到顶层，这样可以省钱。

顶层折扣将给缺钱的开车人一个新的选择，他们给下层空出更方便的停车位以供其他停车人使用。顶层折扣的目的是通过价格来平衡停车位的供需关系，从而更好地管理停车系统。在校园内停车将不再像寻宝游戏，而更像剧院里分配座位。

UCLA 可以采取对顶层车位收取更低停车费用的政策。2016 年的停车许可证价格为每月 79 美元，按此计算 3 号停车楼新出售的 160 个许可证每月收入为 12640 美元。如果 UCLA 将顶层 115 个车位的价格每月降低 10 美元，虽然折扣将使学校每月收入减少 1150 美元，但是这比以前停车位闲置没有收入要好得多。

把车停在停车楼顶层上每月节省 10 美元似乎并不多，但那些勉强度日的学生可能会抓住这个机会。停车楼顶层的停车位收费给予一定优惠折扣，可以确保最不方便的停车资源被使用，而不是被浪费。

校园里的体育赛事、剧院演出和音乐会的座位都是按其期望比例定价。因此，对最不受欢迎的停车位收取更低的费用将是一项小型改革，而且已经有很多先例。大学为高级管理人员和教师保留最好的停车位。那么当然，对把车停在楼顶上的学生而言，他们也应该缴纳更低的停车费用（图 42-1）。

图 42-1　顶层停车费折扣

大学里的免费公交

美国许多大学与公共交通机构签订合同，为学生、教师和职工提供免费的公共交通服务。这些项目有着各种各样的名字，比如 UPass 和 ClassPass，这可以有效地将学校证件变成公交卡。学校每年根据预计的学生载客量支付给公交机构一笔费用，交通机构接受学生证作为公交卡使用。任意一天内，对于符合条件的学校成员来说，乘坐巴士到校园（或其他任何地方）都是免费的。无限制地使用次数不是免费的，而是一种支付公共交通费用的新方式。当 UCLA 在 2000 年实施其公交卡项目时，第一年往返校园的公交客流量增加了 56%，而独自驾驶的通勤量则下降了 20%（Brown，Hess，and Shoup，2003）。

交通运输价格发生彻底转变

开车人停车付费和公共交通免费两项措施相结合，将在两个重要方面改变出行成本。首先，停车价格将从每月固定成本（无边际成本）转变为每小时或每天的边际成本（无固定成本）；其次，每次乘坐公共交通的边际成本将降至零。增加停车的边际成本将减少车辆出行，而减少使用公共交通的边际成本将增加公共交通的客运量。综合来看，两者结合将比单独实施一项更能减少汽车出行，因为它们将彻底转变交通运输价格。

2016 年，麻省理工学院推出了一个名为 Access MIT 的新项目，彻底扭转了交通运输价格。它允许教职员工免费乘坐地铁和当地公交系统，还将校园停车的费用从年度许可证费用改为通过闸机按天收费。Access MIT 项目让通勤者在某些天可以轻松地开车到校园，而在其他日子可以使用公共交通、自行车或步行。以下是麻省理工学院对该项目的描述：

> Access MIT 代表了学校对通勤文化的重新思考和鼓励可持续交通实践的积极愿景。这些项目为通勤者提供了选择的灵活性，让他们可以每天选择自己想要的通勤方式，并鼓励我们所有人在一周内利用各种交通工具。通过将麻省理工学院社区与灵活、便宜、低碳的交通方式相结合，在缓解停车需求的同时，我们对校园、社区和环境产生了积极影响。

Access MIT 以当前年度的停车许可证费用为上限，限定每天的停车费总额，因此每天开车去学校的通勤者不会比以前付更多费用。这个价格上限对所有每天开车去学校的通勤者都没有害处，如果他们只是某些天开车、其他日子不开车，那么每个人都能找到一种省钱的新方法。因此，采用年度停车费用设定每日停车费上限，消除了通勤者对按天收费的反对情绪。

通过提高停车的边际成本，Access MIT 减少了在校园里停车的需求，并通过减少车辆到校园的出行，它也减少了整个城市的车流量。麻省理工学院可以通过为早高峰开始前到达和晚高峰结束后离开的开车人提供停车费折扣，来进一步改革这一系统。旧金山在市政公共停车库提供这些"非高峰折扣"，现在更多的汽车在早高峰前进入、晚高峰后离开（第 40 章）。

通过车牌识别进行付费的技术使复杂的定价方案变得更加简单（第 34 章）。因为摄像头可以在汽车进出每个车库时读取车牌号码，所以大学可以按小时收费，收费标准可以根据地点和全天不同时段而不同定价。第 40 章解释了旧金山公共停车库的价格是如何根据需求变化的：在需求低的时候价格较低，在不太受欢迎的地方价格较低；在需求高的时候价格较高，在更受欢迎的地方价格较高。大学也可以采用这种可变价格政策来管理校园停车需求。开车人可以不按每天固定的价格付费，只按他们所使用的停车位价格付费。在非高峰时段的较低价格将特别有利于那些在夜间工作、在缺乏或公共交通服务不足的地点工作的低收入工作人员。

通过利用价格转移高峰停车需求，人们会发现大学校园将不再需要那么多停车位来满足高峰需求，他们可以将一些停车场改造成教室、研究设施、宿舍、礼堂或其他更好地服务于学术目标的用途。

结语：让价格来做规划

布鲁金斯学会（Brookings Institution）经济学家查尔斯·舒尔茨（Charles Schultze）在《私人利益的公共利用》（Public Use of Private Interest）一书中写道："利用人性自私的'基础'动机来促进公共利益，或许是人类迄今取得的最重要的社会发明……（但是）公共政策的普遍特征……是从这样的结论开始的：监管是显而易见的答案，其他定价方案永远不会被考虑。"

基于监管而不是价格的校园停车政策是舒尔茨论点的一个完美例证。有没有更好的办法来管理校园停车？有没有一个既公平又高效的低成本替代方案？有没有一个依赖激励而不是自上而下的决策体系？有，而且一些大学已经在使用它了：他们对更热门的停车位收取更高的价格，他们按小时或天数收费而不是按月或年收费。简而言之，他们更多地依赖市场，而不是官僚主义。

基于需求的停车价格可以管理出行需求，但它们公平吗？在大学里，高薪管理员和高级教授在校园中心最便利的位置停车应该支付更高的价格，经济有困难的学生和员工在外围停车将支付更低的价格，特别是通过中心停车位的高价收入来提供免费公共交通时，它看起来没什么不公平。同样，在城市的中心商务区对路内停车收取比更远地方价格更高的费用似乎也没什么不公平，尤其是如果城市将收入用于降低公共交通价格。

通过基于需求的停车价格和免费的公共交通项目，一些大学正在引领整个社会的发展。一些城市已经在中心商务区为路内停车位设定了一个利用率约为 85% 的目标，并指示其停车管理机构调整咪表价格以实现这一目标（第 36~41 章）。同样，一些公交机构已经与私人雇主签订了为其所有员工提供免费公共交通的合同。基于需求定价的停车和免费公共交通适用于许多不同的环境，它们可以为实现交通需求管理的许多重要目标做出贡献，如减少拥堵、清洁空气、节约能源和城市可持续发展。很少有其他交通改革能实现如此多的目标，产生如此容易量化的效益，而且成本如此之低。而所有这些好处的产生，仅仅是因为遵循了公共经济学中一个古老的公理：正确定价。

参考文献

[1] Brown，Jeffrey，Daniel Hess，and Donald Shoup. 2003. "Fare-Free Public Transit at Universities：An Evaluation," *Journal of Planning Education and Research* 23，no. 1：69-82. http：//shoup.bol.ucla.edu/ FareFreePublicTransitAtUniversities.pdf.

[2] Brown，Jeffrey，Daniel Hess，and Donald Shoup. 2001. "Unlimited Access." *Transportation* 28，no. 3：233-67. http：//shoup.bol.ucla.edu/UnlimitedAccessUCLA.pdf.

[3] Shoup，Donald. 2005. *Parking Cash Out*. Chicago：Planning Advisory Service. http：//shoup.bol.ucla. edu/ParkingCashOut.pdf.

[4] Shoup，Donald. 2011. *The High Cost of Free Parking*. Revised edition. Chicago：Planners Press.

本章选自由斯蒂芬·伊森（Stephen Ison）和汤姆·莱伊（Tom Rye）编著的《The Implementation and Effectiveness of Transport Demand Management Measures：An International Perspective》，由 "The Politics and Economics of Parking on Campus" 改编。出版信息：UK：Ashgate Publishing，2008，pp.121-49. http：//shoup.bol.ucla.edu/PoliticsAndEconomicsOfCampusParking.pdf.

第 **43** 章

企业停车费变现

唐纳德·舒普（Donald Shoup）

你长期以来喜欢、拥有并加以使用的东西，无论是财产还是思想，都会深植于你的生命中。无论你是如何获得的，只要你不讨厌它并坚持自己的想法，那你就无法彻底移除它。

——奥利弗·温德尔·霍姆斯

企业支付停车费就是在鼓励员工独自开车上班，这也是美国企业为员工提供的最常见的免税附加福利。各种证据显示，至少90%的美国人开车上班而不用付停车费（Shoup，2005，3）。通常免税的合理理由是为了促成公共目的，但对企业而言，停车费的免税加剧了交通拥堵、空气污染和温室气体排放等问题。

企业停车费补贴不仅让开车上班的通勤者获得补贴，它还鼓励更多的通勤者自己开车上班，而不是拼车、乘坐公共交通、骑自行车或步行上班。一项对洛杉矶市区5000名通勤者及其企业的调查显示，企业支付停车费导致开车上班的数量平均增加34%（Shoup，2005，8）。

美国《国内税收法》鼓励独自开车上班

美国《国内税收法》（Internal Revenue Code）将企业为员工支付的停车费列为员工的免税附加福利。但如果员工在工作地点自己支付停车费，该税法不允许员工将停车费作为与工作相关的费用进行扣除。因此，为了获得税法对通勤停车费的免税好处，企业必须为员工支付停车费。

该税法不仅在联邦所得税中豁免了企业支付的停车费，还自动扩展到了社会保障税、州所得税、失业保险税和所有其他工资税。如果把这些相关的免税因素考虑在内，对许多雇员来说，企业支付1美元的停车费相当于员工2美元以上的应税现金收入。因此，对企业支付停车费的不对称免税政策（员工支付停车费不能免税）是一种明确而强有力的财政激励，它几乎将所有通勤者的停车责任从员工身上转移到了企业身上，从而将通勤者的停车成本降至为零。企业支付停车费的免税政策是一项有针对性的税收补贴，它在增加独自开车上班的通勤者数量方面产生了不幸的、意想不到的、很大程度上被忽视的后果。

停车费变现（Parking Cash Out）

公共交通倡导者多年来一直试图结束这种税收偏差，因为它减少了公共交通的客运量，增加了汽油消耗，加剧了交通拥堵和空气污染。但是，取消一项让所有收入水平的众多劳动者都受益的免税政策，在政治上是困难的。因此，试图取消对企业支付停车费的免税政策似乎是不切实际的，无论这种补贴造成了多大的损害。

鉴于企业支付停车费的补贴形式受到普遍欢迎，所以向正确方向迈出一小步就是修改《国内税收法》中对"停车资格"（qualified parking）免税的定义。下面文本是《国内税收法》第132（f）条第（5）款中对"停车资格"免税的现有定义，斜体文字是提议的修正案：

> **停车资格**。"停车资格"是指企业在营业场所或附近场所为员工提供的停车服务……
>
> *如果企业为员工提供一种选择，让他们通过获得等同市场价值的停车费来代替停车，那么这种选择可以作为一种应税现金通勤津贴，也可以作为公共交通补贴或拼车补贴。*

停车费需要满足两个条件才能符合上述免税条件。首先，它由企业支付；其次，员工可以选择收取现金而不是享受停车补贴。

这项修正案保留了企业支付停车费的免税待遇，但要求补贴停车的企业必须为通勤者提供一个选择，即把等价值的现金支付给员工或提供公共交通补贴、拼车补贴来替代停车费免税。这项建议带来以下重大好处：

（1）**通勤者有了新的选择**。交通经济学家经常建议征收拥堵费和停车费，以减少独自驾驶，但这在政治上并不受欢迎。相比之下，停车费变现不需要开车人支付任何费用；相反，它奖励那些从开车转为其他通勤方式的人。停车费变现是将自己的钱拿回来，而不是自己的钱被拿走。

（2）**免费停车将产生机会成本**。当通勤者在免费停车之外没有选择时，停车没有机会成本。但是，为通勤者提供免费停车或者等价现金的选择，这清楚地表明停车是有成本的，成本就是这笔未获得的现金。从停车"费"中获得的新"价格"增加了独自开车上班的感知成本。

（3）**停车费变现将使员工受益**。为员工提供兑现停车补贴的选择，避免了选民不喜欢新的税收和开车人不喜欢支付停车费这一棘手问题。企业可以继续提供免税停车补贴，只需要他们扩大补贴对象的范围。停车费变现在典型的"要么接受要么放弃"的停车补贴之外增加了一种新的选择。选择现金而不再开车上班的通勤者显然更得利，否则他们不会做出这样的选择；继续开车上班的通勤者境遇也没有恶化，尽管他们放弃现金意味着实际上他们为自己的"免费"停车付费。

（4）停车费变现让企业付出的代价微乎其微。停车费变现要求对企业决定员工薪酬只是一个轻微干扰。它要求企业提供的通勤补贴不能仅针对停车（进而开车上班）的人。企业出现增加成本的情况是原本可以免费停车却没有使用它们的员工。这些员工将获得与停车补贴等价的现金，这样他们将获得与开车人相同的补贴。

（5）停车费变现将特别有利于低收入、女性和少数族裔通勤者。由于她们处于最低的纳税等级，因此收入最低的工作者从应税现金津贴中获得的税后现金最多。现金津贴占低收入者收入的比例也更高，因此停车费变现选择显然会提高低收入者的相对幸福。低收入、女性和少数族裔员工开车上班的可能性更小，乘坐公共交通工具的可能性更大。在美国，58%的黑人独自开车上班，16%的黑人乘坐公共交通工具；相对来说，78%的白人独自开车上班，只有2%的白人乘坐公共交通工具（Shoup，2005，77）。

（6）停车费变现将增加交通运输的公平性。因为停车费变现为所有出行方式的通勤者提供了平等的福利。它消除了年龄、性别、种族、收入或任何其他可能与工作出行相关的人口统计变量所造成的歧视。避免对非开车人的歧视就是最简单的交通正义。

（7）停车费变现将增强中心商务区的吸引力。企业支付停车费使市区和郊区工作地点的停车费相同（使两个区域的开车人都免费停车），但这并不能使市区比郊区更有吸引力。市中心的企业必须比郊区的企业支付更多的钱来提供停车位，这使得市中心的企业可以在不增加任何成本的情况下变现出更多停车费。对于市中心的通勤者来说，这种更多停车费变现的选项使得市中心的工作地点比郊区更具吸引力。市中心的通勤者还可以更容易地选择停车费变现，转而乘坐公共交通工具。因为高就业密度出行者的数量相应提高，所以市中心的通勤者也可以更容易地拼车。最后，新的拼车者将会给购物者、客户和访客腾出更多停车位。

（8）停车费变现将产生意外的税收收入。在选择停车补贴与其现金价值之间，通勤者必须考虑现金是要征税的，但停车补贴是不征税的。当通勤者自愿选择需要缴税的现金而不是免税停车补贴时，联邦和州的所得税收入就会增加。增加的税款并不是通过提高税率或对先前免税的停车补贴征税；相反，这是自愿的结果：员工愿意将低效的停车补贴变现（企业支付的成本要比员工认为的多）。将低效的停车补贴变现从而把经济浪费转化为税收增加和员工福利提高，而企业无须支出额外成本。这笔税收方面的意外之财是停车费变现带来的除减少空气污染、交通拥堵和能源使用之外的额外好处（Shoup，2005，第6章）。

加利福尼亚的停车费变现

美国的《国内税收法》为企业支付员工停车费提供了强有力的刺激，因此也为通勤者独自开车上班提供了强有力的刺激。它导致各州和地方政府面临巨大的交通拥堵和空气污染问题。1992年，加利福尼亚州通过了一项立法，直接解决了由企业支付停车费所带来的问题，这为联邦政府解决同样的问题起到示范性作用。简单来说，加利福尼亚州要求50人及以上的企业向员工提供停车补贴：

> 为员工提供现金津贴，相当于企业为员工提供停车位而支付的停车补贴……"停车补贴"是企业为员工提供非企业所属停车位所定期支付的费用与员工所付停车费用（如果有的话）之间的差额（《加利福尼亚州健康和安全法》第43845节）。

当企业明确向员工提供停车补贴时，必须同时提供以现金代替停车补贴的选项。因此，如果员工选择现金津贴，企业就会节省停车费用。企业原本支出的停车费直接变为员工的现金补贴，所以当员工放弃停车并领取现金时，企业没有增加净成本。企业只向原本获得停车补贴的员工提供现金津贴，每个员工的现金津贴等于企业以前支付的停车补贴。如果企业以前提供的停车补贴很少，那么要求给员工提供的现金津贴同样很少。法律为了避免增加企业的净成本制定得很严谨。

让通勤者在停车补贴和等价现金之间做选择，这表明免费停车是有成本的，就是那些被放弃的现金。放弃现金的通勤者实际上是在把钱花在了停车上。企业可以继续提供免费停车，但提供现金代替停车的新选项将增加步行、骑自行车或乘公交车上班的通勤者比例。

停车费变现减少交通量

通过对实施停车费变现法规的加州公司进行的案例研究发现，每100名通勤者中有13名独自开车的通勤者转向了其他出行方式，其中9人选择拼车，3人开始乘坐公共交通，1人开始步行或骑自行车上班。总体来说，独自开车上班的通勤者比例从提供现金前的76%降至发放现金后的63%（图43-1）。

除了独自开车方式发生转变，这8家公司还减少了12%的通勤车辆行驶里程和尾气排放（Shoup，2005，第4章）。这些公司减少的车辆出行相当于减少了1/8的开车上班车辆。与转向拼车比，转向公共交通的比例更大，这表明即使在公共交通服务有限的地方，停车费

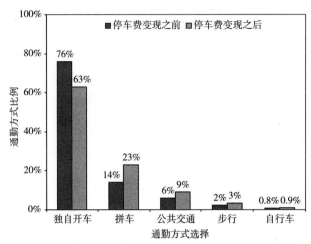

图 43-1　停车费变现前后的通勤方式比例变化
资料来源：Shoup，2005，p. 66.

变现也能发挥作用。

一些不再独自开车的通勤者搬进了离工作地点更近的高价公寓里，开始步行、骑自行车或乘坐公共交通上班。在这种情况下，停车费变现让通勤者将开车上班获得的停车补贴转换为获得靠近工作地点居住的住房补贴。

这 8 家公司整体上减少的停车费用支出，几乎与向通勤者支付的现金一样多。这些公司对每名员工的平均通勤补贴从实施停车费变现前的每月 72 美元增加到 74 美元，仅增长了3%（Shoup，2005，29-31）。这场对企业支付停车费所进行的简单、公平、几乎没有成本的改革，却显著地减少了独自驾车通勤者的数量。

除了改善交通拥堵和空气污染问题之外，停车费变现还能在不提高税率的情况下增加税收收入。假设企业每月为一名员工提供免费停车位需要支付 100 美元。一名边际税率等级为 25% 的通勤者，如果不选择免费停车而是获取 100 美元税前收入，那么他的税后收入为75 美元。政府因此每月将获得 25 美元的税收收入，这来自于自愿行动：一个通勤者每月将价值 75 美元的税后现金变现。政府税收比企业每月给员工提供 100 美元的停车费时还要多，每月 25 美元的税收来自于企业所减少的低效率支出成本。这种低效率发生在只能选择是否免费停车的情况下。通勤者选择免费停车实际所获得的价值远低于企业为此所支出的成本。

在对提供停车费变现的公司进行的案例研究中，选择停车费变现的员工的应纳税工资每年增加了 255 美元。联邦政府获得的个人所得税收入每人每年增加 48 美元，加利福尼亚州的个人所得税收入每人每年增加 17 美元。因此，对选择停车费变现的员工，每人每年为联邦和加州税收收入增加 65 美元（Shoup，2005，55）。

这些公司除了用于停车补贴和支付现金代替停车补贴的支出外，还要支付管理停车费变现工作的费用。在接受采访时，这些公司的代表都表示，停车费变现很简单，容易管理，几乎是自动的。

- 这非常简单，一点都不难。（案例2）
- 停车费变现项目非常简单，非常容易管理。（案例4）
- 停车费变现不会有问题——它在帮助你，这是最大的帮助。我把它放入工资单然后进行电脑计算，都是自动的。（案例6）

当被问及停车费变现的管理估算成本时，一家公司的交通协调员说，她每个月在每位员工身上大约花2分钟时间用于停车费变现项目。其他公司的代表报告称，这一成本几乎难以察觉，其中一名代表将其当作修改员工所得税预提免税额度的成本。

公司代表们还提到，停车费变现有助于招聘员工并留住他们：

- 员工们认为这很公平。（案例2）
- 对我们来说这是一个很好的招聘激励。（案例4）
- 自从实施停车费变现后，我们一直收到很好的反馈。（案例4）
- 我绝对会推荐[停车费变现]，我们发现变现是有用的，现金总是一个很好的激励。（案例4）
- 人们喜欢这个想法，他们喜欢手头的现金，这确实增加了他们的薪水。（案例5）
- 员工喜欢它，申请的人喜欢它，那些独自开车的人不在乎，因为他们可以免费停车。（案例6）
- 变现让员工感到高兴，它变成了我们为员工提供的福利，我们在新员工的培训中强调这一点。（案例8）
- 如果我们取消这个项目，至少增加50辆或60辆员工车辆，但没有地方停。（案例8）
- 停车费变现对我们非常有用。（案例8）

法案执行情况

可惜的是，尽管已经有一些企业在遵守加利福尼亚州的停车费变现法案，但大多数企业还从未听说过。法案实施不利是因为没有包含对违规者的惩罚措施。现在好了，加利福尼亚州开始授权各个市、郡和空气质量区对不遵守变现法案的企业处以罚款。

如今，城市可以把停车费变现作为减少交通拥堵、空气污染和温室气体排放的一种既经济又公平的方式。对不提供停车费变现的处罚就像对不支付停车费的处罚一样。处罚足以促使大多数企业遵守该法案。通勤者在要求企业遵守法案方面也将处于更有利的地位。城市不需要制定新的政策来减少交通拥堵和空气污染，他们只需要对违反现有州内法案的人进行处罚。

圣莫尼卡（Santa Monica）是目前唯一实施停车费变现法案的城市。圣莫尼卡的33家企业都要遵守这项法案，其中一些企业有超过半数的员工选择了现金变现而不是免费停车。效仿圣莫尼卡的城市可以在不增加企业成本的情况下，减少交通拥堵，改善空气质量。

对联邦行动的影响

迟早会到那一刻，当交通拥堵和空气污染变得更加难以忍受、当我们没有空间修建新的高速公路、当大多数人意识到全球变暖的威胁时，我们会问自己，为什么美国《国内税收法》会强烈支持免费停车和独自驾驶。最重要的问题是，在轻微修改税法使其包含停车费变现政策之前，我们会造成多大的破坏。

加利福尼亚州的停车费变现法案表明，为开车通勤的员工提供停车费的企业可以把同等数额的费用支付给步行、骑自行车或乘公共交通通勤的员工。毫无疑问，一些企业在习惯停车费变现这个规定时将会遇到一些问题，但对许多企业来说，真正的挑战是放弃过时的观念，即原来那种"帮助通勤者上班的最佳方式是为其支付停车费"。

加州的经验表明，在联邦政府层面，谨慎行事是明智的。首先，先选择"双赢"最明显的案例，当企业需要自己出钱向第三方支付停车费时，才要求用停车费变现来代替停车补贴。然后，在企业得到充分的事先通知来适应新出现的停车市场后（在这种市场中，起到分配停车位作用的是价格而不是补贴），再将停车费变现要求扩大到所有企业付费停车位。不过，需要重申的是，提议中的《国内税收法》修正案并没有禁止或阻止企业为停车付费或对其征税。相反，该提议只是简单地提出，如果企业愿意为通勤者独自开车上班支付停车费，那么当通勤者不独自开车上班时，企业也必须提供同样的费用。

由于支付现金是要交税的，而停车补贴是免税的，所以给员工提供停车费变现的选择，可能比完全取消停车补贴，对减少员工独自开车上班的作用要小。然而，对洛杉矶通勤者的研究表明，即使停车费变现费用需要缴税也没有明显降低其吸引力。要求企业为员工提供兑现停车补贴的选项，将减少交通拥堵、改善空气质量、节约汽油，在不增加企业成本的情况下提高员工福利，在不提高税率的情况下增加税收。这些好处都将来自于对人的补贴，而不是对停车的补贴。

参考文献

[1] Shoup，Donald. 2005. *Parking Cash Out.* Planning Advisory Service Report No. 532. Chicago：Planning Advisory Service. http：//shoup.bol.ucla.edu/ParkingCashOut.pdf.

[2] Parking Cash Out. 2010. StreetsblogLA. https：//tinyurl.com/ycbjx2e.

第三部分

停车受益区

投进停车咪表里的钱就像凭空消失了一样，没有人知道钱去哪儿了，所以每个人都想免费停车。政治家们因此觉得要求配建充足的路外停车位要比向路内停车位收取公平的市场价格更容易。但是，如果城市将停车收入返还给所征收的地区用于改善公共服务，那么城市可以改变停车政策。如果每个社区保留它所缴纳的全部停车收入，那么一个强力支持市场价格的社区就会出现——因为这些社区会获得这笔收入。如果非本地居民需要支付路内停车费用，那么对路内停车收费将会变成受欢迎的政策，而不是直到今天还仍是"政治雷区"（political third rail）。

——唐纳德·舒普，《高代价免费停车》
（Donald Shoup，The High Cost Of Free Parking）

第 **44** 章

帕萨迪纳老城的停车问题

道格拉斯·科勒兹瓦瑞（Douglas Kolozsvari）　唐纳德·舒普（Donald Shoup）

制定正确的路内停车价格在理论上是完美的，但是却很难在政治上推行它。停车付费在经济术语中属于"吝惜购买"（grudge purchase）——购买者并不情愿购买，就像坐飞机时要付行李费一样。毕竟，我们已经为道路交了税，为什么开车人还必须为在路内停车付费呢？

停车付费的反对者广泛分布于各个政治派别，从反对市场的左派到反对政府的右派，每一派都难以被说服认同城市应该以市场价格对路内停车进行收费。没有人想要为停车付费，也几乎没有人认识到免费停车有什么害处。左派们经常低估了价格对个人选择的影响，而右派们也经常低估个人选择如何形成集体后果。正如 1532 年尼科洛·马基雅弗利（Niccolò Machiavelli）在《君主论》（The Prince）中写道的：

> 没有什么事情比引领推行新秩序更困难、更危险或者更充满不确定性。因为革新者面对的敌人是所有旧秩序中的既得利益者，而将在新秩序中获益的人只是对变革不冷不热的拥护者。

为了获得开展停车收费的必要政治支持，一些城市已经成立了停车受益区（Parking Benefit Districts），用停车费收入来支付社区公共服务的相关费用。

停车受益区

投进停车咪表里的钱就像凭空消失了一样，没有人知道钱去哪儿了，所以每个人都想免费停车。政治家们因此觉得要求配建充足的路外停车位要比向路内停车位收取公平的市场价格更容易。但是，如果城市将停车收入返还给所征收的地区用于改善公共服务水平，那么停车收费区的停车政策会得到改变。如果每个社区保留它的路内停车收入，那么一个强力支持停车收费的社区就会出现——社区会获得这笔收入。如果访客需要支付路内停车费用并且城市用这笔收入来做有益于社区的事情，那么对路内停车收费将会变成非常受欢迎的政策，将城市、商业区、居民之间的利益联合了起来。

制定正确的路内停车价格将会有效管理路内停车位，这样付费停车的开车人（和他们的乘客）就不会浪费时间去寻找停车位。正确的路内停车费用会提高顾客的停车体验感并吸引愿意花更多钱购物的访客。制定正确的路内停车价格，目的是让效率最大化，而不是让咪表收入最大化。当然尽管路内停车位的有效利用是主要目标，但最终也会创造一系列惊人的收益。

　　为了展示将停车咪表收入返还给征收区域所带来的好处，我们来分析一个没有路外停车位，也很难找到路内停车空位的老型商业区。寻找免费路内停车位会造成交通拥堵，每个人都抱怨停车位短缺。路内停车收费将会增加停车位周转率并减少交通拥堵，而停车空位的便利性将会吸引那些愿意支付停车费而不愿花费时间寻找空位的顾客；然而，商家们担心停车收费将会赶走顾客。假设城市设置停车受益区，将咪表收入用于清扫人行道、种植行道树、改善店铺门面、赞助活动、将架空线路入地以及保障公共安全，那么商业区将会变成人们理想中的模样，而不仅仅是人们能找到免费停车位的地方。如果城市将产生的停车收入用于改善社区，那么居民、商家、财产所有者们将会更加支持基于需求定价的路内停车收费。人们会看到他们的停车费所发挥出的作用。

　　路内停车收入需要合适的接收者以便产生对基于需求定价的政治支持。在商业区，商业改善区组织（Business Improvement Districts，BIDs）是这笔收入的合理接收者。他们的合法性早已经被确立，他们的运行原则也被政府官员和企业主们所熟悉。因此，商业改善区组织是路内停车收入现成的接收者。停车收入可以用来减少企业向商业改善区组织缴纳的费用，也可以用于增加地区内的服务。这种安排能够鼓励当地企业建立商业改善区组织，从而让受益企业寻求自助。把停车收入专款划拨给商业改善区组织，并让他们在制定当地停车政策时发表意见，将鼓励对停车资源进行有效率的管理。

　　加利福尼亚州的帕萨迪纳市（Pasadena）是停车受益区复兴老型商业中心的典型案例。帕萨迪纳的经验表明，设置停车咪表并将收入返还给当地，将帮助促进公共服务与建设环境以及将改善访客体验。

帕萨迪纳老城

　　帕萨迪纳的市中心在20世纪30年代至80年代逐渐衰败，但是此后帕萨迪纳老城（Old Pasadena）被重新改造，成为加利福尼亚州南部地区最受欢迎的购物和娱乐目的地之一。在复兴过程中，将停车收入用于投资公共服务起到了很大作用（《高代价免费停车》第16章）。

　　帕萨迪纳老城是帕萨迪纳市最初的商业核心，在20世纪早期就已经是一个高端购物区。帕萨迪纳在1929年将它的交通干道科罗拉多大道（Colorado Boulevard）拓宽了28英尺，这将要求两侧建筑临街面向后各退14英尺。业主们拆除了14英尺临街建筑结构，大多数重新采用西班牙殖民地复兴风格（spanish colonial revival）或装饰艺术风格（art deco style）来建造门面；当然也有少数业主将他们的门面整体后移，这也是早期的历史保护案例。最后帕萨迪纳老城形成了漂亮的、具有 1929 年风格的街景。

这个区域在大萧条时代陷入衰败。第二次世界大战以后，狭窄的建筑前区和停车位的缺乏导致大量商户去附近更现代的建筑环境中寻找大型零售空间。帕萨迪纳老城变成了一个商业贫民窟，那些美妙的建筑都年久失修。这个时期它主要以典当行、剧院、纹身店闻名，到 20 世纪 70 年代这里大部分是打算重建的零售棚屋。成排的商店空置，业主们任由建筑破败，因为低廉的租金已经不足以支付修缮费用。帕萨迪纳重建局（Pasadena's Redevelopment Agency）拆除了科罗拉多大道上的三个历史街区，用于建设帕萨迪纳广场（Plaza Pasadena），使其变成一个有充足免费停车位的封闭商业中心。当时流行的黑色玻璃外墙建筑代替了历史遗产。由此成立的"帕萨迪纳公司"（Corporate Pasadena）让许多市民震惊，从而导致城市重新考虑该地区的规划方案。1978 年，该市颁布了《帕萨迪纳老城规划》（Plan for Old Pasadena），其中声明："如果该地区能够在保留其独特风格的基础上复兴，那么它将成为整个区域充满魅力的一部分"。但该规划没能减少问题：

> 人们普遍认为这一区域不安全，导致人们仍然不想去那里。关于西科罗拉多的评论包括以下说法："这个地区已经多年衰落""一堆破烂的老建筑""脏乱差""它是帕萨迪纳生病的孩子""这地方不安全"。

尽管该市在 1983 年将帕萨迪纳老城列入《美国国家历史名胜名录》（National Register of Historic Places），其商业复兴还是进展缓慢，部分原因是缺乏公共投资，此外停车位短缺也是棘手的问题。

停车咪表及其收入返还

直到 1993 年帕萨迪纳老城才开始设置停车咪表。之前路内停车实施 2 小时的时长限制政策。顾客很难找到停车位，因为商户和他们的员工停在了最方便的路内停车位上，并且定时挪动车辆以避免被处罚。城市工作人员建议设置停车咪表，但是商户和业主反对这个主意。虽然他们知道路内停车位被自己的员工占用，但是他们担心咪表不一定为顾客提供方便的路内停车位，反而更可能把顾客赶走。他们猜测顾客因此会去那些提供免费停车位的商业中心。咪表支持者反驳说，不愿付费而离开的开车人正好为那些愿意付费却找不到停车位的人腾出地方。咪表支持者还辩论说，支付停车费用的顾客会比只有免费停车才来的顾客在帕萨迪纳老城花更多的钱。

经过两年拖沓的辩论，城市最终与商户和业主妥协，提出将所有的停车咪表收入用于帕萨迪纳老城的投资。企业和业主们迅速同意，因为他们发现会直接从停车咪表中受益，对公共服务改进的渴望压倒了对顾客离开的担忧。帕萨迪纳老城的停车咪表区（Parking Meter Zone，PMZ）主席、一位杰出的商业领袖玛丽琳·布坎南（Marilyn Buchanan）说："停车咪

图 44-1　帕萨迪纳老城新貌
图片来源：唐纳德·舒普。

表能够第一次进入帕萨迪纳老城的唯一原因，就是城市管理者同意把所有的钱留在这里。"

商户和业主开始用一个新的角度看待停车咪表——作为一种新的收入来源。他们同意路内停车每小时收 1 美元，并在晚上和周末继续收费。城市贷款 500 万美元用于投资一项雄伟规划，以提升帕萨迪纳老城的街道景观，将破败的小巷改造为吸引人的步行街并串联商店和餐馆。实际上，帕萨迪纳老城成为美国第一个停车受益区（图 44-1）。

增加公共服务和本地监管

该项目提供的本地管理和增加公共服务两项功能为其成功焕发活力发挥了重要作用。该市与帕萨迪纳老城的商业改善区组织（BID）——帕萨迪纳老城管理区组织（Old Pasadena Management District）合作，划定了允许安装停车咪表的"帕萨迪纳老城停车咪表区"（Old Pasadena Parking Meter Zone，PMZ）的范围，以确保只有停车收费街区才能够直接从停车收入中受益。城市同时成立了帕萨迪纳老城停车咪表区咨询委员会（Old Pasadena PMZ Advisory Board），由商户和业主组成，负责对停车政策和停车收入支出的优先级提供建议。很多咨询委员会的成员就是商业改善区组织（BID）的活跃会员。

2009 年，市政府为了更好地管理路内停车位，调整了帕萨迪纳老城的 690 个停车咪表的价格。从以前统一的 1 美元 / 小时，调整为核心区域 1.25 美元 / 小时、外围区域 0.75 美元 / 小时。经过这次调整，2012 年平均每个咪表产生的收入是 2025 美元（表 44-1）。停车咪表区（PMZ）还获得其他额外收入，例如咪表车位的代客泊车服务、停车咪表资金余额的投资收入以及其他杂项来源（例如，将咪表停车位用于电影拍摄和建设项目），每个咪表总计产生 2208 美元的收入。每个停车咪表的资本金和收取停车费的运营支出总计 471 美元。因此，帕萨迪纳老城每个咪表的净收益为 1737 美元。这 690 个停车咪表每年提供了近 120 万美元的总收入用于投资额外的公共服务。

帕萨迪纳老城停车咪表收入与支出（美元），2012财年 表44-1

停车收入			
咪表收费	1397470	2025	690个咪表停车位
代客泊车	107628		使用咪表车位的代客泊车
投资收入	7723		基金余额所获利息
杂项收入	10484		使用咪表车位拍电影等
停车收入总计	**1523305**	2208	平均车位收入

停车支出			
运营支出			
人员	128716		
现金处理	72083		
停车咪表维修	18910		
物料供给	6050		
租金	7400		
商业银行费用	52724		
城市税	8581		
运营支出总计	**294464**	427	平均车位
资本支出			
停车咪表租赁费	29462		
停车咪表更换费用	1129		
资本支出总计	**30591**	44	平均咪表车位
停车支出总计	**325055**	471	平均咪表车位（占总收入21%）
净停车收入	**1198250**	1737	平均咪表车位（占总收入79%）

帕萨迪纳老城支出		
帕萨迪纳老城运营支出		
帕萨迪纳老城管理区组织	425796	
帕萨迪纳老城安全	325425	
照明服务	28923	
合同服务	12464	
内部服务	21888	
运营支出总计	**814496**	净停车收入的68%
帕萨迪纳老城资本支出		
缓解交通	6364	
街道景观和小巷债务	415189	
资本支出总计	**421553**	净停车收入的35%
帕萨迪纳老城支出总计	**1236049**	净停车收入的103%

资料来源：帕萨迪纳市基金拨款报告，帕萨迪纳老城停车咪表基金，2012财年。

这些收入的第一笔支出就是偿还用于改善人行道和小巷的 500 万美元贷款，这部分每年需要 41.5 万美元。剩余的收入，其中 81.5 万美元用于增加帕萨迪纳老城的公共服务设施，城市会提供其中一些其他服务，例如额外的警察步行巡逻，需要 32.5 万美元。停车执法人员在周末巡查停车咪表的工作时间到凌晨 2 点；工作日每隔一天巡查一次，巡查时间至晚上 11 点。他们与城市调度中心通过无线电联系，成为官方的"街道眼"，这更进一步增加了安全。这个地区的商业改善区组织获得 42.6 万美元停车收入，用于新增的人行道和街道维护以及市场宣传（地图、网站、宣传册等）。商业改善区组织还把停车收入投入吸引访客的活动中。来帕萨迪纳老城的开车人资助了所有这些公共服务，同时也提高了他们的体验感。而这一切都不需要花企业、业主或者纳税人的钱。

帕萨迪纳老城与该市其他地区相比发展得更好。自从 1993 年安装停车咪表以来，它的销售税收入迅速增长，现在比该市其他零售区的收入都要高（图 44-2）。南湖大道（South Lake Avenue）是该市以前的主要购物区，拥有充足免费的路外停车位。它在 2009 年向城市提出设立与帕萨迪纳老城一样的停车咪表区（PMZ），并为其所有的路内停车位安装咪表。

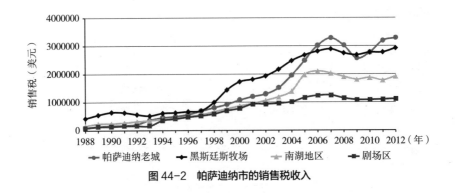

图 44-2　帕萨迪纳市的销售税收入

良性循环

帕萨迪纳老城吸引的游客越多，也就越需要对人行道和公共空间投入更多维护。如果城市还是依赖常规的清扫及维护方法，那么将带来问题；但是现在商业改善区组织用停车咪表收入支付这些额外的服务。商业改善区组织安排人员每天进行街道和人行道清扫、垃圾处理、污迹清理，并且每两个月用加压水清洗人行道。在帕萨迪纳老城，将停车咪表收入返还形成了持续改善老城公共环境的良性循环。停车咪表收入投资改善公共环境，改善公共环境让本地吸引更多顾客，更多顾客又增加停车咪表收入，从而能够支持更进一步的公共环境改善。赋予商业改善区组织利用停车咪表收入的权利，能让企业和业主放心，因为城市没有把钱用到其他用地方。正如咪表上所写的："你的停车费让帕萨迪纳老城变得不同"（图 44-3）。

设置停车咪表并将收入返还本地，这一政策并不能完全解释帕萨迪纳老城的复兴，但是它为该市改善这一区域所采取的其他努力作出很大帮助。巧妙的规划、较低的停车配建下限标准、建设公共停车场等都对复兴成功起到了重要作用。通过采取这一系列措施，帕萨迪纳老城现在成了人们都想去的地方，要比那些仅仅能提供免费停车位的地方更吸引人。

图44-3　你的停车费让帕萨迪纳老城变得不同
图片来源：唐纳德·舒普。

2004年，玛丽琳·布坎南在接受《洛杉矶时报》的采访时解释了停车咪表如何帮助帕萨迪纳老城快速翻身：

> 我们已经走了太长的路，对于某些人来说这似乎很愚蠢，但是如果不是我们设置了停车咪表，很难想象能够取得目前的这种成功。它们让这里变得和以前大不相同。一开始的时候让人们同意设置停车咪表是困难的，但是当我们指出这些钱会留在本地、将会用来改善公共设施后，它们被很好地推销了出去。

对购物者的采访证实了人们对帕萨迪纳老城以及其停车印象的转变。开车人愿意为与质量相称的目的地支付停车费，随着帕萨迪纳老城的改善，开车人愿意为停车付费。来看《洛杉矶时报》报道的这位购物者的说法：

> 这个地方，它真是太棒了。他们把建筑和街道维护得很好，让这里如此充满吸引力。人们喜欢在这里边走边逛，他们喜欢这种方式，也恰恰是在洛杉矶看不到的东西。作为一个开车人，我不介意为这里拥有的东西多付点钱。我告诉你：为了这些，我会付钱。

帕萨迪纳老城市不单变成了行人友好型城市，更是行人吸引型城市，所以大量的人喜欢到这里逛街和消费。

近些年这里愈发成功。在2010年的一次采访中，玛丽琳·布坎南谈到停车收入的使用："我们的公共停车管理之所以有效，是因为我们（帕萨迪纳老城商业社区）为其创造的方法……我们对帕萨迪纳老城充满激情，并具有识别长期利益的商业意识。"

停车受益区对大型城市市中心及其商业区的重要性要比小型郊区的商业区更为重要。中心城市面对的主要竞争不是来自其他中心城市，而是它自己的郊区。洛杉矶市与帕萨迪纳市、圣莫尼卡市的竞争要比与芝加哥或纽约的竞争更多。如果洛杉矶市复制帕萨迪纳市停车受益区的成功经验，它就能够开始逐步修缮其4600英里长的破损人行道，而这不仅将帮助洛杉矶与它的郊区竞争，还能更好地与其他中心城市竞争。

结论：停车问题

　　假设美国的城市在 20 世纪初的时候选择了帕萨迪纳老城 90 年代采用的停车政策，从停车费中受益的商户和业主们就可能不太会倾向于免费停车。市场定价的停车政策也将不会鼓励商店员工占有稀少的路内停车位，而是将其留给顾客。通过创造少量停车空位，停车收费措施也可以避免车辆在市中心寻找停车位而巡泊，从而减少交通拥堵。因此，公共交通的运行效率可能会更高，进而减少其运营成本和票价，让公共交通比私家车更有竞争力。拥堵程度下降和更方便的公共交通会使中心城市的购物区比郊区更有吸引力。然而，与之相反，所有城市都在那时开始要求到处配建路外停车位，导致我们现在希望在每次汽车出行的发生点与吸引点的两端都能免费停车。我们生活在由这种政策导致的交通拥堵、城市蔓延、空气污染的环境之中。

　　城市在 20 世纪初期采用免费停车政策是可以理解的，因为当时既没有停车咪表也没有商业改善区组织出现。但是，现如今这两者都已存在，所以现在的挑战是如何让它们一起发挥作用。如果商业改善区组织获得停车咪表收入，每台停车咪表就像路边的收银机一样，那么所有商家都会看到它的好处。对路内停车位按市场价格收费并将其收入指定给商业改善区组织使用，这将有助于解决交通、土地利用和经济等困扰着很多中心城市的诸多问题。

　　老型商业区与没有充足免费路外停车位的商业中心一样，商户们担心在这些商业区对路内停车进行收费会赶走顾客。但是将停车收入专款专用于增加公共服务会减轻这些顾虑，并产生对停车咪表非常必要的政治支持。该地区的选民将有动力去支持基于需求定价的路内停车收费政策。对路内停车收取正确的价格会通过保持少量路内停车空位从而减少交通问题，并使商业区变成一个有吸引力的购物区，而不仅仅是在巡泊了很长时间后才能找到一个免费停车位的地方。顾客会知道他们能够方便地找到车位，不会因为停车位的不确定性而改变到访的意愿。将停车咪表收入用于投资吸引顾客的公共设施，将有助于解决困扰许多老型商业区的经济问题，而且不用加税。就像帕萨迪纳老城一样，老型商业区可以通过停车咪表让自己重新振作起来。

参考文献

[1]　Arroyo Group. 1978. *A Plan for Old Pasadena*, Pasadena：City of Pasadena, California.

[2]　Old Pasadena Management District Annual Reports：http://www.oldpasadena.org/about.asp.

[3]　Salzman, Randy. "The New Space Race." *Thinking Highways*, June/July 2010.

[4]　Shoup, Donald. 2011. *The High Cost of Free Parking*. Revised edition. Chicago：Planners Press.

[5]　Streeter, Kurt. 2004. "Old Pasadena Thanks Parking Meters for the Change." *Los Angeles Times*, March 2.

　　本章改编自道格拉斯·科勒兹瓦瑞和唐纳德·舒普的文章《Turning Small Change into Big Changes》，刊登于《途径》（ACCESS）第 23 期，2003 秋季刊，2-7。

第 **45** 章

精明停车政策振兴市中心

丹·扎克（Dan Zack）

最具戏剧性的市中心复兴故事之一发生在加利福尼亚州的红木城（Redwood City）。这个曾经被嘲笑为"朽木城"（Deadwood）的地区，由于进行了区划改革、对公共空间进行有效投资和制定精明停车策略等一系列措施，使得城市面貌出现了惊人的转变。

尽管直到世纪之交时，红木城的市中心仍然很迷人，但自 20 世纪 60 年代开始，它在经济上一直处于困境之中。直至 20 世纪 90 年代末，该市及其再开发机构齐心协力发起了一场力图扭转市中心颓势的城市复兴活动。复兴规划包括一个可容纳 4200 个座位的电影院、一座带有广场的法院大楼、数千套新公寓、数百套新酒店客房以及数十万平方英尺的新办公、零售、餐饮和娱乐场所。

在制定这些规划时，停车问题已经被认为是非常棘手的问题。那么，这些新吸引而来的人会把他们的车停在哪里呢？作为市中心开发协调员，我的任务是搞清楚它。

停车管理探索

随着城市复兴工作开始推进，市中心的停车系统呈现一片混乱的状态。尽管该地区活跃度低迷，但路内停车位一直很紧缺。然而，附近唯一的公共停车库运行良好且并未停满。尽管在高峰期整个地区的停车位利用率低于 70%，但公众认为城市需要建设更多的停车位。

红木城市中心在 1947 年就已安装了停车咪表，但直到 60 年后，许多当地人仍然认为它们是外来入侵者。周边城市如圣卡洛斯（San Carlos）、门洛帕克（Menlo Park）和帕洛阿尔托（Palo Alto）都没有停车咪表，因此市民们认为这使红木城的商家在竞争中处于劣势地位（图 45-1）。

停车咪表系统本身也有一些特殊缺陷。多年来，为了应对投诉，各处的咪表陆续都被移走了。百老汇路（Broadway）是这个城市的主要街道，以前商家为了吸引顾客来到此处，路内完全没有安装咪表。百老汇路和其他没有停车咪表的区域，即使在最冷清的时候通常也没有停车空位；而附近采用咪表收费的区域却通常是完全空置的。毕竟，如果能够免费停到一个好位置，为什么还要付费呢？

图 45-1　百老汇路上无咪表的停车位与附近道路有咪表的停车位，拍摄时间相隔几分钟

照片来源：丹・扎克。

　　每当夜间或周末举办特殊活动时，就会呈现出另一种特殊状况：主要道路的路内停车位爆满，但附近私人停车场（大多数属于银行）却空无一人。可怕的"禁止入内"标志守卫着入口，警告未经授权的车辆若停放在此将被拖走。城市偶尔会试图劝说这些企业在非营业时间向公众开放它们的场地，但都被拒绝了，理由通常是出于责任方面的考虑。

　　然而，停车系统最不正常的部分是执法部分。执法混乱可以简单地概括为两个阶段。第一阶段，我会接到商家愤怒的投诉电话："你们的停车执法人员都是恶魔！我所有的顾客都被贴罚单了！他们要毁了我的生意！你得告诉他们走开！"起初我答应了，我当然不想承担毁掉企业的责任，所以我要求减轻执法力度。然后是第二阶段，在短暂的平静之后愤怒的电话又重新响起。这一次，商家们要求更严格的执法："我旁边店的员工整天把车停在我的店前，你们却不给他们开罚单。我的顾客找不到停车位！你需要加强执法！"于是又回到了第一阶段，"揉出泡沫、冲洗、再重复"*。显然，这并不奏效，我怎么才能打破这个循环呢？

区划条例的弊端

　　像大多数城市一样，红木城要求私人开发者来提供配建的停车位。区划条例列出 36 项不同的土地用途，每项用途均有对应的停车配建标准。一个首层店面为 2000 平方英尺的普通零售店需要配建 10 个停车位，但家具店只需要 4 个停车位。如果一家餐厅想要搬到这个位置，它需要 30 个或更多的停车位。但实际上根本不会增加更多的停车位，因为一个停车配建标准更高的新商业不会在此开业。这些配建标准破坏了我们为振兴城市所做的努力。

　　针对居住用地的停车配建标准也是有问题的。每个新建住宅无论大小都需要 2 个停车位。由于市中心完全由多层建筑组成，因此新增停车位需要建设昂贵的停车楼，每个停车位的成

---

　　*　这是洗发水常用说明，作者用以表示执法力度的反复性。——译者注

本为 2 万美元或更高。要求配建过多的停车位不仅造成资源浪费和低效，还使得我们想要推行的填充式住房变得完全不可行。

几十年来，尽管红木城市中心是建造住房的首选地点，但该地区一直没有修建保障性住房，停车配建标准恰恰是导致这一局面的原因之一。这座城市拥有完美的气候，市中心的加州铁路（Caltrain）火车站让人们无须开车就可以前往旧金山和硅谷，区划法规允许新建筑的高度达到 100 英尺。尽管有这些优势，但是最终什么都没有建成，即使是在 20 世纪 90 年代末互联网热潮的狂热时期。

鼓足勇气解决停车咪表问题

随着电影院项目的建设，改善公共停车系统的工作于 2005 年初开始。我们知道，如果用我们自己的方式，财政将无法负担。再开发机构已经尽其所能，通过发行债券来重建市中心，包括改善街道景观、修建电影院地下车库、修复法院大楼并建设法院广场。然而，建造更多的公共停车位是不可能的，我们必须要发挥创造力。

我们仔细研究了停车位利用率数据，来了解何时何地出现停车问题。根据电影院的环境影响报告所做的停车需求预测，研究预测的未来停车模式。我们研究了整个区域和美国的公共停车场管理项目和学术研究成果并找到了有效的方法。

为了向熟悉该地区的人征求好的意见并争取公众的支持，我们与市中心的利益相关者举行了一系列的研讨会。我们展示了一幅地图，逐街区地显示在不同的时间段停车位的利用情况。让公众找出目前有效和无效的措施并集思广益找出解决方案。当分析当前的活动模式时，很明显无咪表区域是最拥挤的，人们开始建议最好的停车位应该制定最高的停车价格。在最后的研讨会上，我们公布了建议的公共停车管理策略。

规划方案的第一个部分，也是最重要的部分就是关于咪表定价策略。根据现状和预测的需求，为整个市中心逐街区地建立咪表基准价格。最繁华的地区如百老汇路的价格最高；相邻第一个街区的价格便宜一些；郊区的路外停车设施和路内停车的收费价格最低。价格将根据需求进行调整，目标停车位利用率设为 85%，正如唐纳德·舒普在《高代价免费停车》一书中建议的那样。工作人员有权根据利用率每年最多调整 4 次价格，每次调整 0.25 美元，价格不超过 1.5 美元 / 小时。我们会在所有繁忙的时间开启咪表收费：每周 7 天，上午 10 点到晚上 10 点。

在研讨会上，我们了解到人们真的不喜欢咪表时长限制。如果价格确保了一个可接受的空置率，为什么还要人们为时长限制而烦恼呢？我们决定取消它，从而使系统更加友好。

创建一个易于遵循的系统的另一个步骤是升级停车咪表。在最繁忙的地区，投币式单车位咪表被能够接受硬币、纸币和信用卡支付的多车位咪表所替代。对许多人来说，被要求付钱已经够糟糕的了，为什么还要强迫他们带着一口袋 25 美分的硬币出行呢？

最后，我们建立了停车受益区。这意味着新系统产生的任何剩余资金都可以用于该区域的其他需求，例如安全、照明或市中心额外的清洁服务。商家们认为这些都是该规划方案的重要部分。

制定条例文本花费了数月时间。我与城市律师通力合作，以确保其方案符合《加利福尼亚州车辆法典》（California's Vehicle Code）和判例法。2005 年 7 月，我们把规划方案提交给了市议会。参加过研讨会的人们挤满了议会的会议厅，纷纷发言支持他们所帮助制定的规划，只有一个人反对这项规划。经过一番讨论，市议会一致通过了这项法案。

区划合理化

红木城还需要改变其区划条例来解决私人开发项目的停车问题。一个新的基于形态的区划法，即《市中心精准规划》（Downtown Precise Plan，DTPP）预计将为该地区带来数千套公寓和数十万平方英尺的办公空间，但是市中心停车配建标准并不是为应对这种发展热潮而设计的。在公共停车管理方案通过后，我们开始着手解决这些路外停车配建标准。一群市政工作人员为了制定这项策略开了几个月的会。

虽然取消路外停车配建标准是一项极好的能够配合有效管理公共停车的策略，但讨论组中有些人却不愿意这样做。但是，所有参与的人都认为降低和简化停车配建标准是必要的，必须修改停车规则以鼓励高密度、混合用途的城市发展。

在开始振兴计划之前，我们有适度的停车位盈余，所以不需要使用区划条例来解决停车不足的问题。我们希望只要求配建足够的停车位，以确保停车供给与新开发项目成比例地增长，但又不至于配建标准过高反过来抑制增长。

我们发现了城市土地学会（Urban Land Institute）的共享停车模式，并意识到鼓励共享停车可以减少所需的停车位数量。市中心正在开发各类用途的土地，它们都有着各自不同的活跃高峰期。我们没有单独计算每个用途的土地的最大停车需求，而是决定在任意给定的时间合计所有非居住用途的最大停车需求。将预期的零售、餐厅、办公室和剧院的开发规模输入模型中。如果所有新建的商业建筑都共享停车位，那么每 1000 平方英尺平均只需要 3 个停车位。这比大多数区划法规对商业建筑规定配建的停车位要少。

一开始，我们努力寻找将其转化为法规的最佳方法，但最终决定这样做：将居住和酒店以外的所有用途合并到一个类别中，并给出了一个单一的配建标准。这种"混合"的商业配建标准将允许建筑物的用途发生变化而无须考虑任何不必要的监管负担。为了大力鼓励共享停车位，将商业停车位的配建标准设定为 6 个停车位 /1000 平方英尺，如果项目共享停车位，允许按 50% 进行折减，将配建标准降低到 3 个停车位 /1000 平方英尺。这远远低于之前的大多数配建标准（其中有些配建标准高达 20 个停车位 /1000 平方英尺），但它更接近实际需求。大型住宅降低到 1.5 个停车位 / 户，对于单间住房（studio）则降低到 0.75

个停车位／户；而以前所有住宅都需要按 2.25 个停车位／户配建车位。我们还创建了停车位替代费（in-lieu parking fee）项目以进一步提高灵活性，来应对棘手的项目。这使得开发商可以通过支付一定的费用来满足停车配建标准，然后城市就可以用这笔钱来建设公共停车场（表 45-1）。

<table>
<tr><td colspan="2">红木城市中心法规修订前的停车配建标准　　　　　　　　　　　　　表45-1</td></tr>
<tr><td>用途</td><td>停车配建标准</td></tr>
<tr><td colspan="2">居住用途</td></tr>
<tr><td>单户，4 个卧室及以下</td><td>2 个有盖停车位</td></tr>
<tr><td>单户，4 个卧室以上</td><td>2 个有盖停车位，超出 4 个卧室后每个卧室 0.5 个有盖停车位</td></tr>
<tr><td>附属住宅</td><td>1 个停车位</td></tr>
<tr><td>复式住宅</td><td>每户 2 个车位</td></tr>
<tr><td>多户家庭</td><td>每户 2 个车位（其中 1 个必须有盖），每 4 户提供 1 个访客车位</td></tr>
<tr><td>出租房或出租公寓</td><td>每个卧室 1 个有盖车位，不少于 3 个</td></tr>
<tr><td colspan="2">商业用途</td></tr>
<tr><td>汽车服务站，车辆维修、机械销售和服务车库</td><td>每 500 平方英尺 1 个车位，或每个港湾 3 个车位，以较大者为准</td></tr>
<tr><td>金融服务，职业、商业或行政办公室</td><td>每 250 平方英尺 1 个车位</td></tr>
<tr><td>金融服务，职业、商业或行政办公室，距离火车站 1500 英尺以内或生成 100 或更多的晚高峰出行量</td><td>每 300 平方英尺 1 个车位</td></tr>
<tr><td>保龄球馆</td><td>每条保龄球道 5 个车位，如有餐厅、游泳池或台球厅等其他用途，根据各自配建标准增加停车位</td></tr>
<tr><td>无固定座位的舞厅、礼堂或展览厅</td><td>每 50 平方英尺用于跳舞、集会和展览的建筑面积配建 1 个车位</td></tr>
<tr><td>殡仪馆和太平间</td><td>教堂里每 5 个座位 1 个车位，每 1 个告别厅增加 1 个车位，每 1 位员工增加 1 个车位</td></tr>
<tr><td>家具店或电器店，包括维修</td><td>每 500 平方英尺 1 个车位</td></tr>
<tr><td>旅馆和汽车旅馆</td><td>每个起居室或卧室 1 个车位，外加如餐厅、休息室等其他用途停车位，按各自配建标准增加停车位</td></tr>
<tr><td>医疗或牙科诊所</td><td>每 200 平方英尺 1 个车位</td></tr>
<tr><td>个人服务，如美容院和理发店</td><td>每 200 平方英尺 1 个车位</td></tr>
<tr><td>台球厅</td><td>每 1 个球案 2 个车位</td></tr>
<tr><td>餐厅，但不包括快餐厅、休息室和夜店</td><td>每 3 个座位 1 个车位</td></tr>
<tr><td>快餐厅</td><td>每 3 个座位 1 个车位，或者每 50 平方英尺 1 个车位，以较大者为准</td></tr>
<tr><td>零售和商店</td><td>每 200 平方英尺 1 个车位</td></tr>
<tr><td>有固定座位的剧院、会堂和礼堂</td><td>每 3.5 个座位 1 个车位</td></tr>
<tr><td>小型（2000 平方英尺或以下）健康／健身设施</td><td>每 250 平方英尺 1 个车位</td></tr>
<tr><td>大型（2000 平方英尺以上）健康／健身设施</td><td>每 200 平方英尺 1 个车位</td></tr>
<tr><td>居住／办公单元</td><td>每户 2 个车位</td></tr>
</table>

续表

用途	停车配建标准
工业用途	
工厂或制造厂	最大工作班次每 2 名工人 1 个车位，不少于每 600 平方英尺建筑面积 1 个车位
仓储	最大工作班次每 2 名工人 1 个车位，每 1000 平方英尺建筑面积增加 1 个车位
研究与开发	办公与行政用途每 250 平方英尺 1 个车位；实验室、制造、组装等专用区按最大班次每 2 名员工增加 1 个车位（不少于每 600 平方英尺建筑面积 1 个车位；每 1000 平方英尺仓储面积增加 1 个车位）
其他用途	
有固定座位的教堂、犹太教堂、礼拜堂	主会厅每 3.5 个座位 1 个车位；如果没有固定座位，每 50 平方英尺 1 个车位；如果有教室，每 15 个教室座位 1 个停车位
医院，但不包括门诊	每个病床 1 个车位，最大班次每名员工增加 1 个车位
疗养院、休养所	每 6 个病床 1 个车位，每名工作人员或来访医生 1 个车位，每名员工增加 1 个车位
学校，10 年级及以下	每个教室和办公室 1 个车位，礼堂每 100 平方英尺 1 个车位
学校，11 年级及以上	每名超过 16 岁的学生 1 个车位
紧急避难所	每 5 个床位 1 个车位，额外增加 2 个车位
混合用途、单间和一室住宅	每户 1 个车位
混合用途、两室或大型住宅	每户 1.5 车位
混合用途、商业用途	如果商业租户和客户可以使用居住车位，则需要至少 75% 的商业配建停车位

这些更改已于 2006 年 3 月纳入《红木城区划条例》之中。随着《市中心精准规划》在 2011 年通过审批，红木城的停车配建标准得到了最终的改善，其中为新的停车场和停车库增加了物理形态方面的规则。停车设施被要求用于商店、办公和公寓，同时规则还要求车辆入口设置在次要街道或小巷上（表 45-2）。

红木城市中心法规修订后的停车配建标准　　　　　　表45-2

用途	停车配建标准
居住用途	
单间	每户 0.75 个车位
一室	每户 1 个车位
两室及以上	每户 1.5 个车位
非居住用途	
旅馆	专用：每客房 1 个车位　　　共享：每客房 0.5 个车位
所有其他非居住用途	
	专用：每 1000 平方英尺 6 个车位　　共享：每 1000 平方英尺 3 个车位

经验教训

总体而言，我们制定的停车策略是成功的，虽然有些方面并没有达到预期效果。2007年3月，在经济衰退期间，新的咪表和价格首次亮相。由于没有预期的大量访客，上涨的停车费让人们难以接受。新的咪表也是一个问题，尽管技术爱好者喜欢这些先进的功能，但许多市民发现这些机器很难使用，他们也不热衷于学习新系统。更糟糕的是，这些机器有时运行得并不好，比如暴雨导致硬币堵塞，或者信用卡授权时 Wi-Fi 连接速度较慢。这项技术引起了强烈反对。

面对投诉，市议会对基于停车位利用率的价格调整计划产生了担忧，因此价格没有进行调整。这限制了该系统的成功，但是事实证明基准咪表价格是相当有效的。在新的咪表和价格出台之前，百老汇路的平均停车位利用率接近100%。在新系统实施的第一年，尽管市中心的访客总数量略有上升，但利用率降至83%。人们通常会像我们希望的那样，自动从拥挤的核心区重新分布到外围地区。在新咪表推出后的第一个月，由于员工们寻求更便宜的选项，每月的停车许可证销量增加了50%。一些地区在某些时候仍然很拥挤，但是基准咪表价格已经足够了，而且没有时长限制也没有造成任何问题。

令人惊讶的是，在取消了1小时的时长限制，并采用合适的咪表价格后，百老汇路的平均停车时间从2个多小时降到了大约1小时。2007年《华尔街日报》的康纳·多尔蒂（Conor Dougherty）描述了取消时长限制如何让市中心的商业变得更便利。"在过去，谢丽尔·安吉利斯不得不在染发过程中带着头发上涂的金属箔、脖子上围的黑色塑料披风跑出去，急忙把更多的硬币塞进咪表。有两次，这家自助仓储公司的区域经理在没有及时赶到的情况下收到了25美元的停车罚单。现在停车时长限制已经取消，她可以付一次钱并在约会结束后再回来。"

为了后续继续完成《市中心精准规划》，我于2008年1月交接了停车系统的管理工作。在接下来的几年里，我的继任者自然而然地集中精力减少抱怨、解决新技术的问题并在经济衰退中走出困境；价格被降低了，咪表收费时间也缩减了。但随着经济的不断增长，城市开始重新采用原来的定价策略，在2014年将核心区价格上调至1美元/小时。

我们在公共停车创新方面遇到一些困难，但改革停车配建标准要容易得多。对所有商业用途实行单一停车配建标准不再成为在旧建筑中开发新企业的阻碍。在经济衰退最黑暗的时期，市中心的底层空置率为30%，但到2013年下降到了6%。正在改善的经济状况、成千上万的电影院顾客和新的居民带来了新的生意，改革后的停车配建标准确保我们不会错过这些商业机会。

例如，在2006年即将完成新的停车配建标准时，曼达隆餐厅（Mandaloun）提出了许可申请。他们打算搬到一家老西服店。根据旧的法规，改变使用方式将导致巨大的停车位短缺，餐厅最初被告知不会获得批准。不久之后，当所有用途新标准允许采用单一停车配建标准时，餐厅就可以搬迁并开业了。

停车位替代费的方案也获得了成功。它使几个以前不可能实施的小项目变得可行，包括修复历史悠久的梅耶斯大楼（Mayers Building），这座大楼已经用木板封了多年。修复是具有挑战性的，因为立面已经被早期的现代化项目破坏了，有一些主要的结构问题需要处理。增加的第三层使该项目有利可图，新增面积的配建停车位可通过停车位替代费予以解决（图 45-2）。

《市中心精准规划》于 2011 年 1 月通过审批，不到一年，硅谷经济就开始回暖。很快，红木城就进入了它所希望的发展热潮之中。到 2014 年夏天，近 1500 套住房和 30 万平方英尺的办公空间正在建设中。这些项目中没有一个能满足旧的停车配建标准，但它们在满足新的停车配建标准方面没有任何问题。共享停车激励措施也发挥了作用。所有商业开发项目都同意共享停车位以减少配建停车位。有一个项目在夜间和周末将 900 个车位开放给公众使用。

《市中心精准规划》中的形态控制使新的车库隐藏起来，使街道景观变得生动、舒适和安全。新建筑的车库与居住 / 工作单元、商店和办公室排列在一起，汽车入口远离最重要的步行街。新建筑看起来像人住的地方，而不是汽车的仓库。

"朽木城"的时代已经结束了。新居民和雇员挤满了酒吧和咖啡馆；这里的电影院是旧金山湾区最繁忙的电影院之一；每年在法院广场（Courthouse Square）举行的活动都会吸引成千上万的人来到市中心。今天，你可能听到的不是红木城的生意被邻近城市抢走了，而是一句老话：没人会去那里，那儿太拥挤了！

图 45-2　停车位替代费使梅耶斯大楼得以恢复
照片来源：丹·扎克。

第 **46** 章

文图拉市的付费停车与免费 Wi-Fi

托马斯·梅里克（Thomas Mericle）

加利福尼亚州文图拉市在重新思考停车政策如何更好地服务美国城市方面走在了前面。2010 年文图拉市以路内停车收费的方式迈出了实施新的综合停车管理项目的第一步。它历史悠久的市中心自 20 世纪 70 年代初以来就没有进行过停车收费。《市中心停车管理项目》（Downtown Parking Management Program）作为《文图拉市中心专项规划》（Ventura Downtown Specific Plan）的一部分于 2007 年获得批准，该专项规划提出了充满雄心的政策、方案和战略来支持经济增长和重建。《市中心停车管理项目》利用了供求关系这一基本经济学概念，让顾客在需要停车的时间和地点都可以找到停车位。

为了给停车管理探索一个新的发展前景，该市对整个项目从规划到实施的每个阶段都建立了一个公私合作伙伴关系。工作人员、管理层和民选官员的奉献和支持是该项目成功的关键。

项目立项

2007 年，文图拉市对市中心核心区现有停车场进行了深入的数据调查。调查包括了路内停车位、路外停车位、公共停车位和私人停车位。同时，项目团队和政府工作人员调查了土地利用和空置率情况，以确定新的停车配建标准是否适合市中心地区。

市中心明显存在停车位短缺。虽然市中心的大部分地方都能相对容易地找到路内和路外停车位，但主街（Main Street）上的 274 个路内停车位在每天 11 小时的收费时间里有 8 小时都是停满的；周六晚上的车位利用率甚至达到 93%。但遗憾的是，大多数路内停车位都被商户或他们的雇员占用了。

在 2008 年初，项目团队向 600 多名市中心的商户、员工和客户分发了《停车拦截式调查表》。该调查表收集了人们对市中心停车的看法、态度和习惯等信息。商家认为大多数顾客不愿意步行超过一个街区、最多两个街区到达目的地。与商家的看法相反，顾客愿意把车停在离他们不远的地方（比如一条小巷），然后步行去他们想去的商店。有趣的是，86%的商户认为大多数顾客很难找到路内停车位，而 74% 的顾客认为找一个路内停车位并不难。

虽然 57% 的员工把车停在路外停车场或停车楼里面，但是仍有 23% 的员工把车停在主街和加利福尼亚大街最好的停车位上。在某些情况下，员工把车停在其他商家前面的路内停车位上，每 2 小时挪一次车。调查结果总体上证实，需要优先为客户提供停车位，而将员工车辆移放至次要停车位上。

指导原则

基于这些研究结果，该市制定了一个停车方案来更好地管理现有的停车供给，并减少或控制停车需求。城市为该项目提出了以下目标：

- 将顾客停车放在第一位；
- 企业与政府建立伙伴关系；
- 提高员工非小汽车方式的通勤比例，以增加顾客可用停车位；
- 改善所有可达方式；
- 统筹路内路外停车系统；
- 将路内停车收入重新投资到项目区域；
- 分析建设立体停车设施的可行性。

项目设计

首先，该项目将主街（Main Street）确定为客户优先停车区域，并建立起一套付费停车系统来提高停车周转率。政府还对邻近道路实施了路内停车时长限制和居民停车许可方案，改善照明、标识和新的宣传材料帮助人们使用周围的市政路外停车场，并提高整个市中心的步行可达性。路外公共停车场的时长限制从 1 小时、2 小时、4 小时或全天停车，改为 4 小时或全天停车，从而为长期停放的访客提供一定的停车位周转以及为店员与通勤者提供全天停车区。

该项目为市中心没有路外停车设施的老旧小区居民制定了居民停车许可政策，并特意为市中心的一些夜间活动创建了一个夜间停车专用政策。

该市在项目中采取了需求响应式定价方法。首先通过停车数据调查将停车位利用率超过 85% 的区域识别出来。然后运用停车管理工具和策略来降低路内停车位利用率，进而提高有多余停车位的路外停车设施的停车位利用率。这些策略包括停车收费的配套措施，如取消停车时长限制、增加市中心核心区道路的短时停车行为以及与核心区路外停车场的停车时长限制相协调，以实现路内停车位以 85% 的利用率为目标来调整价格。

本项目考虑了需求、位置、时间、价格和供给策略来给予顾客停车优先权。利用这些策略，该项目可以解决居民停车问题并更好地管理店员停车。最受欢迎的停车位上都设有"多车位付费站"。周围道路的停车时长限制促进了车辆周转，并让路外市政公共停车场对顾客和店员都更具吸引力。

标识和诱导系统是方便寻找停车位的关键组成部分，并有助于创造一个对行人更友好的环境。为了鼓励"一次停车"（park-once）行为并增加顾客的停车灵活性，随着停车系统从免费过渡到收费，城市取消了路内、路外2小时的停车时长限制。由于顾客在任何一个付费站都能延长停车时间，他们可以想停多久就停多久。

项目实施

市政府、文图拉市中心组织（Downtown Ventura Organization）和商户们接下来组织了社区讨论：①制定条例法规（Ordinance Code）建立市中心停车区（Downtown Parking District）；②确定拟定的市中心停车咨询委员会（Downtown Parking Advisory Committee）的角色；③提供资金用于支持一名警官和多名学员进行执法；④提供公共可用的无线网络（Wi-Fi）。一小部分企业反对该项目，但关键的业主和企业家成了该项目的合作伙伴，帮助该项目顺利实施。

多年来人们一直在讨论的一个问题就是为市中心的顾客提供免费Wi-Fi。市政府和市中心的企业和业主都支持这一想法，但缺乏资金。不过，在市中心停车咨询委员会早期的一次会议上，所有人都认为将停车费用于向公众提供免费Wi-Fi，将会为该项目赢得广泛的支持。

于是免费Wi-Fi问题成为选择付费站供应商的一个主要因素。市政府选择了数字支付技术公司（Digital Payment Technologies，俗称T2）的Luke付费站，因为它能够使用Wi-Fi通信而不是通常的蜂窝通信。摩托罗拉的Mesh系统允许Wi-Fi覆盖付费站所在的市中心核心区域。通过建立一个双通道系统（一个是用于通信的安全系统，另一个是供公众使用的开放系统）来免费提供公共Wi-Fi，不需要市政府或商户额外付费。

2010年，文图拉市在市中心安装了覆盖主街、加利福尼亚大街和其他5条小街的318个付费停车位的付费站，并于当年9月开始基于需求对停车收费进行定价。在实施的第一天，到主街吃午餐的顾客很快在商店和餐馆前找到了停车位。他们并没有因为巡泊而造成交通堵塞。想要免费停车的顾客现在可以把车停在有时长限制的路内停车位上，也可以停在限时更长的路外公共停车场里。

店员不再在商店门前免费停车，他们可以选择路内付费停车，或者使用附近免费的路外停车设施。在项目实施的那个早晨，文图拉市长比尔·富尔顿（Bill Fulton）在他的个人博客上写道："关于我们市中心的停车管理项目，部分路内停车实施停车收费在上午10点开始生效，它已经显示出一定成效。"

尽管最初取得了成功，但该项目也经历了一些成长的痛苦。一小部分企业家反驳说，他们完全没看到付费停车的好处，他们的企业现在正在失去顾客。一位当地的女商人说："自从安装了停车咪表后，我们产品的销量就下降了。"然而，她也承认"人们就是不喜欢改变。"不过，当市中心的商业改善区（Business Improvement District）团体"文图拉市中心合作伙伴"（Downtown Ventura Partners）对市中心的商家进行调查时，83%的商家支持安装咪表，13%的商家持中立态度，只有4%的商家不支持安装咪表。

在2009年和2010年，文图拉又分别进行了路内停车调查，以便监测市中心停车区域发生的变化。通过对这些调查数据以及对有咪表和无咪表路内停车位的使用情况进行分析发现，主街的停车位利用率有所下降，而市中心的无咪表路内停车位和路外停车场的利用率有所上升。随着时间的推移，这给市政府带来了更大的压力，要求提供更多的路外停车位以满足那些为了免费停车而愿意走更远路的顾客。

这个城市想要在2010年圣诞节前做出一些改变。停车位利用率过低的街区取消了停车收费，路内停车位被较少使用的支路其停车价格由每小时1元减至每小时0.5元。此外，为了坚持"顾客第一"的理念，市政府取消了根据停车时长调整价格的方式（即前两小时为1.00美元，每额外一小时为1.50美元）。这一举措也是因为顾客和企业认为变动定价过于复杂、减缓了支付效率。取而代之的做法是，从上午10点到晚上9点的全天固定价格（之前的付费停车限制一直持续到周五的午夜和周六晚上），并提供免费停车优惠券。顾客只需要市中心的商家提供优惠券即可。在停车付费措施实施的前4个月里，总共使用了近15000张优惠券。优惠券项目于2011年1月2日结束，在2010年的假期期间，优惠券代码被用在宣传市中心地区的网络和广告上。在发生这些改变之后，"文图拉市中心合作组织"的董事会主席说，大多数商人和业主都支持这个项目。

但是该项目最初并没有获得预期收入，其中的原因有多种，包括付费停车位数量的减少以及停车咪表运营时间的减少等。这是多年来第一次为顾客提供优质停车位，它减少了停车巡泊，更多的店员也开始将车辆停到周边的路外停车位上。尽管最初出现了一些小问题，但项目进展顺利。毕竟，这个项目的目标是管理停车，而不是创造收入。

该商务改善区的执行董事凯文·克莱里奇（Kevin Clerici）说："随着市中心人气的增长，停车需求也随之增长。然而，我们并没有新增停车位。停车管理系统产生了我们想要的结果——店员全天使用外围停车场，而顾客愿意为优先停车位支付少量费用。那些不介意走一两个街区的人仍然可以找到空置的停车位。虽然没有人喜欢花钱停车，但抱怨的声音已经大大减少了。"

极大地减少了犯罪现象

文图拉市利用警察学员对全市停车法规进行执法。这些学员通常每周工作时间少于20小时，并表示有兴趣成为警察。这些学员通常年龄在18~24岁之间，正在上大学，他们的制服是浅蓝色的衬衫，这将他们与那些穿深蓝色衬衫已经宣誓就职的警官区分开来。当城市开始对市中心的停车收费时，警察学员的招收规模被扩大，以便开展执法。利用警察学员进行停车执法有以下几个理由：

- 警察学员接受警察部门的指导，并与之保持联系；
- 他们是可靠的劳动力来源，未来希望成为全职警察；
- 他们身穿统一的制服，能够阻止该地区的犯罪行为。

市中心的停车管理学员在一名警察下士的指导下工作。这个下士职位的薪资由该地区提供，这也为文图拉市中心地区的安全和清洁工作带来了额外好处，该地区犯罪率降低，安全性得到提高。

警察局长肯·科尼（Ken Corney）说："该项目减少了人们对犯罪情况的担心，并提高了生活质量。学员们身穿制服，使用便携式无线电即时联系警察分局和正式警官，这对改善他们负责巡逻地区的犯罪和混乱状况产生了巨大的影响。在停车执法时间内，市民拨打与停车不相关的服务电话的数量减少，公众和商户的评价良好，这些都是该项目成功的有力证明。"

运行现状

2010~2016 年 10 月实施付费停车的期间，这个项目发挥了良好的作用，停车咪表获得了 330 万美元的停车收入。这笔收入用于运营、维护和管理该项目，以及支付所有执法活动、雇用市中心的专职警察和学员的费用。剩余的净收入被用作支持市区其他改善服务。例如，2014 年开始为市中心增加的厕所和人行道清洁服务付费，2016 年初更换了市中心海滨停车楼具有 30 年历史的支付系统。

文图拉市中心合作伙伴商业改善区（The Downtown Ventura Partners BID）一直在与市政府和商户们合作，以确保该项目仍然能满足人们的停车需求。该团体的执行董事最近表示："最积极支持停车收费的一直是我们的商户，他们现在开始意识到，他们的顾客通常可以在他们的商店前面或附近找到一个停车位，且价格不超过 10 美分或 25 美分。"展望未来，他表示："我们的下一步是实施商家和店主可以为顾客停车进行电话付费，让他们逗留更长时间，并建立友好关系。"鉴于市中心商业区的成功经验，市政府和商业改善区组织开始考虑如何建造更多的停车位来容纳增加的访客、居民和员工的车辆。

2015 年底，由于支付卡行业（Payment Card Industry，PCI）数据安全标准的变化，全市 59 个咪表全部改用蜂窝通信技术。当前的 Wi-Fi 系统仍然存在，继续为市民提供免费 Wi-Fi 服务。现在拥有独立系统的好处是改善了公共 Wi-Fi，因为它将不再用于传输咪表的数据，从而使访客进一步受益。

经验教训

　　文图拉市使用了一种基于停车需求、位置、时间、价格和供给策略等大量数据综合研究的方法。它使用了最新的技术和程序，同时还精心制定了适应当地条件的政策。在整个项目实施过程中，政府工作人员与利益相关者和民选官员密切合作。该项目优先考虑顾客停车，并认识到保证本地居民停车需求的必要性，沟通和伙伴关系的重要性同样不可低估。

　　文图拉市安装了停车咪表，根据停车需求调整收费价格，并将收费收入返还用于提高公共服务水平。商业街道现在有了停车空位，交通拥堵有所缓解，公共服务有所改善，市中心更干净、更安全，商业繁荣，每个人都可以使用免费的 Wi-Fi。这些成果来之不易，也不是一蹴而就的，但所取得的收益远远超过付出的成本。

第 47 章

休斯敦停车受益区的发展

玛丽亚·艾尔沙德（Maria Irshad）

在一个周六的晚上，人们结束在夜店和酒吧的喧嚣后准备离开。他们涌入居住区的街道，寻找停放在这里的汽车，大喊大叫，有时甚至在沿路的角落里打架。与此同时，代客泊车的服务员来回跑动，不断按着车辆报警器，以便能够快速找到顾客的车辆。

居民们透过卧室窗户注视着这些混乱情况，担心自己能否在周末睡个好觉。他们期望早上醒来时前院没有那些空易拉罐、瓶子和披萨盒。

听起来是不是很熟悉？一个蓬勃发展的娱乐区可以为一个之前停滞的地区带来巨大的经济收益，但这些收益同时也带来了诸多痛苦。

项目背景

休斯敦市的华盛顿大道走廊（Washington Avenue Corridor）在 2005 年左右开始成为一个娱乐区。这条东西走向 4 英里长的走廊正好坐落在市中心的外围，南北两侧都是居民区，其中包括历史悠久的旧六区（Old Sixth Ward）。

休斯敦是城市蔓延的代名词，但华盛顿大道走廊沿线的人口密度近年来急剧增加。从 2000~2010 年，走廊沿线的人口增长了 47%，明显超过城市其他地区的增长速度。

但是，华盛顿大道走廊内的停车供给却没有像经济增长一样快。1989 年以来一直没有改变用途的建筑已经是"祖父级"建筑，尽管之前的酒吧只有少量老主顾，在突然吸引了大量人群后，它也并不需要提供更多的停车位。以华盛顿大道走廊为例，大多数现有的酒吧和夜总会几乎完全没有路外停车位。最终，历史悠久的当地酒吧和小型音乐场所被能吸引更多人、不同顾客群的夜总会和酒吧所取代。到 2011 年，华盛顿大道走廊已经变成了一个繁荣的夜间经济区域——停车问题就证明了这一点。

华盛顿大道走廊商业环境的转变与住宅的繁荣相吻合。开发商拆除了大块用地上的平房，在狭窄的街道上建设三层连栋房屋，没有人行道和路缘空间。新的开发项目使车辆成倍增加，并增加了对附近社区的停车需求。本地居民之间不仅要争抢有限的路内停车位，还必须与周末到酒吧和夜总会的顾客展开竞争，因为那些地方几乎没有路外停车位。

　　私营部门在适应停车需求过程中惹出麻烦。代客泊车服务向车主收取 20 美元，却把车无偿地停放在居民房前。当地居民抱怨说，代客泊车服务员为了给顾客保留停车位，竟然厚颜无耻地在居民区街道上摆放锥筒。

　　居民和商业之间的冲突急剧增加。居民向市长、市议员和市政官员抱怨噪声、停车、交通以及在公共场合醉酒等问题。从 2011 年进行的一项调查中可以了解这些观点："开发者需要承担责任……[他们] 摧毁了我们的社区""华盛顿大道走廊不能再建酒吧"以及"多少酒吧才够呢？嗯，当你需要做停车研究的时候，就会发现酒吧太多了，社区所有的人都在抱怨。"居民们几乎总是与商家的意见相左。

　　商家们对此无动于衷。对他们来说，路权是公共的，任何没有被指定为"居民停车许可区"（Residential Permit Parking，RPP）或"禁止停车区"（no-parking zone）的地方都可以公平竞争停车位。虽然走廊内有商户曾经试图解决居民的问题，但很少能令居民满意。

让我们聊聊

　　为解决日益严重的停车问题，城市早在 2009 年就成立了论坛和工作组。其工作成果包括调查区内所有路外停车配建标准、核实停车位使用许可、改善和增加停车标志、定期与警察局会晤处理噪声问题，以及对商业区的免费路内停车制定一个更好的管理计划。

　　该市缓解停车问题的第一步，是在 2009 年在走廊周围的社区实施"居民停车许可区"政策。虽然居民停车许可区政策在一定程度上缓解了这一问题，但由于条例要求街区至少有 75% 的单户住宅才能实施，所以许多居住区道路并不符合该政策要求。到目前为止，走廊附近已经设立了 9 个居民停车许可区，共约 300 个停车位。

　　休斯敦 – 加尔维斯顿地区委员会（Houston–Galveston Area Council）对该地区开展了一项"宜居中心"（Livable Centers）研究。研究证实，停车问题对居民的生活质量构成了挑战。该研究建议通过一个停车受益区（Parking Benefit District，PBD）政策来改善对路内停车供给的管理。停车受益区政策包括为访客提供路内收费停车位，为居民提供停车许可证，并把部分停车收入还给社区用作公共改善项目。该地区新当选的市议员、市长艾伦·科恩（Ellen Cohen）成为华盛顿走廊实施这一政策的拥护者（图 47–1）。

　　项目举行利益相关者会议，之后举行市政厅会议，向任何感兴趣的人士提供实施"停车受益区"的计划和时间表。代表走廊中不同社区、房主和商户的 14 个不同实体总共参加了 27 次利益相关者会议。项目还在网上调查征求意见，反馈并回答了相关问题。在整个过程中，透明度是关键，其目的在于减轻居民的反对，同时保护商户的利益。项目建立了一个网站：www.houstonpbd.org，以便利益相关者反馈意见并浏览地图、查询常见问题和过往会议的资料。

　　2012 年 12 月 5 日，休斯敦市议会一致批准了一项为期 18 个月的试验计划，以测试停

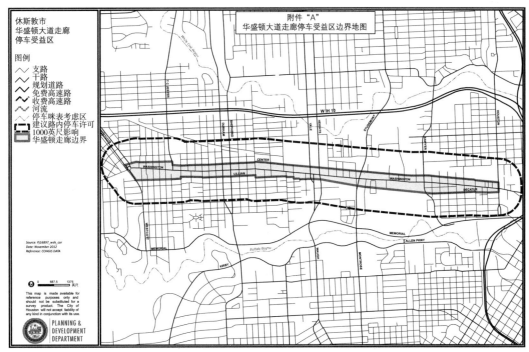

图47-1　华盛顿大道走廊停车受益区边界图
照片来源：玛丽亚·艾尔沙德。

车受益区的可行性。艾伦·科恩说："那些去餐馆就餐的人准备好花大价钱来找个地方停车，他们确实准备多花点钱找到一个停车位并为其付费。"

停车受益区的支持者认为这将缓解停车问题并为公共服务带来新的收入，而一些商户则担心价格可能会吓退顾客。该条例要求在安装咪表后的18个月内对该项目提交一份正式报告。

该试点项目要求设置54个停车付费站管理大约350个停车位。停车收费时间为每周7天，每天早上7点到次日凌晨2点，尽管大部分地区在早上6点到9点以及下午3点到6点都没有停车需求。通过这些措施，希望能够缓解高峰时段的交通流量压力。

为了减轻对一些不符合现有居民停车许可（RPP）政策的街道的限制（由于单户住宅比例不足），在停车受益区的边界图和条例中可以指定"停车受益区停车许可分区"（PBD Permit Parking zones）。这项保护措施只限居民和商户停车，并为不符合现行居民停车许可条例的道路提供相同的停车保护。

财务情况

条例承诺将60%的停车咪表收入用于公共改善项目，其余40%分配给城市。由于该项目处于测试阶段，因此委员会希望确保该项目能够运营并产生足够的收入。所以在为公共改善项目分配资金之前，"停车受益区"试点项目必须积累至少 25 万美元的净收入。这些改善项目将在付费站启用后的 18 个月内启动。

由于该地区缺少"商业改善区"（Business Improvement District，BID）组织，因此由城市负责管理该项目，并设立了一个咨询委员会以监督绩效情况，制订改善项目清单和先后顺序。咨询委员会中有居民和地区商户代表，但委员会的大多数成员代表的是商户利益。

咪表收入预测基于 2011 年进行的停车位利用率，其平均停车位利用率为 70%（350 个停车位中有 270 个被使用）。在 70% 的利用率下，预计咪表将在前 12 个月累计获得 25.6 万美元的净收入。

实施之后

停车付费站和华盛顿大道走廊上的新停车标志于 2013 年 5 月投入使用。付费站所贴的信息让用户知道大部分收入将用于该地区的改善。当地所有的新闻频道、博客和报纸都报道了这一事件，一些社论也对此表达了支持。在为期 18 个月的试行期间，咨询委员会每月在公开场合举行会议来审查该项目。

安装了停车咪表后，某些停车行为发生了意想不到的变化。一些路外收费停车场变成了免费，从而让白天的停车人转移到这里来停车。员工和顾客可以驱车 0.5 英里，在附近找到免费停车位，然后步行前往目的地。居民们长期抱怨的停车问题依然存在；然而在符合居民停车许可资格的 17 条街道中，只有 1 条街道递交了申请。其他居民们不愿意申请居民停车许可区，即使许可证的价格只有 25 美元 / 年。

在收费道路上停车的车辆数量明显下降。安装咪表后，每个周末晚上大约 100 辆车停在路内；而在安装咪表之前，这个数字是 270 辆。在该走廊的步行距离内没有停车限制的居住区道路继续表现出较高的停车位利用率。

由于停车咪表收入低于预期，因此停车受益区被重新评估。最初的收入预测没有考虑到走廊内的咪表罚款。从整体上看待这个项目（它的成本和产生的收入），委员会建议从咪表罚款中获得的新收入也应该归属停车受益区项目。

由于该区域 80% 的咪表收费交易是通过信用卡完成的，与其他只有 57% 的信用卡支付的区域相比，城市能够减少对走廊的维护和收费成本。

如果没有增加收入并减少开支，停车受益区将无法积累足够的收入来偿还这些咪表的债务。该项目实施是让当地先负担所有费用，但只返还部分收入；而另一方面城市没有任何支出，却从咪表收费和超时停放的罚款中获得了收入。

2014 年 6 月，在为期 18 个月的试点结束时，咨询委员会一致同意对回复给市议会的停车受益区条例进行两项变更并获得市议会一致性批准：第一，根据停车咪表罚单产生的收入，市政府将承担一部分投资、维护和运营成本；第二，市政府将项目创收的门槛从 25 万美元降低到 10 万美元，以便项目能够尽快启动。

咪表艺术化

随着项目的发展，出现了新的挑战。停车受益区内停车的人在咪表前会超时停车，因为他们不知道咪表会持续运营到凌晨 2 点，而不是像城市其他大多数地方那样运营到下午 6 点结束收费。超时的咪表罚单比完全不付费的罚单数量高出 57%，这表明需要更多的宣传才能使该项目在走廊上发挥所有效益。

为了在夜间突出咪表并引起人们对走廊的关注，本市与休斯敦艺术联盟（Houston Arts Alliance）合作发起了一个"艺术咪表"项目。一位当地的艺术家将华盛顿大道走廊的 3 个咪表变成了实用型艺术作品，其中结合了照明设计，以引起人们对夜间付费的关注。

该市还委托当地一位艺术家设计了镂空雕刻的钢结构，将停车咪表包裹起来，并在其中安装了灯具。每一件作品都代表了休斯敦三个季节（春、夏、秋）之一。市长安妮丝·帕克（Annise Parker）认为艺术停车咪表显示出"对传统停车咪表有趣而独特的改变"，特别是在城市的艺术社区内。这个项目表明停车内涵可以很丰富，而不只是向咪表付费。

团队协作

到 2014 年 9 月，华盛顿大道走廊的停车受益区实现了净收入至少 10 万美元的目标，咨询委员会开始对改善项目清单进行审查和排列优先顺序。在为改善项目筹集了 7 万美元之后，委员会决定把重点放在对走廊产生最直接影响的小型项目上。委员会修订了项目清单，将重点放在鼓励小汽车替代交通方式的项目上，包括自行车停车架、宣传工作和改善公交车候车亭等。

到目前为止，该委员会已经批准了华盛顿大道停车受益区支出计划，资助了 2016 年安装自行车架的项目。安装这些自行车架有两个目的：一是促进小汽车替代方式的发展，二是提高公众对华盛顿大道停车受益区的认知。

尽管停车位利用率低于最初的预测，停车受益区试点仍然被视为是成功的。走廊内的停车位利用率和咪表收入持续增长。最重要的是，居民的抱怨显著降低了。自从咪表设置以来，华盛顿大道走廊内的新餐厅和住宅开发一直不断增长。

也许停车受益区最大的好处是它所促进的协作文化。商户和居民现在正在共同努力改善他们的社区。艺术咪表项目让停车官员、艺术家和社区合作，将乐趣与功能融为一体。在 2015 年秋季，咨询委员会与市长办公室和卫生部门合作推出了"周日街道"（Sunday Streets）年度活动，让公众在没有汽车的街道上骑自行车、散步、玩轮滑、玩呼啦圈或进行任何其他体育活动。居民和商户继续向城市提供潜在的咪表位置，并确定需要新增的执法区域。

　　停车受益区咨询委员会通过与社区的持续讨论和互动，已经成为代表华盛顿走廊利益相关者统一发声的组织。委员会继续举行公开会议，为居民和企业提供表达关注问题的场所。他们的网站经常更新包括会议议程和会议记录在内的诸多资料，让市民随时了解本地区的最新情况。网站还发布其他材料，例如许可证申请、管理条例和媒体报道，让市民可以一站式地获取市政信息。

　　我们经常谈论政府行为带来的意外伤害，但很少提及意外收益。停车受益区起初只是作为管理路内停车的一种方案，现在已经发展成为商户和居民在寻求促进经济发展的同时保持社区意识统一的平台。这种新的协作文化无疑是华盛顿大道停车受益区的一项重要收益。

参考文献

[1]　Website for the Washington Avenue Parking Benefit District：*www.houstonpbd.org*.

[2]　Parking Benefit District Ordinance：http：//www.houstontx.gov/parking/washingtonavenue/pbd_ordinance_20140611.pdf.

第 **48** 章

得克萨斯州奥斯汀市的停车受益区

利亚·M·博约（Leah M.Bojo）

先不要假设人们极度讨厌停车咪表，想象一下会不会出现这样一个奇特的场景：在一个热闹的混合用地地区，居民们自发提议安装停车咪表以管理他们繁忙的街道。

这种场景在大多数城市是难以想象的。尽管我们知道停车咪表可以解决停车位的运营问题，但我们也知道它们会带来政治问题。在依赖汽车的文化中，居民觉得有权利在路内免费停车，尤其是在居住区。当社区被车辆停满时，居民们通常会呼吁只允许本地居民停车。遗憾的是，这些居民却没有看到停车收费与实现他们更安全、更整洁的街道这一目标之间的联系。

停车受益区（Parking Benefit Districts，PBDs）可以解决停车咪表提案所带来的政治摩擦。停车受益区是一个地理边界范围，其内的停车咪表收入被专门用于该区域内的基础设施改善项目（图48-1）。停车受益区的政治目标是通过将高停车需求转化为收入来改善居民区，从而帮助居民将街道视为一种资产。当市政府留出一部分停车收入用于开展当地街道改善项目时，人们的态度会发生变化。

得克萨斯州奥斯汀市（Austin）在2011年推出了一个成功的停车受益区计划，将其描述为"在提高路内停车位可用性的同时，促进步行、自行车和公共交通的使用"的一种方法。这个计划包括三部分进程，首先开展一个试点项目进行探索；然后在全市范围内选择可选的社区；最后创建这个计划的第一个官方停车受益区。通过这一程序，原本高停车需求的试点地区最终变为奥斯汀市第一个停车受益区。试点项目的成功支持了停车受益区政策在全市范围的制定。

试点区即奥斯汀的第一个停车受益区位于得克萨斯大学校园西面，距离市中心约1.5英里，由25

图48-1 使用停车受益区试点项目的收入在Rio Grande 大街上设置双向自行车道

图48-2　大学西区人行道不足，而停车受益区可以提供建设资金

个街区组成。它包括了一个为行人、自行车和公共交通提供服务的快速增长的混合用途地区。该社区住满了学生，用地以多户住宅和商业相互混合为主，附近是单户住宅。随着该社区越来越受租房学生的欢迎，常住居民和学生之间的关系越发紧张。2005年，该地区被划入"大学社区覆盖区"（University Neighborhood Overlay）。覆盖区的规定中允许新开发项目将停车费与房租分开，以此作为增加密度的条件。政府官员希望一些学生能被较低的租金所吸引，从而选择公共交通、自行车或步行上学，而不是开车出行。遗憾的是，免费的路内停车破坏了将停车成本与租金分开的效果。如果你可以在路内免费停车，为什么还要租停车位呢？学生们把车停放在大街上，有时几个月都不动。路内停车完全没人管理且非常拥挤。人们把车停在离交叉口非常近的地方，车辆挡住了出入口和消防栓，而且也很难找到停车位。但同时，该地区急需改善基础设施（图48-2）。在一个民众参与政治的居住区，民众对停车的极度需求促使城市寻求一种创新的停车管理方法。

启动试点

奥斯汀在2006年从环境保护署（Environmental Protection Agency）获得了4.3万美元的拨款，开始探索停车受益区计划。该市用这笔钱对大学西区（West Campus）进行停车收费来测试停车受益区的效果。这个地区位于市中心之外，面积相当大。这笔拨款用于支付停车咪表的运营成本，以确保停车收入足够资助该地区的基础设施项目。政府还向附近的社区居民保证，在试点试验过程中如果试点项目不成功，那么在拨款用完后这些停车咪表可以被拆除。这给了居民和政府人员一个试用期，并保证了咪表在永久收费之前先进行评估。

政府人员认为试点很成功。除了提高停车管理以外，停车咪表还带来了可观的收入。虽然试点项目仅包含96个咪表停车位，而市中心早已有数千个，但它在四年的时间里收缴了近30万美元，证明了停车需求高的小区域可以创造可观的收入流。政府将这些收入与其他资金相结合，用来拓宽人行道，并增加长椅、行道树、自行车停车架、垃圾桶，还沿着该地区两条主要街道修建了一条自行车道（图48-3、图48-4）。得益于该试点的成功，政府

图48-3　大学西区附近的一条街道，配有行人路灯和　　图48-4　由停车受益区试点收入参与投资的第23街的
　　　　自行车停车架　　　　　　　　　　　　　　　　　　　　街道景观

人员在2010年提出了一项创建永久性停车受益区计划的法案，同时也希望让大学西区试验区能够成为该市第一个正式停车受益区。

将试点变成正式项目的困难

这个广受好评的试点实际上是非常成功的，但是当市政府首次提出永久性停车受益区计划时，附近的一些居民和大学生对此表示了担忧。作为回应，政府人员组建了一个由这些居民和学生组成的利益相关者小组，来审查提案并解决相关问题。

附近单户住宅的利益相关居民几乎对停车受益区计划的各个方面都提出了质疑。他们以下列问题开始：

● 应该将多少比例的收费区停车收入投入到"停车企业基金"（Parking Enterprise Fund，PEF）中，用于全市范围的停车建设？

● 停车受益区的支出中应该有多大比例由收费区停车收入支付？

● 这个计划的成本是多少？

经过深思熟虑，利益相关者一致同意，每个停车受益区的收入应该覆盖本地区的项目开支。项目支出包括信用卡费（75%的停车人用信用卡支付）、停车执法、咪表服务和维护、项目管理、收据制作和供应、街道标志和宣传，以及咪表的债务偿还等。

政府人员同样坚持将部分停车收入分配给全市范围内的停车企业基金，以避免各社区之间因停车需求差异造成投资不平等。居民们对此表示理解，要求在扣除项目费用后，将51%的收入分配给该地区，将49%的收入分配给停车企业基金。政府人员同意了该项收入分配方案提议。

然而，停车收入只是居民们提出的众多担忧之一。例如，居民还提出城市将如何避免停车咪表让居住社区变得更像商业区的氛围。城市工作人员以使用多车位付费亭而不是单车位咪表来缓解这种担忧。这些付费亭不仅减少了社区的咪表总数，而且还在单户住宅地区提供了在街角设置咪表的方式，而不是直接放置在住宅前面。

居民们还质疑如何解决停车受益区毗邻地区的停车外溢问题。为了解决这个问题，政府人员补充说，所有居住在拟建的停车受益区附近以及停车受益区中的居民，都必须被告知这个项目。这样，所有可能受到影响的居民都将有机会权衡此事。这让邻近的居民有机会对适当的边界范围提出意见，从而最大限度地减少停车外溢问题。

学生们还提出了一个主要担忧的问题：在缺少路外停车位的旧公寓楼周围减少免费的路内停车位会导致停车供给不足。这些公寓楼大部分都在停车配建标准颁布之前建设，因此地居民们习惯把车都停在路内。政府人员通过为符合条件的多户住宅居民提供居民停车许可证来解决这一问题。

克服社会不信任

利益相关者小组的居民和学生都提出了一些问题，表现出对城市管理程序缺乏信任：

- 我们怎么知道指定的停车收入真正遵守承诺用于本受益区？
- 会有足够的停车收入来建设任何有用的东西吗？
- 停车受益区会被一小群居民、商户或政府强加给一个大区域吗？

政府人员通过对计划要求进行了微小但重要的更改，来解决这些问题。为了确保停车受益区的收入用于该地区，城市被要求与地区利益相关者召开年度会议，并共享月度损益报告。为了表明能够产生足够的收入来建设有用的项目，政府人员分享了人行道建设成本分析报告，并在停车受益区申请报告中增加了附加潜在建设项目清单的要求。通过分析停车受益区的收入预测和拟建项目清单，政府人员可以确保能够用预期收入如实建设拟建的改善项目。政府人员还指出，其他资金计划可以与停车收入结合使用，从而有机会利用停车收入来建设更大的项目。

最后，为解决居民对少数人可能会违反大多数人的意愿而强制推行停车受益区的担忧，停车受益区条例被修订。条例规定，停车受益区的申请只能由位于提议区域内（至少部分位于）的注册社区组织发起。一旦申请被提交后，条例对公众参与有精细明确的要求，包括居民通知、社区会议、多次公开听证，以及最终由市议会批准每个停车受益区。

虽然这个过程很长且有时也很费力，但获得社区的信任对停车受益区条例的成功是至关重要的。通常，这些与信任相关的问题很容易通过更改申请流程和项目要求来解决。由于政府人员能够花时间倾听并接受意见，所以他们赢得了利益相关者的信任。

政府工作人员关心的问题

通过公众宣传，政府工作人员还解决了一些内部问题。奥斯汀市的交通工程师坚持保留在任何认为合适的地方安装停车咪表的最终权利，即使面对政治困难。因此，工作人员解释说停车受益区并不是今后安装咪表的唯一方法。该计划旨在为地区提供一种早于市政府安装咪表的领先机制，从而可以从城市那里换取一部分停车收入。这不是一种让城市政府放弃街道管理权力的合法方式（也不应该有）。

政府人员不希望将现有的咪表纳入停车受益区中。在试点区，一些街道已经安装了咪表，利益相关者团体希望这些咪表的收入纳入新的停车受益区。然而，政府人员不希望原本全市项目预算中的咪表收入突然被转移到一个小区域。这个问题需要根据每个停车受益区的具体情况达成具体协议来解决。在某些情况下，停车受益区只将既有咪表的增量收入包含进来，以避免干扰现有的收入流。

在解决了所有利益相关者的疑虑之后，市议会在 2011 年轻松通过了修订后的停车受益区计划。该计划包括了上述讨论的条款，此外为了保证运营所需的固定成本，增加了每个停车受益区至少需要 96 个停车位的下限要求。该计划还要求：进行停车位利用率研究，以确保足够的停车需求；制定政府人员与利益相关者之间的协议，用于记录受益区详情；规定表现不佳的停车受益区可以被取消。虽然停车受益区计划的利益相关者大多来自最初的试点地区，但是利益相关者和政府人员积极努力地创建了一个在城市任何地方都适用的计划。

从计划到停车受益区

在 2012 年，大约是在停车受益区条例通过一年之后，市议会批准了由当地居民提议的"大学西区停车受益区"。这个过程进行得很顺利，因为社区的大多数问题都在创建全市停车受益区计划的过程中得到了回答。为了将试点地区转变为正式的停车受益区，大学西区的利益相关者们收集了所需的请愿书，告知了地区居民，并举行了必要的社区会议。在整个项目基本上获得批准后，大学西区的利益相关者们立即开始为该地区制定优先建设项目列表——所有这些项目都必须支持自行车、行人和公共交通。他们划定的受益区范围超出了咪表收费区域，以便将来将受益区进行扩展，并将咪表数量从试点时期的 96 个增加到 300 多个

（图 48-5）。他们与政府工作人员起草了协
议，并向市议会提交了大学西区停车受益区
提案，该项目很快就获得了批准。

对奥斯汀的好处

　　自项目正式实施以来，大学西区停车受
益区的收入逐年增加。尽管该项目在第一年
并没有全年运行，但截至 2013 年 9 月，该
受益区收缴的收入仍超过了 9.5 万美元。在
下一个的财政年度，收入增加至 15 万美元，
是预期收入的 2 倍。

　　2016 年，大学西区停车受益区开始建
设其第一个基础设施改善项目——沿着一条
行人优先街道修建几个街区的新人行道。政
府工作人员已经在规划下一个项目——在一

图 48-5　大学西区停车受益区
资料来源：得克萨斯州奥斯汀市交通局。

个目前没有铺装的区域修建一个线性公园。一旦所有预定的项目完成，受益区的咪表将成为
城市常规停车咪表的一部分，咪表产生的收入将全部进入全市的公共资金，惠及所有居民。
到那一刻，可以通过街道空间管理以及通过停车受益区所支持的本地基础设施项目来改善步
行、自行车和公共交通，从而实现它的目的。

　　除了改善街道景观外，大学西区社区还受益于停车管理的改善——更好的停车行为、
更安全的街道以及更多的可用停车位。人们对居住区商业化的担忧已经消退，这些社区正从
连续的车辆周转中获得经济回报。

　　创建试点、批准全市范围内的停车受益区计划，然后允许各地区申请自己的受益区，
这三步程序比最初预期花费了更长的时间和更多的公众投入。有时连政府工作人员和利益相
关者都失去了耐心。尽管如此，从一开始就制定出的这个全面的计划，使大学西区停车受益
区更容易实施，而且很可能会节省时间和人力资源。这种一致性将使未来的停车受益区更容
易创建、预测和实施。

　　试点计划有两个额外好处：基础设施投资过程中带来的公共利益和培训利益相关者团
体的机会。在早期，该计划只是把城市的责任转嫁给社区。随着利益相关者了解到停车受益
区的项目成本和收入细节，以及文件起草和项目实施的复杂性后，这种观点逐渐消失。这种
透明度使人们对该计划和整个城市增添了信任。停车受益区项目创造的价值超过了传统的付
费停车。它在收费方面建立了利益共享，并为期望通过成功管理停车来改善混合用途的地区
树立了榜样。

奥斯汀市的经验教训

　　大学西区停车受益区已经超出了政府人员的预期，被认为是一个巨大的成功。然而，仍有一些经验教训需要吸取。自从该计划获得批准以后，没有新的社区申请停车受益区，但奥斯汀市最近建立了两个非常相似的收费区，称为"停车和交通管理区"（Parking and Transportation Management Districts，PTMDs）。"停车和交通管理区"与"停车受益区"在概念上是相同的：新安装的停车咪表产生收益，使咪表所在地区受益。停车和交通管理区计划的规则和申请流程略有不同，它克服了停车受益区计划申请和投资要求的狭窄性。作为对利益相关者的让步，停车受益区计划只允许来自当地居民组织的申请。因此，需要一个新的计划来考虑不同的申请人和不同的收入分配。事后来看，停车受益区的描述语言本来可以更宽泛一些。如果停车受益区计划中的描述语言不那么严格，那么就不需要一个只是申请程序和支出要求略有不同的并行计划。到目前为止，一个混合用途的开发商和一组商户已经要求使用停车和交通管理区计划。像停车受益区计划一样，首先创建一个整体的停车和交通管理区计划，然后具体区域可以申请自己的管理区。

成功的证据

　　奥斯汀市已经从"停车受益区"与"停车和交通管理区"计划的开创工作中看到了实实在在的好处。大学西区的利益相关者已经扩大了他们停车受益区内咪表收费的范围；而且在奥斯汀的很多地方，由于停车咪表的存在，街道对自行车、行人和公共交通更加安全。居民们更加意识到停车咪表是一种可行的管理工具，也更加信任市政府来安装它们。因此，其他城市可以借鉴奥斯汀市的成功经验，充满信心地推进自己的停车项目。他们还可以借鉴奥斯汀市通过简化停车受益区与停车和交通管理区计划来确定改善哪些地方。"停车和交通管理区计划"的创建表明了与社区分享停车收入的成功。

　　虽然可能不是很神奇，但居民主动提出设立停车收费区域的场景不再那么难以想象。既然它在奥斯汀市已经发生，那么也就可能发生在任何一个寻求停车受益区好处的城市。

参考文献

[1] Austin's Parking Benefit District Program ordinance，20111006-053：https：//austintexas.gov/department/city-council/2011/20111006-reg.htm#053.
[2] Austin's West University Parking Benefits District ordinance，20120927-75：https：//austintexas.gov/department/city-council/2012/20120927-reg.htm#075.

第 **49** 章

墨西哥城的停车受益区

罗德里戈·加西亚·雷森迪兹 (Rodrigo Garcia Reséndiz)

安德烈斯·萨努多·加瓦尔登 (Aadrés Sañudo Gavaldón)

在墨西哥城,很少有交通政策会比停车受益区(墨西哥叫作"ecoParq")更具争议性。它是一种对路内停车收费并将收入用于改善当地公共空间的政策。尽管城市将停车收入的30% 用于收费区域的公共利益,但是许多人认为路内停车收费太激进且不公平。居民们想要在自家门前免费停车,上班的人和访客们想要在公司或商铺前免费或廉价停车,而不正规的路内停车运营者希望将他们占用的路内停车位视为私人财产而保持收费。

尽管早期遇到了反对,但是 ecoParq 现在管理着墨西哥城 2.6 万个停车位。停车收费采用市场价格的好处包括减少交通拥堵、提升空气质量,以及在安装停车咪表的社区改善公共服务。

EcoParq 并不完美,一些功能还必须进行完善和提升,以便提供更好的用户体验。例如,在所涉及社区中提高项目透明度和更有效地使用停车收入。当然,路内停车收费的初步结果大部分都是积极的,因此很难反对该项目的扩张。

EcoParq 实施之前

早在 20 世纪 90 年代,墨西哥城便开始对路内停车收费,当时两个最热闹的商业区 Cuauhtémoc 和 Juárez(也叫 Zona Rosa)的居民,希望以管理通勤人员停车为目标来改善街道拥挤问题。居民和企业与当地政府合作,批准安装停车咪表,并由私人特许经营商来运营。协议中规定,84% 的净收入被特许运营商用于运营和维护停车咪表,只有 16% 的净收入用于该区域的公共改善项目。尽管出发点很好,但腐败、执法不力以及公共资金的分配和使用方式不透明等,都破坏了这项举措的好处。因此,其他社区没有受到鼓励对路内停车进行收费(图 49-1)。

在放弃早期推行路内停车收费方面所做的努力之后,路内停车执法不力和开车出行的增加加剧了交通拥堵。执法不力也促进了不正规的私人停车市场的蓬勃发展。停车人如果不向非法经营公共空间的"法拉绒"们(franeleros,名字来源于他们用来吸引顾客的红抹布)缴费,是不可能在没有停车监管的商业区停车的。"法拉绒"们利用水桶、锥桶、木箱等占

图 49-1　墨西哥城实施停车受益区之前的街道　　图 49-2　墨西哥城实施停车受益区后的街道

有公共空间，他们的目的当然不是改善停车和交通，而是尽可能地在路内和人行道上停放更多的车辆来使利润最大化。这给行人制造了一个敌对的环境，并限制了他们的移动性。

EcoParq 的实施和发展

20 世纪 90 年代早期，对路内停车收费的尝试没有成功，导致城市安装的单车位停车咪表不超过 5000 个。2011 年墨西哥市政府探索了"停车受益区"的概念，认识到需要采取这种与以往不同的策略才能产生理想的结果。

新的策略包括了三个公共机构的参与。"墨西哥城城市发展和住房局"指定了停车受益区的实施区域；"墨西哥城财政局"负责收取由私人公司监管的停车咪表收入；最后，"墨西哥城公共空间管理局"的任务是监督停车咪表系统的安装、运营和维护。同时，为了恢复、收回和管理公共空间，该机构还负责创建一个公共投入程序，以确定如何将资金用于再投资。新策略中还包括一项财政计划，将停车咪表净收入的 70% 分配给私人运营商，将 30% 分配给收费地区用于公共空间改善。停车受益区让墨西哥城的路内咪表停车位增加了一倍多，从 2012 年的 11315 个增加至 2014 年的 26378 个（图 49-2）。

最近实施的停车受益区项目应该只是全城建设 10 万个以上停车咪表这一宏大目标的开始。当该目标完成后，本项目可作为整个拉丁美洲停车政策的典范。

项目收益

EcoParq 社区的生活质量和公共空间得到了改善。该项目表明，路内停车过于拥挤不是因为供给不足，而是缺乏有效的管理。例如，在墨西哥城的高档区域波兰科区（Polanco），路内停车位在实施 ecoParq 之前被 100% 占用（考虑非法停车的话超过 100%）。在实

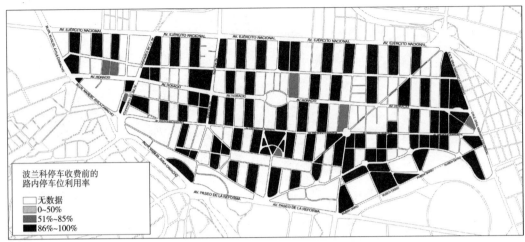

图 49-3　实施 ecoParq 前的日均路内停车位利用率
资料来源：ITDP, 2012.

图 49-4　实施 ecoParq 后的日均路内停车位利用率
资料来源：ITDP.

施 ecoParq 之后，虽然有一些街道仍然饱和，但平均停车位利用率下降到 65%~90%。如图 49-3、图 49-4 所示，实施 ecoParq 前后波兰科区的路内停车位利用率。

　　停车位利用率高（86%~100%）的街区减少了近 75%，而停车位利用率在 51%~85% 的街区增加了 600% 以上。停车空位的增加表明在这个社区不断开车绕圈寻找停车位的情况减少了。波兰科区的停车咪表让平均巡泊时间从 13 分钟减少到了 3 分钟。减少巡泊会减少尾气排放、减少非法停车以及提高城市的宜居性。

　　事实证明，停车受益区的集体收益大于免费停车的个人收益。除了减少拥堵和尾气排放外，停车受益区每年产生超过 1600 万美元的公共空间改善费用，这将为大多数人带来好处，而不仅仅是开车人。停车咪表的收入可以用于改善人行道、清除涂鸦、美化新的街道景观和增加更多的步行空间（图 49-5）。

路内停车政策的改变通常会产生副作用。墨西哥城出现了两个意想不到的重要后果。从历史上看，政府官员一直关起门来制定交通政策，缺乏透明度和问责制。然而，由于停车咪表是一个备受争议的话题，政府知道必须投入一些推广活动来向公众宣传路内停车收费的好处，利益相关者的会议被高度政治化。因此，第一个意料之外的副作用是一些社区拒绝实施停车受益区项目；尽管如

图 49-5　墨西哥城波兰科区的人行道和停车收费表
资料来源：ITDP.

此，一些停车受益区还是取得了进展。随着新实施的 ecoParq 受益区的确立和社区改善，反对意见可能会平息下来。

在设定路内停车的"正确"价格时，出现了第二个意料之外的后果，这引发了对墨西哥城停车配建下限标准的审查。更好停车政策的倡导者，如交通和发展政策研究所（The Institute of Transportation and Development Policy），知道如果要在城市内实施全面的停车改革，就必须取消或至少降低停车配建下限标准。因此，更好的路内停车监管的好处，激发了关于减少路外停车配建标准的讨论（第 15 章）。

改进的空间

EcoParq 肯定还有可以改进的空间。除了改进相关技术如付款方式、实时信息和需求响应式定价策略之外，还改进必须来自当地政府官员的提议，例如建立停车管理部门、更新私人运营商和政府之间的合同方案，以及为公共空间改善提供资金的长期计划。

由于墨西哥城正试图建立世界级的路内停车收费系统，因此应该设立一个专门的停车管理部门。无论停车咪表是由政府部门还是私营公司经营，控制路内停车都需要一个强大而合格的公共机构。这个部门应该负责为每个利益相关者制定官方指南，以期为每个社区提供最低质量以上的服务。因此，它也应该负责规划和评估私营商对 ecoParq 的管理。定期评估对于达到移动性和公共空间的改善目标至关重要。该机构还应争取将大部分咪表收入分配给公共项目。

为了提高效率，相互竞争的特许经营者应该竞标管理停车位的合同。收款应集中于一个信托账户而不是转到政府的公共账户中，从而保证支付给预期用途的合法接收者。这将增加透明度和公众信心，并将减少实施风险和投诉。也许最重要的是独立会计师审计 ecoParq 的收入和支出情况并公布结果。

EcoParq 还应该采用更方便的支付方式，例如信用卡和借记卡、预付停车费和电话支付

技术。这些更改应该包括引入一个手机程序，它能够向用户提供停车位可用性和价格的实时信息。近年来，用于路内停车管理和观测利用率的技术发展迅速。但墨西哥城现有的停车咪表是按统一价格收费的，没有考虑路内停车的需求变化。而在一天的不同时间设置不同的价格有助于更有效地管理路内停车。

最后，城市应该制定一个长期规划，用停车收入来资助公共空间的改善。政府官员应该启动一个参与式的程序，为该地区的公共空间制定一个 5 年或 10 年的发展愿景。停车受益区将使城市实现这一愿景。

结　论

曾几何时小汽车控制着墨西哥城的每一寸街道，而那些步行的人都是二等公民。现在停车受益区已经让部分地方的这种情况成为过去时。事实上，不仅行人受益于停车受益区，居民、企业和广大市民也受益于此。如果停车受益区扩展到整个城市，墨西哥城将不仅以其巨大的规模、丰富的历史、美食和文化闻名，更会以其宜居性而瞩目于世。为使用公共土地而支付合理比例费用的开车人，将为提高这种宜居性提供资金。

参考文献

[1] Díaz, R. 2012. "Políticas Públicas Destinadas a Reducir el Uso del Automóvil: Manual de Implementación de Sistemas de Parquímetros para Ciudades Mexicanas." Instituto de Políticas para el Transporte y Desarrollo México. http：//mexico.itdp.org/documentos/manual－de－implementacion－de－sistemas－de－parquimetros－para－ciudades－mexicanas/.

[2] Medina, S., A. Sañudo, X. Treviño, and J. Veloz. 2013. "Impacts of the ecoParq Program on Polanco: Preliminary Overview of the Parking Meter System after One Year Running." Institute of Transportation Development and Policy. https：//www.itdp.org/impacts-of-the-ecoparq-program-on-polanco/.

[3] Medina, S., and X. Veloz. 2012. "Planes Integrales de Movilidad: Lineamientos para una movilidad urbana sustentable. Instituto de Políticas para el Transporte y Desarrollo México. http：//mexico.itdp.org/archivo/documentos/manuales/?tdo_tag=reduccion-del-uso-del-automovil.

[4] Sañudo, A. 2012. Implementación de Parquímetros en Polanco: Estudio de Línea Base.: Instituto de Políticas para el Transporte y Desarrollo México. http：//mexico.itdp.org/documentos/implementacion-de-parquimetros-en-polanco-estudio-de-linea-base/.

第 50 章

停车受益区在北京

唐纳德·舒普（Donald Shoup） 袁泉（Quan Yuan） 姜昕（Xin Jiang）

从全球范围看，很多低收入社区都面临两大突出难题：超负荷的路内停车和低配置的公共服务。一项政策可以同时解决这两个难题：基于市场价格征收路内停车费，并将其收入用于本地公共服务。

管理停车最好的方式就是收取合理的停车费。根据地点和时间调整停车价格，能够确保每个街区随时都有至少 1~2 个空置的停车位。这一政策也被称为停车价格的金发姑娘（Goldilocks）原则，即过多停车空位意味停车价格过高；反之，没有停车空位则说明停车价格过低。如果各街区有 1~2 个停车空位，可以让开车人较为容易地在目的地找到停车位，则此时价格为最优。金发姑娘价格将确保路内停车位既得到充分利用（大部分停车位被使用），又易于使用（为随时新来的停车人提供车位）。

新技术的应用已经解决了路内停车收费的许多技术难题。咪表能够根据时间段按不同费率收取停车费，而感应装置能够报告停车位的实时使用情况。剩下的问题在于人们对收取停车费的接受程度。

停车受益区

为了让收取停车费获得更多的支持，一些美国城市通过建立停车受益区（Parking Benefit Districts，PBDs）使停车咪表广受欢迎，将停车收入用于收费区的公共服务。通常情况下，停车咪表的收入都汇入城市基本资金，其使用情况不为人知，因此本地的商户和居民并不支持路内停车收费行为。一旦将收取的停车费用于社区公共服务建设，则很容易获得当地居民的支持。价格可以管理停车，公共服务可以改善社区。社区中工作或者生活的居民和业主们能直接感受到停车收入为本社区带来的利益。

帕萨迪纳老城是位于美国加利福尼亚州帕萨迪纳市的一处历史商业区，它见证了停车受益区的成功（第 44 章）。帕萨迪纳老城的停车咪表收入帮助以前的商业贫民窟变成了受欢迎的目的地。1993 年，城市在帕萨迪纳老城安装了停车咪表，将每年超过 100 万美元的收入用于重建人行道、种植行道树、增加历史景观，以及强化警察巡逻并提供其他公共服务。

受这一案例启发，其他城市包括奥斯汀（第48章）、休斯敦（第47章）和圣迭戈等城市都承诺将停车收入用于收费区的公共服务设施建设。

那么，停车受益区是否适用于其他国家和地区呢？为了回答这一问题，笔者以北京市的一处历史街区为研究案例。虽然案例主要针对该处社区，但是研究发现，对于具有以下特点的社区都具有适用价值：①路内停车需求大，但缺乏有效管理；②公共服务设施供给不足；③大部分居民使用路外停车位或没有私家车；④拥有私家车的居民收入相对较高。具备这样特点的社区在很多城市都有，尤其是亚洲、非洲和拉丁美洲的城市更为普遍。

胡同中的停车位和公共服务

胡同是中国北方城市中比较狭窄的通向居民区内部的道路，它与世界上很多历史老城的低收入区域非常类似。图50-1所示为私家车大规模普及之前的胡同面貌。

停车合法化

胡同通常宽3~9米。北京市政府规定，宽度6米以下的胡同禁止停车。在比较宽的胡同中，机动车只能停放在画有白色实线的合法固定车位之内。然而，由于停车空间的缺乏，违章停车的现象在胡同中非常普遍（图50-2）。

考虑到有限的停车位可能随时被他人占据，许多车主几乎不使用已经占据停车位的车辆。还有车主会使用各种临时装置（如搭建临时车棚等），以确保对停车位的长期使用。实际上，机动车车主对道路的蚕食行为，是将公共土地私有化的过程。

北京市违章停车行为占所有停车行为的比例高达45%。这些违章停车占据部分机动车道、人行道和自行车道空间。正是因为违章停车非常普遍，也让真正切实有效地执行规章变得非常困难。针对这一现象的最佳解决方案就是将违章停车空间合法化，也就是在考虑行人、

图50-1　私家车大规模普及前的胡同面貌

图50-2　胡同中由于单侧停车造成的道路拥堵

非机动车、运货卡车和应急车辆需求的情况下，结合城市设计确定的原则，以及本地居民的停车需求，规范路内停车行为。

停车用地的合法化也意味着将停车位的范围予以明确并获得确定的使用权。这一合法化过程主要有两个好处。首先，停车将更为方便和可预知，减少因违章停车造成的交通混乱。其次，它为停车费用于资助公共服务建设提供了基础。

更好的公共服务

如果城市将路内停车的收入作为提高公共服务的资金，许多居民尤其是不使用路内停车位或者没有私家车的居民，很有可能会支持在社区中收取停车费。虽然北京大部分胡同已有自来水、电力和通信设施，但仍有很多胡同缺少符合卫生条件的排污设施，当地居民只能依靠公共厕所。超负荷的停车和落后的公共厕所建设是许多胡同都存在的问题。笔者试图探索一种制度，通过收取停车费为改善公共卫生环境提供充足的资金，并且，方便的停车环境和干净清洁的环卫设施能得到当地居民对规范路内停车以及收费的认可和支持。

停车自治管理试点项目

在北京市最近对两条胡同实施的停车合法化带动公共服务设施改善的试点项目中，笔者有幸获得了其中的详细信息。本书的研究对象主要针对北京市西城区西四北七条胡同。该胡同共有 247 户 660 名居民。停车自治管理项目的主要内容包括治理车辆乱停乱放，清理胡同内占道障碍物，以及通过发放停车证的方式为本胡同居民预留停车位（图 50-3）。

该项目同时包含公共服务设施提升改造任务。居委会招募公共厕所卫生员，安装监控摄像头以及建立 24 小时治安巡视制度（图 50-4）。私人公司同时为社区提供道路清理、垃圾回收以及景观维护等服务。

图 50-3　北京市西城区西四北七条胡同中规范化后的
　　　　停车位

图 50-4　北京市西城区西四北六条胡同的公共厕所

财务分析探讨

资本及运营成本探讨

在试点项目中停车是免费的，由街道政府补贴公共服务。但是，可以探讨停车收费是否可以代替对试点项目的补贴。北七条胡同的资本成本主要用于卫生、景观美化和停车规范化，总计约 6.2 万美元（38 万元人民币）。运营成本主要是用于支付厕所清洁工、垃圾回收人员和巡逻人员的薪水，每年约为 2.46 万美元（15 万元人民币）。

其他同样停车混乱且公共服务不佳的社区希望看到类似的改善，但是无法全面实施试点项目一样的行政补贴。能否将路内停车按市场价格收费获得的收入，用来资助其他社区类似项目的资金和运营成本呢？为了回到这个问题，笔者探讨了北七条胡同的潜在停车收入。

来自路内停车的收入

分配停车许可证可以有很多方式（比如抽签），对停车许可证进行收费是唯一能够为公共服务提供收入的方式，而拍卖制度则是最简单地达到市场价格水平的方法，这一价格恰好平衡了社区停车的供求关系。北京市对住宅、商业和办公用地进行拍卖，而上海等其他一些城市则对车辆牌照进行拍卖。因此，使用拍卖制度进行公共土地资源分配是合理且常见的。

一种特定的拍卖形式，被称为统一价格拍卖，经常用于拍卖大量均质的物品。如果对北七条胡同的 52 个停车位用统一价格进行拍卖，假设胡同每个居民都可以参与一次竞价，竞价价格按照降序排列，价格最高的 52 名竞价者获得许可证。所有的竞价成功者都只支付这 52 份竞价价格中的最低价格。因此，除了出价最低者，其他所有成功者所支付的价格都比其竞价价格要低。统一价格拍卖会鼓励更多的人参与竞价，因为竞价高者并不需要冒着支付高于成交价格的风险。居民可以根据支付意愿尽可能地提高竞价价格，以确保获得停车许可证，但并不需要最终支付该价格。

拍卖成交价将与附近路外停车的市场价格相关联。例如，如果居民可以租用附近的停车库，那么他们所愿意支付给胡同内部停车位的价格则不会超过该租金价格。根据笔者的调查，北七条胡同附近的停车库租金不低于 500 元 / 月，因此可以假设该胡同内停车许可证的合理价格也大致为 500 元 / 月。如果最终成交价为 500 元 / 月，52 个停车许可证每年能够售出约 31.2 万元，这些收入就可以用于社区公共服务建设。

虽然对车主来说，500 元并不算便宜，但他们将获得方便的停车服务和稳定的停车位，而这些资源在停车位紧张的城市区域将越来越昂贵。因为停车费被用于公共服务建设，所以同时获得停车位保障和公共服务品质提升将进一步吸引社区居民参与到拍卖中。特别是在一些社区中，大部分居民不使用路内停车位或者不拥有私家车，他们会非常支持停车受益区政策。

项目回报期

以北七条为例，500 元 / 月的停车许可证能够产生 31.2 万元 / 年的收入，是公共服务设施当年运营成本的 2 倍。根据每年 15.6 万元的净收入与 40 万元的初始投入，可以算出该项目投资回报期约为 2.5 年。也就是说，停车收入不仅能够负担运营成本，也能较快地偿还初始成本。这也意味着，此项目可以实现项目资金的自给自足，并能够推广运用于其他社区。

停车受益区的政策前景

传统居民停车证对停车费用的定价远低于市场价格，这是因为住户对于自己住宅门口的停车位具有由空间邻近带来的地缘优势和影响，从而使住户有可能抵制对自家门前停车位按市场价格收取停车费。停车受益区以传统的居民停车证为基础，但在三个方面有所区别。首先，车主对停车证支付市场价格，而不是自定的非市场价格；其次，停车证数量与停车位数量对应；最后，停车收入用于改善基础设施和公共服务设施的建设与运营。当大部分居民不使用路内停车或者不拥有私家车时，更完善的基础设施和公共服务给居民带来的效用将大于免费停车产生的效用。

为了研究这一模式的政策可行性，在此引用相关地区机动车保有量的数据（表 50-1）。截至 2013 年年底，西四北七条拥有小汽车的住户占 35%，因此 65% 的住户将无偿从停车受益区政策享受到基础设施和公共服务设施改善的利益，也就是说，享受这项免费福利的住户将占到整个胡同住户的 2/3。如果这些不拥有小汽车的住户选择牺牲胡同内的免费停车机会来改善公共服务，停车受益区这一政策便具有可行性。

北京市不同区域私人机动车拥有量　　　　　　　　　　　表50-1

	北京市	西四北七条
居民户数	835 万户	247 户
拥有私人机动车的居民户数	351 万户	86 户
无私人机动车的居民户数	484 万户	161 户
拥有私人机动车比例	42%	35%
无私人机动车比例	58%	65%

资料来源：2013 年北京市统计年鉴，2013 年北京经济社会发展统计报告，西四北六条居委会。

停车受益区的政策公平性

虽然与拍卖停车位相比，随机抽取停车位的方式看似给予居民更为平等的机会，但是它无法为改善公共服务提供资金支持。随机抽取的方式会把具有高价值的土地分配给少数幸运儿，但是对其他人不产生任何额外的惠益。因为，随机的方式是让少数小汽车拥有者享有免费停车的好处，而大多数相对贫困、买不起车的家庭无法获益，这其实并不是一个公平的策略。

假设停车收费能够带来每年 5 万美元的收益，并用来投资改善公共服务，免费停车意味着对拥有小汽车的居民提供每年 5 万美元的补助。难道为 52 户拥有小汽车的居民提供免费停车会比为 247 户居民提供更完善的公共服务更为重要吗？如果一个城市已经对停车进行收费，并且每年投入 5 万美元在提供更好的公共服务上，没有人会建议政府取消改善公共服务以提供免费停车。

停车受益区采用的是自下而上的管理方式。停车收费是否会给低收入家庭带来不公平的负担？在北京，有车家庭的家庭收入是无车家庭的 2 倍（表50-2）。北七条胡同里有车家庭的平均年收入几乎是无车家庭收入的 3 倍。因此，对停车收费并且将这笔专款用于公共服务设施的改善，也就是将富裕家庭的收入转移支付给贫困家庭。让富裕、拥有小汽车的居民为较为贫困居民的公共服务设施的改善买单，路内停车采取收费就不太会受到民众对政策公平性的质疑。

北京不同区域家庭年均收入　　　　　　　　　　　　　表50-2

	北京市	西四北七条
所有居民家庭	80612 元	22100 元
拥有私人机动车家庭	101778 元	37872 元
无私人机动车家庭	48864 元	13676 元
有车家庭与无车家庭收入比	208%	277%

资料来源：2013 年北京市统计年鉴，2013 年北京经济社会发展统计报告，西四北六条居委会。

从公平和效率两方面考虑，在车辆拥有者收入较高但大多数居民没有汽车的情况下，停车受益区是最适合的政策。收入较低、没有车辆的大多数人将免费获得公共利益。

停车受益区很有可能成为一种管理路内停车的有效方式，一种为公共服务筹资的公平途径。但这会涉及公共土地私有化的问题吗？政府拥有土地，对停车按市场价格征收停车费，并且将收益用于改进公共服务，因此，停车受益区是市场社会主义，而不是私有化。

结论：将难题转变成机遇

街道属于社区，停车受益区将路内停车区域的价值进行量化，并将收益用于社区福利。对北京胡同的案例研究表明，路内停车收费能够有效为公共支出筹资，并且在最多 3 年的时间内得到回报。在试点案例中，大部分住户没有私家车，并且有车家庭的平均年收入是无车家庭的近3倍。停车受益区把停车收入从富裕的车主身上转移到贫穷的无车居民身上，而无论是富裕还是贫穷，居民都能够从更规范的停车与更完善的公共服务中受益。

　　停车受益区将尤为适用于满足以下情况的高密度社区：①路内停车混乱且车位短缺；②公共服务与基础设施落后；③大部分居民在路外停车或者没有私家车；④拥有私家车的居民收入相对较高。如果拥有符合这些特点的社区，那么任何一个城市都能够开展对停车收费为公共服务筹资的试点项目。如果结果差强人意，政府可以取消这个政策，其成本也很小。如果居民对结果满意，政府可以在其他街区推行这一自我筹资的项目。由于社区将拥有资金使用权与决策权，居民能够在管理自己的社区上获得更多权利。停车受益区将成为一项收益高、成本低、政策可行性高的用于改善城市、环境、交通和经济的政策。

参考文献

Shoup, Donald, Quan Yuan, and Xin Jiang. 2016. "Charging for Parking to Finance Public Services," *Journal of Planning Education and Research*, Vol. 37, No. 2, June, pp. 136–149. https：//www.dropbox.com/s/lgrzggpz1r3myr2/ChargingForParkingToFinancePublicServices.pdf?dl=0

本章由原文作者之一袁泉翻译。

第 **51** 章

居住区停车受益区

唐纳德·舒普（Donald Shoup）

舞蹈要跟着音乐一起变化。

——西非豪萨人（Hausa）谚语

对居住区街道上的停车进行收费，其感觉就像对公园里玩耍的孩子收费一样。但是如果路内停车免费且所有的停车位都被占用了，那么想停车的开车人就会绕着街区不停地转圈以期望有一辆车能够驶离。寻找这种抢手的免费停车位的行为，堵塞了交通、污染了空气、浪费了燃料。在拥挤的街道上允许免费停车，只是让少数开车人在某一天幸运地获得短暂的好处，但却让大多数人每天都承担着巨大的社会成本。

如果城市对路内停车收取正确的价格（足以让每个街区产生 1~2 个停车空位的最低价格），那么人们就没必要争抢停车位了。所有的开车人都会因此获得巨大的停车回报。

为了让商业区的路内停车正确定价获得政治支持，一些城市设立了停车受益区（Parking Benefit Districts），将停车咪表的收入用于收费区的公共服务。这些城市为每个地区提供了一套政策，包括停车收费和更好的公共服务，如干净的人行道和免费的 Wi-Fi。去一个实施停车受益区的商业区旅游、工作或经营企业的每个人，都可以看到他们的停车咪表在发挥作用。那么，停车受益区政策适用于居住区吗？

居住区停车受益区

在居住型社区中，停车"受益"区类似于常规的停车"许可"区（路内停车需要许可证的社区），但在三个重要方面有所不同。首先，停车受益区发放的停车许可证数量受限于路内停车位的数量；其次，开车人要按市场价格购买许可证；最后，停车许可证的收入被用于社区公共服务。

来看这样一个社区：大多数居民要么没有车，要么即使有车也把它停在路外；只有少数人在路内停车。在这种情况下，获得更好的公共服务的前景（一个更干净、更绿色的社区）可能会说服大多数居民支持对路内停车按市场价格收取停车费。

对路内停车位收取市场价格并不意味着只有富人才能在路内停车。由于不同收入水平的人在城市中通常分区居住，富人们将会相互竞争自己居住区的路内停车位，并将推高其许可证价格。提高富裕居住区的居民停车许可证的价格，就像对路内停车的开车人征收所得税一样。

统一价格拍卖

城市如何为居民停车许可证设定市场价格？通常采用对出售大量相同物品的统一价格进行拍卖（uniform-price auction）的方法，这也是探明数量有限的居民停车许可证市场价格的最简单方法。按照可用停车位的数量来限定停车许可证的数量是非常重要的。一个路内停车许可证比路内停车位还要多的地区，就像门票销售量比座位数量还要多的剧院一样。

如何在一个为居民预留了 20 个路内停车位的街区开展统一价格拍卖。首先，任何居民都可以申请许可证。投标价格按降序排列，标价最高的 20 位居民获得许可证。在统一价格拍卖中，所有的中标者都支付相同的价格，即最低的中标价格。在所有成功中标的投标人中，除了报最低价格的人以外，其他人需要支付的价格都低于他们的投标价。同时，可以设置少量路内咪表停车位，以供没有许可证的开车人使用。

拍卖居住区街道上的停车许可证，乍一看如同向等待肾脏移植者拍卖肾脏一样令人讨厌。但是，如果其收入用于重新铺设路面、清洁人行道、种植行道树和提供其他公共服务，批评者们可能会改变想法。只有少量人为路内停车付费，但每个人都会从公共服务中受益。由于城市现在不对居住区路内停车收费，所以停车受益区相当于提供了一种新的公共收入来源，而不会从任何其他公共项目中抢夺资源。

不在路内停车的居民开始把拥挤的路内停车位视为一种公共服务的潜在收入来源，并像房东看待租金管制一样看待免费停车。路内停车免费就像对汽车实施租金管制。随意地让少量开车人获得免费停车的权利，而不给买不起车或选择不买车的人任何东西，这是不公平的。

乍一看，持怀疑态度的人可能认为拍卖停车许可证将使公共土地私有化。但政府拥有这些土地，对停放其上的私人汽车按市场价格收费，并将收入用于提供公共服务。因此，停车受益区类似于市场社会主义，而不是私有化。

不过，一些批评人士可能会说，停车的市场价格太高，开车人支付不起。对于这种批评有四种回应。首先，只有当开车人愿意为原先免费的停车位支付高价时，价格才会高；其次，在统一价格拍卖中，除最低价格中标者外，所有许可证持有者都愿意支付比他们最终支付价格更高的价格；再次，如果价格高，将有更多的收入用来购买更好的公共服务；最后，任何低于市场价格的价格都将造成路内停车位的短缺，这将导致巡泊行为，造成交通拥堵并污染空气。这些都是反驳路内停车市场价格太高的充分理由。例如，如果一个街区路内停车位采用市场价格能够产生足够的收入让所有居民都能免费使用 Wi-Fi 和获得免费公交卡，那么谁还会说市场价格太高呢？

　　每个人都想免费停车，但对于开车人来说，如果路内停车免费却没机会使用，那和采用市场价格但支付不起没有多少区别。然而，这对城市来说却有着巨大的区别。在繁忙的街道上允许免费停车会增加交通拥堵和空气污染，而市场定价的路内停车却可以获得收入用于支付公共服务。

　　居住区可以尝试先在道路的一侧实施停车受益区政策。虽然街区只能获得一半的停车收入，但是这会让居民在免费停车和收费停车之间能进行选择。居民可以直接比较难以找到的免费停车位和有保障的付费停车位哪个更好。如果居民后来决定对道路两侧都进行收费，那么他们可用于支付社区公共服务的资金将会增加一倍。

曼哈顿的居住区停车受益区

　　曼哈顿将是一个测试居住区停车受益区好处的良好地区，因为这里只有22%的家庭拥有汽车（表51-1）。尽管曼哈顿的汽车拥有率很低，但它在居住区产生的巡泊行为可能超过世界上任何其他城市（《高代价免费停车》，P277-278和P285-288）。

纽约市的汽车拥有量　　　　　　　　　　表51-1

	纽约市	曼哈顿
家庭户数	3063393	738121
无车家庭户数	1699976	577967
有车家庭户数	1363417	160164
有车家庭比例	45%	22%

资料来源："2008-2012 American Community Survey 5-Year Estimates".

　　民选官员了解停车问题。纽约市议会议员马克·莱文（Mark Levine）在2017年表示："任何曾经在曼哈顿寻找过停车位的人都非常清楚，这是一个残酷而耗时的过程。"那些抱怨停车的人是从开车人的角度看待这个问题，但巡泊行为同样给其他人造成困难。它减缓了包括公共交通和货物运输在内的所有交通方式的速度，增加了骑车人和行人的危险，污染了每个人呼吸的空气。通过减少巡泊，居住区停车受益区可以改善城市中几乎每个人的生活。

　　城市可以将其宝贵的路内停车位作为公共资源来为公共服务提供资金，其收入将非常可观。共管公寓（Condominium）的停车位售价在曼哈顿和布鲁克林分别高达100万美元和30万美元，因此路内停车位的拍卖价格应该会很高（《高代价免费停车》，P513-519）。

　　政府擅长进行重大公共投资，例如建设高速公路和地铁，但不擅长维护它们（图51-1）。路内停车的收入可以用来维持公共基础设施的清洁和进行良好维修。

图 51-1 曼哈顿西 4 街的地铁站

图片来源：Eric Goldwyn.

在曼哈顿，绝大多数人将受益于公共服务，只有小部分人需要支付路内停车费。由于曼哈顿拥有汽车的家庭其平均收入比没有汽车的家庭高 88%，因此对路内停车收费并用于公共服务将起到从富裕家庭向贫困家庭重新分配收入的作用（表 51-2）。

纽约平均每户家庭年收入（美元）　　　　　　　　　表51-2

	纽约市	曼哈顿
所有家庭	77060	120091
有车家庭	96472	191389
无车家庭	61836	101554
有车家庭与无车家庭收入比值	156%	188%

资料来源："2008–2012 American Community Survey"，公共使用小样本数据。

保证均等

如果富裕的社区采用更高的停车价格，它们将获得更多的收入以支付公共服务。为了避免社区间的不平等，城市可以采用公共财政中的"权力均等化"（power equalization）方法。假设城市每个路内停车位的平均许可证收入是 2000 美元 / 年，城市可以把每个停车位 1000 美元 / 年的收入用于各自停车受益区来支付公共服务，然后为全市公共服务提供 1000 美元 / 年。按照市场价格收取停车费的所有社区都将获得同等的收入来改善公共服务，而所有社区也都将受益于全市公共服务的改善。

通过停车资助公共服务的权力均等化方法，收入最高的社区将补贴收入最低的社区。这种共享安排保持了当地社区安装停车咪表的动机（每个停车受益区都将所获得收入用于支付公共服务），但该收入在所有停车咪表社区中被平均分配（每个停车受益区的每个停车咪表都分配相同的收入）。用权力均等化方法来分配停车收入，与在有停车问题的社区安装停车咪表却把停车收入用在城市其他地方的常规政策相比，看起来更公平。

总收入

停车受益区的总收入取决于一个城市的停车位数量。旧金山是美国唯一对路内停车位进行全面普查的城市（San Francisco Municipal Transportation Agency，2014）。旧金山有275450个路内停车位，大约每3个居民就有1个路内停车位。如果首尾相连，旧金山的路内停车位将绵延约1000英里，比加利福尼亚州840英里的海岸线还要长。如果每个路内停车位都是160平方英尺，那么旧金山的路内停车位将覆盖约1.6平方英里，相当于金门公园的面积。停车所占用的土地价值非常巨大，由于旧金山90%的路内停车不收费，所以说这笔停车补贴肯定非常巨大。

虽然纽约没有确切的数字，但专家估计该市至少有300万个路内停车位，大约每3个居民就有1个路内停车位。如果首尾相连，这些停车位将几乎环绕地球一半，占地约17平方英里，是中央公园的13倍。由于纽约97%的路内停车没有收费，因此这笔停车补贴肯定是天文数字。用于建造住房的土地价格昂贵，但住房前面的道路却被用来免费停放汽车。

如果纽约300万个路内停车位中只有一半采用停车受益区政策，且每个停车位的平均收入为2000美元/年（每天仅为5.5美元），那么每年的总收入将达到30亿美元。一半收入可以用于改善社区环境，另一半可以用于支付全市范围内的公共服务，例如翻新地铁系统。通过停车财政的权力均等化，这股海量资金将从富人区流向穷人区，并从曼哈顿流向外围地区。规划人员和政治家们可以用金钱和公共服务说服市民对他们社区的路内停车位按照市场价格收费。

当地选择

城市可以为社区选择免费路内停车或者更好的公共服务。例如，如果一个街区有20个路内停车位，每个停车位每年可以收入2000美元，那么免费停车相当于每年补贴开车人4万美元（2000美元×20个）。如果这个城市对路内停车位已经按照市场价格收费，并给一个大多数居民不在路内停车的街区每年额外4万美元来支付公共服务，那么很少有人会认为城市应该减少这4万美元的公共服务费用来为难以找到停车位的20辆汽车提供补贴。

停车受益区收入可以为居住区的各种公共服务提供资金。停车受益区在商业区已经提供的服务包括夜间街道清洁和人行道清洁、为区内所有人提供免费公共Wi-Fi服务，以及为区内所有上班族提供免费公交卡（第44~50章）。提供这些由路内停车资助的新公共服务，也将为社区创造新的就业机会。相比之下，免费路内停车不会创造任何就业机会。

停车受益区还可以避免在扫街日将汽车从街道的一边移到另一边。停车许可证收入可以用来购买真空设备以清洁车辆的周围和车下区域，这样开车人就不用因为清扫街道而移动汽车，也不会因为违反街道清扫规定而收到罚单。

停车受益区是一种自下而上而不是自上而下的策略，因为每个社区都会自行决定是否采用该策略。只有大多数居民都想要施行停车受益区，这个社区才会采用。即使是那些不选择停车受益区的社区也将从实施停车受益区的社区所提供资助的全市服务中受益。大多数交通政策都无法提供这种民主选择的权利，例如无法选择是否建设轨道交通或征收交通拥堵费。

任何一个城市都可以开展一个试点项目，在一些人口密集、路内停车位稀少的社区对路内停车进行收费，并将所得收入用于公共服务（《高代价免费停车》，P447–450）。如果居民对试验结果不满意，那么城市可以取消这个项目。但是如果居民们确实喜欢其试验结果，那么城市可以在其他社区也开展这种自筹资金的项目。

转型政策

如果一个社区已经实施免费或廉价的居民停车许可区（Residential Parking Permit District）政策，居民可能会抵制转型为市场定价。城市可以这样解决问题，允许现有许可证持有者继续按原来的价格付费，但是对新发放的许可证采取市场价格。如果现有的许可证是按以前的低价格被"继承"的，那么当前居民不会因价格过高而迁出该社区；但是随着老居民的迁出，市场价格也将逐步上涨。原有的居民将享受到新的公共服务，而无须支付更多的停车费。

加拿大的温哥华市打算采用这一转型政策，在西端区（West End）对居民停车许可证采用市场价格。向市场价格转变的速度应该很快，因为许多家庭的停车许可证不会保持很长时间，在温哥华只有20%的许可证有效期超过五年。

保护现有居民以获得在转型时期的政治支持有很好的先例。租金管制（Rent control）通常应用于当前居民，但当房产周转时，租金会根据市场价格重新调整。这种转型政策似乎看起来更像是权宜之计而不够公平，但改革必须从现状开始。正如最高法院法官本杰明·卡多佐（Benjamin Cardozo）所写道的："正义的到来不是狂风骤雨，她喜欢的是缓步前进。"

可负担住房

停车受益区可以增加可负担住房的供给。当前几乎每一项在旧街区修建新住房的提议都捆绑着有关稀缺路内停车位的争议。现有的居民担心新居民将与他们争夺免费的路内停车位，这将使本已困难的停车状况雪上加霜。结果，城市要求新建住房提供足够的路外停车位以防止路内停车拥挤。因此，免费路内停车使得交通和住房两个问题本末倒置。

如果路内停车是免费的，那么限制街道上停放车辆数量的唯一方法就是限制新建住房的数量，并要求它们有足够的路外停车位。这些停车配建标准增加了住房成本并减少了住房供给。但是，如果用停车许可证限制停车需求来适应可用的路内停车供给数量，那么新住房将不会导致路内停车的过度拥挤。然后，城市可以取消对路外停车位的配建要求，允许开发商提供更少的停车位和更多的住房。如果开发商只提供很少或不提供路外停车位，那么风险就要由开发商来承担，而不是城市或社区。使用停车受益区管理路内停车的城市将不需要路外停车位配建标准。

停车受益区可以通过允许房主将车库改造成"奶奶房"*，从而进一步增加可负担住房的供应量。将路外车库改造成住宅的业主可以放弃原有的车库出入口，并将其改造成新的路内停车位，从而增加路内停车位的供应量。城市可以通过对放弃出入口的房主给予奖励来鼓励车库改造。例如，城市可以提供永久的免费公交卡以换取关闭出入口，而其成本将由新停车位带来的路内停车收入来支付。

如图 51-2 所示，原先房屋正面的车库门被第二套房所取代，从而改善了居住区立面的城市设计形象（进入第二套房的入口可以设在侧面建筑退线内）。

在建造新的可负担住房的同时，车库改造可以通过小型单元数量的增加和地理位置的可用性来减少现有可负担住房的需求。如果改革后的停车配建标准允许的话，车库公寓可以创造一种收入综合型社区，不仅同一社区的收入存在多样性，而且同一块房产内居住着不同收入的人。车库公寓将被称为"自然发生的可负担住房"（naturally occurring affordable housing，NOAH）：不需要公共补贴就能负担得起的住房单元。由于新车库公寓的居民将不会竞争现有的可负担住房供给，所以它带来的好处将会源源不断，并会降低其他住房的租金。

大多数居民可能不会因为他们想增加可负担住房的供给而要求设置停车受益区，但他们可能会因为想改善社区而要求设置停车受益区。作为一种副产品，取消路外停车配建标准将消除可负担住房的主要障碍。

停车受益区的促进就业效应

停车受益区将增加公共支出，但支付停车费将减少私人消费。这将如何影响当地就业呢？如果公共服务是由当地提供，但大部分私人消费品是从区域以外进口，那么为当地创造的唯一就业岗位就是亚马逊快递卡车司机。总的来说，将支出从私人消费转向公共服务将增加对本地劳动力的需求（Shoup，2010，P230-31）。我们可以进口手机但不能进口干净的人

---

*   住宅中为老年父母加盖的一套居室。——译者注

图 51-2　车库改造为住房
图片来源：唐纳德·舒普。

行道，因此将消费从新的手机转向更干净的人行道，将增加当地就业。

停车受益区不是一个为创造就业而开展的项目，但在公共政策方面政治往往比经济更重要，创造就业在政治上很重要。在一个每月创造和失去大量工作的经济体中，如果私人消费支出略有下降，由此造成的失业可能是不明显的；相比之下，新的公共支出创造的就业岗位大多显而易见，尤其是对工会成员而言。改善社区将使城市中几乎所有人受益，而它提供的新公共服务所创造的就业机会是停车受益区的另一个好处。

把问题转化为机遇

笔者曾经以纽约市为例，提出了如何在人口密集、停车位稀少的社区中实施停车受益区政策。世界上有许多城市的人口密度与纽约相当，而且许多比较老的美国城市中也有一些人口非常密集的社区。任何城市的高密度社区都可以从停车受益区中获益。

政策是由政治驱动的，不同政治派别的不同利益集团都能在停车受益区中找到自己喜欢的东西。自由主义者将会看到它增加了公共服务；保守派人士将看到它依赖于市场选择；

开车人将会看到它保证了路内停车和不用为街道清扫移动车辆；居民们将看到它改善了自己所在的社区；环保人士将看到它减少能源消耗、空气污染和碳排放；民选官员将看到它使停车去政治化、减少交通拥堵，在不增加税收的情况下获得更好的公共服务。

　　把路内停车位作为宝贵的不动产进行管理的城市，可以停止补贴汽车、减少交通拥堵和碳排放。它们将改善交通、降低住房成本、提供更好的公共服务。停车受益区通过权力均等化手段，能够公平、高效地管理用于私人停车的公共用地。它可能会逐步成为一种政治上受欢迎的改善城市、经济和环境的方式，通过一个车位一个车位地进行转变。

参考文献

[1]　Brown, Anne, Vinit Mukhija, and Donald Shoup. 2018. "Converting Garages into Housing," *Journal of Transportation and Economics*.

[2]　City of Vancouver. 2017. "West End Parking Policy." http：//vancouver.ca/streets-transportation/west-end-parking-strategy.aspx.

[3]　San Francisco Municipal Transportation Agency. 2014. "On-street Parking Census Data and Map." http：//sfpark.org/resources/parking-census-data-context-and-map-april-2014/.

[4]　Shoup, Donald. 2010. "Putting Cities Back on Their Feet," *Journal of Urban Planning and Development*, Vol. 136, No. 3, September, pp. 225-233. http：//shoup.bol.ucla.edu/PuttingCitiesBackOnTheirFeet.pdf

[5]　Shoup, Donald. 2011. *The High Cost of Free Parking*, Chicago：Planners Press.

[6]　Shoup, Donald Shoup, Quan Yuan, and Xin Jiang. 2017. "Charging for Parking to Finance Public Services," *Journal of Planning and Education Research*, Vol. 37, No. 2, June, pp. 136-149. https：//www.dropbox.com/s/lgrzggpz1r3myr2/ChargingForParkingToFinancePublicServices.pdf?dl=0.

尾声：四两拨千斤

> 要是我早知道写一本书这么麻烦，
>
> 我就不会写了，以后也不会写了。

——马克·吐温《哈克贝利·芬恩历险记》

当美国规划协会在 2005 年出版了《高代价免费停车》后，规划专业一半的人认为我疯了，剩下一半认为我在白日做梦。但是现在人们对当前停车政策的态度从无脑接受开始怀疑批判，而更多的规划人员也都承认停车改革是理智和实际的。城市可以通过更少的停车位来做更多的事情。

《高代价免费停车》的前三章解释了城市如何开始在 20 世纪 30 年代要求配建路外停车位，以及停车配建标准如何在美国和世界上广泛传播。然而，城市规划专业教育里面没有指导城市规划人员如何设定停车配建标准，教科书也没有提供任何帮助。城市规划书籍的索引里通常从"巴黎"（Paris）跳到"参与"（Participation），中间找不到"停车"（Parking）。大多数交通和城市经济类的教科书中也没有提到停车。研究城市规划却忽略停车就像研究行星运动却忽略重力一样。然而，作为城市占地面积最大的一类用地类型，停车几乎被所有学科的学者视而不见（《高代价免费停车》，P25–26）。

美国规划协会长达 1514 页的著作《精明增长立法指南：规划与变革管理的示范法规》（Growing Smart Legislative Guidebook：Model Statutes for Planning and the Management of Change）错失了让人们关注停车配建标准问题的机会。美国规划协会于 2002 年出版了这本 11 磅重的指南，是其历时 7 年、耗资 250 万美元的"精明增长"项目的高潮代表。协会的目的是对过时的规划法规进行改革。该指南的编辑解释说：

> 我们的规划工具可以追溯到上一个世纪。它们陈腐不堪，已经不能胜任当前的工作。规划法规的改革是一个严肃的当代问题，影响到这个国家的每个州、区域和社区（Meck，2002，Pxx–xxxi）。

《立法指南》建议对除停车以外的几乎所有规划问题进行改革。在其 72 页的索引中有 5 页以"P"开头的词汇，但"停车"（Parking）不在其中。

停车不仅与城市规划"部分"事物相关,还与城市规划的"所有"事物都相关。艾伦·雅各布斯(Allan Jacobs,加州大学伯克利分校城市规划专业教授,旧金山城市规划委员会前主任)解释道:

> 汽车停放是一个普遍存在的问题。当为单独的街道、社区或一个中心区域编制规划时,停车肯定是一个重大课题(一个争论的焦点),比住房问题要花费更多的时间和精力(Jacobs,1993,P305)。

停车配建下限标准已经是过时的做法,没有锚定理论、数据以及当前目标。规划人员不应该通过更新来修改它们,相反应该尝试废除它们。2017年水牛城(Buffalo)在全市范围内废除了全部停车配建标准,取而代之的是一句话:"不为开发项目规定路外停车位下限数量"(第23章);2017年,墨西哥城取消了它全部的停车配建下限标准,取而代之的是停车配建上限限制(第15章);伦敦早在2004年就做了同样的事情(第16章)。

停车与规划理论

大多数规划专业的学生在研究生阶段根本不学习停车的任何内容,但他们学习了大量规划理论课程。规划理论在20世纪迅速发展起来。有的理论名称让人联想到规划人员希望这座城市变成的样子(城市美化、田园城市和光辉城市);有的理论名称乐观地描述了规划人员如何工作(沟通式规划、综合规划、参与式规划、理性规划和战略规划);有的理论名称反映了规划人员的政治观点(倡导性规划、批判性规划、公平性规划和激进式规划)。所有这些名称都有点自卖自夸,似乎是为了让所有人都放心规划人员是在做好事。然而,当外界观察到城市规划人员的所作所为后,他们给规划理论起的名称比较低调(渐进主义)且不敢恭维(蒙混过关)。

什么样的城市规划理论能够清晰明白地解释停车规划是如何出错的?倡导性规划、渐进主义、蒙混过关再加上表面上的理性规划,是最好的答案选项。首先,每个人都想免费停车,所以倡导性规划人员会支持停车配建标准,尤其这看起来好像是开发商在为停车付费;其次,规划人员在过去几十年里渐进式地集成了停车配建标准,每当出现新的土地用途,例如美甲沙龙,就会增加新的停车配建标准。每一个新的停车配建标准似乎都合乎自己的逻辑,但它们的累积效果却是毁灭性的;再次,蒙混过关也解释了规划人员是如何设定停车配建标准的。有限的信息、对替代方案的有限考虑、政治迎合和群体思维加剧了混乱性;最后,停车配建标准被精心伪装成理性规划,许多精确的数字和指标表让人以为经过了仔细计算。对于未来的规划理论家来说,停车配建下限标准将成为规划史上需要牢记的灾难(《高代价免费停车》,第5章)。

规划理论和政策总是在不断前进中。上一代人认为正确的东西在今天看来往往是错误的，而我们今天认为正确的东西在未来几代人看来也可能是错误的。例如，城市更新项目一度似乎是拯救市中心的最佳希望，但现在大多数城市已经放弃了它们。我们把每一次新的失败都归咎于上一代人的错误，并迅速做出 180°大转弯，以至于忘记了先前正朝着相反的方向前进。

我推荐的三项改革措施与传统的停车智慧完全相反。首先，城市要求配建充足的路外停车位，而我建议取消这些配建标准。其次，城市保持免费或便宜的路内停车，而我建议按市场价格收费。最后，城市将停车收入纳入政府公共基金，而我建议用它来支付当地的公共服务。现在一些城市已经开始转向，一些已经减少或取消了路外停车配建标准（第 16~23 章）；有些城市对路内停车收取市场价格（第 35~41 章）；有些城市设立了停车受益区，将停车收入用于当地（第 44~51 章）。未来的规划人员可能会像我们谴责 20 世纪的城市更新灾难一样，严厉谴责路外停车配建标准和路内免费停车。未来的规划人员可能还会惊讶于他们的前辈怎么会在这么长时间内犯下如此大的错误。

隐藏之手

城市规划理论家还没有提出一种理论能像亚当·斯密（Adam Smith）在经济学中提出的"看不见的手"那样具备解释力。或许与经济学中"看不见的手"最接近的类比是规划中的"隐藏之手"。政治家和规划人员可以通过隐藏其成本来追求公共目标。例如，城市使用包容性区划（inclusionary zoning）来要求配建可负担住房，将其成本隐藏在市场价格住房的成本中。城市不需要为可负担住房提供补贴，没有人知道谁真正为其买单。城市还通过要求建筑和企业配建充足的停车位来隐藏停车成本。

停车的隐藏成本有多大？《高代价免费停车》第 7 章估计，美国对路外停车的补贴占全国经济的 1.2%~3.6%。在第 11 章中，加布（Gabbe）和皮尔斯（Pierce）估计，将停车成本隐藏在住房成本中会使租金上涨约 17%，即使对那些穷得买不起车的人也是如此。将停车成本隐藏在住房成本中还会增加汽车拥有和使用（《高代价免费停车》，第 20 章）。与大多数隐藏成本一样，人们不清楚谁来支付配建停车的费用，但可以确定是某些人：居民、投资者、工人、开发商、购物者和所有房地产的用户。停车的成本不会因为开车人免费停车而消失。考虑到配建停车位的高成本及其损害性后果，规划人员不应该不加批判地假设对免费停车位的需求能够自动证明路外停车配建标准的合理性。需求取决于价格，但规划人员却很少考虑开车人为停车支付了多少钱和配建停车位的成本。

改革的速度

停车配建下限标准已经持续了太久，以至于不能称之为危机，而是一种慢性疾病。它们看起来可能是永久性的，但我认为随着新一代规划人员对它们失去尊重，它们将会消亡。正如马克斯·普朗克（Max Planck）阐明的那样，"科学总是伴随着一场场的葬礼而前进。"

城市规划范式发生转变的时候往往不引人注意，而在它们发生之后又很难说有什么变化，因为很少有规划人员记得这些被抛弃的教条。城市不需要路外停车配建标准，地球也负担不起。如果城市开始对路内停车收取公平的市场价格并将收入用于当地公共服务，我们就不会怀念这些配建标准。

路外停车配建标准就像纸牌搭成的房子，很容易就被扫除。2004 年，伦敦以停车配建上限取代了停车配建下限标准（第 16 章）；2015 年，阿肯色州费耶特维尔市（Fayetteville）取消了居住性质以外用地的路外停车配建标准；2016 年，水牛城取消了全部停车配建标准（第 23 章）；2017 年，墨西哥城将停车配建下限标准改为停车上限标准（第 15 章）。一次性取消所有停车配建标准比逐步减少配建标准更有效，而且也更容易。因为规划人员不必每次都去开发设定一个新的更低些的停车配建标准，并向规划委员会和市议会证明其合理性，然后再对它进行管理。

但是，如果不同时对路内停车收取正确的价格，城市就无法取消路外停车配建标准。当走在一条拥挤的充满路内停车位的繁忙街道上时，想象一下，如果所有的车辆都按市场价格缴费来保障少量空位，那么路内停车会收入多少钱？想象一下，这些停车收入可以资助哪些公共服务改善？想象一下，路内停车空位将如何减少对路外停车配建标准的需求？

结　语

亚伯拉罕·林肯在 1862 年写道："由于我们的情况是新的，所以我们必须重新思考、重新行动。"这句话放到现在和 150 多年前一样适用。在做停车规划时，我们的情况是新的，所以我们应该重新思考、重新行动。在 20 世纪 30 年代城市开始要求配建路外停车位时，交通拥堵和空气污染不那么严重，全球变暖也不是问题。但是现在这些都是很重要的问题，而停车补贴更是雪上加霜。

艾森豪威尔在 1961 年面向全国《告别演说》中，对军工复合体发出了著名的警告："我们——你和我、还有我们的政府——必须避免只顾为今天而活的冲动和掠夺，为了我们自己的安逸和便利，去掠夺明天宝贵的资源。"但是，我们的停车工业复合体正在以德怀特·艾森豪威尔无法想象的速度来掠夺未来的资源。

规划专业的教授很少会在一本书或报告的结尾引用两位共和党总统的话，但我希望大多数人认同他们的建议同样适用于对停车改革的需要。对城市规划人员来说，率先进行停车改革或许不是最安全的策略，但紧跟成功的先行者是一个精明的策略。我希望这本书的 51 章内容已经提供了足够的证据，以证明停车改革可以为城市、经济和环境带来重大收益。

想要改革你所在城市的停车政策，可能感觉就像划着独木舟拖着一艘航空母舰；但是如果划船的人足够多，船就会移动。我希望《停车与城市》这本书能够鼓励规划人员、政治家和市民挥动船桨。改革需要依靠你们所有人的参与和领导。

参考文献

[1]　Jacobs，Allan. 1993. *Great Streets*. Cambridge，Mass：MIT Press.

[2]　Meck，Stuart，ed. 2002. *Growing Smart Legislative Guidebook*：*Model Statutes for Planning and the Management of Change*. Chicago：American Planning Association. Available at：www.planning.org/guidebook/Login.asp.

[3]　Shoup，Donald. 2011. *The High Cost of Free Parking*. Chicago：Planners Press.